中小企业 网络管理员工作实践

黑客攻防安全卷

黄治国
李　颖
编　著

中国铁道出版社有限公司
CHINA RAILWAY PUBLISHING HOUSE CO., LTD.

内 容 简 介

全书由浅入深地讲解了黑客攻防的基础知识、常用命令及工具、操作系统漏洞与注册表防黑实战、电脑木马的防黑实战、电脑病毒的防黑实战、系统入侵与远程控制的防黑实战、系统账户数据的防黑实战、文件数据的防黑实战、网络账号的防黑实战、局域网安全的防黑实战、无线网络安全的防黑实战、磁盘数据安全攻防等内容。通过对本书的学习，读者在了解黑客入侵攻击的原理、工具和方式后，能掌握防御入侵攻击的相应手段，并将其应用到实际的计算机安全防护领域。

本书内容丰富全面，图文并茂，讲解深入浅出，旨在帮助中小型企业中的网络管理员梳理黑客攻防知识，提升应用技能，增加实践经验。除此之外，本书对于网络安全知识进行了系统地讲解，可作为各种计算机培训班的辅导用书。

图书在版编目（CIP）数据

中小企业网络管理员工作实践. 黑客攻防安全卷 /黄治国，李颖编著.—北京：中国铁道出版社有限公司，2019.6
ISBN 978-7-113-25766-8

Ⅰ.①中… Ⅱ.①黄… ②李… Ⅲ.①中小企业－计算机网络管理 ②黑客－网络防御 Ⅳ.①TP393.18②TP393.081

中国版本图书馆 CIP 数据核字(2019)第 087779 号

书　　名：中小企业网络管理员工作实践：黑客攻防安全卷
作　　者：黄治国　李　颖

责任编辑：荆　波　　　**读者热线电话：**010-63560056
责任印制：赵星辰　　　**封面设计：**MXK DESIGN STUDIO

出版发行：中国铁道出版社有限公司（100054，北京市西城区右安门西街 8 号）
印　　刷：中国铁道出版社印刷厂
版　　次：2019 年 6 月第 1 版　　2019 年 6 月第 1 次印刷
开　　本：787 mm×1 092 mm　1/16　**印张：**23　**字数：**578 千
书　　号：ISBN 978-7-113-25766-8
定　　价：59.80 元

前　言　PREFACE

在互联网+时代，黑客通常都是一类拥有超高计算机技术的人，他们甚至不需要亲自接触用户的计算机，就可以偷窥其中的账户、密码登录信息，设置破坏操作系统，随着越来越多的信息要通过互联网来实现，因此，防御黑客入侵已经成为中小企业网络管理最为直观、最为重要的工作。

本书内容

本书站在中小企业网络管理员的角度，全面且详细地介绍了黑客攻防的基础知识，主要包括黑客常用命令及工具、操作系统漏洞与注册表防黑实战、电脑木马的防黑实战、电脑病毒的防黑实战、系统入侵与远程控制的防黑实战、系统账户数据的防黑实战、文件数据的防黑实战、网络账号的防黑实战、VPN 网的防黑实战、Web 网站安全的防黑实战、局域网安全的防黑实战、无线网络安全的防黑实战、磁盘数据安全攻防等内容。

本书的重点在于介绍如何采取有效的防范措施来防御黑客入侵攻击局域网内的计算机，让用户真正掌握网络安全攻防的能力。

本书内容丰富全面，图文并茂，深入浅出，旨在帮助中小企业中的网络管理员梳理黑客攻防知识与技能，增加实践经验。同时也可作为各种计算机培训班的辅导用书。

本书特色

本书主要有以下几个特点：

（1）内容全面

本书由浅入深，安排有 3 篇内容：网络安全基础篇、网络安全攻防实战篇、数据资料攻防篇。

（2）内容新

本书紧跟网络安全技术发展，以 Windows 7 操作系统平台为主，Windows 10 操作系统为辅，讲解网络安全的全新知识与应用技能。

（3）案例新

本书精选目前网络安全攻防前沿的案例，以及主流的攻防工具软件，来帮助读者进行实际操作，加深学习印象，力争让读者做到学以致用。

（4）步骤操作详细

本书采用图文并茂的写作方式，读者在学习时只要跟着操作步骤进行操作，就可以完成案例。

（5）扫码看视频

我们特意为本书制作了精彩视频，二维码嵌入书中相应章节，读者可根据需求，扫码看相应的视频进行在线学习。

（6）PPT 讲义

为了帮助读者尽快理清本书的知识脉络，我们特别制作了 PPT 讲义，通过 PPT 讲义了解每章的重点和难点。

作者团队

除封面署名作者外，参加编写的人员还有陈玉琪、陈志凯、刘术、黄兰娟、刘静、黄丽平、李桂生、向金华、苏风华、许文胜、许昌胜、谭成德、唐小红、魏兆丰、苏晨光、周晓峰、李雅、黄丽娟、罗艳清等人。由于作者水平有限，书中难免存在疏漏与不妥之处，欢迎广大读者批评指正。

版权声明

本书及下载包中所采用的照片、图片、模型、赠品等素材，均为其相关的个人、公司、网站所有，本书引用仅为说明（教学）之用，读者不可将相关内容用于其他商业用途或进行网络传播。

郑重声明

根据国家有关法律规定，任何利用黑客技术攻击他人计算机的行为都属于违法行为。希望读者在阅读本书后绝对不要使用本书中介绍的黑客技术对别人的计算机进行攻击，否则后果自负，切记切记！

编　者

2019 年 4 月

目 录

Contents

第1章 掀起黑客的神秘面纱

1.1 认识黑客 1

1.1.1 什么是黑客 1

1.1.2 黑客常用术语 1

1.2 黑客入侵及异常表现 3

1.3 黑客常用攻击手段 6

1.4 黑客的定位目标——IP 地址 7

1.4.1 认识 IP 地址 7

1.4.2 IP 地址的分类 7

1.4.3 查看 IP 地址 8

【实验 1-1】在 Windows 7 系统中查看内网 IP 地址 8

【实验 1-2】在 Windows 10 系统中查看内网 IP 地址 8

【实验 1-3】查看外网 IP 地址 9

1.5 黑客的专用通道——端口 10

1.5.1 端口的分类 10

1.5.2 关闭端口 11

1.5.3 限制指定的端口 13

1.6 黑客藏匿的首选地——系统进程 24

1.6.1 系统进程简介 24

1.6.2 关闭系统进程 25

【实验 1-4】在 Windows 7 系统中关闭系统进程 25

【实验 1-5】在 Windows 10 系统中关闭系统进程 25

1.6.3 新建系统进程 27

【实验 1-6】在 Windows 7 系统中新建系统进程 27

【实验 1-7】在 Windows 10 系统中新建系统进程 28

第2章 黑客常用命令及工具

2.1 黑客攻防常用命令 29

2.1.1 Ping 命令 29

【实验 2-1】测试网卡 30

【实验 2-2】判断与外界网络连通 31

【实验 2-3】解析 IP 地址的计算机名 32

2.1.2 Nbstat 命令 32
【实验 2-4】查看 NetBIOS 33
2.1.3 Netstat 命令 35
【实验 2-5】Netstat 命令应用 36
2.1.4 Tracert 命令 38
2.1.5 Telnet 命令 39
2.1.6 IPconfig 命令 41
【实验 2-6】使用 Ipconfig 测试当前计算机的所有信息 41
2.1.7 FTP 命令 42
2.1.8 ARP 命令 43
2.1.9 NET 命令 44
【实验 2-7】使用 NET 命令查看共享资源、创建和修改计算机上的用户账户、管理共享资源 45
2.2 黑客常用入侵工具 47
2.2.1 端口扫描工具 47
【实验 2-8】使用 Nmap 扫描器扫描端口 47
【实验 2-9】使用 ScanPort 扫描器扫描端口 50
2.2.2 嗅探工具 56
【实验 2-10】使用 SmartSniff 捕获 TCP/IP 数据包 56
【实验 2-11】使用网络数据包嗅探专家捕获 TCP/IP 数据包 58
2.2.3 目标入侵工具 60
2.2.4 加壳工具 64
2.2.5 脱壳工具 67

第 3 章 操作系统漏洞与注册表的防黑实战

3.1 认识操作系统漏洞 70
3.2 系统漏洞的防黑实战 71
3.2.1 Windows Update 更新系统 71
【实验 3-1】在 Windows 7 系统中设置并安装更新 71
【实验 3-2】在 Windows 10 系统中安装补丁 73
3.2.2 启用 Windows 防火墙 74
【实验 3-3】在 Windows 7 系统中启用防火墙 75
【实验 3-4】在 Windows 10 系统中启用防火墙 76
3.2.3 软件更新漏洞 77
【实验 3-5】使用电脑管家修复漏洞 77
【实验 3-6】使用 360 安全卫士修复漏洞 78
3.3 注册表的防黑实战 79
3.3.1 注册表的基本结构 79

3.3.2　注册表常见的入侵方式 81
3.3.3　关闭远程注册表管理服务 82
【实验 3-7】在 Windows 7 系统中关闭远程注册表管理服务 82
【实验 3-8】在 Windows 10 系统中关闭远程注册表管理服务 83
3.3.4　禁止使用注册表编辑器 84
【实验 3-9】在 Windows 7 系统中禁止使用注册表编辑器 85
【实验 3-10】在 Windows 10 系统中禁止使用注册表编辑器 86

第 4 章　电脑木马的防黑实战

4.1　认识电脑木马 88
4.1.1　常见的木马类型 88
4.1.2　木马常用的入侵方法 89
4.2　木马常用的伪装手段 90
4.3　木马常见的启动方式 91
4.3.1　利用注册表启动 91
4.3.2　利用系统文件启动 91
4.3.3　利用系统启动组启动 91
4.3.4　利用系统服务实现木马的加载 92
4.4　查询系统中的木马 92
4.4.1　通过启动文件检测木马 93
4.4.2　通过进程检测木马 93
4.4.3　通过网络连接检测木马 93
4.5　使用木马清除软件清除木马 94
4.5.1　木马专家 94
【实验 4-1】使用木马专家清除木马 94
4.5.2　木马清除大师 96
【实验 4-2】使用木马清除大师清除木马 96
4.5.3　木马清道夫 98
【实验 4-3】使用木马清道夫清除木马 98

第 5 章　电脑病毒的防黑实战

5.1　了解电脑病毒 102
5.1.1　电脑病毒的特点 102
5.1.2　电脑病毒的分类 103
5.1.3　电脑中病毒后的表现 104
5.1.4　常见的电脑病毒 104
5.2　预防电脑病毒 105

5.3 查杀电脑病毒......106
5.3.1 使用瑞星杀毒软件查杀病毒......106
5.3.2 使用 360 杀毒软件查杀病毒......108
5.4 防御 U 盘病毒......112
5.4.1 使用组策略关闭“自动播放”功能......113
【实验 5-1】在 Windows 7 系统中使用组策略关闭“自动播放”功能......113
【实验 5-2】在 Windows 10 系统中使用组策略关闭“自动播放”功能......114
5.4.2 修改注册表关闭“自动播放”功能......115
【实验 5-3】在 Windows 7 系统中修改注册表关闭“自动播放”功能......115
【实验 5-4】在 Windows 10 系统中修改注册表关闭“自动播放”功能......116
5.4.3 设置服务关闭“自动播放”功能......117
【实验 5-5】在 Windows 7 系统中设置服务关闭“自动播放”功能......117
【实验 5-6】在 Windows 10 系统中设置服务关闭“自动播放”功能......118
5.5 查杀 U 盘病毒......120
5.5.1 用 U 盘杀毒专家查杀......120
5.5.2 使用 U 盘病毒专杀工具查杀......122

第 6 章 系统入侵与远程控制的防黑实战

6.1 入侵系统的常用手段......125
6.1.1 在命令提示符中创建隐藏账号入侵......125
6.1.2 在注册表中创建隐藏账号入侵......127
6.2 抢救被账号入侵的系统......131
6.2.1 找出黑客创建的隐藏账号......131
6.2.2 批量关闭危险端口......133
6.3 通过远程工具入侵系统......134
6.3.1 通过 Windows 远程桌面控制......134
【实验 6-1】启用 Windows 7 系统中远程桌面功能......134
【实验 6-2】启用 Windows 10 系统远程桌面功能......135
【实验 6-3】添加 Windows 7 系统远程桌面用户......137
【实验 6-4】添加 Windows 10 系统远程桌面用户......137
【实验 6-5】在 Windows 10 系统中远程连接 Windows 7 系统桌面......139
【实验 6-6】在 Windows 7 系统中远程连接 Windows 10 系统桌面......141
【实验 6-7】断开或注销 Windows 7 系统远程桌面......142
【实验 6-8】断开或注销 Windows 10 系统远程桌面......143
6.3.2 通过远程控件工具控制......144
【实验 6-9】使用 Team Viewer 远程控制目标主机......145
6.4 远程控制的防黑实战......146

6.4.1　关闭 Windows 远程桌面功能 146
【实验 6-10】在 Windows 7 系统中关闭远程桌面功能 147
【实验 6-11】在 Windows 10 系统中关闭远程桌面功能 147
6.4.2　使用瑞星防火墙保护系统安全 148

第 7 章　系统账户数据的防黑实战

7.1　认识系统账户 150
7.2　黑客破解密码的常用方法 151
7.3　系统账户数据的防黑实战 151
7.3.1　设置系统管理员密码 151
【实验 7-1】设置 Windows 7 系统管理员密码 152
【实验 7-2】设置 Windows 10 系统管理员密码 154
7.3.2　禁用来宾账户 156
7.3.3　设置屏幕保护密码 158
【实验 7-3】设置 Windows 7 系统屏幕保护程序密码 159
【实验 7-4】设置 Windows 10 系统屏幕保护程序密码 160
7.3.4　创建密码重置盘 161
7.4　系统账户密码丢失（破解）后的补救措施 165
7.4.1　跳过 Windows 7/10 系统密码 165
7.4.2　使用密码重置盘破解密码 166
【实验 7-5】使用密码重置盘破解 Windows 7 系统密码 166
【实验 7-6】使用密码重置盘破解 Windows 10 系统密码 169
7.4.3　使用第三方工具破解密码 170
【实验 7-7】使用 Active@ Password Changer Professional 破解密码 171
【实验 7-8】使用 NTPWEdit 工具重设 Windows 10 系统管理员密码 173
7.5　另类的系统账户数据的防黑实战 175
7.5.1　更改系统管理员账户名称 175
7.5.2　伪造陷阱账户保护管理员账户 176
7.6　通过组策略提升系统账户的安全 178
7.6.1　限制 Guest 账户的操作权限 178
7.6.2　设置账户密码的复杂性 180
7.6.3　开启账户的锁定功能 181
7.6.4　禁用 Guest 账户在本地系统登录 182

第 8 章　文件数据的防黑实战

8.1　黑客常用破解文件密码的方法 184
8.1.1　利用 Word Password Recovery 破解 Word 文档密码 184

8.1.2 利用 PassFab Word Password Recovery 破解 Word 文件密码 186
【实验 8-1】利用 PassFab Word Password Recovery 破解 Word 文件密码 186
8.1.3 利用 Excel Password Recovery 破解 Excel 文件密码 187
【实验 8-2】利用 Excel Password Recovery 破解 Excel 文件密码 187
8.1.4 利用 Office Password Recovery 破解工具破解 PPT 文件密码 189
【实验 8-3】利用 Office Password Recovery 破解 PPT 文件密码 189
8.1.5 利用 APDFPR 密码破解工具破解 PDF 文件密码 190
【实验 8-4】利用 APDFPR 破解 PDF 文件密码 190
8.2 文件数据的加密防黑 192
8.2.1 利用 Word 自身功能给 Word 文件加密 193
【实验 8-5】利用 Word 自身功能给 Word 文件加密 193
8.2.2 利用 Excel 自身功能给 Excel 文件加密 194
8.2.3 利用 PDF 文件加密器加密 PDF 文件 195
8.2.4 利用 WinRAR 的自加密功能加密 RAR 文件 197

第 9 章 网络账号防黑实战

9.1 QQ 账号及密码攻防常用工具 199
9.2 增强 QQ 安全性的方法 200
9.2.1 定期更换 QQ 密码 200
9.2.2 申请密码保护 201
9.2.3 加密聊天记录 202
9.3 微博等自媒体账号的安全防范 203
9.3.1 网络自媒体账号被盗的途径 203
9.3.2 正确使用自媒体平台 204
9.4 微信等自媒体账号的安全防范 204
9.4.1 安全使用微信的原则 205
9.4.2 微信账号被盗的应对措施 205
9.5 邮箱账户的安全防范 206
9.5.1 隐藏邮箱账户 206
9.5.2 电子邮件攻击防范措施 206
9.6 支付账户的安全防范 207
9.6.1 加强支付宝账户的安全防护 207
【实验 9-1】定期修改登录密码 207
【实验 9-2】修改绑定手机 210
【实验 9-3】设置安全保护问题 211
9.6.2 加强支付宝内资金的安全防护 213
【实验 9-4】定期修改支付密码 214

第 10 章　网页浏览器的防黑实战

10.1　了解网页恶意代码......217
10.2　常见恶意网页代码及攻击方法......218
10.2.1　启动时自动弹出对话框和网页......218
10.2.2　利用恶意代码禁用注册表......219
【实验 10-1】使用 Registry Workshop 恢复注册表......219
10.3　恶意网页代码的预防和清除......219
10.3.1　预防恶意网页代码......219
10.3.2　清除恶意网页代码......220
【实验 10-2】使用 IEscan 恶意网站清除软件......220
【实验 10-3】使用 Windows 软件清理大师清除软件......221
10.4　攻击浏览器的常见方式......223
10.4.1　修改默认主页......223
【实验 10-4】设置浏览器的主页......223
【实验 10-5】锁定浏览器的主页......225
10.4.2　恶意更改浏览器标题栏......226
10.4.3　强行修改浏览器的右键菜单......227
【实验 10-6】删除非法网站链接......227
【实验 10-7】恢复右键菜单......228
10.4.4　强行修改浏览器的首页按钮......228
10.4.5　删除桌面上的浏览器图标......229
10.5　浏览器的自我防护......231
10.5.1　提高 IE 浏览器的安全防护等级......231
【实验 10-8】提高 IE 浏览器的安全防护等级......231
10.5.2　清除浏览器中的表单......232
10.5.3　清除 Cookie 信息......232
10.6　使用第三方软件保护浏览器安全......233
10.6.1　使用 IE 修复专家......233
【实验 10-9】使用 IE 修复专家修复浏览器......233
10.6.2　使用 IE 伴侣......235
【实验 10-10】使用 IE 伴侣修复 IE 浏览器......235

第 11 章　局域网防黑安全实战

11.1　常见的几种局域网攻击类型......236
11.2　局域网安全共享......237
11.2.1　设置共享文件夹账户与密码......237

11.2.2 隐藏共享文件夹 240
11.3 局域网攻击工具 240
11.3.1 网络剪刀手 Netcut 240
11.3.2 WinArpAttacker 工具 243
11.4 局域网监控工具 245
11.4.1 LanSee 工具 245
【实验 11-1】使用 LanSee 工具查看局域网状态信息 245
11.4.2 IPBook 工具 250
【实验 11-2】使用 IPBook 工具搜索共享资源 250

第 12 章　Web 网站安全的防黑实战

12.1 Web 网站维护基础知识 254
12.2 Web 网站的常见攻击方式 255
12.2.1 DOS 攻击 255
12.2.2 DDOS 攻击 256
12.2.3 SQL 注入攻击 256
12.3 Web 网站安全的防黑 256
12.3.1 检测上传文件的安全性 257
12.3.2 设置网站访问权限 258
【实验 12-1】通过设置用户访问权限来限制网站访问权限 259
12.3.3 预防 SYN 系统攻击 260
【实验 12-2】通过修改注册表来防御 SYN 系统攻击 260
12.3.4 防范 DDOS 攻击 262
12.3.5 全面防范 SQL 注入攻击 264

第 13 章　VPN 网的防黑实战

13.1 VPN 基础知识 265
13.1.1 VPN 的协议 265
13.1.2 VPN 的组件 266
13.2 VPN 网的常见攻击方式 266
13.2.1 攻击 PPTP VPN 267
13.2.2 攻击启用 IPSec 加密的 VPN 267
13.2.3 破解 VPN 登录账户名及密码 267
【实验 13-1】使用 Dialupass 工具破解 VPN 登录账户名及密码 267
13.3 VPN 网安全的防黑 268
13.3.1 VPN 用户权限 268
【实验 13-2】加强 VPN 用户权限 268

13.3.2　加强客户端安全 270
【实验 13-3】在 Windows 7 系统中加强 VPN 安全 271
【实验 13-4】在 Windows 10 系统中加强 VPN 安全 274
13.3.3　使用 VPN 时的注意事项 277

第 14 章　无线网络安全的防黑实战

14.1　无线网络基础知识 278
14.1.1　无线局域网拓扑结构 278
14.1.2　无线局域网传输方式 279
14.2　组建无线网络 280
14.2.1　连接并配置无线路由器 280
【实验 14-1】配置无线路由器 281
14.2.2　客户端连接无线网络 284
【实验 14-2】在 Windows 7 系统中连接无线网络 284
【实验 14-3】在 Windows 10 系统中连接无线网络 286
14.3　Wi-Fi 攻击的常见方式 288
14.3.1　钓鱼陷阱 288
14.3.2　陷阱接入点 288
14.3.3　攻击无线路由器 288
14.3.4　内网监听 289
14.4　无线网络安全防范的常用方法 289
14.4.1　修改无线路由器的 IP 地址 289
【实验 14-4】修改无线路由器的 IP 地址（192.168.1.1） 289
14.4.2　修改无线路由器管理员密码 291
【实验 14-5】修改无线路由器管理员初始密码 291
14.4.3　修改 Wi-Fi 名称及密码 292
【实验 14-6】修改 Wi-Fi 名称及密码 292

第 15 章　系统数据安全的防黑实战

15.1　使用“系统还原”备份与还原系统 293
15.1.1　使用“系统还原”备份系统 293
【实验 15-1】在 Windows 7 系统中使用“系统还原”备份系统 293
【实验 15-2】在 Windows 10 系统中使用“系统还原”备份系统 294
15.1.2　使用“系统还原”还原系统 296
【实验 15-3】在 Windows 7 系统中使用“系统还原”还原系统 296
【实验 15-4】在 Windows 10 系统中使用“系统还原”还原系统 297
15.2　创建系统映像文件备份与还原系统 299

15.2.1 创建系统映像文件 299
【实验 15-5】在 Windows 7 系统中创建系统镜像文件 299
【实验 15-6】在 Windows 10 系统中创建系统镜像文件 301
15.2.2 使用系统镜像文件还原系统 304
【实验 15-7】在 Windows 7 系统安全模式状态下还原系统 305
【实验 15-8】在 Windows 7 系统控制台中还原系统 307
【实验 15-9】在 Windows 10 系统中使用镜像文件还原系统 308
15.3 利用 Ghost 快速备份与恢复数据 312
15.3.1 利用 Ghost 快速备份数据 312
【实验 15-10】备份硬盘 C 区数据 312
15.3.2 利用 Ghost 快速恢复数据 317
【实验 15-11】还原硬盘 C 区数据 317
15.4 使用“一键还原精灵”备份与还原系统 321
15.4.1 使用“一键还原精灵”备份系统 321
【实验 15-12】使用“一键还原精灵”标准版备份系统（首次使用） 321
15.4.2 使用“一键还原精灵”还原系统 323
【实验 15-13】使用“一键还原精灵”标准版还原故障系统 323

第 16 章 磁盘数据安全的防黑实战

16.1 磁盘数据安全的基础知识 324
16.1.1 磁盘数据丢失的原因 324
16.1.2 磁盘数据丢失后的注意事项 325
16.2 备份磁盘数据 325
16.2.1 备份磁盘分区表数据 325
【实验 16-1】使用 DiskGenius 备份磁盘分区表数据 325
16.2.2 备份磁盘引导区数据 327
【实验 16-2】使用 BOOTICE 备份磁盘引导区数据 327
16.2.3 备份驱动程序 328
【实验 16-3】使用驱动人生工具备份驱动程序 328
16.2.4 备份 IE 收藏夹 329
【实验 16-4】使用 IE 自带备份功能备份 IE 收藏夹 329
16.2.5 备份电子邮件 330
16.3 还原磁盘数据 333
16.3.1 还原分区表数据 333
【实验 16-5】使用 Disk Genius 还原磁盘分区表数据 333
16.3.2 还原引导区数据 334
【实验 16-6】使用 BOOTICE 还原磁盘引导区数据 334

16.3.3　还原驱动程序数据......335
【实验 16-7】使用驱动人生工具还原驱动程序数据......335
16.3.4　还原 IE 收藏夹数据......336
【实验 16-8】使用备份数据还原 IE 收藏夹数据......336
16.4　恢复丢失的磁盘数据......339
16.4.1　从回收站中还原......339
【实验 16-9】将误删文件从回收站中还原......339
16.4.2　清空回收站后的恢复......340
【实验 16-10】使用注册表恢复清空回收站之后的文件......340
16.4.3　恢复误删除的文件......341
【实验 16-11】使用 Final Data 恢复......342
【实验 16-12】使用 Undelete Plus 恢复......343
16.4.4　恢复硬盘被分区或格式化后的数据......345
【实验 16-13】使用 Easy Recovery 恢复数据......345
【实验 16-14】使用 DataExplore 数据恢复大师恢复数据......347
16.4.5　恢复 Word 文档损坏后的数据......348
【实验 16-15】使用 OfficeFIX 恢复 Word 文档......349
16.4.6　Excel 文件损坏数据恢复......352
【实验 16-16】使用 Excel Recovery 修复 Excel 文档......352

第 1 章　掀起黑客的神秘面纱

如今，互联网在人们的生活、工作和学习中起着十分重要的作用。但是，随之而来的却是互联网的安全问题越来越突出。在互联网中，有一类人，他们掌握高超的计算机技术，但他们会破坏互联网的安全，这就是黑客。

本章从黑客的定义、常用术语、黑客入侵及异常表现、常用攻击手段等方面来掀起黑客的神秘面纱，从而为更好地防范黑客攻击打下良好的基础。

1.1　认识黑客

黑客，一个神秘而又常见的名词，是一个与网络安全息息相关的群体。本节通过介绍黑客的定义和常用术语等方面的知识，让读者全面了解黑客。

1.1.1　什么是黑客

黑客（Hacker）最初是指那些热衷于电脑并能够把一些应用程序组合起来或拆开来解决问题的人。如今，黑客被定义为非法搜索和渗透互联网访问和使用数据的人。

对于黑客而言，他们所做的事情总是带有一定的目的，也许是为了炫耀，也许是为了报复。

提示：红客是英文单词 Honker 的中文音译，它代表着一种精神，即热爱祖国、坚持正义和开拓进取的精神。因此，只要具备这种精神并热衷于计算机技术的人都可以成为 Honker。Honker 是 Hacker 中的一部分人，这部分人以维护国家利益为己任，不利用掌握的计算机和网络技术入侵自己国家的计算机或服务器。

1.1.2　黑客常用术语

在互联网中，我们经常会看到肉鸡、挂马和后门等词语，这些词语可以统称为黑客术语。下面我们介绍一些黑客常用的术语。

1. 肉鸡

肉鸡比喻那些可以随意被黑客控制的电脑。黑客可以像操作自己的电脑那样来操作它们，而不被对方发觉。

2．木马

木马指表面上伪装成了正常的程序，但是当这些被程序运行时，就会获取系统的整个控制权限。曾出现过很多木马程序，比如灰鸽子、黑洞、PcShare 等。

3．网页木马

网页木马指表面上伪装成普通的网页文件或是将恶意的代码直接插入到正常的网页文件中，当有人访问时，网页木马就会利用对方系统或者浏览器的漏洞自动将配置好的木马的服务端下载到访问者的电脑上来自动执行。

4．挂马

挂马指在别人的网站文件里面放入网页木马或者是将代码潜入到对方正常的网页文件里，以使浏览者中马。

5．后门

这是一种形象的比喻，黑客在利用某些方法成功地控制了目标主机后，可以在对方的系统中植入特定的程序，或者是修改某些设置。这些改动表面上很难被察觉，但是黑客却可以使用相应的程序或者方法来轻易地与这台电脑建立连接，重新控制这台电脑，就好像是黑客偷偷地配了一把主人房间的钥匙，可以随时进出而不被主人发现一样。通常，大多数的特洛伊木马程序都可以被入侵者用于制作后门。

6．IPC$

IPC$是共享“命名管道”的资源，它是为了让进程间通信而开放的命名管道，可以通过验证用户名和密码获得相应的权限，在远程管理计算机和查看计算机的共享资源时使用。

7．弱口令

弱口令指那些强度不够、容易被猜解的口令（密码），类似 123、abc 这样的口令（密码）。

8．Shell

Shell 指的是一种命令执行环境，比如，按键盘上的“Win+R”组合键时出现“运行”对话框，在里面输入“cmd”命令，单击“确定”按钮会出现一个用于执行命令的黑色窗口，这个就是 Windows 的 Shell 执行环境。

9．WebShell

WebShell 就是以 asp、php、jsp 或者 cgi 等网页文件形式存在的一种命令执行环境，也可以将其称作是一种网页后门。

10．溢出

溢出，确切地讲，应该是“缓冲区溢出”。简单的解释就是程序对接收的输入数据没有执行有效的检测而导致错误，后果可能是造成程序崩溃或者是执行攻击者的命令。溢出大致可以分为两类：堆溢出和栈溢出。

11．注入

由于程序员的水平参差不齐，相当大一部分应用程序存在安全隐患，用户可以提交一段数据库查询代码，根据程序返回的结果，获得某些想要知道的数据，这个过程就是 SQL 注入。

12．注入点

注入点是可以实行注入的地方，通常是一个访问数据库的链接。根据注入点数据库的运行账号的权限不同，所得到的权限也不同。

13．内网

内网，通俗地讲就是局域网，比如网吧、校园网、公司内网等都属于内网。查看 IP 地址，如果是在以下 3 个范围之内：10.0.0.0～10.255.255.255、172.16.0.0～172.31.255.255、192.168.0.0～192.168.255.255，就说明该主机是处于内网中。

14．外网

外网直接连入互联网，可以与互联网上的任意一台电脑互相访问。

15．免杀

免杀是指通过加壳、加密、修改特征码、加花指令等技术来修改程序，使其逃过杀毒软件的查杀。

16．加壳

加壳指利用特殊的算法，将 EXE 可执行程序或者 DLL 动态连接库文件的编码进行改变（比如实现压缩、加密），以达到缩小文件体积或者加密程序编码，甚至是躲过杀毒软件查杀的目的。目前较常用的壳有 UPX、ASPack、PePack、PECompact、UPack 等。

17．花指令

花指令指几句汇编指令，让汇编语句进行一些跳转，使得杀毒软件不能正常地判断病毒文件的构造。通俗点说，就是杀毒软件是从头到脚按顺序来查找病毒的，如果我们把病毒的头和脚颠倒位置，杀毒软件就找不到病毒了。

1.2　黑客入侵及异常表现

计算机一旦被黑客入侵往往出现一些异常现象，如进程异常、注册表异常等，下面介绍黑客入侵后一些常见的异常表现。

1．进程异常

一般情况下，黑客入侵后，在“Windows 任务管理器”窗口可以看到一些可疑的进程。在“Windows 任务管理器”窗口中，如图 1-1 所示。如果有，则应及时将其结束。

2．可疑启动项

在侵入后，黑客一般会添加一个启动项随计算机启动而启动。运行 msconfig 命令，打开“系统配置”对话框，选择“启动”选项卡，查看是否有可疑的启动项，如图 1-2 所示。如果有，则取消该复选框，单击“应用”按钮，重新启动计算机。

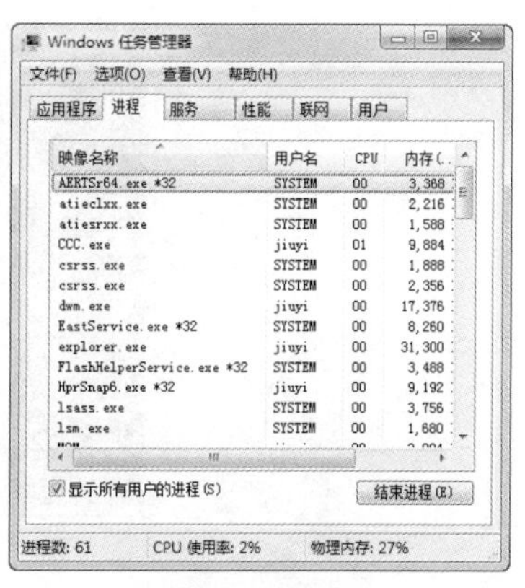

图 1-1　查看进程

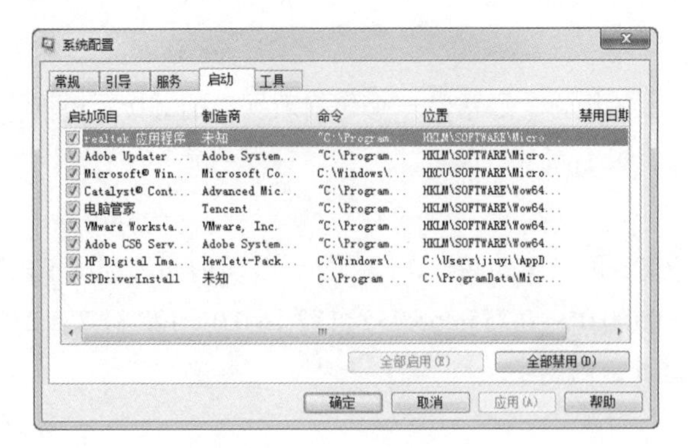

图 1-2　查看可疑启动项

3．注册表异常

在查看注册表异常时，用户最好在修改前对注册表进行备份。运行 Regedit 命令，打开“注册表编辑器”窗口，如图 1-3 所示。查看相应的键和值是否正常，如果有异常，则有可能是被黑客侵入。

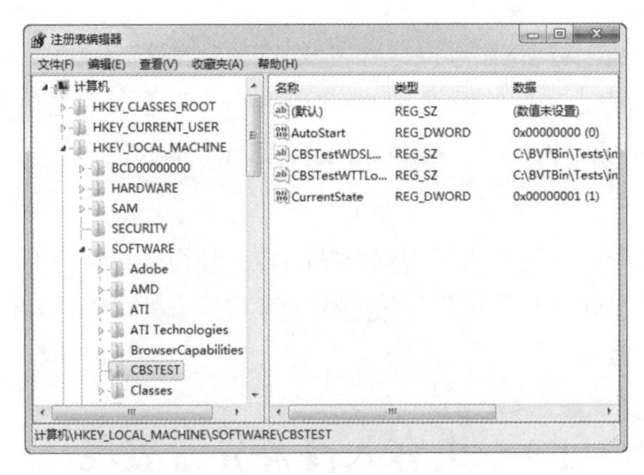

图 1-3　查看注册表

4．开放可疑端口

在侵入后，黑客有可能留下后门程序以监听客户端请求。用户可以通过命令查看计算机是否开启了可疑端口。在命令行提示符窗口中，可以使用 Netstat -a 来查看异常端口，如图 1-4 所示。

图 1-4　查看可疑端口

5．日志文件异常

一般情况下，黑客在侵入后会将关于登录的信息删除。但是部分技术实力较弱或大意的黑客会留下蛛丝马迹，如没有删除日志记录，或者将日志全部删除了。用户可以通过查看日志文件确定是否有黑客侵入。

在“事件查看器”窗口中，选择“Windows 日志”→“安全”选项，如图 1-5 所示。通过查看登录记录、时间来判断是否有黑客登录。另外，还可以通过其他日志来判断是否有恶意程序运行或篡改系统文件。

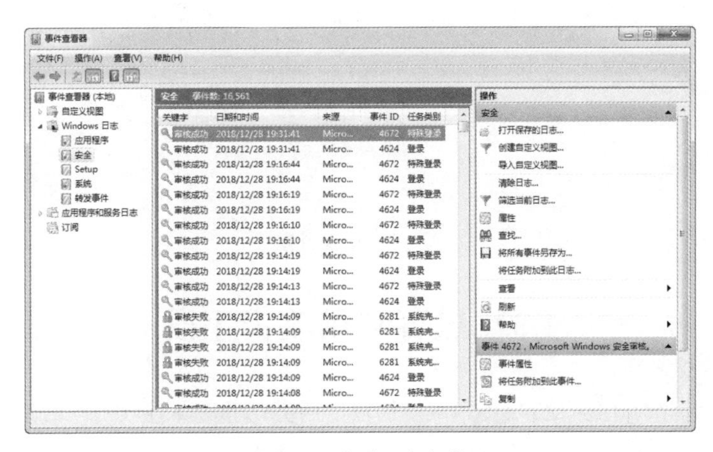

图 1-5　查看日志文件

6．存在陌生用户

在侵入电脑后，黑客会创建有管理员权限的用户，以便使用该账户远程登录电脑或启动程序和服务。用户可以使用 Net user 命令查看是否有新建的陌生账户，如图 1-6 所示。如果存在，应该及时删除该账户。

图 1-6　查看用户账户

7．存在陌生服务

黑客侵入后或者中木马后，会开启一些服务程序，为黑客提供各种数据信息。用户可以启动服务查看器，如图 1-7 所示。查看是否存在异常的服务，并及时关闭陌生服务。

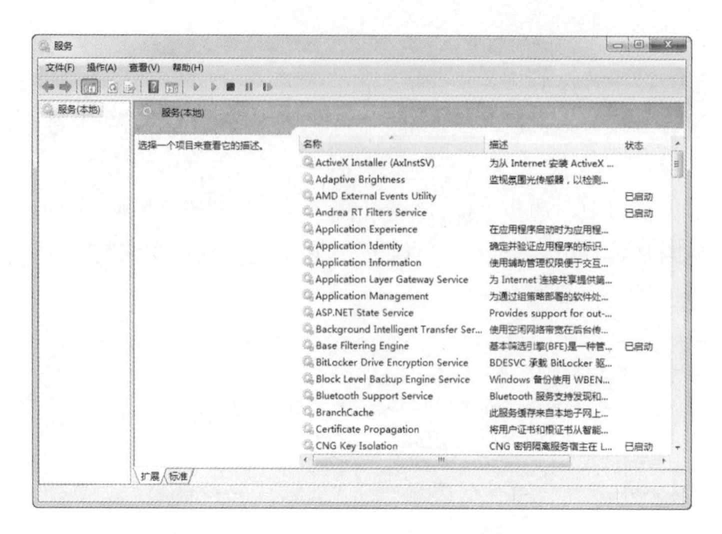

图 1-7　查看服务

1.3　黑客常用攻击手段

黑客攻击手段可分为非破坏性攻击和破坏性攻击两类。非破坏性攻击一般是为了扰乱系统的运行，并不盗窃系统资料，通常采用拒绝服务攻击或信息炸弹；破坏性攻击是以侵入他人电脑系统、盗窃系统保密信息、破坏目标系统的数据为目的。下面介绍 4 种黑客常用的攻击手段。

1．后门程序

程序员在设计一些功能复杂的程序时，会开启后门，以便于测试、更改和增强模块功能。完成设计之后，通常会去掉各个模块的后门，但有时由于疏忽或者其他原因，后门没有及时去除。

这时，黑客将利用这些后门程序进入系统并发动攻击，或黑客通过攻击程序来开启后门，从而发动攻击。

2．信息炸弹

常见的信息炸弹有邮件炸弹、逻辑炸弹等。使用这些工具可以在短时间内向目标服务器发送大量超出系统负荷的信息，造成目标服务器超负荷、网络堵塞和系统崩溃。

3．网络监听

一种监视网络状态、数据流量以及网络上传输信息的管理工具。它可将网络接口设置为监听模式，并可截获网上传输的信息。当黑客登录网络主机并取得超级用户权限后，若要登录其他主机，使用网络监听可以有效地截获网上的数据。

网络监听是黑客使用最多的方法之一，但网络监听只能应用于物理上连接于同一网段的主机，通常被用作获取用户口令。

4．拒绝服务

这种方式可以集中大量的网络服务器带宽，对某个特定目标实施攻击，因而影响巨大，顷刻间就可使被攻击目标的带宽资源耗尽，最终导致服务器瘫痪。

拒绝服务又称为分布式 DOS 攻击，它是使用超出被攻击目标处理能力的大量数据包消耗系统的带宽资源，最后使用网络服务瘫痪的一种攻击手段。

1.4　黑客的定位目标——IP 地址

在网络上，只要利用 IP 地址就可以找到目标主机，因此，如果要攻击某个网络主机，就要先确定该目标主机的域名或 IP 地址。

1.4.1　认识 IP 地址

IP 是 Internet Protocol 的简称，中文简称为“网协”，它是为计算机网络相互连接进行通信而设计的协议。无论任何操作系统，只要遵守 IP 协议就可以与 Internet 互联互通。而 IP 地址则是为了识别 Internet 或局域网中的电脑所产生的 32bit（bit 的中文名称是位，音译为比特）地址。

IP 地址默认是利用二进制来表示的，目前的 IP 地址的长度为 32bit，例如采用二进制形式的 IP 地址是 11000000101010000000000100100101，这么长的 IP 地址处理起来会非常麻烦。因此为了方便使用，IP 地址经常被记为十进制形式的数字，分为 4 段，每段包括 8 位，并且在中间使用句点符号“.”隔开，这样上面的 IP 地址可以写成 192.168.1.32。这种记法叫作“点分十进制表示法”，与一长串的 1 和 0 相比，利用点分十进制表示法表示的 IP 地址更容易被记住。

1.4.2　IP 地址的分类

在 Internet 中，每个 IP 地址都包括两个标识码（ID），它们分别是网络标识码和主机标识码。网络 ID 能够告诉用户计算机所处的特定网络，而主机 ID 则用来区分该网络中的多台计算机。

根据 IP 地址中网络 ID 与主机 ID 表示的不同数据段，可以将 IP 地址划分为 A、B、C、D 和 E 类。这 5 类 IP 地址的定义方式如表 1-1 所示。

表 1-1　IP 地址的分类及定义

地址类别	定　义
A 类	第 1 段为网络地址，第 2 ~ 4 段为主机地址。网络 ID 的第 1 位必须是 0，因此该类 IP 地址中网络 ID 的长度为 8 位，主机 ID 的长度为 24 位，该类 IP 地址范围为 1.0.1 ~ 126.255.255.254，其子网掩码为 255.0.0.0
B 类	第 1 ~ 2 段为网络地址，第 3 ~ 4 段为主机地址。网络地址的前 2 位必须是 10，因此该类 IP 地址中网络 ID 的长度为 16 位，主机 ID 的长度为 16 位，该类 IP 地址范围为 128.1.0.1 ~ 191.254.255.254，其子网掩码为 255.255.0.0
C 类	第 1 ~ 3 段为网络地址，第 4 段为主机地址。网络地址的前 3 位必须是 110，因此该类 IP 地址中网络 ID 的长度为 24 位，主机 ID 的长度为 8 位，该类 IP 地址范围为 192.0.1.1 ~ 223.255.254.254，其子网掩码为 255.255.255.0
D 类	该类 IP 地址的第一个字节以 1110 开始，它是一个专门保留的地址，并不指向特定的网络。目前这类地址被用在多点广播（Multicast）中，其地址范围 224.0.0.1 ~ 239.255.255.254
E 类	该类 IP 地址以 11110 开始，为将来使用保留

提示：除了以上介绍的 5 种 IP 地址以外，还有全 0 和全 1 的 IP 地址，其中全 0 的 IP 地址（0.0.0.0）是指当前网络，全 1 的 IP 地址（255.255.255.255）是广播地址（现在 CISCO 上可以使用全 0 的地址）。

IPv 是 Internet Protocol Version 的简称，中文译为“网络协议版本”，目前 Internet 中常用的网际协议版本有 IPv4 和 IPv6 两个。IPv4 采用 32bit 地址长度，只能容纳大约 43 亿台电脑，而 IPv6 采用了 128bit 地址长度，几乎可以不受限制地提供 IP 地址。

1.4.3 查看 IP 地址

若计算机是连接路由器而实现上网时，则该计算机将会拥有两种 IP 地址，即外网 IP 地址和内网 IP 地址，外网 IP 地址是当前计算机在 Internet 中的 IP 地址，内网 IP 地址则是路由器为之分配的 IP 地址，即局域网中的 IP 地址。

1. 查看内网 IP 地址

下面以一个具体实例来说明如何查看内网 IP 地址。

【实验 1-1】 在 Windows 7 系统中查看内网 IP 地址

具体操作步骤如下：

（1）在“运行”对话框中，输入 cmd 命令，如图 1-8 所示。单击“确定”按钮。

（2）在弹出的“命令行提示符”窗口中，输入 Ipconfig 命令，按回车键，即可看到计算机的 IP 地址，如图 1-9 所示。

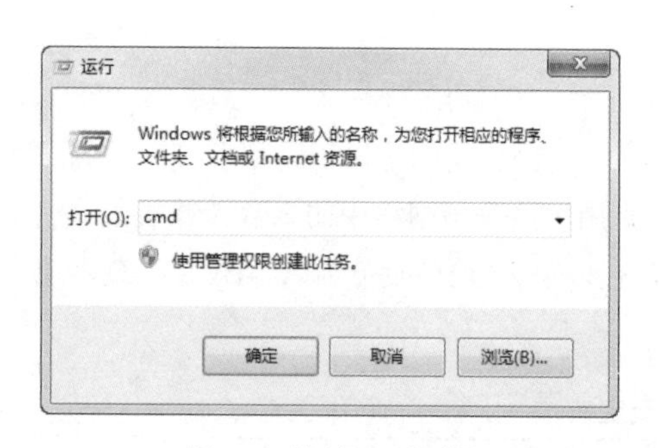

图 1-8 “运行”对话框

图 1-9 查看计算机的 IP 地址

【实验 1-2】 在 Windows 10 系统中查看内网 IP 地址

具体操作步骤如下：

（1）右击“开始”按钮，在弹出的快捷菜单中选择“运行”命令，如图 1-10 所示。

（2）打开“运行”对话框，在“打开”下拉列表框中输入 cmd 命令，如图 1-11 所示。

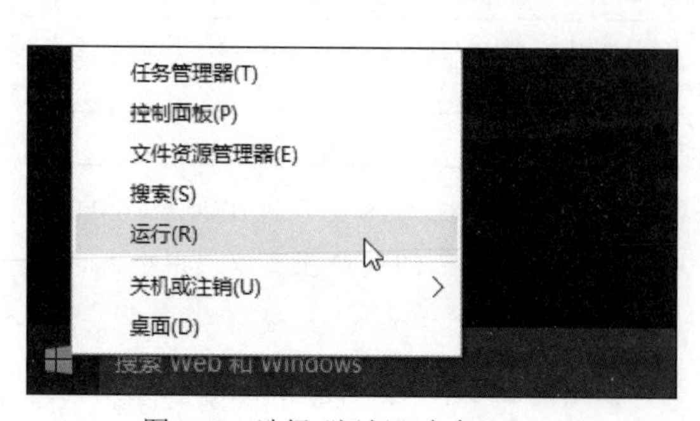

图 1-10 选择“运行”命令

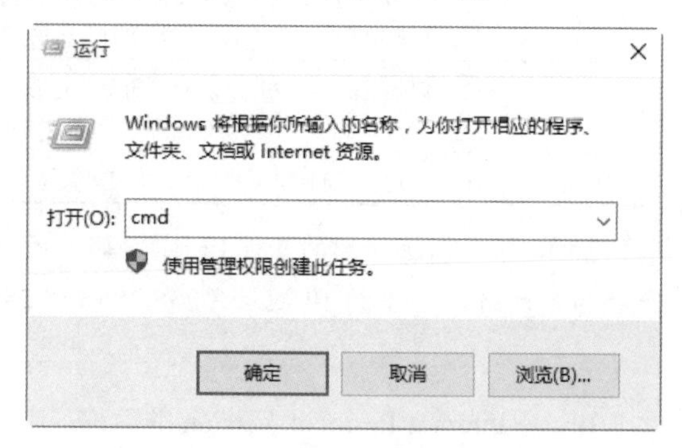

图 1-11 输入命令

（3）单击“确定”按钮，打开“命令行提示符”窗口中，输入 Ipconfig 命令，按回车键，即可显示该计算机的 IP 地址，如图 1-12 所示。

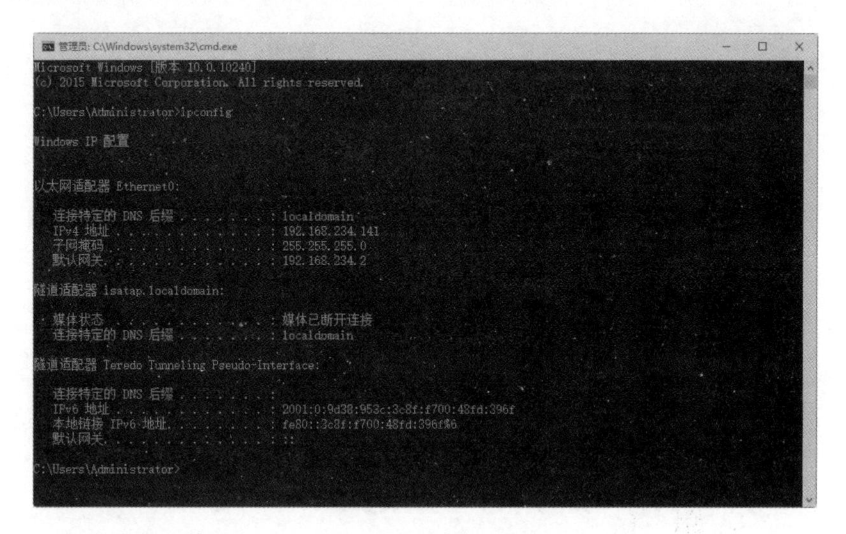

图 1-12　查看 IP 地址

2. 查看外网 IP 地址

当计算机接入 Internet 以后，Internet 就会给该计算机分配一个 IP 地址，若要查看该 IP 地址，则可以借助百度搜索引擎来实现。下面以一个具体实例来说明如何查看外网 IP 地址。

【实验 1-3】查看外网 IP 地址

具体操作步骤如下：

（1）打开百度首页，输入 IP 地址查询，如图 1-13 所示。

图 1-13　输入 IP 地址查询

（2）单击“百度一下”按钮，跳转至新的页面，在该页面中可看见当前计算机在 Internet 中的 IP 地址，如图 1-14 所示。

图 1-14　查看外部 IP 地址

1.5　黑客的专用通道——端口

端口是计算机与外部通信交流的出口。其中硬件领域的端口又称为接口，如 USB 端口、串行端口等。软件领域的端口一般指网络中面向连接服务和无连接服务的通信协议端口，是一种抽象的软件结构，包括一些数据结构和 I/O（基本输入/输出）缓冲区。

1.5.1　端口的分类

在计算机中，不同的端口有着不同的功能，例如 80 号端口是用于浏览网页服务的，21 号端口是用于 FTP 服务的。计算机中可开启的端口数值范围为 1～65535。按照端口号的分布，可以将计算机中的端口分为公认端口、注册端口以及动态和/或私有端口。

1. 公认端口

公认端口也称为“常用端口”，这类端口包括 0～1023 号端口，它们紧密地绑定一些特定的服务，通常这些端口的通信明确地表明了某种服务的协议，用户无法重新定义这些端口对应的作用对象。

2. 注册端口

注册端口包括 1024～49151 号端口，它们松散地绑定于一些服务，这些端口同样用于许多其他的目的。这些端口与公认端口不同，它们多数没有明确的作用对象，不同的程序可以根据实际需要自定义。这些端口会定义一些远程控制软件和木马程序，因此对这些端口的防护和病毒查杀是非常有必要的。

3. 动态和/或私有端口

动态和/或私有端口包括 49152～65535 号端口，这些端口通常不会被分配常用服务，但是一些常用的木马和病毒就非常喜欢使用这些端口，其主要原因是这些端口常常不引起人们注意，并且很容易屏蔽。

提示：划分端口不仅可以根据端口号进行，也可以根据协议类型进行划分。根据协议类型可以将端口号划分为 TCP 端口和 UDP 端口两种类型，其中 TCP 端口采用了 TCP 通信协议，UDP 端口采用了 UDP 通信协议。

1.5.2　关闭端口

默认情况下，Windows 有很多端口是开放的，在用户上网时，网络病毒和黑客可以通过这些端口连上用户的电脑。为了让电脑的系统更加安全，应该封闭这些端口，主要有 TCP135、139、445、593、1025 端口和 UDP135、137、138、445 端口，一些流行病毒的后门端口（如 TCP2745、3127、6129 端口）以及远程服务访问端口 3389。

例如，5357 号端口默认处于开启状态，该端口在 Windows 7 对应的是 Function Discovery Resource Publication 服务，关闭该端口的方法就是禁用该服务。

关闭端口的操作步骤如下：

（1）单击“开始”按钮，在弹出的菜单中选择“控制面板”命令，如图 1-15 所示。

图 1-15　选择“控制面板”命令

（2）在弹出的“控制面板”窗口中，设置“大图标”查看方式，单击“管理工具”超链接，如图 1-16 所示。

图 1-16　单击“管理工具”超链接

（3）在弹出的“管理工具”窗口中，双击“服务”选项，如图 1-17 所示。

图 1-17　双击“服务”选项

（4）在弹出的“服务”窗口中，双击“Function Discovery Resource Publication”选项，如图 1-18 所示。

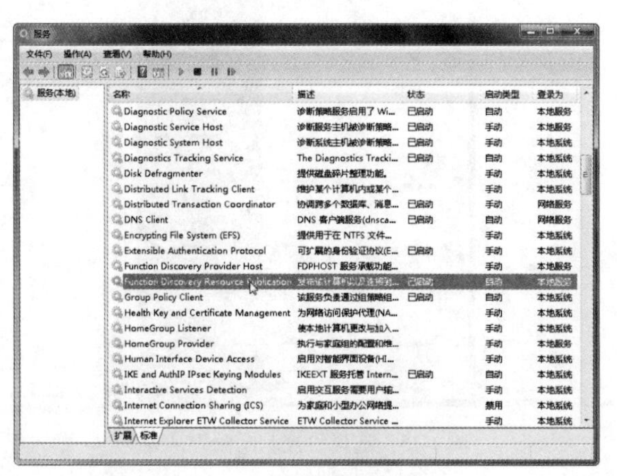

图 1-18　双击服务选项

（5）在弹出的对话框中，单击“启动”类型右侧下三角按钮，在展开的列表中选择“禁用”选项，如图 1-19 所示。

（6）在“服务状态”下方，单击“停止”按钮，如图 1-20 所示。停止运行该服务。

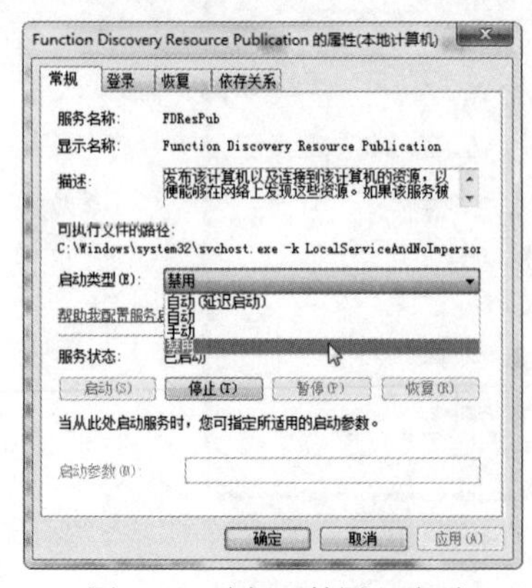

图 1-19　选择“禁用”选项

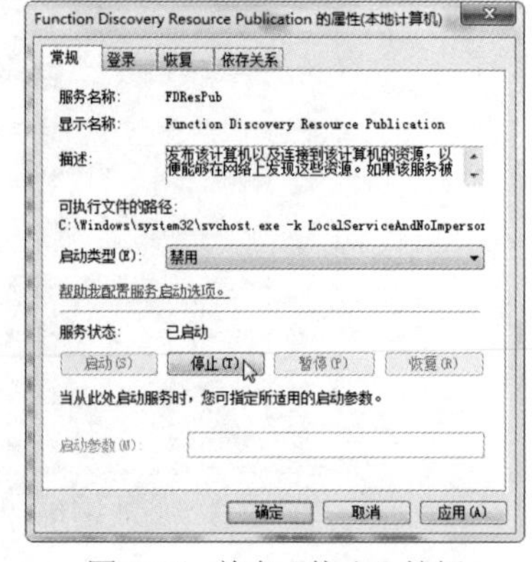

图 1-20　单击“停止”按钮

（7）单击“停止”按钮后，系统将开始停止运行该服务，如图 1-21 所示。

（8）当服务状态变为“已停止”时，单击“确定”按钮，如图 1-22 所示。保存退出。

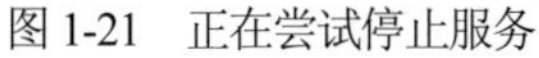

图 1-21　正在尝试停止服务

图 1-22　端口已关闭

提示：开启端口的操作就是启用指定端口所对应的服务，其操作方法与关闭操作类似。

1.5.3　限制指定的端口

对于 Windows 用户，可以随意设置对服务器端口的限制。系统默认情况下，许多没用或有危险的端口默认为开启的，可以选择将这些端口关闭。

例如，3389 端口是一个危险的端口，但是系统默认该端口为开启，用户可以通过使用 IP 策略阻止访问该端口。

限制指定端口的操作步骤如下：

（1）在“管理工具”窗口中，双击“本地安全策略”选项，如图 1-23 所示。

图 1-23　双击“本地安全策略”选项

（2）在弹出的“本地安全策略”窗口中，右击“IP 安全策略 在本地计算机”选项，在弹出的快捷菜单中选择“创建 IP 安全策略”命令，如图 1-24 所示。

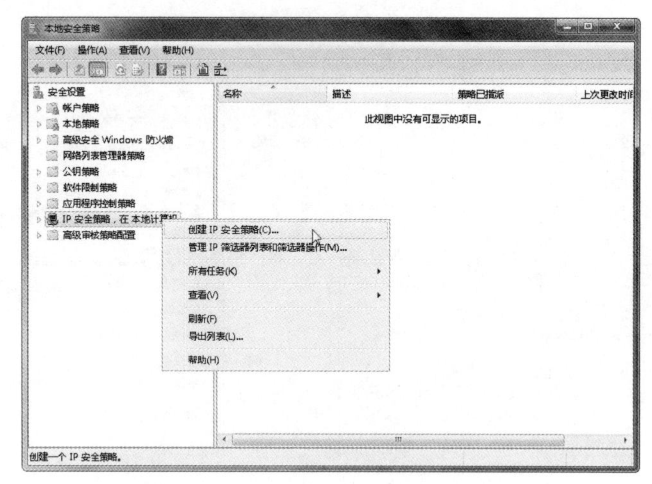

图 1-24 选择“创建 IP 安全策略”命令

（3）在弹出的“IP 安全策略向导”对话框中，单击“下一步”按钮，如图 1-25 所示。

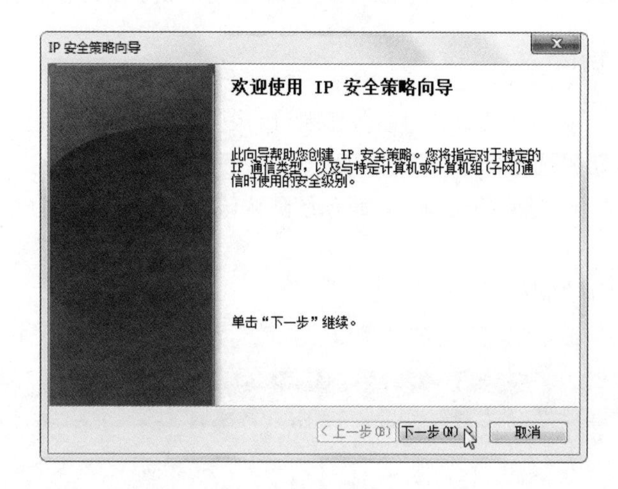

图 1-25 向导信息

（4）在弹出的对话框中，输入名称，然后单击“下一步”按钮，如图 1-26 所示。

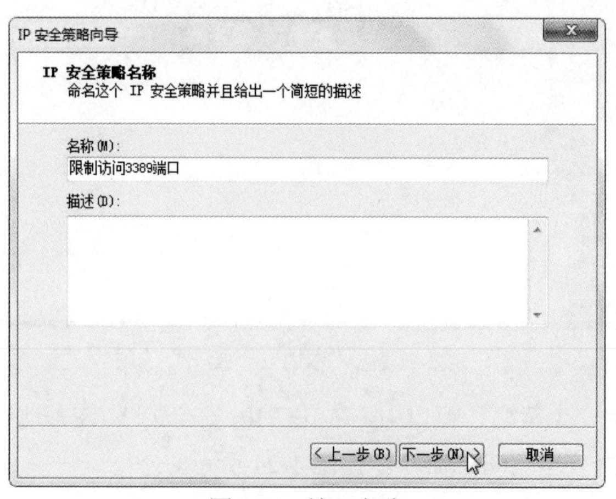

图 1-26 输入名称

（5）在弹出的对话框中，取消选中“激活默认响应规则”复选框，然后单击“下一步”按钮，如图 1-27 所示。

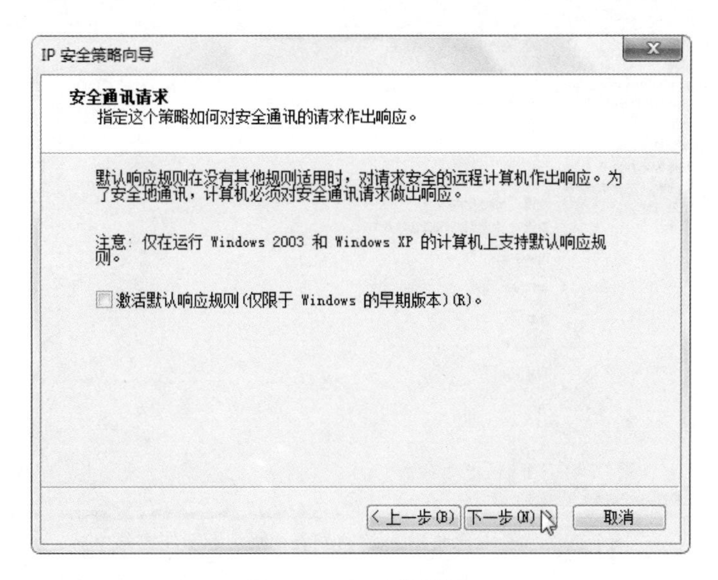

图 1-27　安全通讯请求

（6）在弹出的对话框中，取消选中“编辑属性”复选框，然后单击“完成”按钮，如图 1-28 所示。

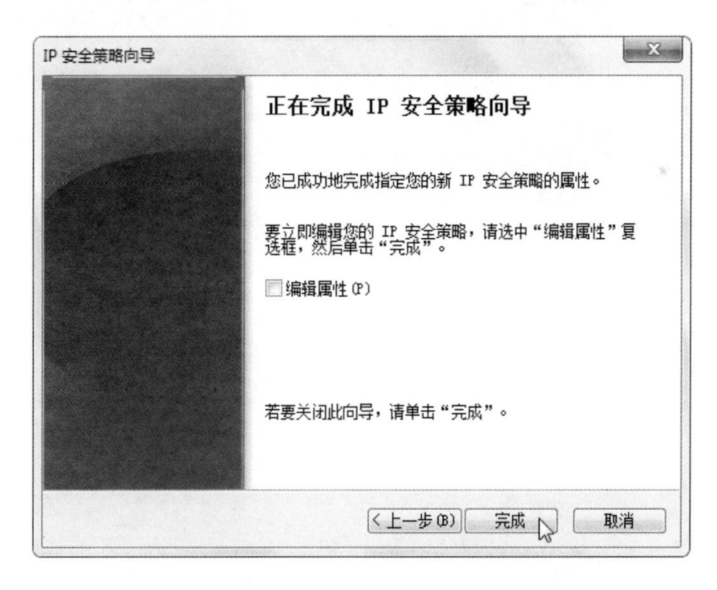

图 1-28　安全策略设置完成

（7）在“本地安全策略”窗口中，右击“IP 安全策略 在本地计算机”选项，在弹出的快捷菜单中选择“管理 IP 筛选器列表和筛选器操作”命令，如图 1-29 所示。

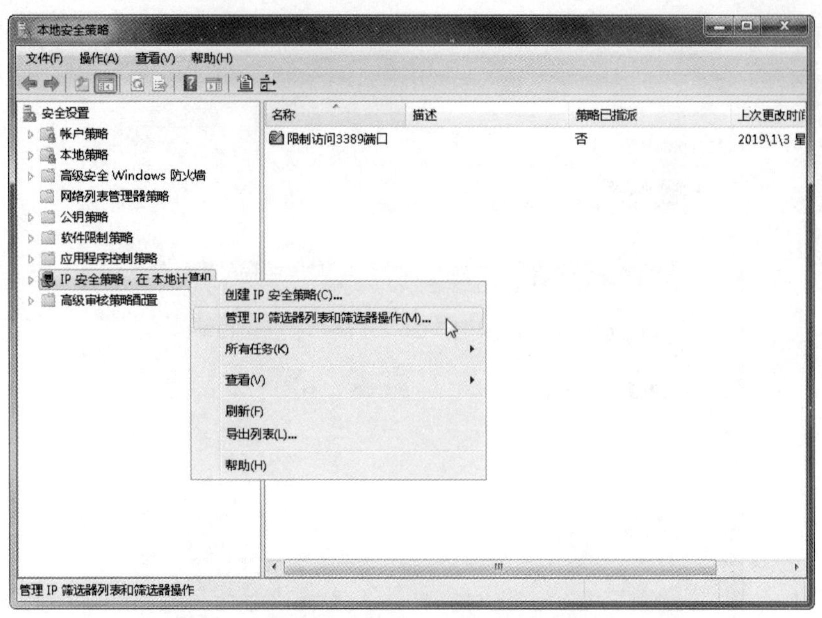

图 1-29　选择“管理 IP 筛选器列表和筛选器操作”命令

（8）在弹出的“管理 IP 筛选器列表和筛选器操作”对话框中，单击“添加”按钮，如图 1-30 所示。

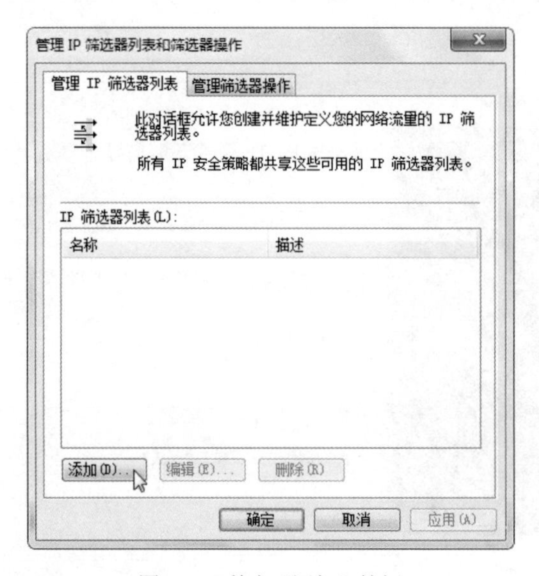

图 1-30　单击“添加”按钮

（9）在弹出的“IP 筛选器列表”对话框中，输入筛选器名称，然后单击“添加”按钮，如图 1-31 所示。

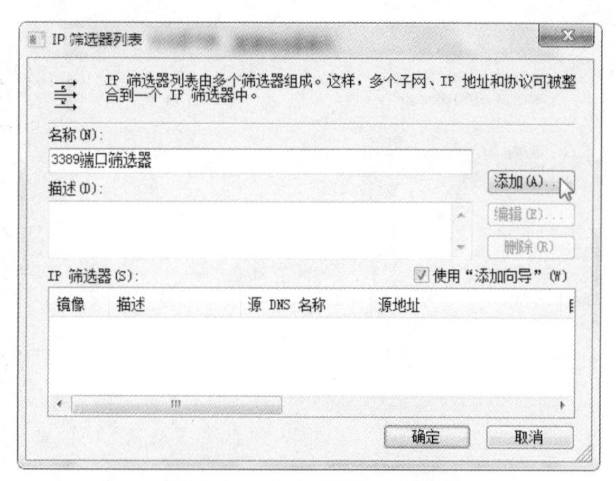

图 1-31　单击"添加"按钮

（10）在弹出的"IP 筛选器向导"对话框中，单击"下一步"按钮，如图 1-32 所示。

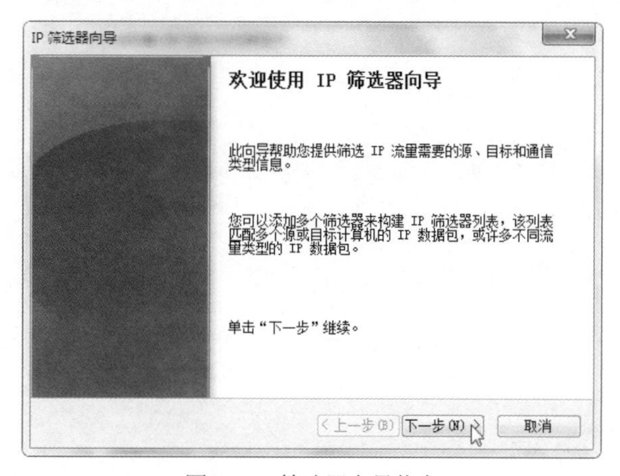

图 1-32　筛选器向导信息

（11）在弹出的对话框中，输入描述信息，然后单击"下一步"按钮，如图 1-33 所示。

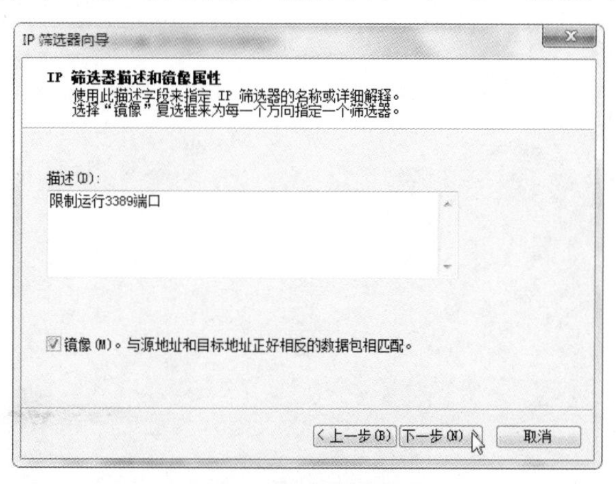

图 1-33　输入描述信息

（12）在弹出的对话框中，选择 IP 流量的源地址，然后单击"下一步"按钮，如图 1-34 所示。

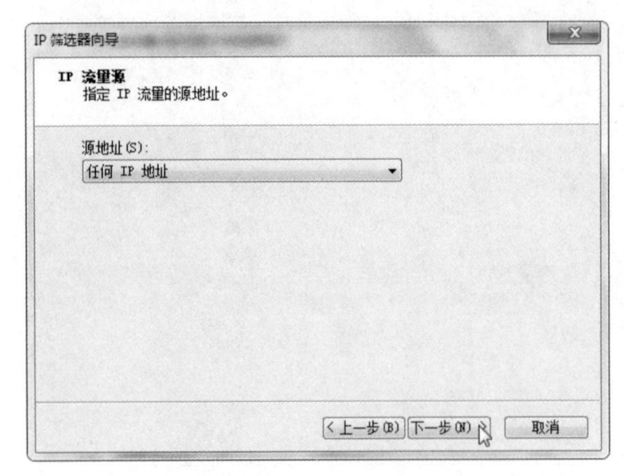

图 1-34　输入源地址

（13）在弹出的对话框中，选择 IP 流量的目标地址，然后单击“下一步”按钮，如图 1-35 所示。

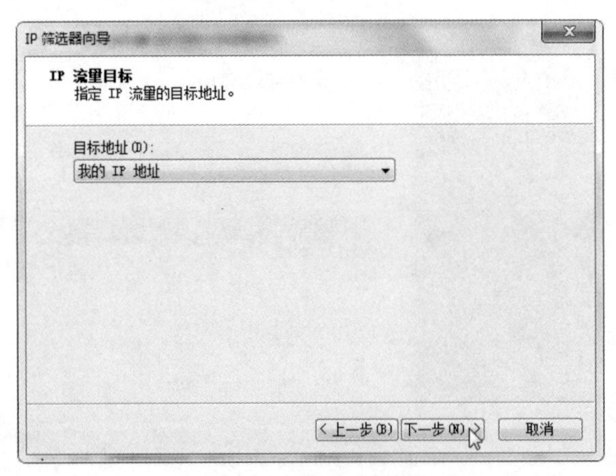

图 1-35　选择目标地址

（14）在弹出的对话框中，选择 IP 协议类型为 TCP，然后单击“下一步”按钮，如图 1-36 所示。

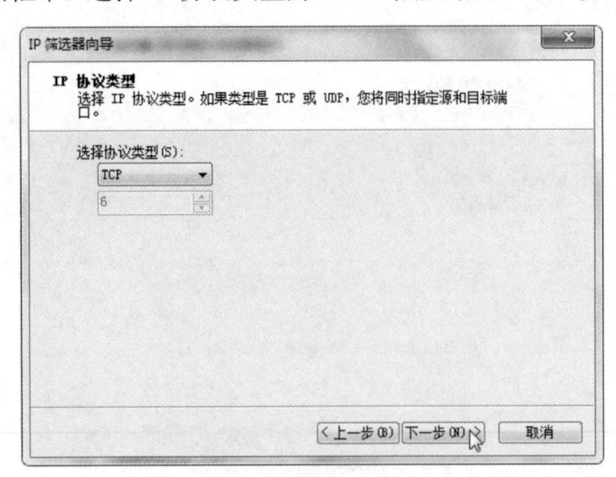

图 1-36　选择协议类型

（15）在弹出的对话框中，选中“从任意端口”、“到此端口”单选按钮，设置此端口的端口号为 3389，然后单击“下一步”按钮，如图 1-37 所示。

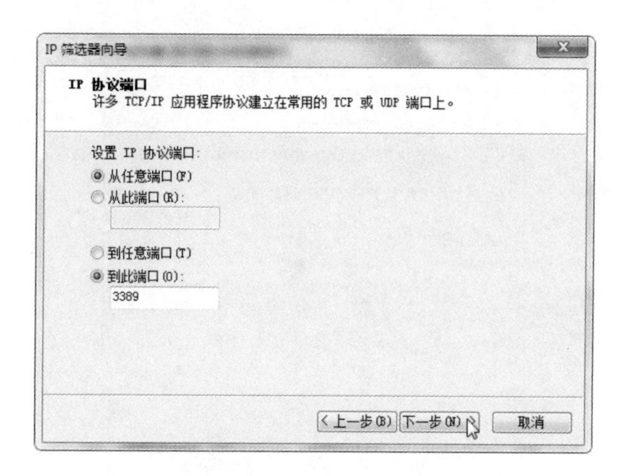

图 1-37　设置 IP 协议端口

（16）在弹出的对话框中，取消选中“编辑属性”复选框，然后单击“完成”按钮，如图 1-38 所示。

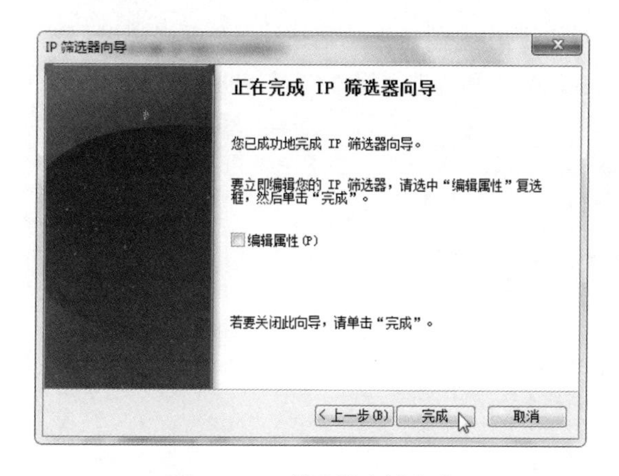

图 1-38　IP 筛选器向导完成

（17）在返回的“IP 筛选器列表”对话框中，查看已创建的筛选器，然后单击“确定”按钮，如图 1-39 所示。

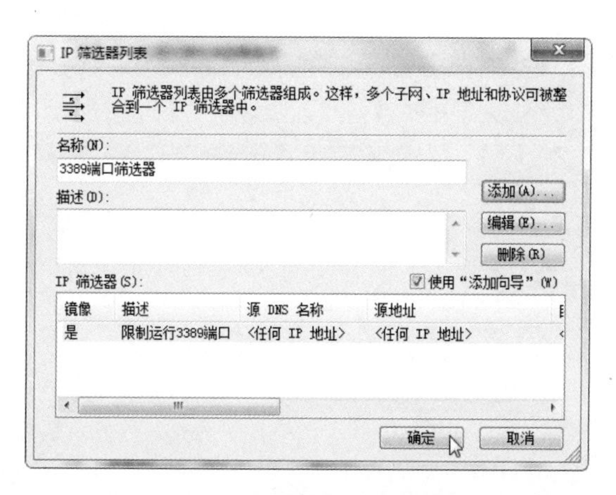

图 1-39　查看已创建的筛选器

（18）选择“管理筛选器操作”选项卡，取消选中“使用‘添加向导’”复选框，然后单击“添加”按钮，如图 1-40 所示。

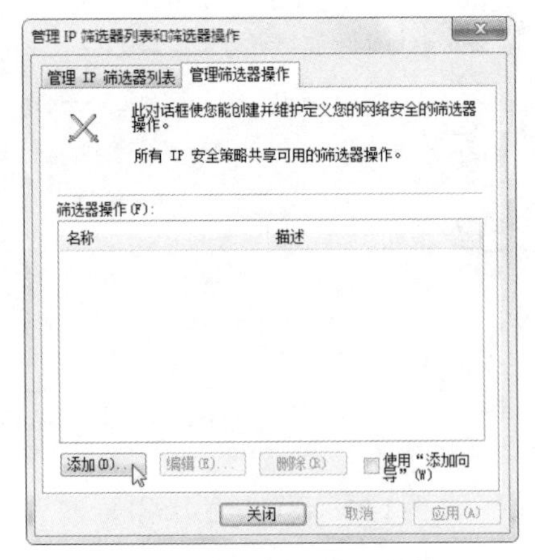

图 1-40　单击“添加”按钮

（19）在弹出的对话框中，选中“阻止”单选按钮，然后单击“确定”按钮，如图 1-41 所示。

（20）返回“管理 IP 筛选器列表和筛选器操作”对话框，然后单击“关闭”按钮，如图 1-42 所示。

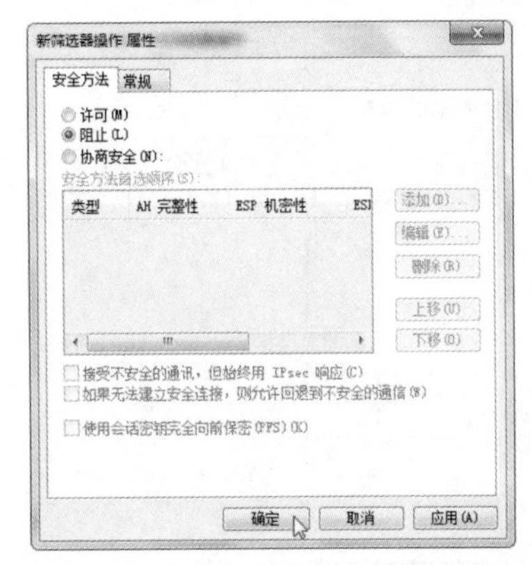

图 1-41　选中“阻止”单选按钮

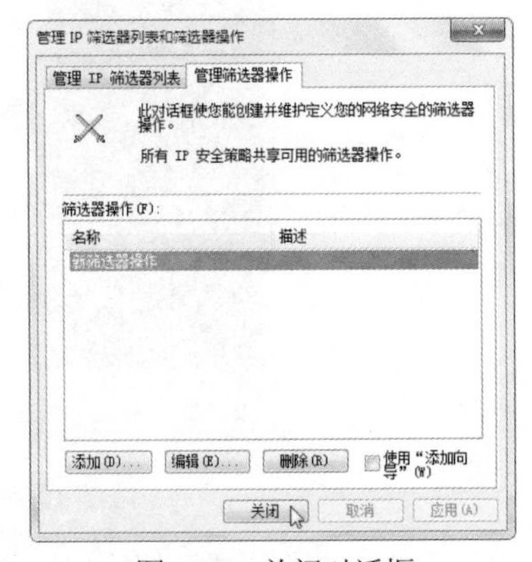

图 1-42　关闭对话框

（21）返回“本地安全策略”窗口，双击刚创建的 IP 安全策略，如图 1-43 所示。

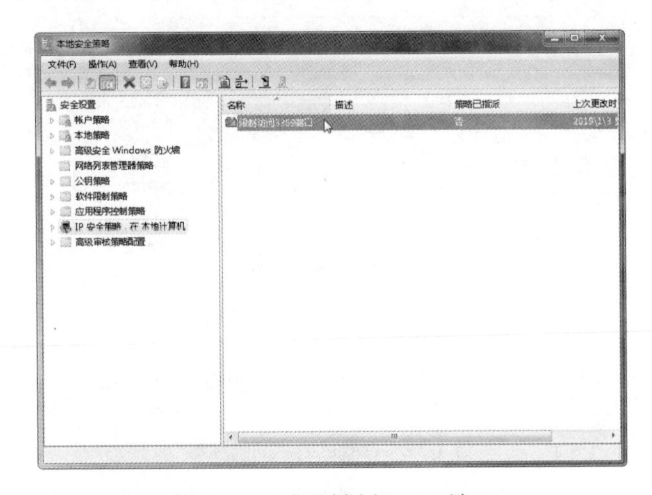

图 1-43　双击限制访问 3389 端口

（22）在弹出的“限制访问 3389 端口 属性”对话框中，添加“添加”按钮，如图 1-44 所示。

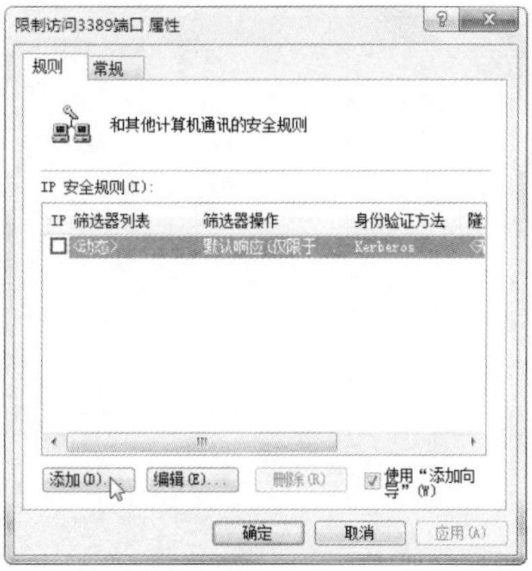

图 1-44　单击“添加”按钮

（23）在弹出的“安全规则向导”对话框中，单击“下一步”按钮，如图 1-45 所示。

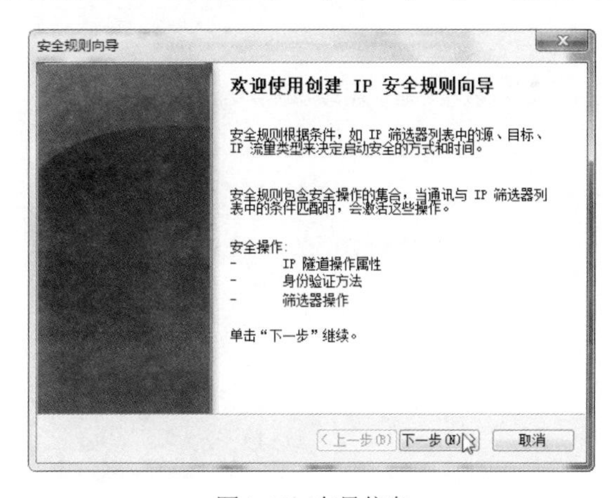

图 1-45　向导信息

（24）在弹出的对话框中，选中“此规则不指定隧道”单选按钮，然后单击“下一步”按钮，如图 1-46 所示。

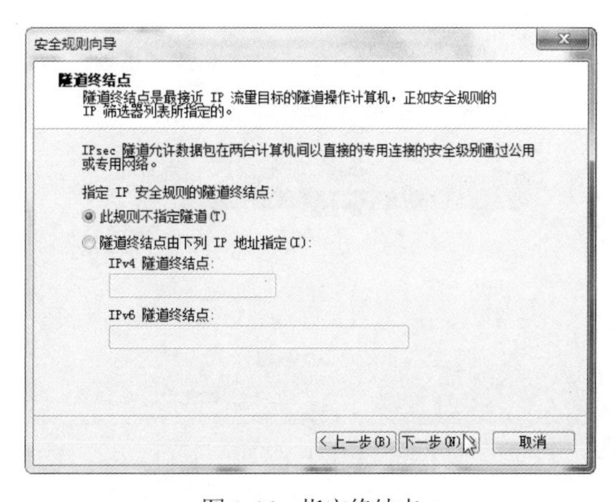

图 1-46　指定终结点

（25）在弹出的对话框中选中“所有网络连接”单选按钮，然后单击“下一步”按钮，如图1-47所示。

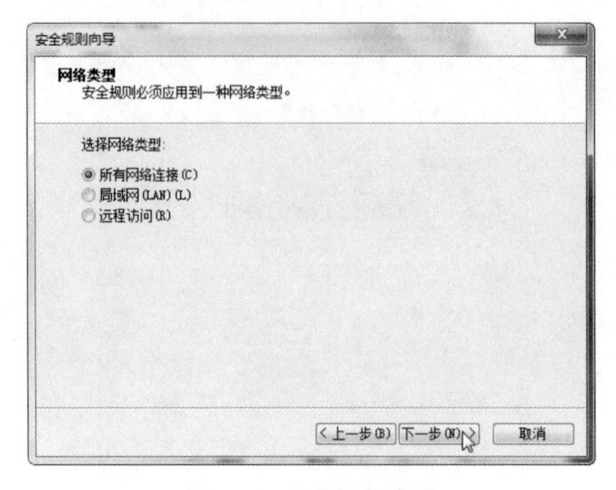

图1-47　选择网络类型

（26）在弹出的对话框中选中“3389端口筛选器”单选按钮，然后单击“添加”按钮，如图1-48所示。

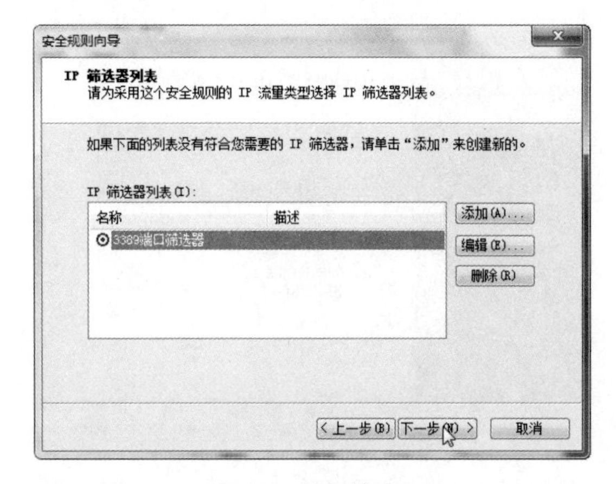

图1-48　选择筛选器

（27）在弹出的对话框中选中“新筛选器操作”单选按钮，然后单击“下一步”按钮，如图1-49所示。

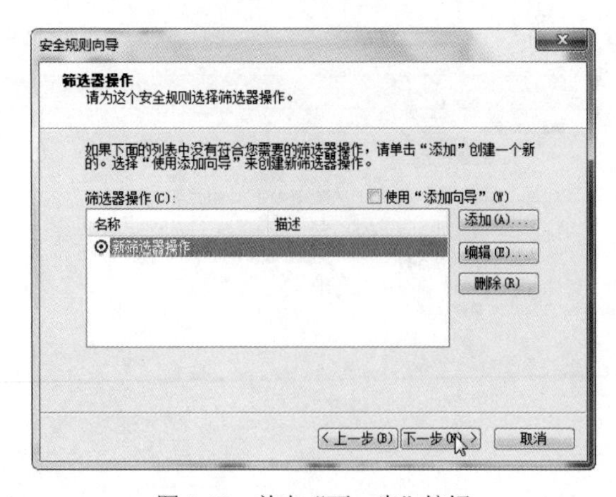

图1-49　单击“下一步”按钮

（28）在弹出的对话框中，取消选中“编辑属性”复选框，然后单击“完成”按钮，如图 1-50 所示。

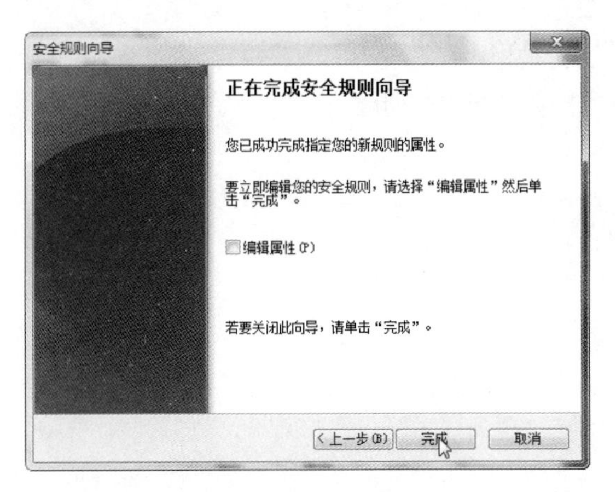

图 1-50　向导完成

（29）返回“限制访问 3389 端口属性”对话框，然后单击“确定”按钮，如图 1-51 所示。

图 1-51　单击“确定”按钮

（30）返回“本地安全策略”窗口，右击新建的 IP 安全策略，在弹出的快捷菜单中选择“分配”命令即可，如图 1-50 所示。

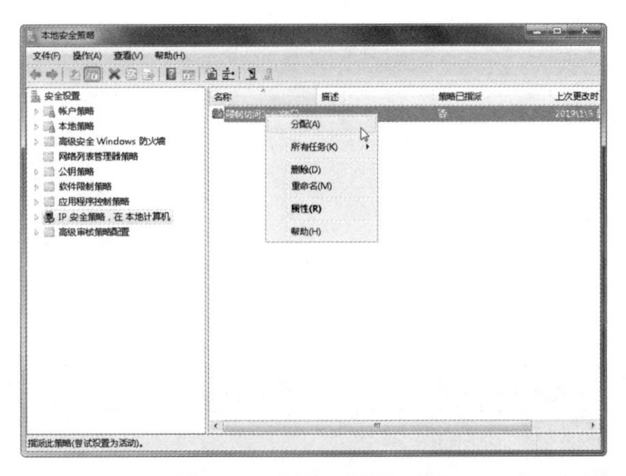

图 1-52　选择“分配”命令

1.6 黑客藏匿的首选地——系统进程

在 Windows 系统中，进程是程序在系统中的一次执行活动。它主要包括系统进程和程序进程两种。系统进程是指用于完成操作系统各种功能的进程，而通过启动应用程序所产生的进程则统称为程序进程。

由于系统进程是随着操作系统的启动而启动的，因此黑客经常会进行一定的设置，使得系统中的木马或病毒对应的进程与系统进程的名称十分相似，从而达到“欺骗”用户的目的。

1.6.1 系统进程简介

系统进程的主要作用是确保操作系统能够正常运行，在 Windows 系统中，右击任务栏任意空白处，在弹出的快捷菜单中选择“启动任务管理器”命令，打开“Windows 任务管理器”窗口，选择“进程”选项卡，即可看见当前正在运行的所有进程，如图 1-53 所示。

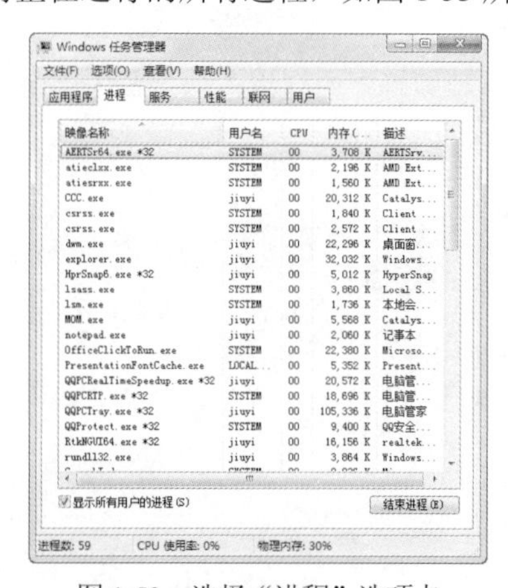

图 1-53 选择“进程”选项卡

下面介绍 Windows 系统常见的进程及含义，如表 1-2 所示。

表 1-2 系统进程的名称及含义

名 称	含 义
Conime.exe	该进程与输入法编辑器相关，能够确保正常调整和编辑系统中的输入法
Ctfmon.exe	该进程与输入法有关，该进程的正常运行能够确保语言栏能正常显示在任务栏中
Explorer.exe	该进程是 Windows 资源管理器，可以说是 Windows 图形界面外壳程序，该进程的正常运行能够确保在桌面上显示桌面图标和任务栏
Lsass.exe	该进程用于 Windows 操作系统的安全机制、本地安全和登录策略
Smss.exe	该进程用于调用对话管理子系统，负责用户与操作系统的对话
Svchost.exe	该进程是从动态链接库（DLL）中运行的服务的通用主机进程名称，如果用户手动终止该进程，系统也会重新启动该进程
System	该进程是 Windows 页面内存管理进程，它能够确保系统的正常启动
Winlogon.exe	该程序是 Windows NT 用户登录程序，主要用于管理用户登录和退出
Services.exe	该进程用于启动和停止系统中的服务，如果用户手动终止进程，系统也会重新启动该进程

1.6.2　关闭系统进程

在 Windows 系统中，用户可以手动关闭或新建系统进程，如 explorer.exe 进程就可以手动关闭和新建。该进程被关闭后，桌面上将只显示桌面墙纸，重新创建该进程后将会再次在桌面上显示桌面图标和任务栏。

【实验 1-4】在 Windows 7 系统中关闭系统进程

具体操作步骤如下：

（1）在 Windows 7 系统中，右击单击任务栏空白处，在弹出的快捷菜单中选择“启动任务管理器”命令，如图 1-54 所示。

（2）在弹出的“Windows 任务管理器”窗口中，切换至“进程”选项卡，选中 explorer.exe，单击“结束进程”按钮，如图 1-55 所示。

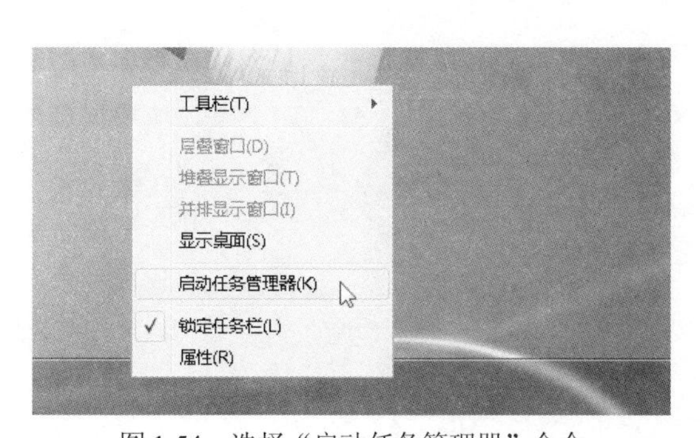

图 1-54　选择“启动任务管理器”命令

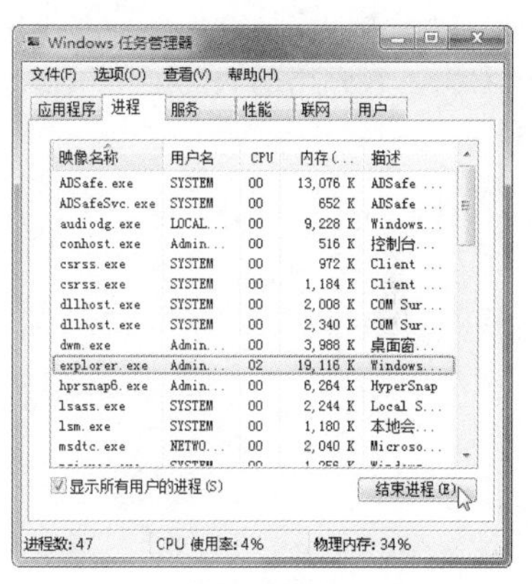

图 1-55　单击“结束进程”按钮

（3）在弹出的对话框中，单击“结束进程”按钮，如图 1-56 所示。

（4）单击“结束进程”按钮后，桌面上只显示了桌面背景，桌面图标和任务栏都消失了，如图 1-57 所示。

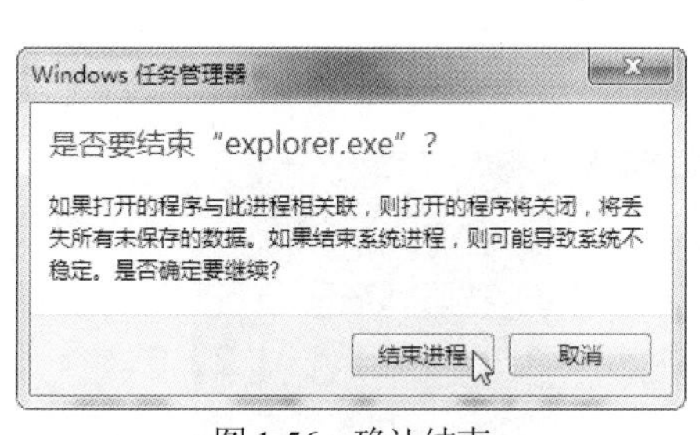

图 1-56　确认结束

图 1-57　关闭 explorer.exe 进程后的画面

【实验 1-5】在 Windows 10 系统中关闭系统进程

在 Windows 10 系统中，将 explorer.exe 命名为“Windows 资源管理器”，下面介绍关闭 Windows 资源管理器的操作步骤。

（1）在 Windows 10 系统中，右击单击任务栏空白处，在弹出的快捷菜单中选择“任务管理器”命令，如图 1-58 所示。

图 1-58　选择“任务管理器”命令

（2）在弹出的“任务管理器”窗口中，切换至“进程”选项卡，选择“Windows 资源管理器”选项，右击，在弹出的快捷菜单中选择“结束任务”按钮，如图 1-59 所示。

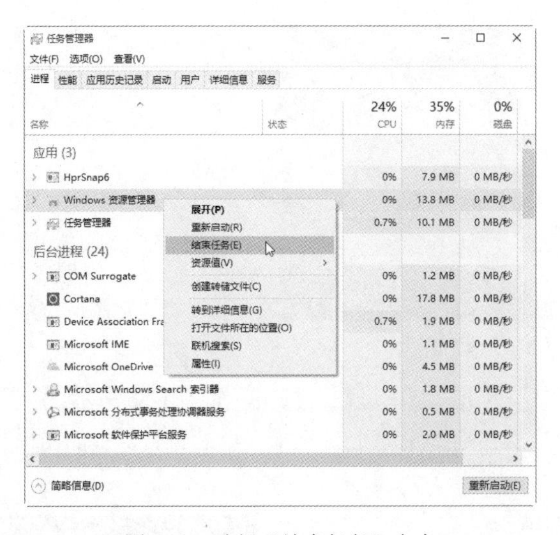

图 1-59　选择“结束任务”命令

（3）关闭 Windows 资源管理器以后，桌面上一片漆黑，桌面图标和任务栏都消失了，如图 1-60 所示。

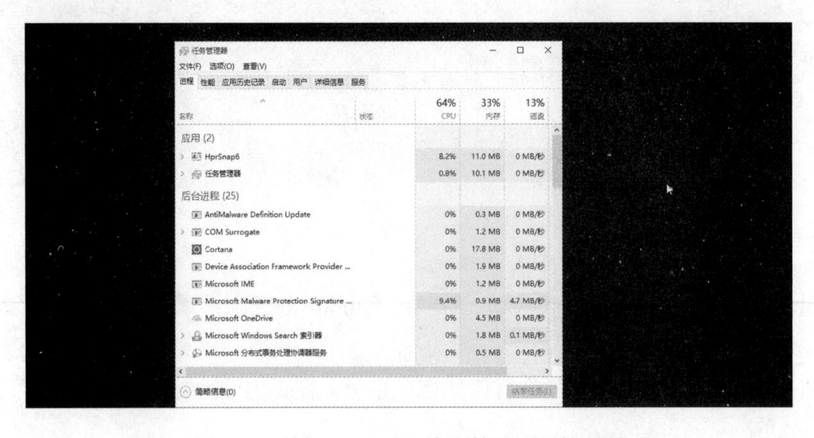

图 1-60　关闭 Windows 资源管理器后的画面

提示：结束 explorer.exe 进程后，桌面上将不会显示任务栏，此时若要再次打开“Windows 任务管理器”窗口，可以通过按【Ctrl+Alt+Del】组合键来实现。

1.6.3　新建系统进程

下面以新建系统 explorer.exe 进程为例，介绍新建系统进程的方法。

【实验 1-6】在 Windows 7 系统中新建系统进程

具体操作步骤如下：

（1）在 Windows 7 系统中，右击任务栏空白处，在弹出的快捷菜单中选择“启动任务管理器”命令。

（2）在弹出的“Windows 任务管理器”窗口中，切换至“进程”选项卡，单击“文件”→“新建任务（运行）”命令，如图 1-61 所示。

（3）打开“新建任务”对话框，在“打开”文本框中输入 explorer.exe，然后单击“确定”按钮，如图 1-62 所示。

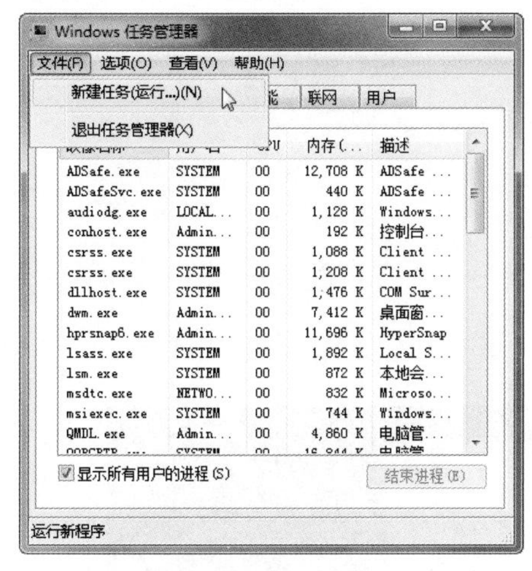

图 1-61　选择“新建任务（运行）”命令

图 1-62　单击“确定”命令

（4）单击“确定”按钮后，桌面上重新显示了桌面图标和任务栏，如图 1-63 所示。

图 1-63　新建系统进程后的画面

【实验 1-7】在 Windows 10 系统中新建系统进程

（1）在 Windows 10 系统中，右击任务栏空白处，在弹出的快捷菜单中选择“任务管理器”命令。

（2）在弹出的“任务管理器”窗口中，切换至“进程”选项卡，单击“文件”→“运行新任务”命令，如图 1-64 所示。

（3）打开“新建任务”对话框，在“打开”文本框中输入 explorer.exe，然后单击“确定”按钮，如图 1-65 所示。

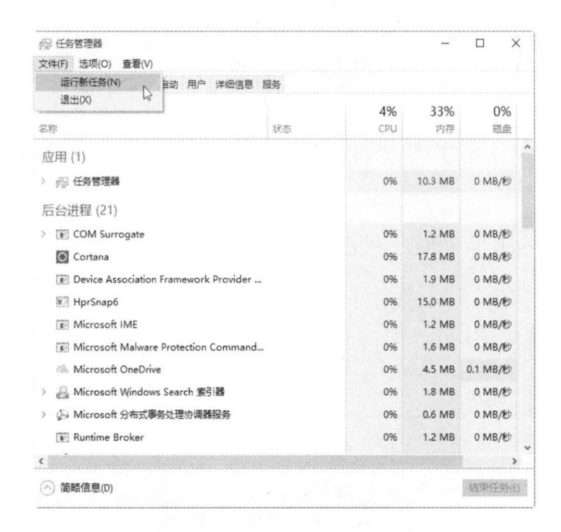

图 1-64　选择“运行新任务”命令

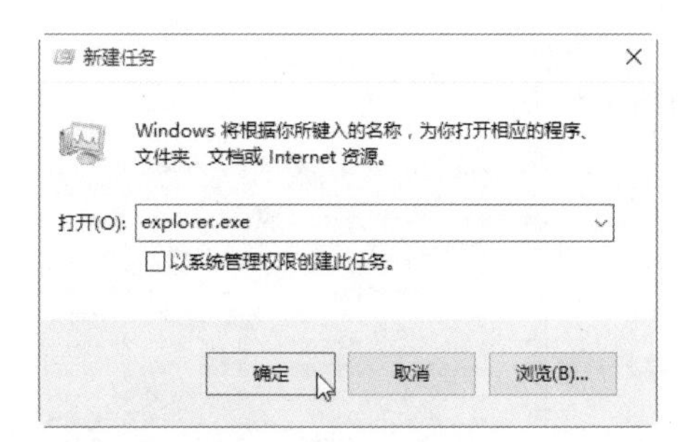

图 1-65　单击“确定”命令

（4）单击“确定”按钮后，桌面上重新显示桌面图标和任务栏，如图 1-66 所示。

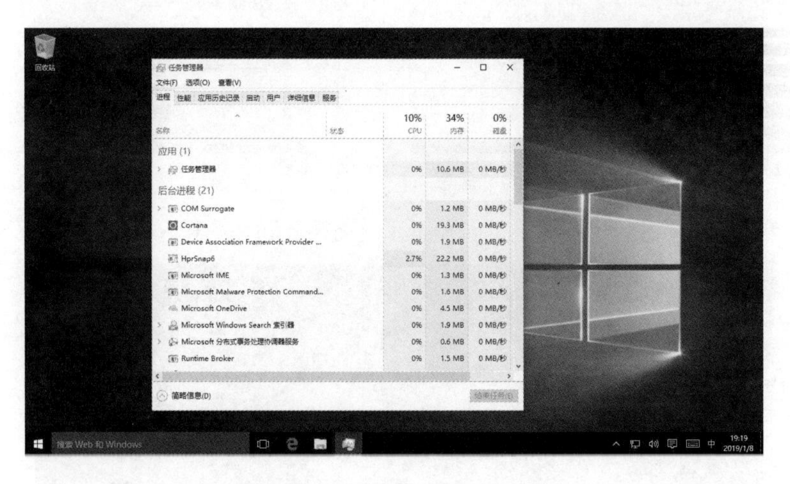

图 1-66　新建系统进程后的画面

第 2 章　黑客常用命令及工具

俗话说：“知己知彼，百战不殆。”在互联网中，要想使自己的设备不受或少受黑客的攻击，就必须了解一些黑客常用的“入侵”技能。只有对黑客了解透彻，才能有效地防范黑客。

本章介绍黑客入侵的相关知识，如黑客攻防的常用命令、黑客入侵工具等，通过本章的学习，用户应掌握防范黑客的必备技能。

2.1　黑客攻防常用命令

黑客通常会使用一些命令来进行某些操作，只有了解这些命令，才能更好地防范黑客的攻击。下面介绍黑客常用的攻防命令，如 Ping 命令、Nbstat 命令等。

下面所讲命令大部分要在命令提示符窗口中执行，命令提示符窗口的打开方式为：单击“开始”→“所有程序”→“附件”→“命令提示符”。

2.1.1　Ping 命令

使用 Ping 命令可以测试目标主机的主机名、IP 地址信息，还可以验证本地主机与远程主机的连接。Ping 命令是基于 TCP/IP 连接的，只有在安装了 TCP/IP 协议后才能使用该命令。

1. Ping 命令的格式

Ping 命令的格式为：

```
ping [-t] [-a] [-n count] [-l size] [-f] [-i TTL][-v TOS] [-r count][-s count][[-j host-list] | [-k host-list]][-w timeout] [-R] [-S srcaddr] [-4] [-6] target_name。
```

用户可以通过在命令提示符下运行 Ping 或“Ping/？”命令来查看 Ping 命令的格式及参数，如图 2-1 所示。其中目的地址是指被测试计算机的 IP 地址或计算机名称。各种参数的含义如下表 2-1 所示。

图 2-1　Ping 命令的格式及参数

表 2-1　Ping 命令参数与含义

参数名称	含义
–t	Ping 指定的主机，直到停止。若要查看统计信息并继续操作，则按 Control–Break 键；若要停止，则按 Control–C 键
–a	将地址解析成主机名
–n Count（计数）	要发送的回显请求数，默认值是 4
–l Size（长度）	发送缓冲区大小。默认值为 32。Size 的最大值是 65 527
–f	在数据包中设置“不分段”标志（仅适用于 IPv4）
–i TTL	生存时间
–v TOS	服务类型（仅适用于 IPv4。该设置已不赞成使用，且对 IP 标头中的服务字段类型没有任何影响）
–r Count	记录计数跃点的路由（仅适用于 IPv4）
–s Count	计数跃点的时间戳（仅适用于 IPv4）
–j HostList（目录）	与主机列表一起的松散源路由（仅适用于 IPv4）
–k HostList	与主机列表一起的严格源路由（仅适用于 IPv4）
–w Timeout（超时）	等待每次回复的超时时间（毫秒）
–R	同样使用路由标头测试反向路由（仅适用于 IPv6）
–S SrcAddr(源地址)	指定要使用的源地址（只适用于 IPv6）
–4	指定将 IPv4 用于 Ping。不需要用该参数识别带有 IPv4 地址的目标主机，仅需要它按名称识别主机
–6	指定将 IPv6 用于 Ping。不需要用该参数识别带有 IPv6 地址的目标主机，仅需要它按名称识别主机

2．Ping 命令的应用

下面介绍 Ping 命令的常用方式，如测试网卡、判断与外界网络连通、解析 IP 地址的计算机名等。

【实验 2-1】测试网卡

具体操作步骤如下：

（1）在【命令行提示符】窗口中，输入“Ping 127.0.0.1”，按【Enter】键。

（2）如果客户机上网卡正常，则会以 DOS 屏幕方式显示类似“来自 127.0.0.1 的回复：字节=32 时间<1ms TTL=64”信息，如图 2-2 所示。

图 2-2　网卡正常

（3）如果网卡有故障，则会显示“请求超时”信息，如图 2-3 所示

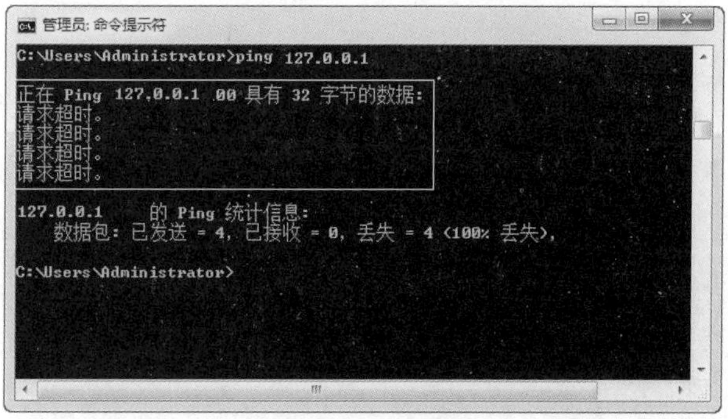

```
管理员: 命令提示符
C:\Users\Administrator>ping 127.0.0.1

正在 Ping 127.0.0.1 00 具有 32 字节的数据:
请求超时。
请求超时。
请求超时。
请求超时。

127.0.0.1      的 Ping 统计信息:
    数据包: 已发送 = 4, 已接收 = 0, 丢失 = 4 (100% 丢失),

C:\Users\Administrator>
```

图 2-3　网卡有故障

【实验 2-2】判断与外界网络连通

具体操作步骤如下：

（1）在【命令行提示符】窗口中，输入“Ping www.baidu.com”，按【Enter】键。

（2）如果本台计算机与外界网络连通，则显示如图 2-4 所示的内容。

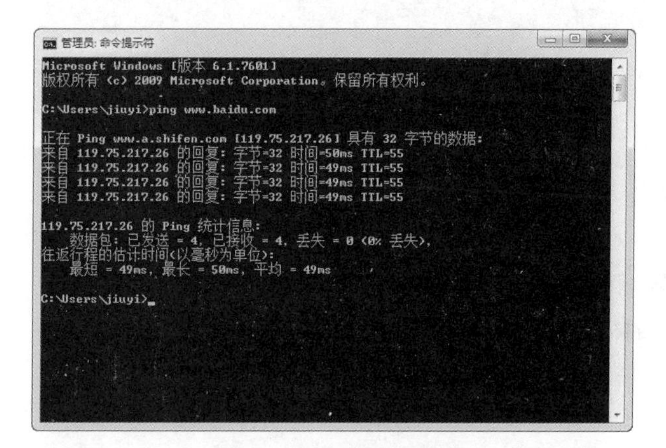

图 2-4　与外界网络连通正常

（3）如果本台计算机与外界网络不连通，则显示如图 2-5 所示的内容。

图 2-5　与外界网络不连通

【实验 2-3】解析 IP 地址的计算机名

具体操作步骤如下：

（1）在【命令行提示符】窗口中，输入“Ping –a 192.168.1.100”，按【Enter】键。

（2）显示如图 2-6 所示的内容，则表示这台计算机的名称为“jinyi-PC.DHCP HOST”。

```
管理员: 命令提示符
Microsoft Windows [版本 6.1.7601]
版权所有 (c) 2009 Microsoft Corporation。保留所有权利。

C:\Users\jiuyi>ping -a 192.168.1.100

正在 Ping jiuyi-PC.DHCP HOST [192.168.1.100] 具有 32 字节的数据:
来自 192.168.1.100 的回复: 字节=32 时间<1ms TTL=64
来自 192.168.1.100 的回复: 字节=32 时间<1ms TTL=64
来自 192.168.1.100 的回复: 字节=32 时间<1ms TTL=64
来自 192.168.1.100 的回复: 字节=32 时间<1ms TTL=64

192.168.1.100 的 Ping 统计信息:
    数据包: 已发送 = 4，已接收 = 4，丢失 = 0 (0% 丢失)，
往返行程的估计时间(以毫秒为单位):
    最短 = 0ms，最长 = 0ms，平均 = 0ms

C:\Users\jiuyi>_
```

图 2-6　解析 IP 地址的计算机名

2.1.2　Nbstat 命令

Nbtstat 命令用于显示本地计算机和远程计算机的基于 TCP/IP（NetBT）协议的 NetBIOS 统计资料、NetBIOS 名称表和 NetBIOS 名称缓存。NBTSTAT 可以刷新 NetBIOS 名称缓存和注册的 Windows Internet 名称服务（WINS）名称。

1. Nbtstat 命令的格式

Nbtstat 命令的格式为：

```
    NBTSTAT [ [-a RemoteName] [-A IP address] [-c] [-n] [-r] [-R] [-RR] [-s] [-S]
[interval] ]
```

用户可以通过在命令提示符下运行“Nbtstat/？”命令来查看 Nbtstat 命令的格式及参数，如

图 2-7 所示，各种参数的含义如下表 2-2 所示。

图 2-7　Nbtstat 命令的格式及参数

表 2-2　Nbtstat 命令参数与含义

参数名称	含义
-a（适配器状态）	列出指定名称的远程机器的名称表
-A（适配器状态）	列出指定 IP 地址的远程机器的名称表
-c（缓存）	列出远程[计算机]名称及其 IP 地址的 NBT 缓存
-n（名称）	列出本地 NetBIOS 名称
-r（已解析）	列出通过广播和经由 WINS 解析的名称
-R（重新加载）	清除和重新加载远程缓存名称表
-S（会话）	列出具有目标 IP 地址的会话表
-s（会话）	列出将目标 IP 地址转换成计算机 NETBIOS 名称的会话表
RemoteName	远程主机计算机名。IP address：用点分隔的十进制表示的 IP 地址。interval 重新显示选定的统计、每次显示之间暂停的间隔秒数。按【Ctrl+C】组合键停止重新显示统计

2．Nbtstat 命令的应用

下面介绍 Nbtstat 命令的常用方式，如查看目标计算机 NetBIOS、查看当前计算机 NetBIOS 名称等。

【实验 2-4】查看 NetBIOS

具体操作步骤如下：

（1）在【命令行提示符】窗口中，输入“Nbtstat –a 192.168.1”，按【Enter】键，可查看 IP 地址为 192.168.1.1 的计算机的 NetBIOS 名称，如图 2-8 所示。

（2）在【命令行提示符】窗口中，输入“Nbtstat –n”，按【Enter】键，可查看当前计算机 NetBIOS 名称，如图 2-9 所示。

```
管理员: 命令提示符
Microsoft Windows [版本 6.1.7601]
版权所有 (c) 2009 Microsoft Corporation。保留所有权利。

C:\Users\jiuyi>Nbtstat -a 192.168.1.104

本地连接:
节点 IP 址址: [192.168.1.100] 范围 ID: []

           NetBIOS 远程计算机名称表

       名称               类型         状态
    ---------------------------------------------
    WINDOWS10      <20>  唯一          已注册
    WINDOWS10      <00>  唯一          已注册
    WORKGROUP      <00>  组            已注册
    WORKGROUP      <1E>  组            已注册
    WORKGROUP      <1D>  唯一          已注册
    ..__MSBROWSE__.<01>  组            已注册

    MAC 地址 = 00-0C-29-EC-AA-F1

C:\Users\jiuyi>
```

图 2-8　查看目标计算机 NetBIOS 名称

```
管理员: 命令提示符
Microsoft Windows [版本 6.1.7601]
版权所有 (c) 2009 Microsoft Corporation。保留所有权利。

C:\Users\jiuyi>Nbtstat -n

本地连接:
节点 IP 址址: [192.168.1.100] 范围 ID: []

                NetBIOS 本地名称表

       名称               类型         状态
    ---------------------------------------------
    JIUYI-PC       <00>  唯一          已注册
    WORKGROUP      <00>  组            已注册
    JIUYI-PC       <20>  唯一          已注册

C:\Users\jiuyi>_
```

图 2-9　查看当前计算机 NetBIOS 名称

（3）在【命令提示符】窗口中使用命令“Nbtstat -R”，按【Enter】键，即可完成 NBT 远程缓存名称表的成功清除和预加载，如图 2-10 所示。

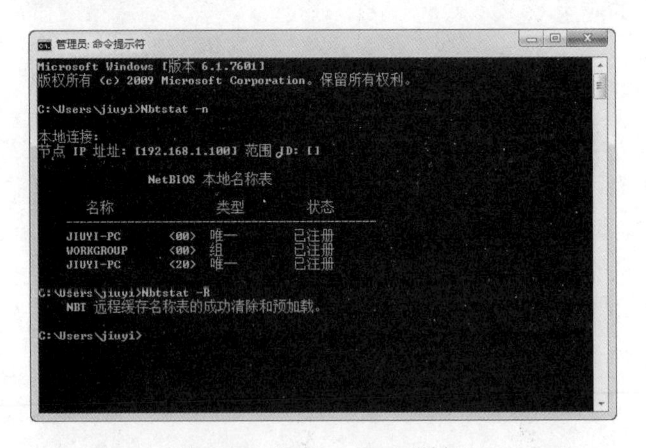

图 2-10　清除 NetBIOS 缓存

（4）在【命令提示符】窗口中使用命令“Nbtstat –S 10”，按【Enter】键，即可开始每隔 10 秒钟统计不同 IP 地址显示的 NetBIOS 会话记录，如图 2-11 所示。

```
管理员: 命令提示符 - Nbtstat -S 10
C:\Users\jiuyi>Nbtstat -S 10

本地连接:
节点 IP 址址: [192.168.1.100] 范围 ID: []

    无连接

本地连接:
节点 IP 址址: [192.168.1.100] 范围 ID: []

    无连接

本地连接:
节点 IP 址址: [192.168.1.100] 范围 ID: []

    无连接

本地连接:
节点 IP 址址: [192.168.1.100] 范围 ID: []

    无连接

本地连接:
节点 IP 址址: [192.168.1.100] 范围 ID: []
```

图 2-11　统计 NetBIOS 会话记录

2.1.3　Netstat 命令

Netstat 是一个用于监控 TCP/IP 网络的命令，利用该命令可以查看路由表、实际的网络连接以及每一个网络接口设备的状态信息。一般情况下，用户使用该命令来检验本机各端口的连接情况。

1．Netstat 命令的格式

Netstat 命令的格式为：

```
NETSTAT [-a] [-b] [-e] [-f] [-n] [-o] [-p proto] [-r] [-s] [-t] [interval]
```

用户可以通过在命令提示符下运行“Netstat/？”命令来查看 Netstat 命令的格式及参数，如图 2-12 所示，各种参数的含义如下表 2-3 所示。

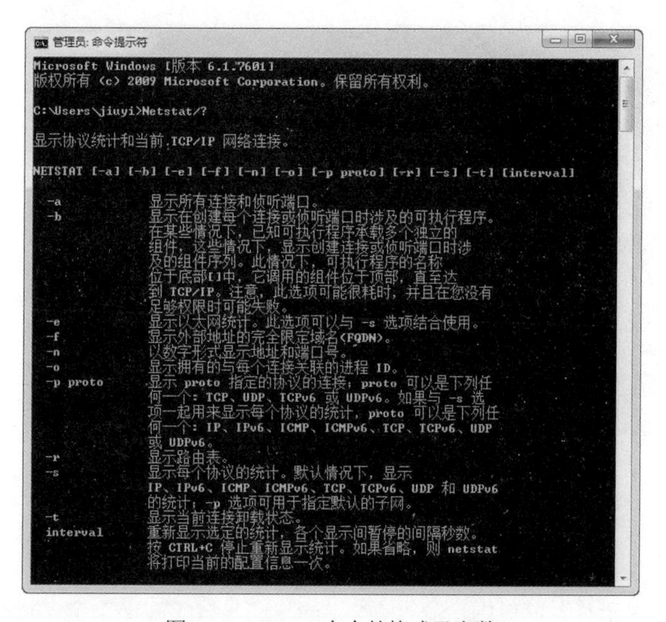

图 2-12　Netstat 命令的格式及参数

表 2-3　Netstat 命令参数与含义

参数名称	含义
–a	显示所有连接和侦听端口
–b	显示在创建每个连接或侦听端口时涉及的可执行程序
–e	显示以太网统计。此选项可以与 –s 选项结合使用
–f	显示外部地址的完全限定域名(FQDN)
–n	以数字形式显示地址和端口号
–o	显示拥有的与每个连接关联的进程 ID
–p proto	显示 proto 指定协议的连接，proto 可以是下列任何一个：TCP、UDP、TCPv6 或 UDPv6
–r	显示路由表
–s	显示每个协议的统计。默认情况下，显示 IP、IPv6、ICMP、ICMPv6、TCP、TCPv6、UDP 和 UDPv6 的统计；–p 选项可用于指定默认的子网
–t	显示当前连接卸载状态
Interval	重新显示选定的统计，各个显示之间暂停的间隔秒数。按【Ctrl+C】组合键停止重新显示统计

2．Netstat 命令的应用

下面介绍 Netstat 命令的常用方式，如查看服务器活动的 TCP、查看本机路由信息、查看本机所有活动的 TCP 连接、查看系统开放的端口等。

（即扫即看）

【实验 2-5】Netstat 命令应用

具体操作步骤如下：

（1）在【命令行提示符】窗口中，输入“Netstat –n”，按【Enter】键，可查看服务器活动的 TCP/IP 连接，如图 2-13 所示。

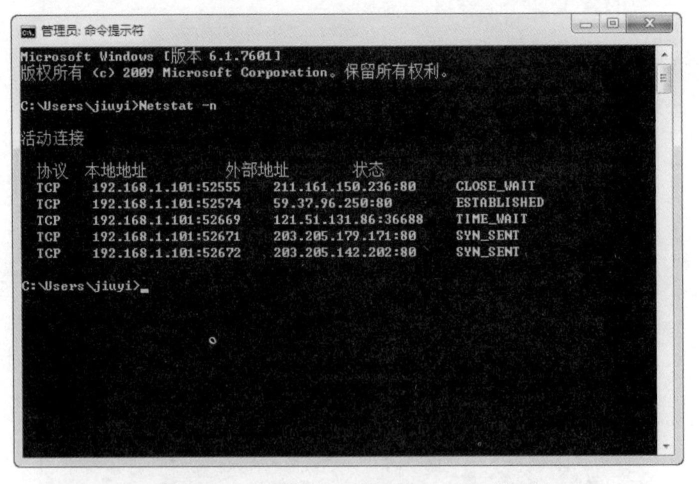

图 2-13　查看服务器活动的 TCP/IP 连接

（2）在【命令行提示符】窗口中，输入“Netstat –r”，按【Enter】键，可查看本机路由信息内容，如图 2-14 所示。

（3）在【命令行提示符】窗口中，输入“Netstat –a”，按【Enter】键，可查看本机所有活动的 TCP 连接，如图 2-15 所示。

```
管理员: 命令提示符
Microsoft Windows [版本 6.1.7601]
版权所有 (c) 2009 Microsoft Corporation。保留所有权利。

C:\Users\jiuyi>Netstat -r
===========================================================================
接口列表
 11...30 9c 23 a6 4b 07 ......Realtek PCIe GBE Family Controller
  1...........................Software Loopback Interface 1
 15...00 00 00 00 00 00 00 e0 Microsoft ISATAP Adapter
 12...00 00 00 00 00 00 00 e0 Teredo Tunneling Pseudo-Interface
===========================================================================

IPv4 路由表
===========================================================================
活动路由:
网络目标        网络掩码          网关       接口   跃点数
          0.0.0.0          0.0.0.0      192.168.1.1    192.168.1.101     20
        127.0.0.0        255.0.0.0            在链路上         127.0.0.1    306
        127.0.0.1  255.255.255.255            在链路上         127.0.0.1    306
  127.255.255.255  255.255.255.255            在链路上         127.0.0.1    306
      192.168.1.0    255.255.255.0            在链路上     192.168.1.101    276
    192.168.1.101  255.255.255.255            在链路上     192.168.1.101    276
    192.168.1.255  255.255.255.255            在链路上     192.168.1.101    276
        224.0.0.0        240.0.0.0            在链路上         127.0.0.1    306
        224.0.0.0        240.0.0.0            在链路上     192.168.1.101    276
  255.255.255.255  255.255.255.255            在链路上         127.0.0.1    306
  255.255.255.255  255.255.255.255            在链路上     192.168.1.101    276
===========================================================================
```

图 2-14　查看本机路由信息内容

```
管理员: 命令提示符
Microsoft Windows [版本 6.1.7601]
版权所有 (c) 2009 Microsoft Corporation。保留所有权利。

C:\Users\jiuyi>Netstat -a

活动连接

  协议  本地地址          外部地址        状态
  TCP    0.0.0.0:135            jiuyi-PC:0             LISTENING
  TCP    0.0.0.0:443            jiuyi-PC:0             LISTENING
  TCP    0.0.0.0:445            jiuyi-PC:0             LISTENING
  TCP    0.0.0.0:902            jiuyi-PC:0             LISTENING
  TCP    0.0.0.0:912            jiuyi-PC:0             LISTENING
  TCP    0.0.0.0:49152          jiuyi-PC:0             LISTENING
  TCP    0.0.0.0:49153          jiuyi-PC:0             LISTENING
  TCP    0.0.0.0:49154          jiuyi-PC:0             LISTENING
  TCP    0.0.0.0:49158          jiuyi-PC:0             LISTENING
  TCP    0.0.0.0:49176          jiuyi-PC:0             LISTENING
  TCP    127.0.0.1:8307         jiuyi-PC:0             LISTENING
  TCP    192.168.1.101:139      jiuyi-PC:0             LISTENING
  TCP    192.168.1.101:52555    211.161.150.236:http   CLOSE_WAIT
  TCP    192.168.1.101:52574    59.37.96.250:http      ESTABLISHED
  TCP    192.168.1.101:52692    203.205.142.202:http   SYN_SENT
  TCP    [::]:135               jiuyi-PC:0             LISTENING
  TCP    [::]:443               jiuyi-PC:0             LISTENING
  TCP    [::]:445               jiuyi-PC:0             LISTENING
  TCP    [::]:49152             jiuyi-PC:0             LISTENING
  TCP    [::]:49153             jiuyi-PC:0             LISTENING
  TCP    [::]:49154             jiuyi-PC:0             LISTENING
  TCP    [::]:49158             jiuyi-PC:0             LISTENING
  TCP    [::]:49176             jiuyi-PC:0             LISTENING
  TCP    [::1]:8307             jiuyi-PC:0             LISTENING
  UDP    0.0.0.0:5355           *:*
```

图 2-15　查看本机所有活动的 TCP 连接

（4）在【命令行提示符】窗口中，输入“Netstat –n -a”，按【Enter】键，即可显示本机所有连接的端口及其状态，如图 2-16 所示。

```
管理员: 命令提示符
Microsoft Windows [版本 6.1.7601]
版权所有 (c) 2009 Microsoft Corporation。保留所有权利。

C:\Users\jiuyi>Netstat -n -a

活动连接

  协议  本地地址          外部地址        状态
  TCP    0.0.0.0:135            0.0.0.0:0              LISTENING
  TCP    0.0.0.0:443            0.0.0.0:0              LISTENING
  TCP    0.0.0.0:445            0.0.0.0:0              LISTENING
  TCP    0.0.0.0:902            0.0.0.0:0              LISTENING
  TCP    0.0.0.0:912            0.0.0.0:0              LISTENING
  TCP    0.0.0.0:49152          0.0.0.0:0              LISTENING
  TCP    0.0.0.0:49153          0.0.0.0:0              LISTENING
  TCP    0.0.0.0:49154          0.0.0.0:0              LISTENING
  TCP    0.0.0.0:49158          0.0.0.0:0              LISTENING
  TCP    0.0.0.0:49176          0.0.0.0:0              LISTENING
  TCP    127.0.0.1:8307         0.0.0.0:0              LISTENING
  TCP    192.168.1.101:139      0.0.0.0:0              LISTENING
  TCP    192.168.1.101:52555    211.161.150.236:80     CLOSE_WAIT
  TCP    192.168.1.101:52574    59.37.96.250:80        ESTABLISHED
  TCP    192.168.1.101:52695    52.109.76.33:443       ESTABLISHED
  TCP    [::]:135               [::]:0                 LISTENING
  TCP    [::]:443               [::]:0                 LISTENING
  TCP    [::]:445               [::]:0                 LISTENING
  TCP    [::]:49152             [::]:0                 LISTENING
  TCP    [::]:49153             [::]:0                 LISTENING
  TCP    [::]:49154             [::]:0                 LISTENING
  TCP    [::]:49158             [::]:0                 LISTENING
  TCP    [::]:49176             [::]:0                 LISTENING
  TCP    [::1]:8307             [::]:0                 LISTENING
  UDP    0.0.0.0:5355           *:*
```

图 2-16　查看本机所有连接的端口及其状态

2.1.4 Tracert 命令

Tracert（跟踪路由）是路由跟踪实用程序，用于确定 IP 数据访问目标所采取的路径。Tracert 命令用 IP 生存时间（TTL）字段和 ICMP 错误消息，来确定从一个主机到网络上其他主机的路由。

1. Tracert 命令的格式

Tracert 命令的格式为：

```
Tracert [-d] [-h maximum_hops] [-j host-list] [-w timeout][-R] [-S srcaddr] [-4]
[-6] target_name
```

用户可以通过在命令提示符下运行“Tracert /? ”命令来查看 Tracert 命令的格式及参数，如图 2-17 所示，各种参数的含义如下表 2-4 所示。

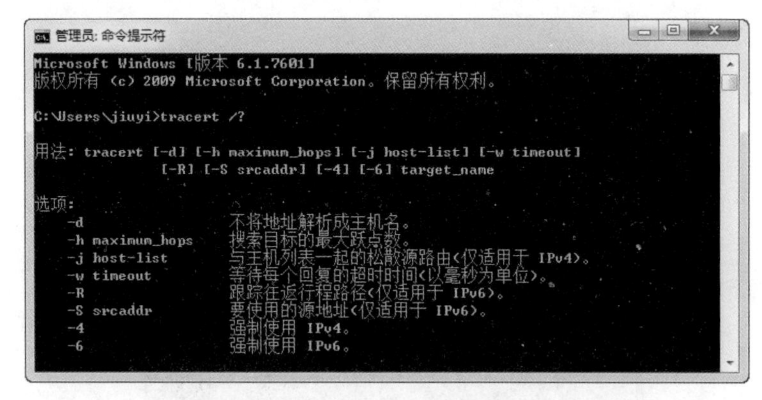

图 2-17 Tracert 命令的格式及参数

表 2-4 Tracert 命令参数与含义

参数名称	含义
-d	不将地址解析成主机名
-h maximum_hops	搜索目标的最大跃点数
-w timeout	等待每个回复的超时时间（以毫秒为单位）
-R	跟踪往返行程路径（仅适用于 IPv6）
-S srcaddr	要使用的源地址（仅适用于 IPv6）
-4	强制使用 IPv4
-6	强制使用 IPv6

2. Tracert 命令的应用

下面介绍使用 Tracert 命令查看指定网站的路由信息。在【命令行提示符】窗口中，输入“Tracert www.baidu.com”，按【Enter】键，其显示结果如图 2-18 所示。

```
管理员: 命令提示符
Microsoft Windows [版本 6.1.7601]
版权所有 (c) 2009 Microsoft Corporation。保留所有权利。

C:\Users\jiuyi>Tracert  www.baidu.com

通过最多 30 个跃点跟踪
到 www.a.shifen.com [119.75.217.109] 的路由:

  1    <1 毫秒   <1 毫秒   <1 毫秒 192.168.1.1
  2     *        *        *     请求超时。
  3     *        *        *     请求超时。
  4     *        *        *     请求超时。
  5     *        *        *     请求超时。
  6     *        *        *     请求超时。
  7     *        *        *     请求超时。
  8     *        *        *     请求超时。
  9     *        *        *     请求超时。
 10     *        *        *     请求超时。
 11     *        *        *     请求超时。
 12     *        *        *     请求超时。
 13    39 ms    39 ms    39 ms  119.75.217.109

跟踪完成。

C:\Users\jiuyi>
```

图 2-18　查看指定网站的路由信息

2.1.5　Telnet 命令

Telnet 命令是一个远程登录命令，其功能强大，且操作简单。使用 Telnet 命令需要先开启 Telnet 服务，然后再以管理员账户（Administrator）连接远程主机后，即可进行操作。

Telnet 命令的格式为：

```
Telnet+空格+IP地址/主机名称
```

在 Windows 7 系统中使用 Telnet 命令的操作步骤如下：

（1）单击“开始”按钮，在弹出的菜单中选择“控制面板”命令。

（2）在弹出的“控制面板”窗口中，设置“大图标”查看方式，单击“程序和功能”超链接。

（3）在弹出的“程序和功能”窗口中，单击左侧的“打开或关闭 Windows 功能”超链接，如图 2-19 所示。

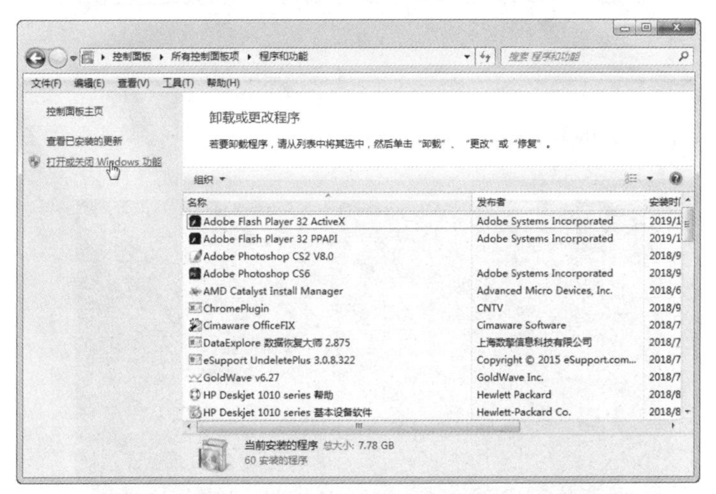

图 2-19　单击“打开或关闭 Windows 功能”超链接

（4）在弹出的“Windows 功能”对话框中，分别选中“Telnet 服务器”和“Telnet 客户端”复选框，单击“确定”按钮，如图 2-20 所示。

图 2-20　单击“确定”按钮

（5）打开“命令提示符”窗口，在其中输入 Telnet，按【Enter】键，再输入“Help”，按【Enter】键查看帮助信息，如图 2-21 所示。

图 2-21　进入 Telnet 连接界面

（6）输入 Open +IP 地址，如 Open 192.168.1.5，按【Enter】键，打开登录窗口，输入管理员账户的用户名和密码，建立 Telnet 连接，完成后即可在远程主机中进行操作，如图 2-22 所示。

图 2-22　连接远程电脑

提示：通常情况下，用户应关闭 Telnet 服务，以防止黑客使用它攻击自己的电脑，造成不必要的损失。

2.1.6 IPconfig 命令

Ipconfig 命令是 Windows 操作系统中调试电脑网络的常用命令，通常用于显示电脑中网络适配器的 IP 地址、子网掩码以及默认网关。

1. IPconfig 命令的格式

IPconfig 命令的格式为：

```
ipconfig [/allcompartments]
[/?|/all|/renew[adapter]|/release[adapter]
|/renew6[adapter]|/release6
[adapter]|/flushdns|/displaydns|/registerd
ns|/showclassid adapter|/setclassid
adapter[classid]|/showclassid6
adapter|/setclassid6 adapter [classid]]
```

图 2-23　Ipconfig 命令的格式

用户可以通过在命令提示符下运行“IPconfig/？”命令来查看 IPconfig 命令的格式及参数，如图 2-23 所示，各种参数的含义如下表 2-5 所示。

表 2-5　IPconfig 命令参数与含义

参数名称	含义
Adapter	连接名称（允许使用通配符*和？）
?	显示此帮助消息
all	显示完整配置信息
release	释放指定适配器的 IPv4 地址
release6	释放指定适配器的 IPv6 地址
renew	更新指定适配器的 IPv4 地址
renew6	更新指定适配器的 IPv6 地址
flushdns	清除 DNS 解析程序缓存
registerdns	刷新所有 DHCP 租约并重新注册 DNS 名称
displaydns	显示 DNS 解析程序缓存的内容
showclassid	显示适配器的所有允许的 DHCP 类 ID
setclassid	修改 DHCP 类 ID
showclassid6	显示适配器允许的所有 IPv6 DHCP 类 ID
setclassid6	修改 IPv6 DHCP 类 ID

2. Ipconfig 命令的应用

下面用一个实验来介绍使用 Ipconfig 测试当前计算机的所有信息的方法。

具体操作步骤如下：

【实验 2-6】使用 Ipconfig 测试当前计算机的所有信息

（1）在命令行提示符下，输入 Ipconfig 命令，按【Enter】键，显示已经配置的接口的 IP 地址、子网掩码和默认网关值，如图 2-24 所示。

```
管理员: 命令提示符
C:\Users\Administrator>ipconfig

Windows IP 配置

无线局域网适配器 无线网络连接 2:

   媒体状态  . . . . . . . . . . . . : 媒体已断开
   连接特定的 DNS 后缀 . . . . . . . :

以太网适配器 本地连接:

   媒体状态  . . . . . . . . . . . . : 媒体已断开
   连接特定的 DNS 后缀 . . . . . . . :

无线局域网适配器 无线网络连接:

   连接特定的 DNS 后缀 . . . . . . . :
   本地链接 IPv6 地址. . . . . . . . : fe80::1490:c0a:7efd:884e%11
   IPv4 地址 . . . . . . . . . . . . : 192.168.1.100
   子网掩码  . . . . . . . . . . . . : 255.255.255.0
   默认网关. . . . . . . . . . . . . : 192.168.1.1

以太网适配器 VMware Network Adapter VMnet1:

   连接特定的 DNS 后缀 . . . . . . . :
   本地链接 IPv6 地址. . . . . . . . : fe80::381d:214e:6e9b:8bf5%20
   IPv4 地址 . . . . . . . . . . . . : 192.168.2.1
   子网掩码  . . . . . . . . . . . . : 255.255.255.0
   默认网关. . . . . . . . . . . . . :
```

图 2-24　显示已经配置的接口信息

（2）在 DOS 提示符下，输入 Ipconfig/all 命令，按【Enter】键，显示本地计算机的主机信息、DNS 信息、物理地址信息、DHCP 服务器信息等，如图 2-25 所示。

```
管理员: 命令提示符
C:\Users\Administrator>ipconfig/all

Windows IP 配置

   主机名  . . . . . . . . . . . . . : USERMIC-L8BADUG
   主 DNS 后缀 . . . . . . . . . . . :
   节点类型  . . . . . . . . . . . . : 混合
   IP 路由已启用 . . . . . . . . . . : 否
   WINS 代理已启用 . . . . . . . . . : 否

无线局域网适配器 无线网络连接 2:

   媒体状态  . . . . . . . . . . . . : 媒体已断开
   连接特定的 DNS 后缀 . . . . . . . :
   描述. . . . . . . . . . . . . . . : Microsoft Virtual WiFi Miniport Adapter
   物理地址. . . . . . . . . . . . . : 26-DB-30-4A-B3-36
   DHCP 已启用 . . . . . . . . . . . : 是
   自动配置已启用. . . . . . . . . . : 是

以太网适配器 本地连接:

   媒体状态  . . . . . . . . . . . . : 媒体已断开
   连接特定的 DNS 后缀 . . . . . . . :
   描述. . . . . . . . . . . . . . . : Realtek PCIe GBE Family Controller
   物理地址. . . . . . . . . . . . . : 20-1A-06-7A-BB-9E
   DHCP 已启用 . . . . . . . . . . . : 是
   自动配置已启用. . . . . . . . . . : 是

无线局域网适配器 无线网络连接:

   连接特定的 DNS 后缀 . . . . . . . :
```

图 2-25　显示本地计算机的所有信息

2.1.7　FTP 命令

FTP 命令是 Internet 用户使用最频繁的命令之一，通过 FTP 命令可将文件传送到正在运行 FTP 服务的远程计算机上，或从正在运行 FTP 服务的远程计算机上下载文件。

FTP 命令的格式为：

```
FTP [-v] [-d] [-i] [-n] [-g] [-s:filename] [-a] [-A] [-x:sendbuffer] [-r:recvbuffer]
[-b:asyncbuffers] [-w:windowsize] [host]
```

用户可以通过在命令提示符下运行“FTP/？”命令来查看 FTP 命令的格式及参数，如图 2-26 所示，各种参数的含义如下表 2-6 所示。

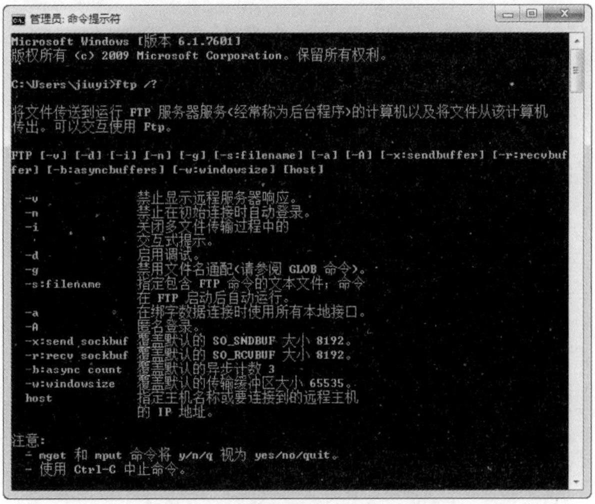

```
管理员: 命令提示符
Microsoft Windows [版本 6.1.7601]
版权所有 (c) 2009 Microsoft Corporation。保留所有权利。

C:\Users\jiuyi>ftp /?

将文件传送到运行 FTP 服务器服务(经常称为后台程序)的计算机以及将文件从该计算机
传出。可以交互使用 Ftp。

FTP [-v] [-d] [-i] [-n] [-g] [-s:filename] [-a] [-A] [-x:sendbuffer] [-r:recvbuf
fer] [-b:asyncbuffers] [-w:windowsize] [host]

  -v              禁止显示远程服务器响应。
  -n              禁止在初始连接时自动登录。
  -i              关闭多文件传输过程中的
                  交互式提示。
  -d              启用调试。
  -g              禁用文件名通配(请参阅 GLOB 命令)。
  -s:filename     指定包含 FTP 命令的文本文件; 命令
                  在 FTP 启动后自动运行。
  -a              在绑字数据连接时使用所有本地接口。
  -A              匿名登录。
  -x:send sockbuf 覆盖默认的 SO_SNDBUF 大小 8192。
  -r:recv sockbuf 覆盖默认的 SO_RCVBUF 大小 8192。
  -b:async count  覆盖默认的异步计数 3
  -w:windowsize   覆盖默认的传输缓冲区大小 65535。
  host            指定主机名称或要连接到的远程主机
                  的 IP 地址。

注意:
  - mget 和 mput 命令将 y/n/q 视为 yes/no/quit。
  - 使用 Ctrl-C 中止命令。
```

图 2-26　FTP 命令格式及参数

表 2-6　FTP 命令参数及含义

参数含义	含义
-v	禁止显示远程服务器响应
-n	禁止在初始连接时自动登录
-i	关闭多文件传输过程中的交互式提示
-d	启用调试
-g	禁用文件名通配（请参阅 GLOB 命令）
-s:filename	指定包含 FTP 命令的文本文件；命令在 FTP 启动后自动运行
-a	在绑定数据连接时使用所有本地接口
-A	匿名登录
-x:send sockbuf	覆盖默认的 SO_SNDBUF 大小 8192
-r:recv sockbuf	覆盖默认的 SO_RCVBUF 大小 8192
-b:async count	覆盖默认的异步计数 3
-w:windowsize	覆盖默认的传输缓冲区大小 65535
Host	指定主机名称或要连接到的远程主机的 IP 地址

2.1.8　ARP 命令

ARP 命令用于显示和修改地址解析协议（ARP）所使用到的以太网的 IP 或令牌环物理地址翻译表。该命令只有在安装了 TCP/IP 协议之后才可使用。

ARP 命令的格式为：

```
ARP -s inet_addr eth_addr [if_addr]|-d inet_addr [if_addr]|-a [inet_addr] [-N
if_addr] [-v]
```

用户可以通过在命令提示符下运行“ARP/？”命令来查看 ARP 命令的格式及参数，如图 2-27 所示，各种参数的含义如下表 2-7 所示。

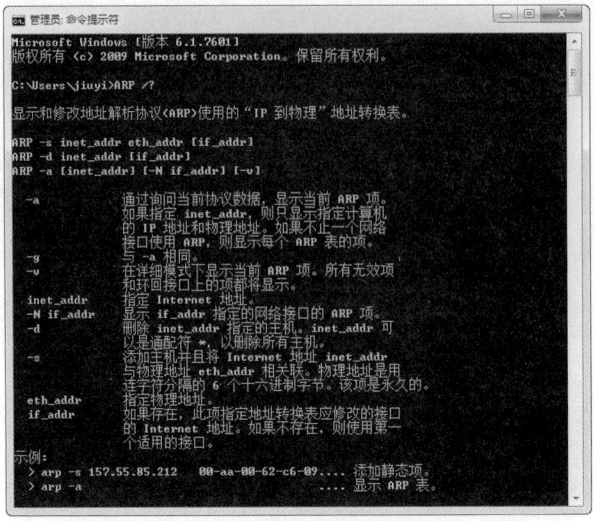

```
管理员: 命令提示符
Microsoft Windows [版本 6.1.7601]
版权所有 (c) 2009 Microsoft Corporation。保留所有权利。

C:\Users\jiuyi>ARP /?

显示和修改地址解析协议(ARP)使用的“IP 到物理”地址转换表。

ARP -s inet_addr eth_addr [if_addr]
ARP -d inet_addr [if_addr]
ARP -a [inet_addr] [-N if_addr] [-v]

  -a            通过询问当前协议数据，显示当前 ARP 项。
                如果指定 inet_addr，则只显示指定计算机
                的 IP 地址和物理地址。如果不止一个网络
                接口使用 ARP，则显示每个 ARP 表的项。
  -g            与 -a 相同。
  -v            在详细模式下显示当前 ARP 项。所有无效项
                和环回接口上的项都将显示。
  inet_addr     指定 Internet 地址。
  -N if_addr    显示 if_addr 指定的网络接口的 ARP 项。
  -d            删除 inet_addr 指定的主机。inet_addr 可
                以是通配符 *，以删除所有主机。
  -s            添加主机并且将 Internet 地址 inet_addr
                与物理地址 eth_addr 相关联。物理地址是用
                连字符分隔的 6 个十六进制字节。该项是永久的。
  eth_addr      指定物理地址。
  if_addr       如果存在，此项指定地址转换表应修改的接口
                的 Internet 地址。如果不存在，则使用第一
                个适用的接口。
示例:
  > arp -s 157.55.85.212   00-aa-00-62-c6-09.... 添加静态项。
  > arp -a                                  .... 显示 ARP 表。
```

图 2-27　ARP 命令格式及参数

表 2-7　ARP 命令参数及含义

参数名称	含义
-a	通过询问当前协议数据，显示当前 ARP 项。如果指定 inet_addr，则只显示指定计算机的 IP 地址和物理地址。如果不止一个网络接口使用 ARP，则显示每个 ARP 表的项
-d	删除 inet_addr 指定的主机。inet_addr 可以是通配符 *，以删除所有主机
-s	添加主机并且将 Internet 地址 inet_addr 与物理地址 eth_addr 相关联。物理地址是用连字符分隔的 6 个十六进制字节。该项是永久的
inet_addr	指定 Internet 地址

2.1.9　NET 命令

NET 命令是一种基于网络的命令，该命令的功能很强大，可以管理网络环境、服务、用户和登录等本地以及远程信息。

1. NET 命令的格式

NET 命令的格式为：

```
NET [ACCOUNTS|COMPUTER|CONFIG|CONTINUE|FILE|GROUP|HELP|HELPMSG|LOCALGROUP|
PAUSE|SESSION|SHARE|START|STATISTICS|STOP|TIME|USE|USER| VIEW]
```

用户可以通过在命令提示符下运行“NET/？”命令来查看 ARP 命令的格式及参数，如图 2-28 所示，各种参数的含义如下表 2-8 所示。

```
管理员: 命令提示符
Microsoft Windows [版本 6.1.7601]
版权所有 (c) 2009 Microsoft Corporation。保留所有权利。

C:\Users\jiuyi>Net /?
此命令的语法是:

NET
    [ ACCOUNTS | COMPUTER | CONFIG | CONTINUE | FILE | GROUP | HELP |
      HELPMSG | LOCALGROUP | PAUSE | SESSION | SHARE | START |
      STATISTICS | STOP | TIME | USE | USER | VIEW ]

C:\Users\jiuyi>_
```

图 2-28　NET 命令格式及参数

表 2-8　NET 命令参数与含义

参数名称	含义
Accounts	更新用户账号数据库、更改密码及所有账号的登录要求
computer	从域数据库中添加或删除计算机
config	显示运行的可配置服务，或显示并更改某项服务的设置
file	用于关闭一个共享的文件并且删除文件锁
continue	重新激活挂起的服务
view	显示域列表、计算机列表或指定计算机的共享资源列表
user	添加或更改用户账号或显示用户账号信息
use	连接计算机或断开计算机与共享资源的连接，或显示计算机的连接信息
Start	启动服务或显示已启动服务的列表
pause	暂停正在运行的服务
stop	停止 Windows NT 网络服务
share	创建、删除或显示共享资源
session	列出或断开本地计算机和与其相连接的客户端
send	向网络的其他用户、计算机或通信名发送消息
print	显示或控制打印作业及打印队列
name	添加或删除消息名或显示计算机接收消息的名称列表

2. NET 命令的应用

即扫即看

下面通过一个实验来介绍 NEF 命令的具体应用。

【实验 2-7】使用 NET 命令查看共享资源、创建和修改计算机上的用户账户、管理共享资源

具体操作步骤如下：

（1）在命令行提示符下，输入 net user 命令，按【Enter】键，查看当前计算机中的用户，如图 2-29 所示。

（2）在命令行提示符下，输入 net user abc /add 命令，按【Enter】键，添加一个用户名为 abc 的账户，如图 2-30 所示。

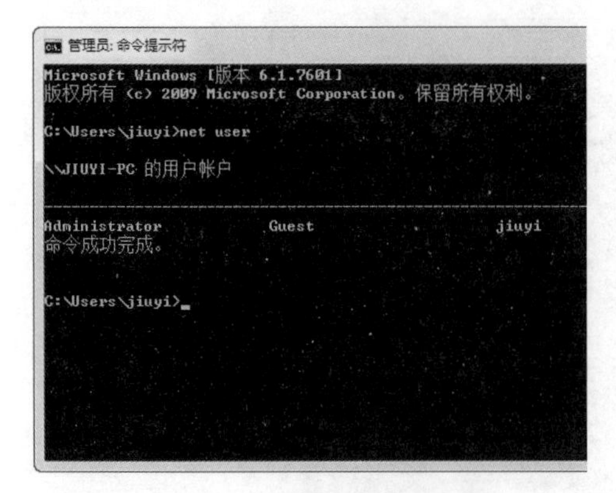

图 2-29　NET 命令格式及参数

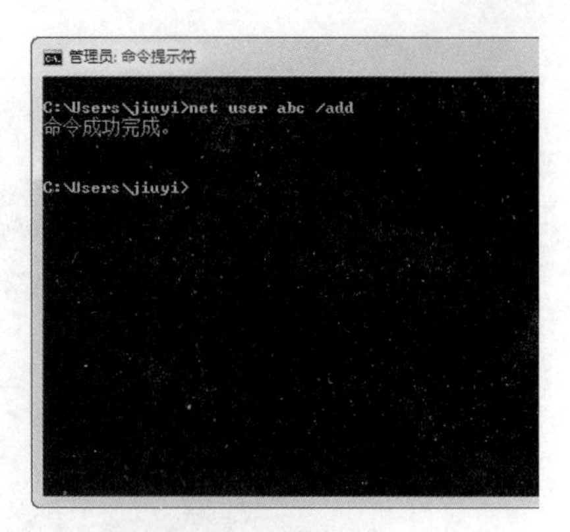

图 2-30　添加用户账户

（3）在命令行提示符下，输入 net user abc 命令，按【Enter】键，查看用户的详细信息，如图 2-31 所示。

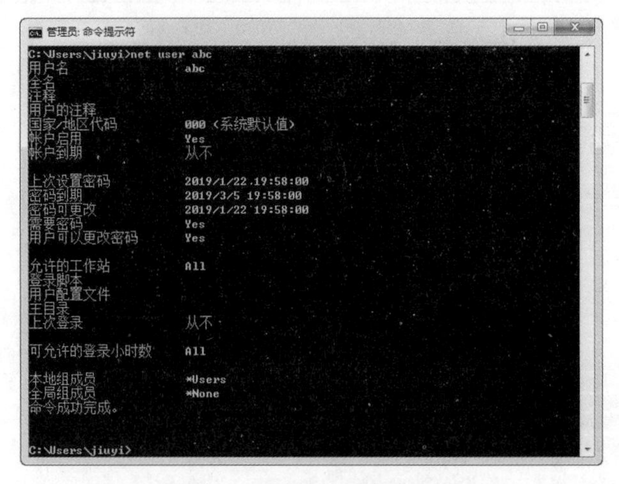

图 2-31　查看用户的详细信息

（4）在命令行提示符下，输入 net user abc 12345678 命令，按【Enter】键，为指定账户新增或者更改密码，如图 2-32 所示。

图 2-32　查看用户的详细信息

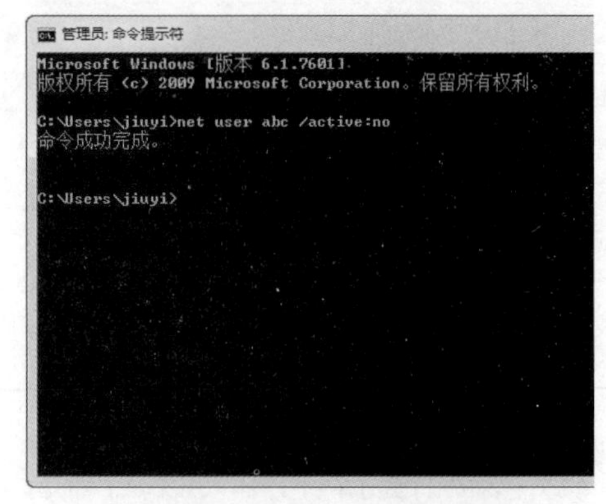

图 2-33　查看用户的详细信息

（5）在命令行提示符下，输入 net user abc /active:no 命令，按【Enter】键，禁用指定用户账户，如图 2-33 所示。

提示：使用 Net user 用户名 /active:yes 命令，可以将指定的用户账户启用。使用 net user 用户名 /delete 命令，可以将指定的用户账户删除。

（6）在命令行提示符下，输入 net share 命令，按【Enter】键，查看当前已经共享的资源，如图 2-34 所示。

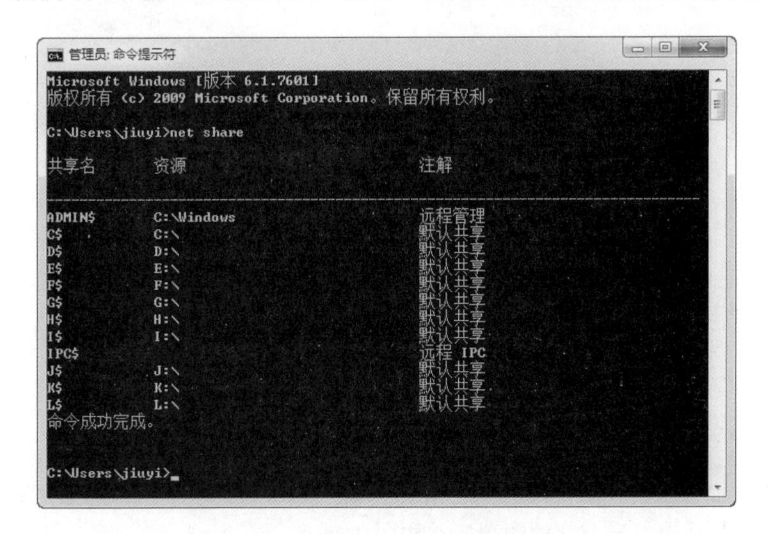
```
Microsoft Windows [版本 6.1.7601]
版权所有 (c) 2009 Microsoft Corporation。保留所有权利。

C:\Users\jiuyi>net share

共享名       资源                        注解

-------------------------------------------------------------------------------
ADMIN$       C:\Windows                  远程管理
C$           C:\                         默认共享
D$           D:\                         默认共享
E$           E:\                         默认共享
F$           F:\                         默认共享
G$           G:\                         默认共享
H$           H:\                         默认共享
I$           I:\                         默认共享
IPC$                                     远程 IPC
J$           J:\                         默认共享
K$           K:\                         默认共享
L$           L:\                         默认共享
命令成功完成。


C:\Users\jiuyi>_
```

图 2-34　查看当前已经共享的资源

提示：使用 net share 共享名 /delete 命令，可以取消已经共享的资源。

2.2　黑客常用入侵工具

黑客在开始攻击之前，通常会先使用工具收集目标电脑的信息，如开放的端口、网络中电脑的 IP 地址以及系统漏洞等信息，然后利用这些信息对电脑进行攻击。所以熟悉这些工具的使用方法，对于防范黑客有很大的帮助。

通过本节的学习，读者应认识常见端口扫描工具、目标入侵工具和嗅探工具等入侵工具。

2.2.1　端口扫描工具

电脑中所开放的端口往往是黑客潜在的入侵通道，对目标主机进行端口扫描能够获得许多有用的信息，而进行端口扫描的方法有很多，如手工扫描和工具扫描等。其中，黑客常用的端口扫描工具有 Nmap 扫描器、ScanPort 扫描器、X-Scan 扫描器。

1．Nmap 扫描器

Nmap 扫描器是一款针对大型网络的端口扫描工具，包含多种扫描选项，它对网络中被检测到的主机按照选择的扫描选项和显示节点进行探查。

【实验 2-8】使用 Nmap 扫描器扫描端口

具体操作步骤如下：

（1）在 Windows 7 系统中桌面上双击 Nmap - Zenmap GUI 快捷图标，打开 Zenmap 窗口，在“目

标”文本框中输入主机的 IP 地址或网址，要扫描某个范围内的主机，也可以输入一个 IP 地址范围，如 192.168.1.1-150，如图 2-35 所示。

图 2-35　输入目标主机 IP 地址

（2）单击“扫描”按钮开始扫描，即可在“Nmap 输出”选项卡中显示扫描信息，在扫描结果信息中，可以看到扫描对象当前开放的端口，如图 2-36 所示。

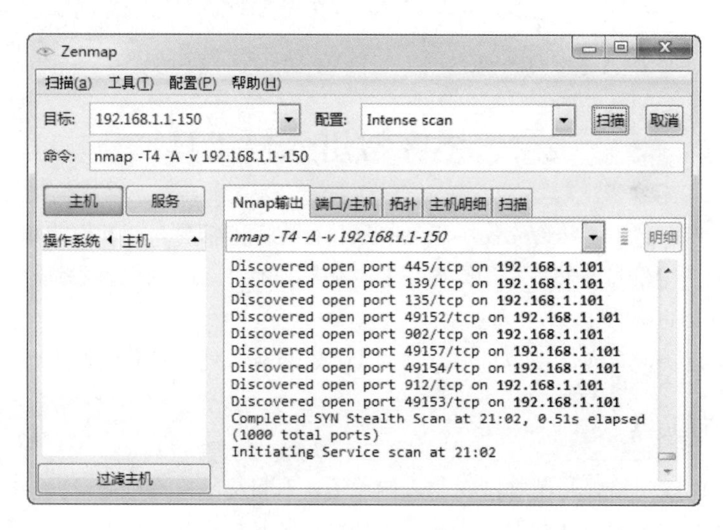

图 2-36　显示扫描信息

提示： 在扫描时，还可以用“*”通配符替换 IP 地址中的任何一部分，如 192.168.1.*等同于 192.168.1.1-255；要扫描一个大范围内的主机，可以输入 192.168.1，2，3.*，此时将扫描 192.168.1.0、192.168.2.0、192.168.3.0 三个网络中所有地址。

（3）选择“端口/主机”选项卡，可以查看到当前主机显示的端口、协议、状态和服务信息，如图 2-37 所示。

（4）选择“拓扑”选项卡，可以查看到当前网络中电脑的拓扑结构，如图 2-38 所示。

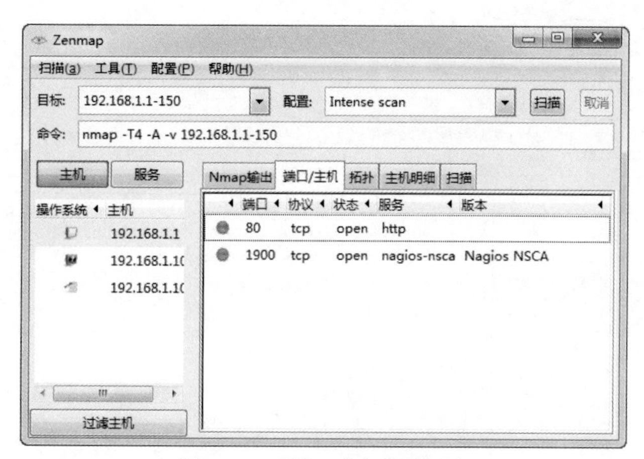

图 2-37　“端口/主机”选项卡

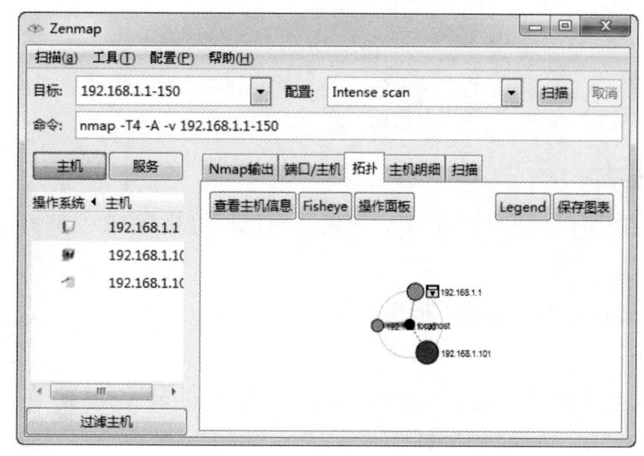

图 2-38　“拓扑”选项卡

（5）单击“查看主机信息”按钮，打开“查看主机信息”窗口，在其中可以查看当前主机的一般信息、操作系统信息等，如图 2-39 所示。

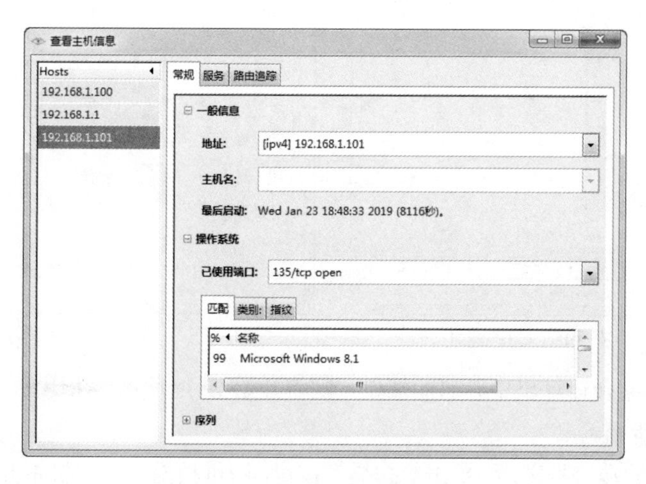

图 2-39　“查看主机信息”窗口

（6）在“查看主机信息”窗口中，选择“服务”选项卡，可以查看当前主机的服务信息，如端口、协议、状态等，如图 2-40 所示。

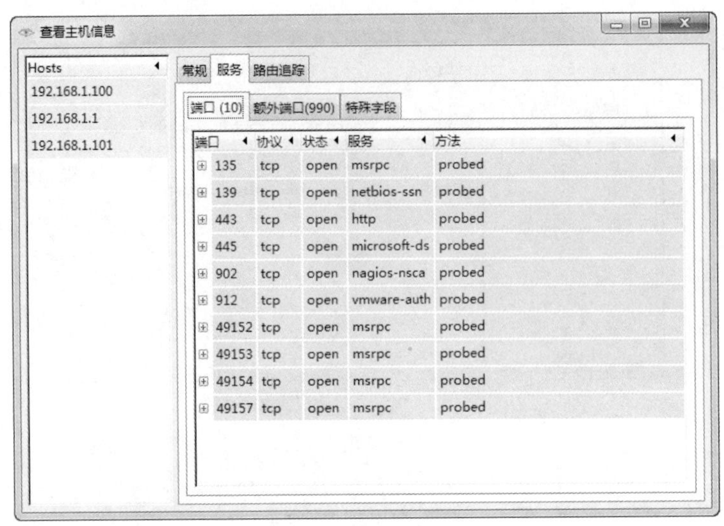

图 2-40　显示端口信息

2．ScanPort 扫描器

ScanPort 扫描器不但可以用于网络扫描，同时还可以探测指定 IP 及端口，速度比传统软件快，且支持用户自设 IP 端口。

【实验 2-9】 使用 ScanPort 扫描器扫描端口

具体操作步骤如下：

（1）在 Windows 7 操作系统中运行 ScanPort，打开“ScanPort”窗口，在其中设置起始 IP 地址、结束地址以及要扫描的端口号，如图 2-41 所示。

（2）单击“扫描”按钮，即可进行扫描，从扫描结果中可以看出设置的 IP 地址段中计算机开启的端口，如图 2-42 所示。

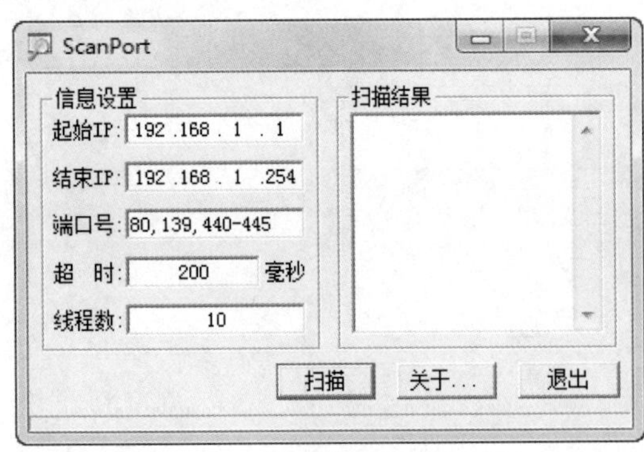

图 2-41　设置起始和结束 IP 地址

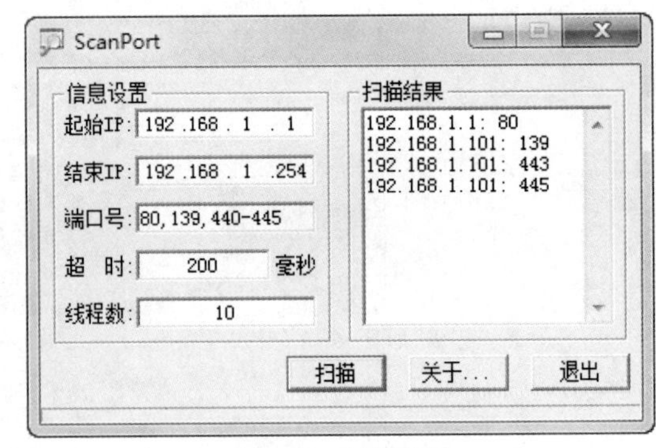

图 2-42　扫描结果

（3）如果要扫描某台计算机中开启的端口，则将开始 IP 地址和结束 IP 地址都设置为该主机的 IP 地址，如图 2-43 所示。

（4）设置要扫描的端口号之后，单击“扫描”按钮，即可扫描出该主机中开启的端口，如图 2-44 所示。

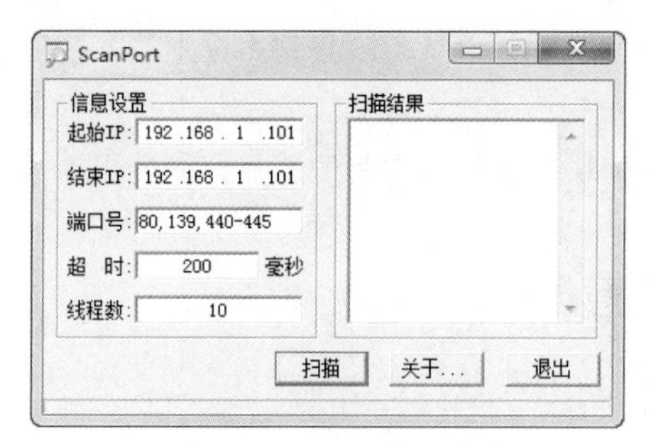

图 2-43　扫描指定主机

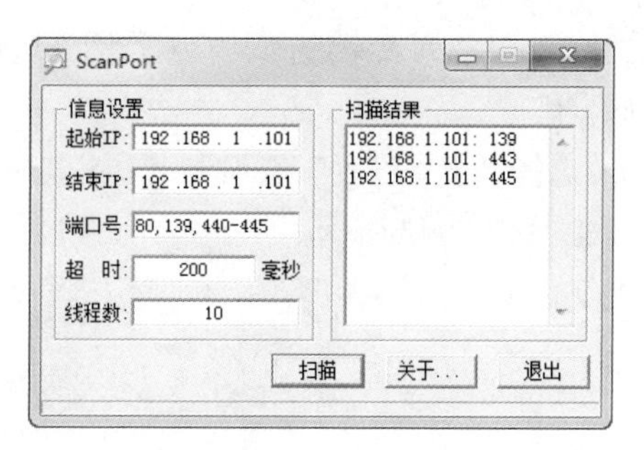

图 2-44　扫描结果

3．X-Scan 扫描器

X-Scan 是国内著名的综合扫描器之一，该工具采用多线程方式对指定 IP 地址段进行安全漏洞检测，且支持插件功能，它可以扫描出操作系统类型及版本、标准端口状态等信息。

使用 X-Scan 扫描器的操作步骤如下：

（1）在 Windows 7 系统中运行 xscan_gui 程序，打开“X-Scan-v3.3 GUI”窗口，如图 2-45 所示。在其中可以浏览此软件的功能简介、常见问题解答等信息。

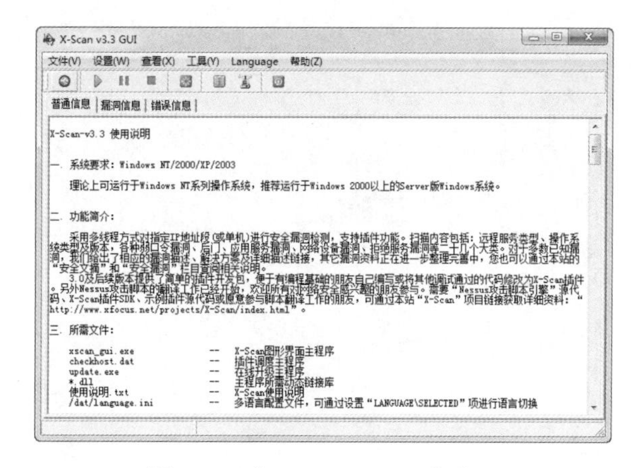

图 2-45　“X-Scan-v3.3 GUI”窗口

（2）单击“设置”→“扫描参数”命令，打开“扫描参数”对话框，如图 2-46 所示。

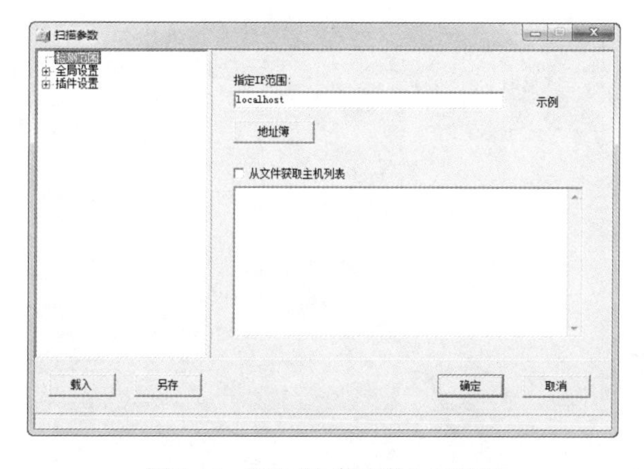

图 2-46　打开“扫描参数”对话框

（3）在左边的列表中选择“检测范围”选项卡，在“指定IP地址范围”文本框中输入要扫描的IP地址范围。

（4）选择“全局设置”选项卡，单击其中的“扫描模块”子项，在其中选择扫描过程中需要扫描的模块，如图2-47所示。

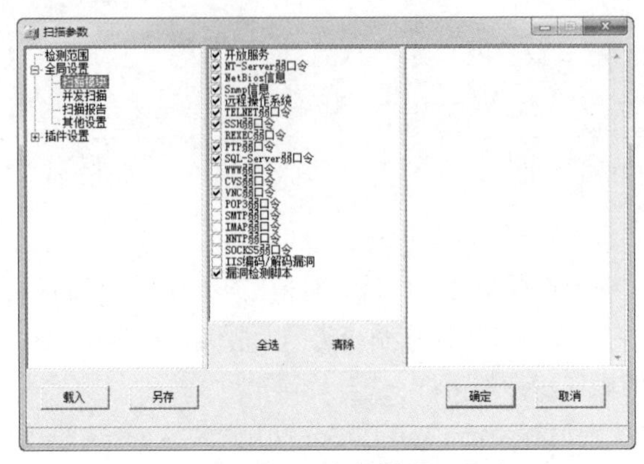

图2-47　选择“扫描模块”子项

（5）选择“并发扫描”子项，设置扫描时的线程数量，如图2-48所示。

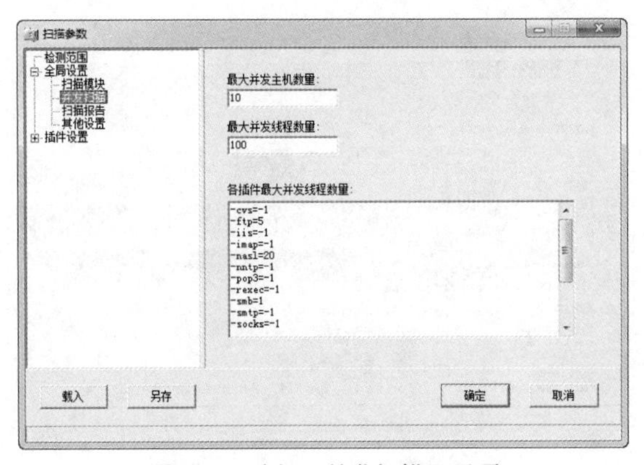

图2-48　选择“并发扫描”子项

（6）选择“扫描报告”子项，在其中设置扫描报告存放的路径和文件格式，如图2-49所示。

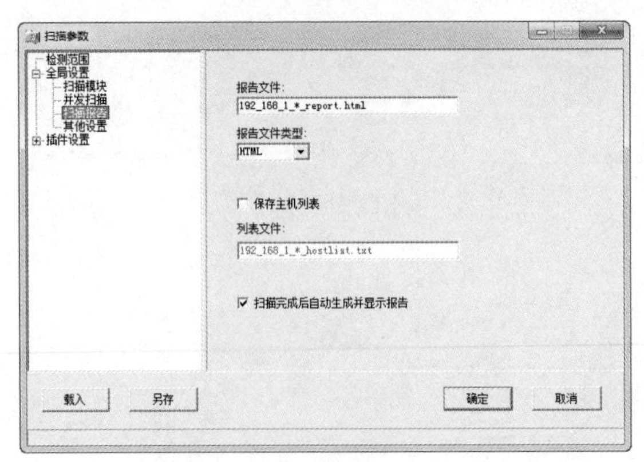

图2-49　选择“扫描报告”子项

（7）选择“其他设置”子项，在其中设置扫描过程的其他属性，如设置扫描方式、显示详细进度等，如图 2-50 所示。

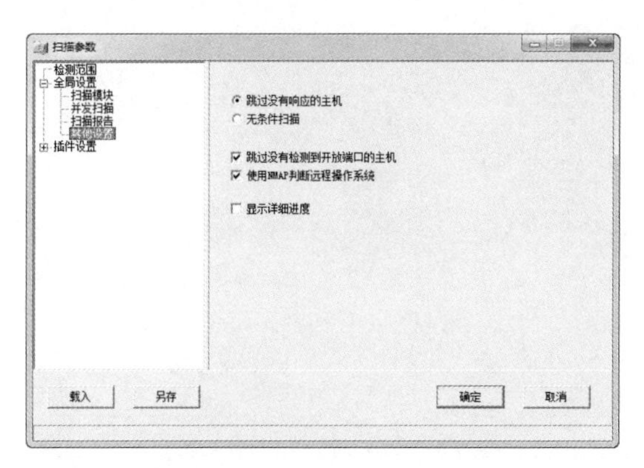

图 2-50　选择“其他设置”子项

（8）选择“插件设置”选项卡，单击其中的“端口相关设置”子项，在其中设置扫描端口范围以及检测方式，如图 2-51 所示。

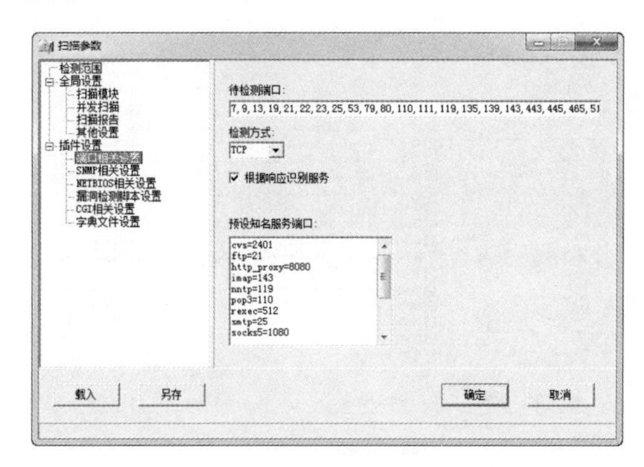

图 2-51　选择“端口相关设置”子项

（9）选择“SNMP 相关设置”子项，选中相应的复选框来设置在扫描时获取 SNMP 信息的内容，如图 2-52 所示。

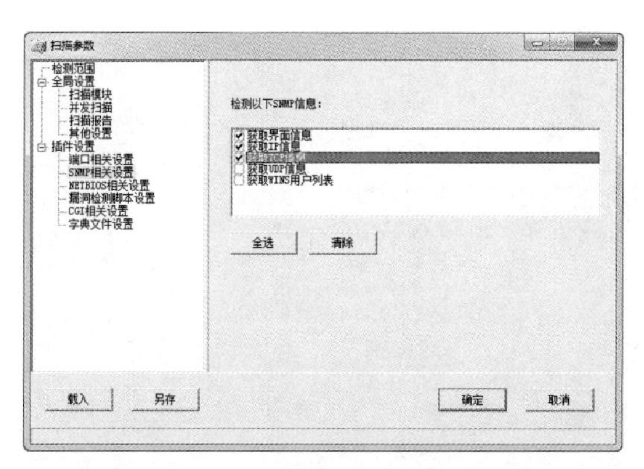

图 2-52　选择“SNMP 相关设置”子项

（10）选择“NETBIOS 相关设置”子项，在其中设置需要获取的 NETBIOS 信息类型，如图 2-53 所示。

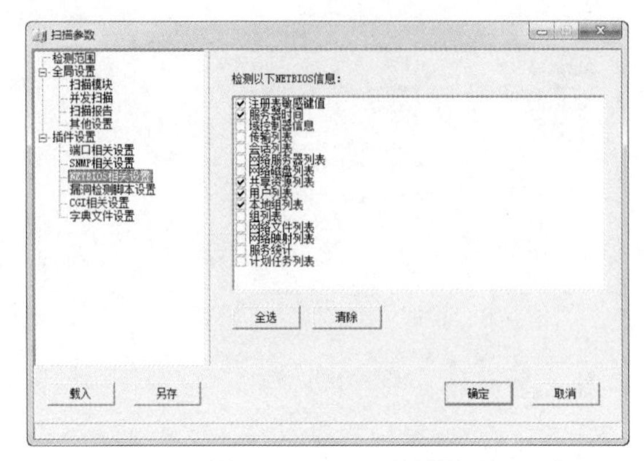

图 2-53 选择“NETBIOS 相关设置”子项

（11）选择“漏洞检测脚本设置”子项，取消选中“全选”复选框之后，单击“选择脚本”按钮，打开“Select Script”对话框，如图 2-54 所示。

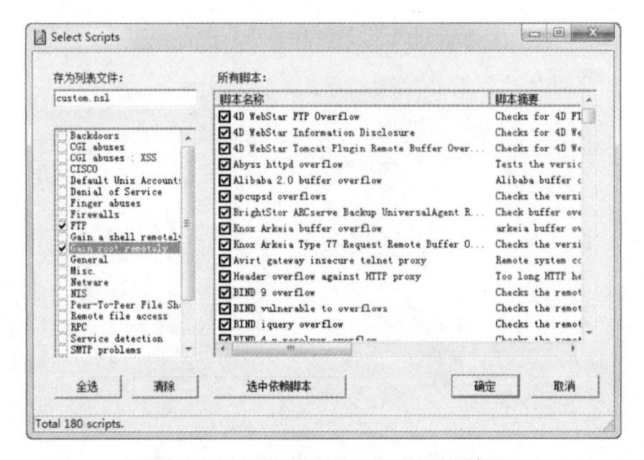

图 2-54 “Select Script”对话框

（12）选择好检测的脚本文件之后，单击“确定”按钮返回到“扫描参数”对话框，分别设置脚本运行超时和网络读取超时等属性，如图 2-55 所示。

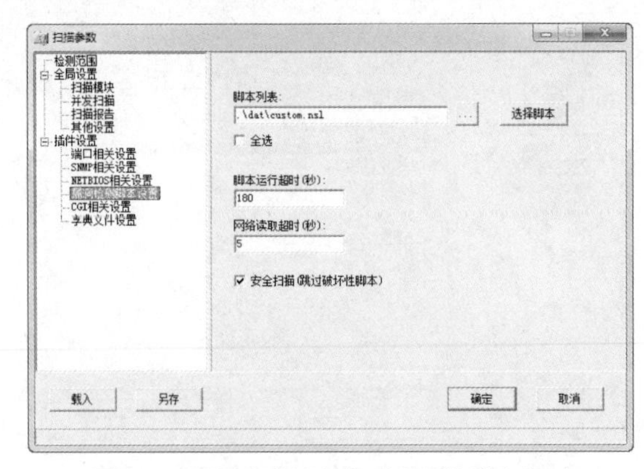

图 2-55 设置脚本运行超时和网络读取超时

（13）选择“CGI 相关设置”子项，在其中设置扫描时需要使用的 CGI 选项，如图 2-56 所示。

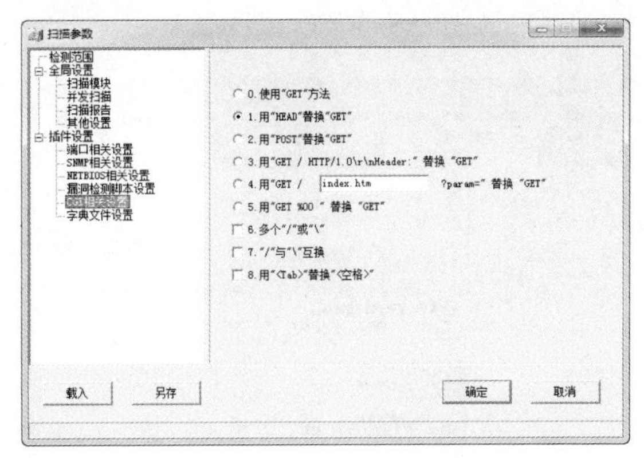

图 2-56　选择“CGI 相关设置”子项

（14）选择“字典文件设置”子项，通过双击字典类型，打开“打开”对话框，在其中选择相应的字典文件，如图 2-57 所示。

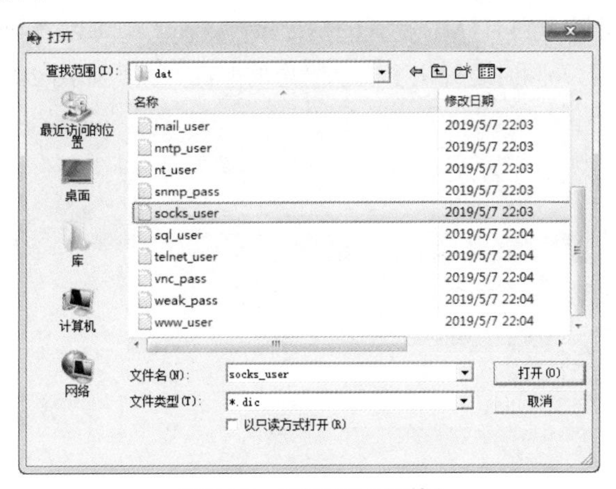

图 2-57　“打开”对话框

（15）单击“打开”按钮，返回到“扫描参数”对话框中即可看到选中的文件名字及可选择的字典文件，然后单击“确定”按钮，如图 2-58 所示。

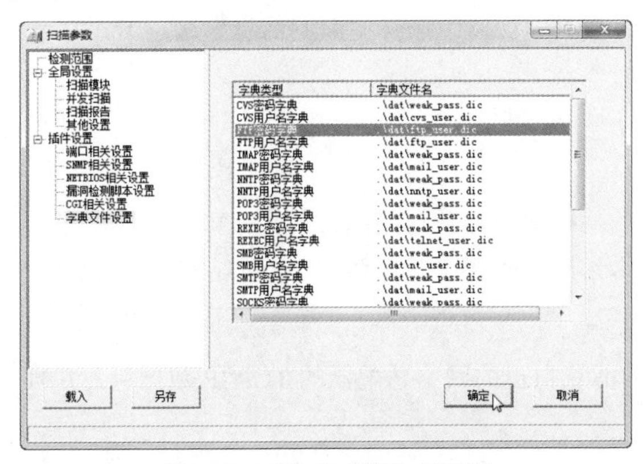

图 2-58　“扫描参数”对话框

（16）在“X-Scan-v3.3 GUI”窗口中，单击“开始扫描”按钮，即可进行扫描，在扫描的同时显示扫描进度和扫描所得到的信息，如图 2-59 所示。

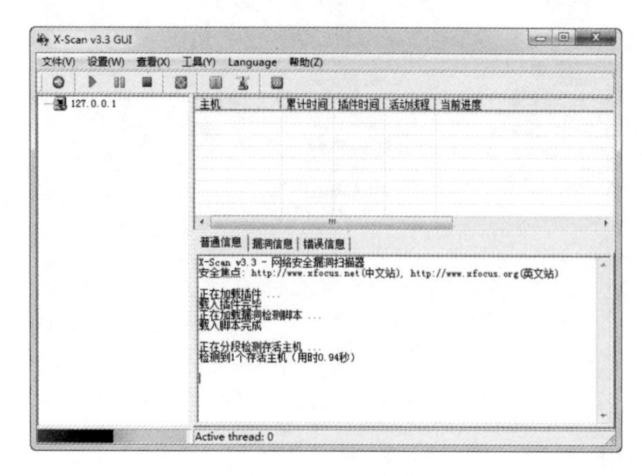

图 2-59　开始扫描

（17）扫描完成后，可以看到 HTML 格式的扫描报告。在其中可以看到活动主机 IP 地址、存在的系统漏洞和其他安全隐患，同时还提出了安全隐患的解决方案，如图 2-60 所示。

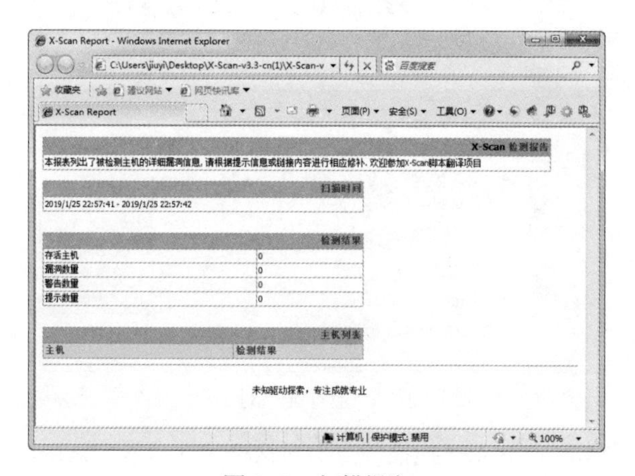

图 2-60　扫描报告

（18）在“X-Scan-v3.3 GUI”窗口中选择“漏洞信息”选项卡，在其中可以看到存在漏洞的主机信息。

2.2.2　嗅探工具

嗅探是指利用计算机的网络接口截获目的地为其他计算机的数据报文的一种手段，黑客常用它作为网络入侵的工具。黑客常用的嗅探工具主要有 SmartSniff、网络数据包嗅探专家。

1. SmartSniff 嗅探工具

SmartSniff 可以让用户捕获自己的网络适配器的 TCP/IP 数据包，并且可以按顺序查看客户端与服务器之间会话的数据。

【实验 2-10】使用 SmartSniff 捕获 TCP/IP 数据包

具体操作步骤如下：

（1）在 Windows 7 系统中运行 SmartSniff，打开“SmartSniff”窗口，单击“开始捕获”按钮，如图 2-61 所示。

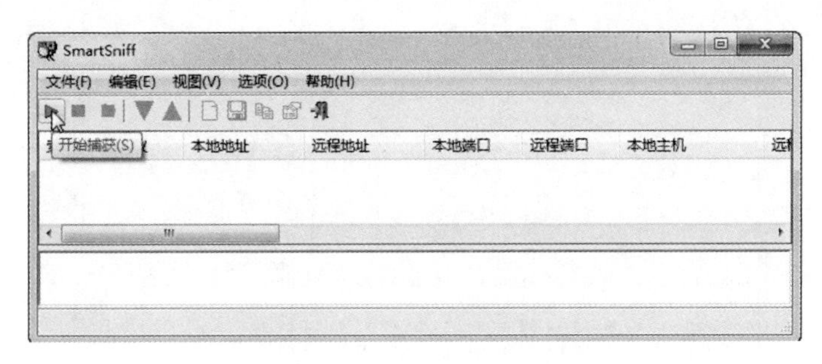

图 2-61　单击“开始捕获”按钮

（2）在弹出的“捕获选项”对话框中，选择网络适配器和捕获方法，然后单击“确定”按钮，如图 2-62 所示，开始捕获当前主机与网络服务器之间传输的数据。

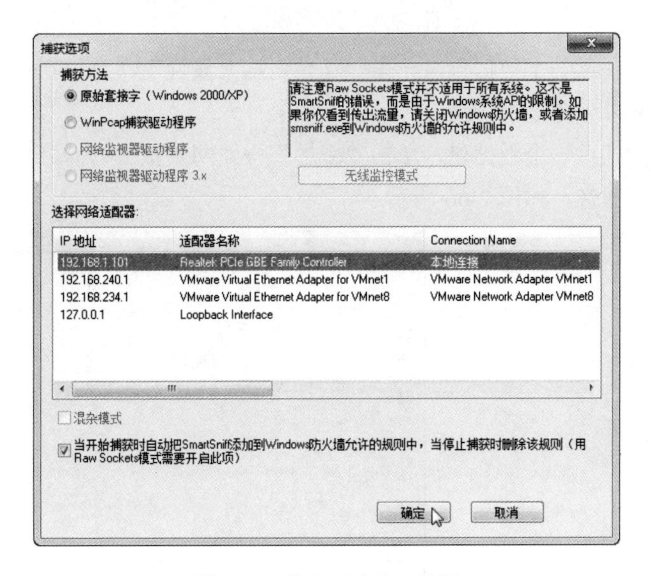

图 2-62　单击“确定”按钮

（3）单击“停止捕获”按钮，停止捕获数据，如图 2-63 所示。

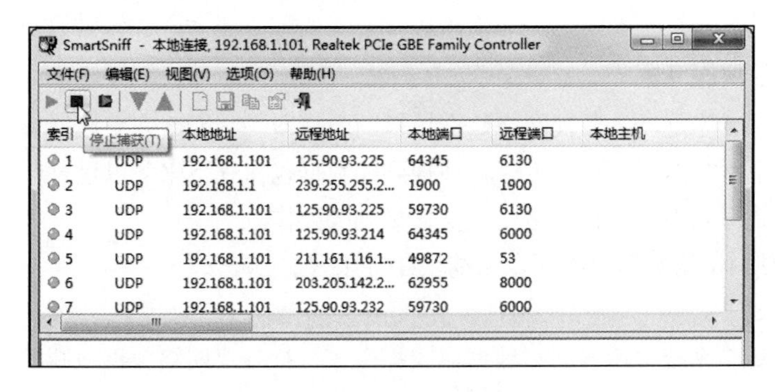

图 2-63　单击“停止捕获”按钮

（4）在列表中选择任意一个 UDP 协议类型的数据包，即可查看其数据信息，如图 2-64 所示。

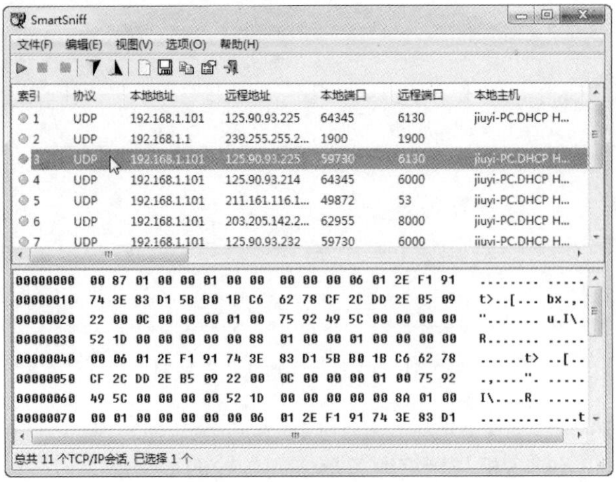

图 2-64　查看数据信息

（5）在列表中选中任意一个数据包，单击“文件”→“属性”命令，在弹出的“属性”对话框中可以查看其属性信息，如图 2-65 所示。

（6）在列表中选中任意一个数据包，单击“视图”→“网页报告-TCP/IP 数据流”命令，即可以网页形式查看数据流报告，如图 2-66 所示。

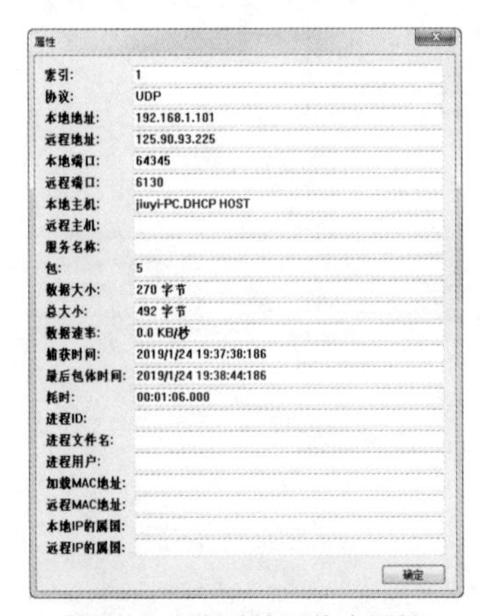

图 2-65　查看数据信息属性

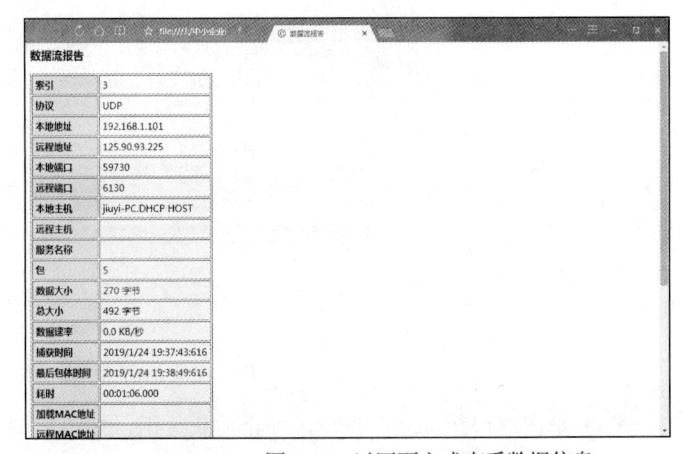

图 2-66　以网页方式查看数据信息

2．网络数据包嗅探专家

网络数据包嗅探专家是一款监视网络数据运行的嗅探器，它能够完整地捕捉到所处局域网中所有计算机的上行、下行数据包，用户可以将捕捉到的数据包保存下来，以进行监视网络流量、分析数据包、查看网络资源利用、执行网络安全操作规则等操作。

【实验 2-11】 使用网络数据包嗅探专家捕获 TCP/IP 数据包

具体操作步骤如下：

（1）在 Windows 7 系统中运行网络数据包嗅探专家，打开“网络数据包嗅探专家 2019”窗口，单击“开始嗅探”按钮，开始捕获当前网络数据，如图 2-67 所示。

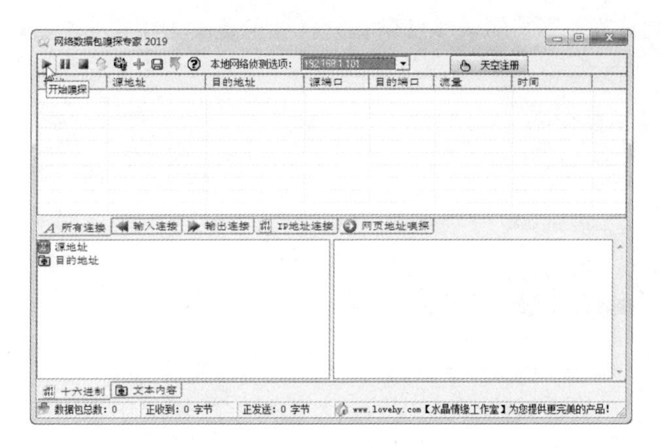

图 2-67　单击“开始嗅探”按钮

（2）单击“停止嗅探”按钮，如图 2-68 所示，停止捕获数据包，当前的所有网络连接数据将在下方显示出来。

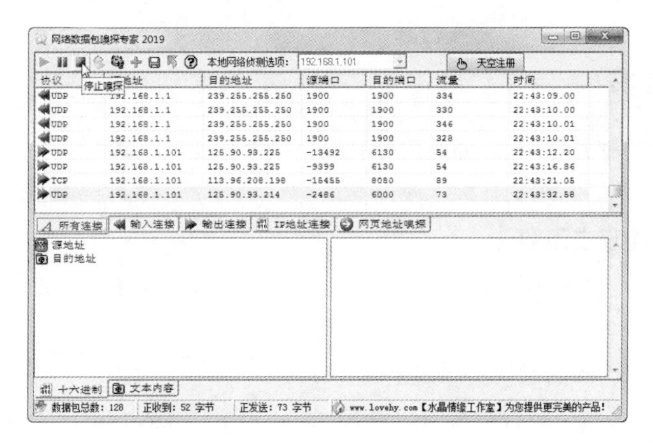

图 2-68　单击“停止嗅探”按钮

（3）单击“IP 地址连接”按钮，将在上方窗格中显示前一段时间内输入与输出数据的源地址与目标地址，如图 2-69 所示。

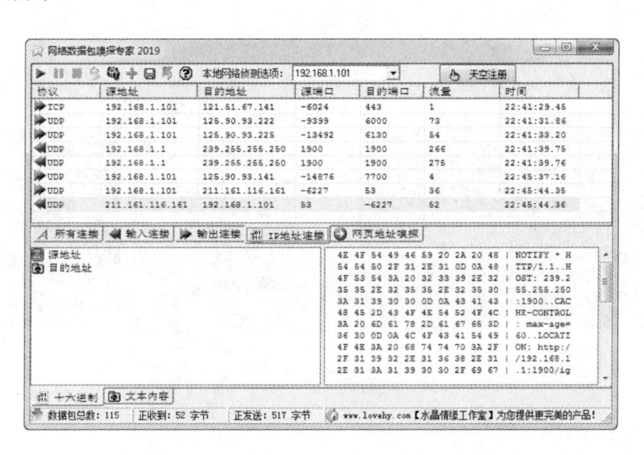

图 2-69　单击“IP 地址连接”按钮

（4）单击“网页地址嗅探”按钮，即可查看当前所连接网页的详细地址和文件类型，如图 2-70 所示。

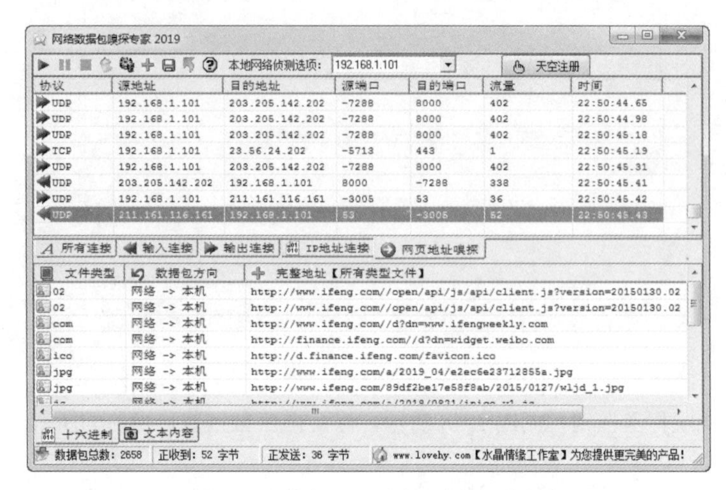

图 2-70　单击“网页地址嗅探”按钮

2.2.3　目标入侵工具

使用端口扫描工具将网络中存在漏洞的计算机扫描出来之后，就可以使用目标入侵工具攻击计算机了。下面介绍几款黑客常用的目标入侵工具。

1. NetCut 局域网攻击工具

网络剪切手 NetCut 可以切断局域网中的任何主机，使其断开网络连接，利用 ARP 协议可以看到局域网中所有主机的 IP 地址。

使用网络剪切手 NetCut 的操作步骤如下：

（1）在 Windows 7 系统中运行网络剪切手 NetCut，打开“Arcai.com's netcut Software 2.1.4”窗口，如图 2-71 所示，软件会自动搜索当前网段内的所有主机的 IP 地址、计算机名以及各自对应的 MAC 地址。

图 2-71　“Arcai.com's netcut Software 2.1.4”窗口

（2）单击“Choice NetCard”按钮，打开如图 2-72 所示的“Choose the Network Adapter”对话框，在其中可以选择搜索计算机及发送数据包所使用的网卡。

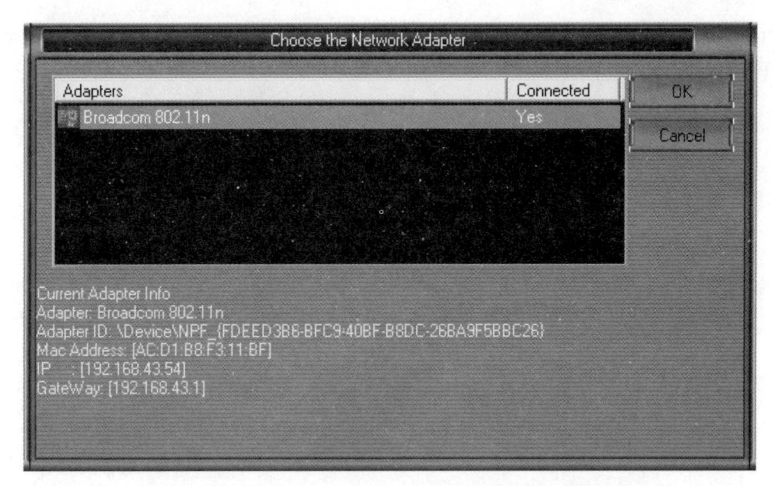

图 2-72　“Choose the Network Adapter”对话框

（3）在扫描出的主机列表中选中 IP 地址为 192.168.43.54 的主机，然后单击“Cuf off（Ready）”按钮，即可看到该主机的“On”状态已经变成为“Off”，此时该主机不能访问网站也不能打开网页，如图 2-73 所示。

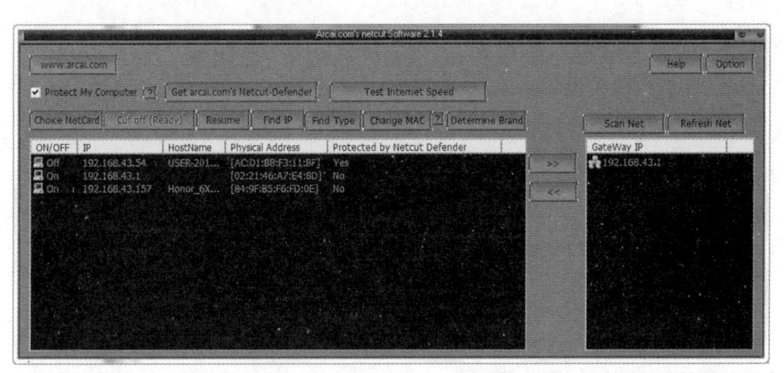

图 2-73　切断选中后的主机

（4）再次选中 IP 地址为 192.168.43.45 的主机，然后单击“Resume”按钮，即可看到该主机的“Off”状态又重新变为“On”，此时该主机可以访问 Internet 网络。

图 2-74　“Find By”对话框

（5）如果局域网中的主机过多，可以使用该工具提供的查找功能快速查看某个主机的信息。在“Arcai.com’s netcut Software 2.1.4”窗口单击“Find IP”按钮，打开“Find By”对话框，如图 2-74 所示。在其中的文本框中输入要查找主机的某个信息，这里输入的是 IP 地址。

（6）单击“Find This”按钮，就可以在“Arcai.com’s netcut Software 2.1.4”窗口快速查找到 IP 地址为 192.168.43.54 的主机信息。

2．WinArpAttacker 攻击工具

WinArpAttacker 是一款 ARP 欺骗攻击工具，被攻击的主机无法正常与网络进行连接。使用该工具的具体操作步骤如下：

（1）在 Windows 7 系统中运行 WinArpAttacker，打开“Untitled-WinArpAttacker 3.70 Build 2006.09.04”窗口，如图 2-75 所示。

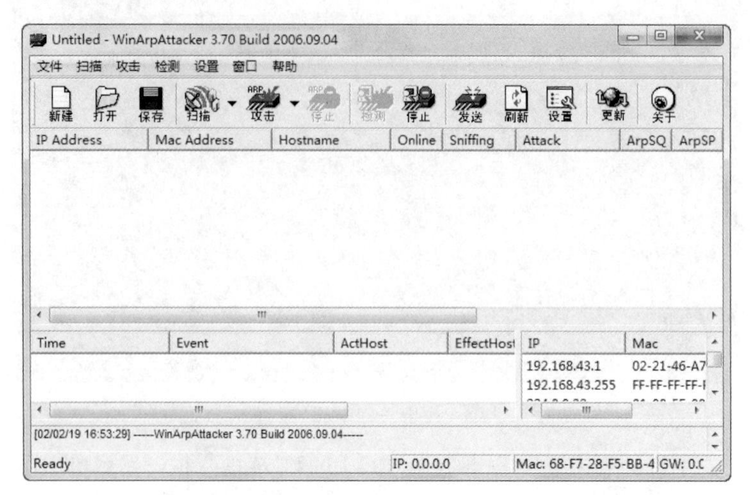

图 2-75 “Untitled-WinArpAttacker 3.70 Build 2006.09.04”窗口

（2）单击“扫描”→“高级”命令，打开“高级”对话框，如图 2-76 所示。从中可以看出扫描有扫描主机、扫描 IP 段、扫描本地网络 3 种方式。

（3）使用“扫描主机”方式可以获得目标主机的 MAC 地址。在“扫描”对话框中选中“扫描主机”单选按钮，并在后面的文本框中输入目标主机的 IP 地址，然后单击“扫描”按钮，即可获得该主机的 MAC 地址，如图 2-77 所示。

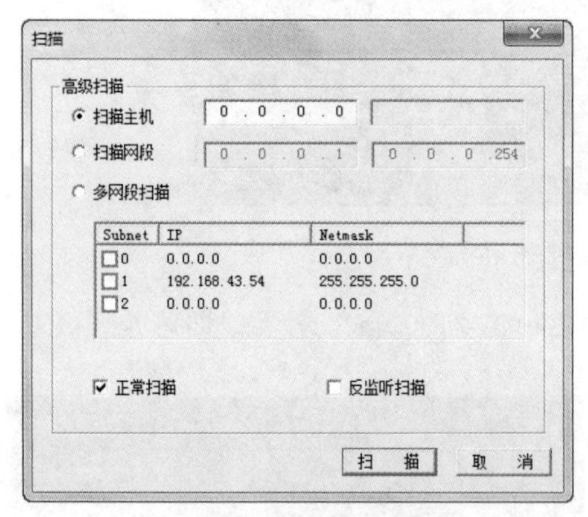

图 2-76 “高级”对话框

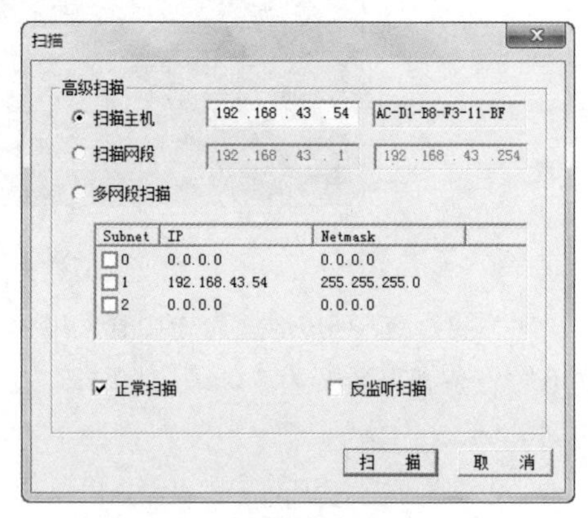

图 2-77 查看主机的 MAC 地址

（4）在“扫描”对话框中选中“扫描网段”单选按钮，并在后面的文本框中输入目标主机的 IP 地址。

（5）单击“扫描”按钮，进行扫描操作，当扫描完成时会出现一个“Scanning Successfully”对话框，如图 2-78 所示。单击“确定”按钮。

（6）在“Untitled-WinArpAttacker 3.70 Build 2006.09.04”窗口中即可看到扫描结果，如图 2-79 所示。

图 2-78 扫描完成

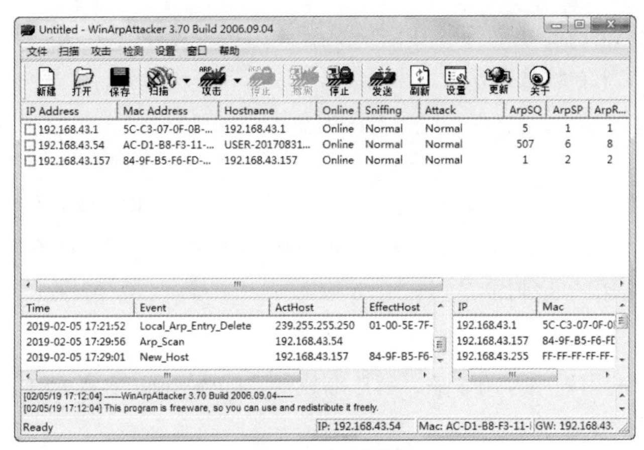

图 2-79　扫描结果

（7）选择要攻击的目标计算机，选择“攻击”→“禁止上网”命令，如图 2-80 所示，目标计算机即不能上网。

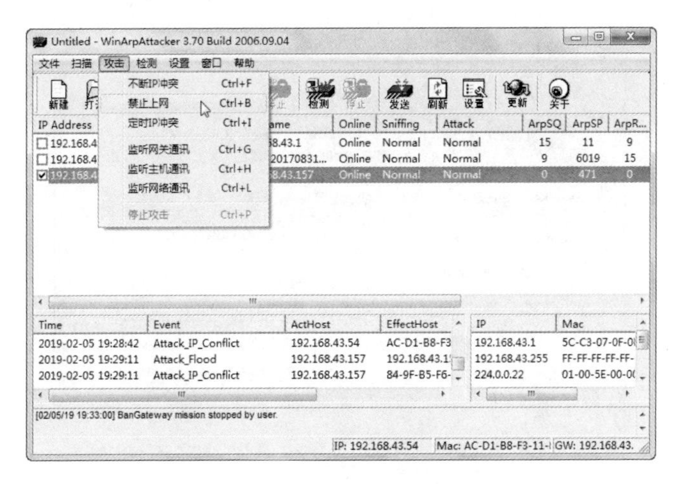

图 2-80　选择“攻击”→“禁止上网”命令

（8）如果想停止攻击，则选择“攻击”→“停止攻击”命令，如图 2-81 所示。否则将会一直进行。

图 2-81　选择“攻击”→“停止攻击”命令

提示：在 WinArpAttacker 中有不断 IP 冲突、禁止上网、定时 IP 冲突、监听网关通信、监听主机通信和监听网络通信等 6 种攻击方式。

2.2.4 加壳工具

壳就是计算机软件里的一段专门负责保护软件不被非法修改或反编译的程序。加壳工具通常分为压缩壳和加密壳两类，压缩壳的特点是减小软件的体积大小，加密保护不是重点，而加密壳则好相反。下面介绍黑客常用的两种加壳工具。

1. UPX Shell

UPX Shell 是一款应用程序专用压缩、解压缩软件，UPX Shell 支持 EXE、COM、DLL、SYS、OCX 等多种文件格式的压缩。

使用 UPX Shell 的具体操作步骤如下：

（1）在 Windows 7 系统中运行 UPX Shell，打开“UPX Shell by ION Tek”窗口，选择“Options”选项卡，选择“简体中文”选项，如图 2-82 所示。将 UPX Shell 窗口显示为中文。

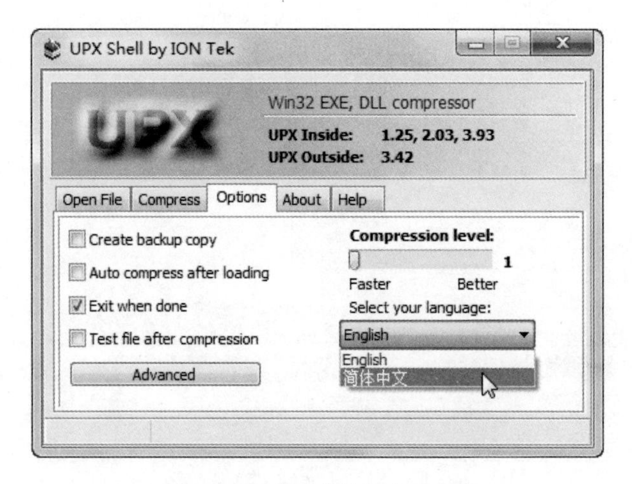

图 2-82　选择“简体中文”选项

（2）选择“打开文件”选项卡，单击“打开”按钮，如图 2-83 所示。

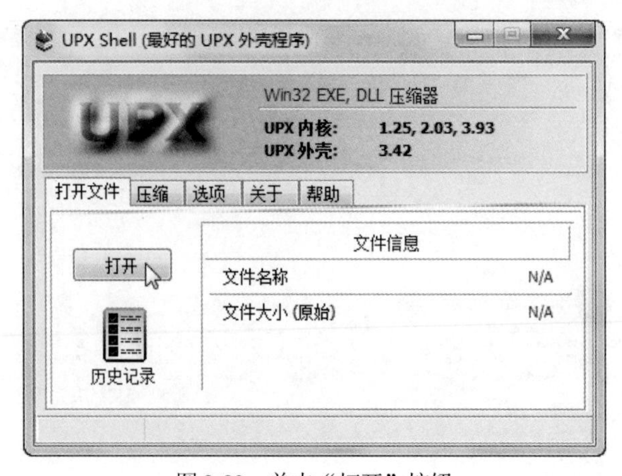

图 2-83　单击“打开”按钮

（3）在弹出的“打开”对话框中选择需要压缩的文件，如图 2-84 所示。

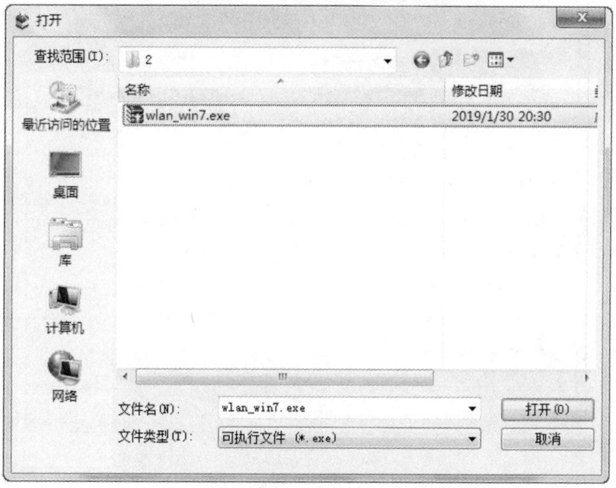

图 2-84　选择需要压缩的文件

（4）单击“打开”按钮，所选的文件将自动添加到“UPX Shell by ION Tek”窗口的“压缩”选项卡中，然后单击“执行”按钮，如图 2-85 所示，就可以对压缩的文件进行压缩操作了。

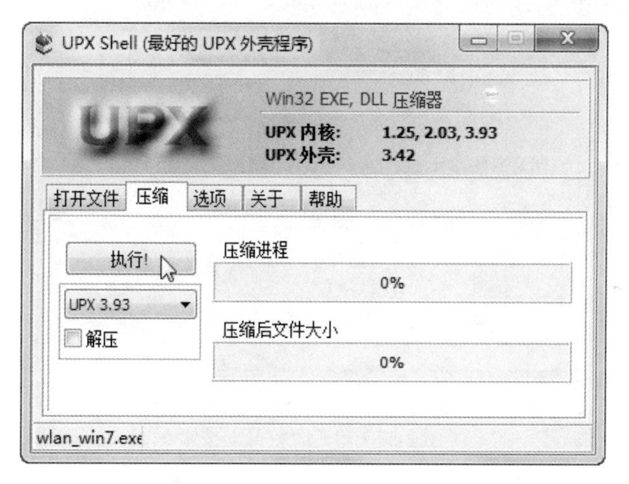

图 2-85　单击“执行”按钮

2．ASPack

ASPack 是专门对 WIN32 可执行程序进行压缩的工具，压缩后程序能正常运行，丝毫不会受到任何影响。ASPack 工具的具体使用步骤如下：

（1）在 Windows 7 系统中运行 ASPack，打开“ASPack 2.42”窗口，选择“Options”选项卡，选择“Chinese gb”选项，如图 2-86 所示。将 ASPack 窗口显示为中文。

（2）选择“打开文件”选项卡，单击“打开”按钮，如图 2-87 所示。

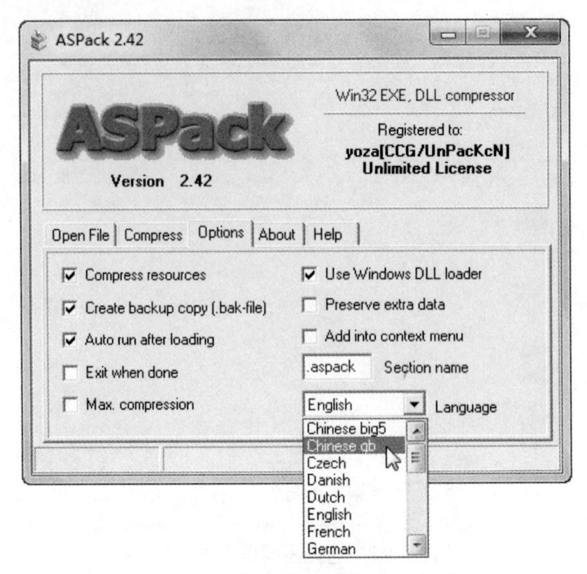

图 2-86　选择“Chinese gb”选项

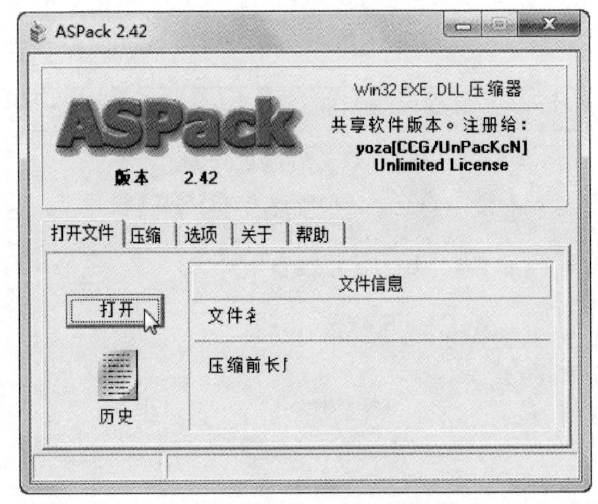

图 2-87　单击“打开”按钮

（3）在弹出的“打开”对话框，在其中选择需要压缩的文件，然后单击“打开”按钮，如图 2-88 所示。

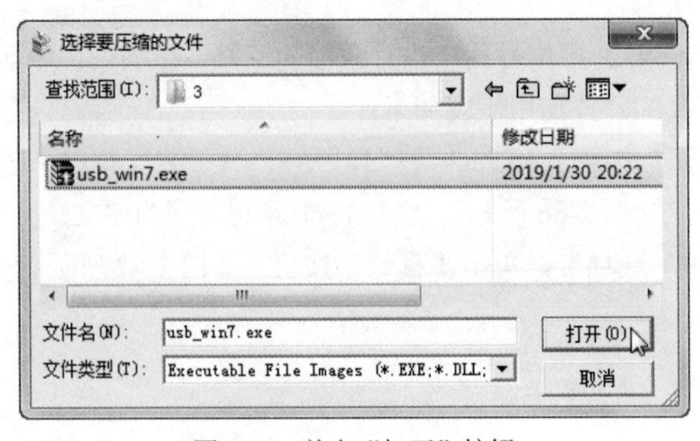

图 2-88　单击“打开”按钮

（4）所选的文件将自动添加到“ASPack 2.42”窗口的“压缩”选项卡中，然后单击“开始”按钮，如图 2-89 所示。就可以对压缩的文件进行压缩操作了。

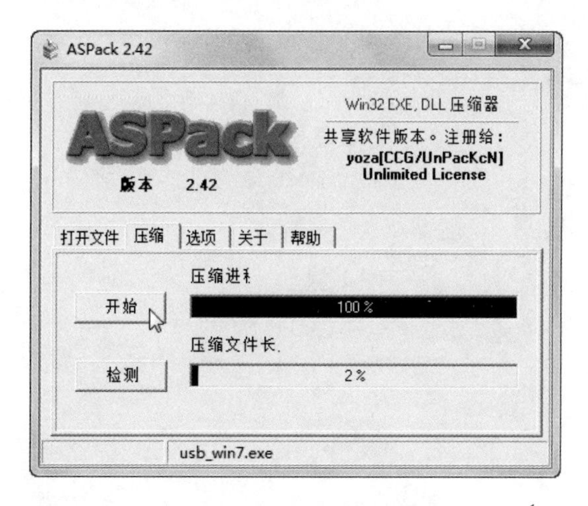

图 2-89　单击“开始”按钮

2.2.5　脱壳工具

一般情况下，脱壳后的文件长度往往会大于原文件长度，即使同一个文件，使用了不同的脱壳文件进行脱壳之后，由于不同脱壳软件的原理不同，脱出来的文件大小也不完全相同。

下面介绍黑客常用的两种脱壳工具。

1. UnPECompact

用 PECompact 加壳的文件，需要用 UnPECompact 工具来脱壳。下面介绍 UnPECompact 脱壳工具的具体操作方法。

（1）在 Windows 7 系统中运行脱壳 UnPECompact 工具，打开“UnPECompact 1.32”窗口，单击“开始”按钮，如图 2-90 所示。

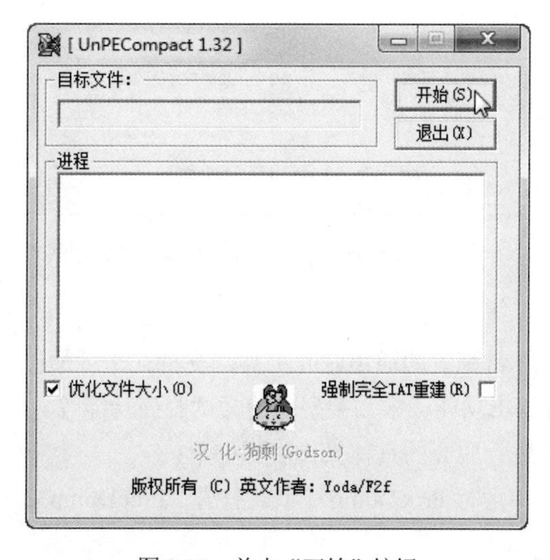

图 2-90　单击“开始”按钮

（2）在弹出的“选择被加壳的文件”对话框中，选择需要脱壳的文件，然后单击“打开”按钮，如图 2-91 所示。

图 2-91　单击“打开”按钮

（3）返回到“UnPECompact 1.32”窗口，单击“开始”按钮，如图 2-92 所示。UnPECompact 将进行脱壳操作。

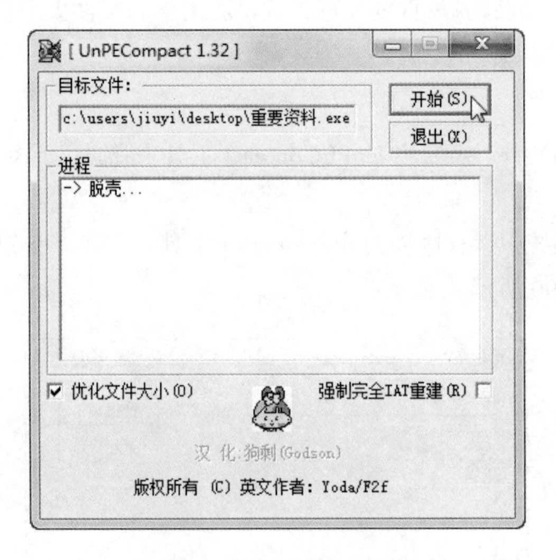

图 2-92　单击“开始”按钮

2．ProcDump

ProcDump 是一款功能非常强大的通用脱壳工具，支持几十种加壳工具生成压缩加密软件，具有重建 PE 结构功能、区段编辑功能、未知类型壳的尝试脱壳功能等。

使用 ProcDump 对软件进行脱壳的具体操作步骤如下：

（1）在 Windows 7 系统中运行 ProcDump 工具，打开“ProcDump32”窗口，单击“解包”按钮，如图 2-93 所示。

（2）在弹出的“选择解包器”对话框中，选择需要的解包器，然后单击“确定”按钮，如图 2-94

所示。

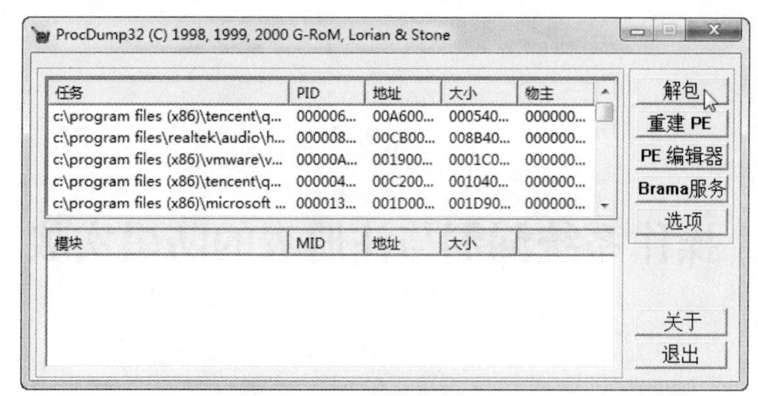

图 2-93　单击“解包”按钮

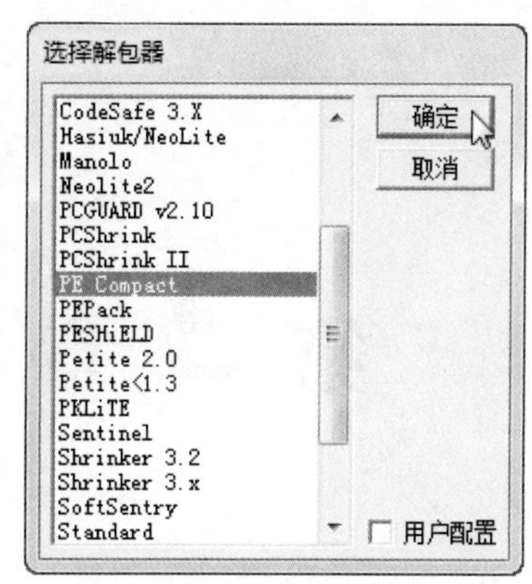

图 2-94　选择需要的解包器

（3）在弹出的“选择可执行文件”对话框中，选择需要脱壳的文件，然后单击“打开”按钮，如图 2-95 所示。ProcDump 将开始对加壳的文件进行脱壳操作。

图 2-95　单击“打开”按钮

第 3 章　操作系统漏洞与注册表的防黑实战

几乎所有操作系统的默认安装都没有被配置成最理想的安全状态，即出现了漏洞。漏洞是黑客对电脑进行攻击的主要途径，黑客只要找到电脑网络中的一个漏洞，就能轻而易举地攻击系统。

所以，对操作系统的漏洞和注册表及时进行修补，对于防止黑客攻击至关重要。本章将详细介绍操作系统漏洞与注册表的防黑相关知识。

3.1　认识操作系统漏洞

漏洞是指应用软件或操作系统软件在逻辑设计上的缺陷，或在编写时产生的错误。某个程序（包括操作系统）在设计时未考虑周全，则这个缺陷或错误将可以被不法者或黑客利用，通过植入木马、病毒等方式攻击或控制整个电脑，从而窃取电脑中的重要资料和信息，甚至破坏系统。

1．操作系统漏洞概述

系统漏洞也称安全缺陷，这些安全缺陷会被技术高低不等的入侵者利用，从而达到控制目标主机或造成一些更具破坏性的目的。

漏洞是硬件、软件、协议的具体实现或系统安全策略上存在的缺陷，从而可以使攻击者能够在未授权的情况下访问或破坏系统。漏洞会影响到很大范围的软、硬件设备，包括系统本身及支撑软件、网络用户和服务器软件、网络路由器和安全防火墙等。换言之，在这些不同的软、硬件设备中，都可能存在不同的安全漏洞问题。

在不同种类的软、硬件设备及设备的不同版本之间，由不同设备构成的不同系统之间，以及同种系统在不同的设置条件下，都会存在各自不同的安全漏洞问题。

2．Windows 常见漏洞

在 Windows 7 系统中常见的漏洞有快捷方式漏洞与 SMB 协议漏洞 2 种。

（1）快捷方式漏洞

快捷方式漏洞是 Windows Shell 框架中存在的一个危急安全漏洞，在 Shell32.dll 的解析过程中，会通过“快捷方式”的文件格式去逐个解析，其次找到快捷方式依赖的图标资源。

快捷方式漏洞就是利用了系统解析的机制，攻击者恶意构造一个特殊的 Lnk（快捷方式）文件，精心构造一串程序代码来骗过操作系统。当 Shell32.dll 解析到这串编码时，会认为这个“快捷方式”依赖一个系统控件（dll 文件），于是将这个“系统控件”加载到内存中执行。如果这个“系统控件”是病毒，那么 Windows 在解析这个 Lnk（快捷方式）文件时，就把病毒激活了。

（2）SMB 协议漏洞

SMB 协议主要是作为 Microsoft 网络的通信协议，用于在计算机间共享文件、打印机、串口等。当用户执行 SMB 协议时系统将会受到网络攻击，从而导致系统崩溃或重启。因此，只要故意发送一个错误的网络协议请求，Windows 7 系统就会出现页面错误，从而导致蓝屏或死机。

3.2　系统漏洞的防黑实战

由于操作系统本身不足，时不时会暴露出一些漏洞，而这些漏洞是系统的要害，一旦被黑客利用，后果将不堪设想。因此，防范黑客利用操作系统漏洞进行攻击的方法就是及时修补操作系统漏洞。

通过本节的学习，读者应掌握使用 Windows Update 更新系统、启用防火墙和使用软件更新漏洞的方法。

3.2.1　Windows Update 更新系统

Windows 自动更新是 Windows 的一项功能，当适用于计算机的重要更新发布时，它会及时提醒用户下载和安装。使用自动更新可以在第一时间更新操作系统，修复系统漏洞，保护计算机安全。

即扫即看

1．在 Windows 7 系统中更新

【实验 3-1】在 Windows 7 系统中设置并安装更新

具体操作步骤如下：

（1）在 Windows 7 系统中的“所有控制面板项”窗口中，单击 Windows Update 超链接，如图 3-1 所示。

图 3-1　单击“Windows Update”超链接

（2）在弹出的 Windows Update 窗口中，单击“40 个可选更新可用”超链接，如图 3-2 所示。

图 3-2　单击“40 个可选更新可用”超链接

（3）在弹出的“选择要安装的更新”窗口中，选中要安装的更新，然后单击“确定”按钮，如图 3-3 所示。

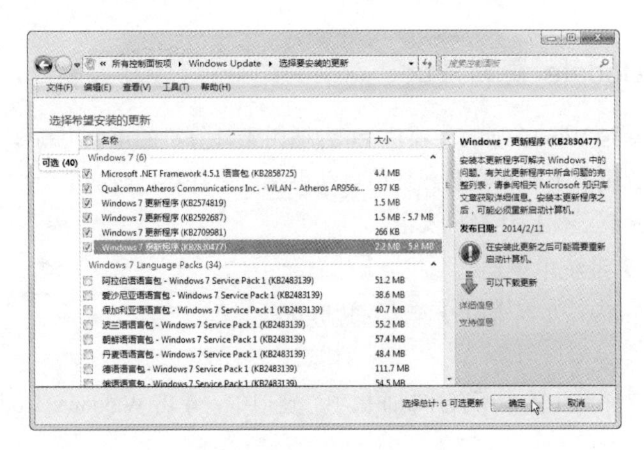

图 3-3　选中要安装的更新

（4）单击“确定”按钮后，返回 Windows Update 窗口，单击“安装更新”按钮，如图 3-4 所示。

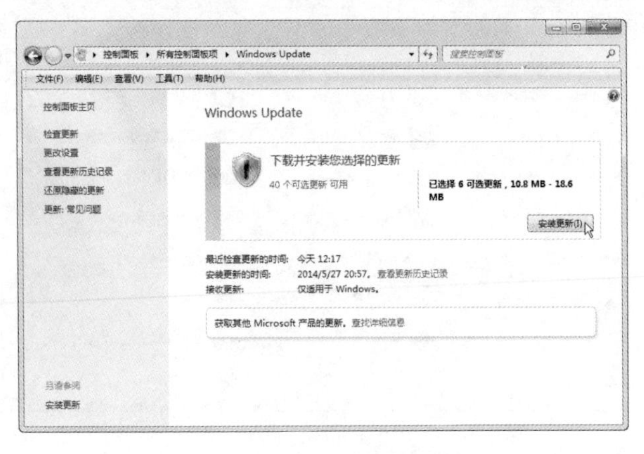

图 3-4　单击“安装更新”按钮

（5）单击“安装更新”按钮后，系统将开始下载并安装更新，如图 3-5 所示。

图 3-5　系统将开始下载并安装更新

（6）系统下载并安装好更新后，提示用户已经成功安装了更新，如图 3-6 所示。然后单击“立即重新启动”按钮即可。

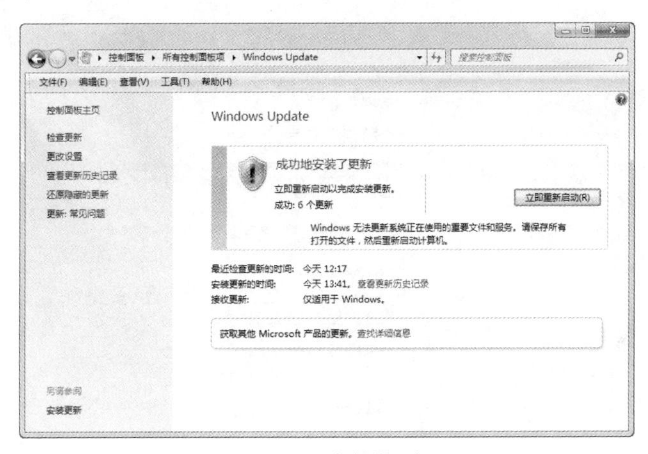

（即扫即看）

图 3-6　成功安装更新

2. 在 Windows 10 系统中更新

【实验 3-2】在 Windows 10 系统中安装补丁

具体操作步骤如下：

（1）在 Windows 10 系统中的“设置”窗口中，单击“更新和安全”超链接，如图 3-7 所示。

（2）在“更新和安全”窗口，选择“Windows 更新”选项，系统自动下载更新的内容，如图 3-8 所示。

图 3-7　单击“更新和安全”超链接

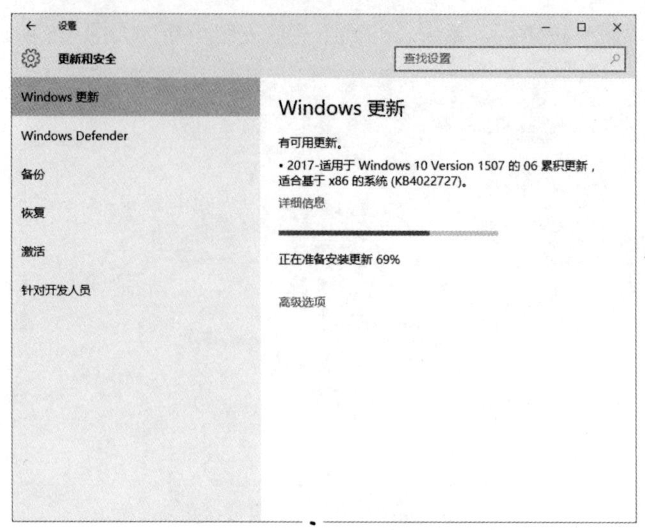

图 3-8　选择“Windows 更新”选项

（3）系统下载更新内容并安装完成后，单击“立即重新启动”按钮即可，如图 3-9 所示。

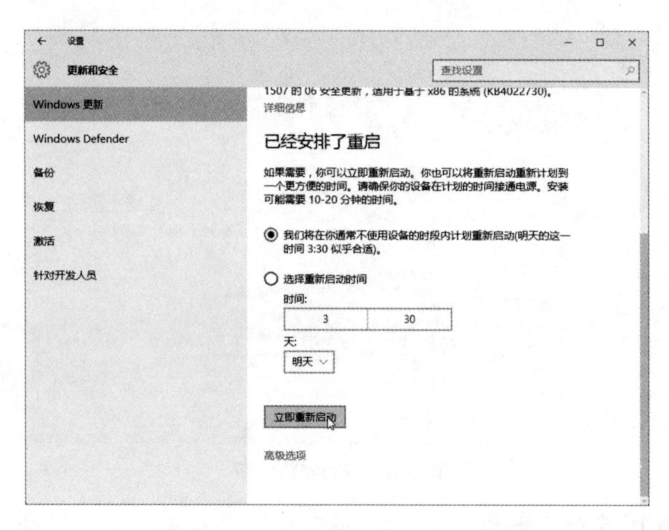

图 3-9　单击“立即重新启动”按钮

3.2.2　启用 Windows 防火墙

Windows 防火墙，简称 ICF，又称为状态防火墙。该防火墙可监视通过其路径的所有通信，并且检查所处理的每个消息的源和目标地址。

Windows 防火墙有三种设置：开、开并且无例外和关。

（1）开：

Windows 防火墙在默认情况下处于打开状态，而且通常应当保留此设置不变。选择此设置时，Windows 防火墙阻止所有到计算机的未经请求的连接，但不包括那些对“例外”选项卡上选中的程序或服务发出的请求。

（2）开并且无例外：

当选中“不允许例外”复选框时，Windows 防火墙会阻止所有到您的计算机的未经请求的连接，包括那些对“例外”选项卡上选中的程序或服务发出的请求。当需要为计算机提供最大限度的保护时（例如，当连接到旅馆或机场中的公用网络时，或者当危险的病毒或蠕虫正在 Internet 上扩散时），可以使用该设置。不必始终选择“不允许例外”，原因在于，如果该选项始终处于选中状态，某些程序可能会无法正常工作，并且下列服务会被禁止接受未经请求的请求：

- 文件和打印机共享；
- 远程协助和远程桌面；
- 网络设备发现；
- 例外列表上预配置的程序和服务；
- 已添加到例外列表中的其他项。

如果选中“不允许例外”，仍然可以收发电子邮件、使用即时消息程序或查看大多数网页。

（3）关：

此设置将关闭 Windows 防火墙。选择此设置时，计算机更容易受到未知入侵者或 Internet 病毒的侵害。此设置只应由高级用户用于计算机管理目的，或者在您的计算机有其他防火墙保护的情况下使用。

（即扫即看）

1. 在 Windows 7 系统中启用防火墙

【实验 3-3】在 Windows 7 系统中启用防火墙

具体操作步骤如下：

（1）在 Windows 7 系统中的“所有控制面板项”窗口中，单击“Windows 防火墙”超链接，如图 3-10 所示。

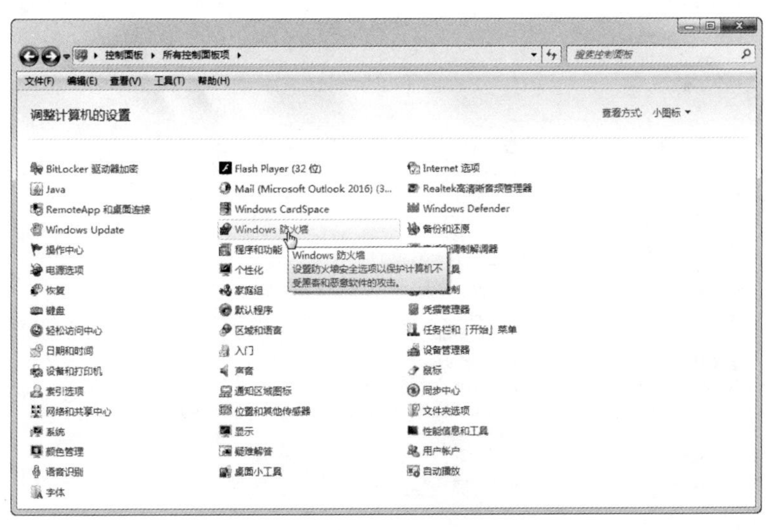

图 3-10 “所有控制面板项”窗口

（2）在“Windows 防火墙”窗口中，单击“打开或关闭 Windows 防火墙”超链接。

（3）在弹出的“自定义设置”窗口，分别选中“家庭或工作（专用）网络设置”和“公用网络设置”区域中的“启用 Windows 防火墙”单选按钮，如图 3-11 所示。然后单击“确定”按钮即可。

图 3-11 “自定义设置”窗口

2. 在 Windows 10 系统中启用防火墙

【实验 3-4】在 Windows 10 系统中启用防火墙

具体操作步骤如下：

（1）在 Windows 10 系统中的“所有控制面板项”窗口中，单击“Windows 防火墙”超链接，如图 3-12 所示。

图 3-12 “所有控制面板项”窗口

（2）在“Windows 防火墙”窗口中，单击“启用或关闭 Windows 防火墙”超链接。

（3）在弹出的“自定义设置”窗口，分别选中“专用网络设置”和“公用网络设置”区域中的“启用 Windows 防火墙”单选按钮，如图 3-13 所示。然后单击“确定”按钮即可。

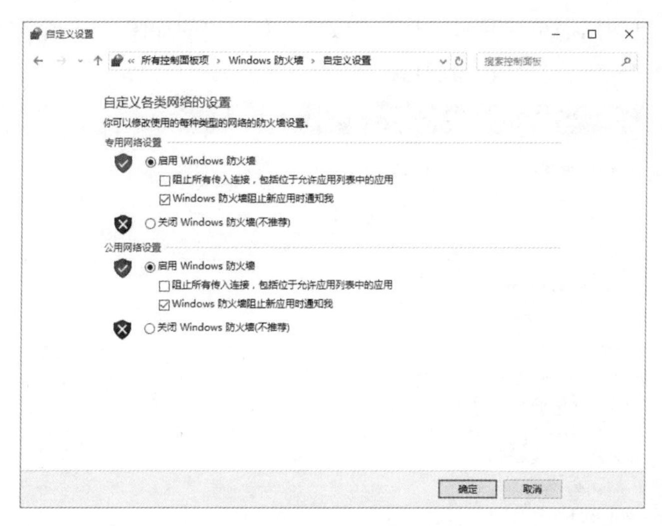

图 3-13　“自定义设置”窗口

3.2.3　软件更新漏洞

使用 Windows Update 找补丁的速度往往不是很理想，用户也很难搞清楚到底下载了多少个补丁，每个补丁又是干什么的。其实，主流的安全软件均提供了系统漏洞扫描功能，通过扫描，用户不但可以对系统漏洞一清二楚，而且还可以快速打上补丁。

1. 使用电脑管家修复漏洞

电脑管家（Tencent PC Manager，原名 QQ 电脑管家）是腾讯公司推出的一款免费安全软件，能有效地预防和解决计算机上常见的安全风险。

【实验 3-5】使用电脑管家修复漏洞

具体操作步骤如下：

（1）在 Windows 7 操作系统中运行电脑管家，单击“工具箱”按钮，在弹出的列表框中选择“修复漏洞”选项，如图 3-14 所示。

图 3-14　选择“修复漏洞”选项

（2）电脑管家将自动扫描系统漏洞，搜索完成后，在弹出的如图 3-15 所示的窗口中选择需要修复的漏洞，然后单击“一键修复”按钮即可。

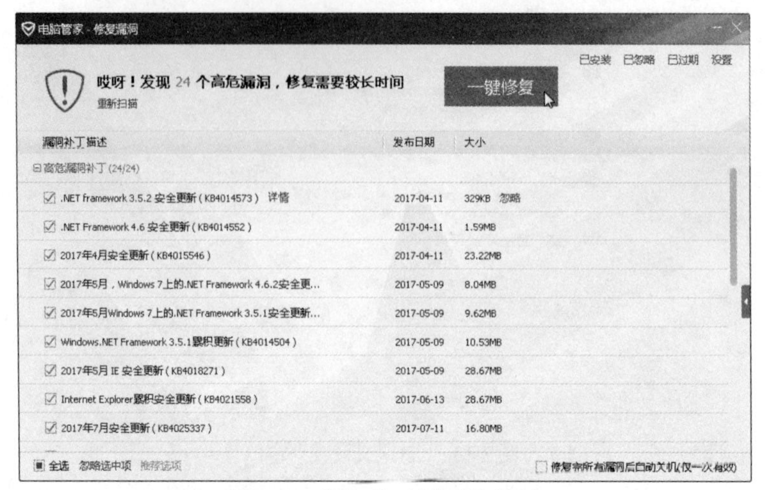

图 3-15　单击“一键修复”按钮

2．使用 360 安全卫士修复漏洞

360 安全卫士具有强大的模块扫描能力，能够发现系统深层隐藏漏洞，并且拥有完善准确的系统补丁数据库，保证系统安全可靠地运行。

【实验 3-6】使用 360 安全卫士修复漏洞

具体操作步骤如下：

（1）在 Windows 7 操作系统中运行 360 安全卫士，在“360 安全卫士”窗口中，单击“系统修复”按钮，如图 3-16 所示。

图 3-16　单击“系统修复”按钮

（2）在弹出的如图 3-17 所示的窗口中，单击“单项修复”选项，在弹出的列表框中选择“漏洞修复”选项。

图 3-17　选择“漏洞修复”选项

（3）360 安全卫士将自动搜索系统漏洞，搜索完成后，在弹出的如图 3-18 所示的窗口中，选中要修复的漏洞，然后单击“一键修复”按钮即可。

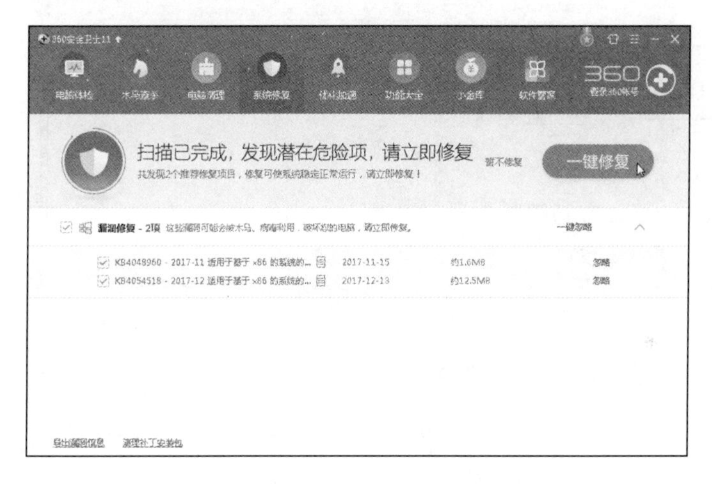

图 3-18　单击“一键修复”按钮

3.3　注册表的防黑实战

在 Windows 操作系统中，注册表起着举足轻重的作用。注册表是操作系统的核心和灵魂，一旦注册表信息被错误地更改，操作系统便有可能运行异常甚至瘫痪。

也正是因为它有着如此重要的作用，才使注册表成为黑客攻击的主要目标，因为控制了注册表便意味着完成了入侵的重要一步。通过本节的学习，读者应掌握防范黑客入侵注册表的方法。

3.3.1　注册表的基本结构

注册表（Registry）是 Windows 操作系统、各种硬件以及用户安装的各种应用程序得以正常运行的核心“数据库”。几乎所有的软件、硬件以及系统设置问题都和注册表息息相关，Windows 系统就是依靠注册表统一管理系统中的各种软硬件资源的。

Windows 系统是通过注册表对硬件驱动和对应用程序进行支持的，它们之间的关系如图 3-19 所示。

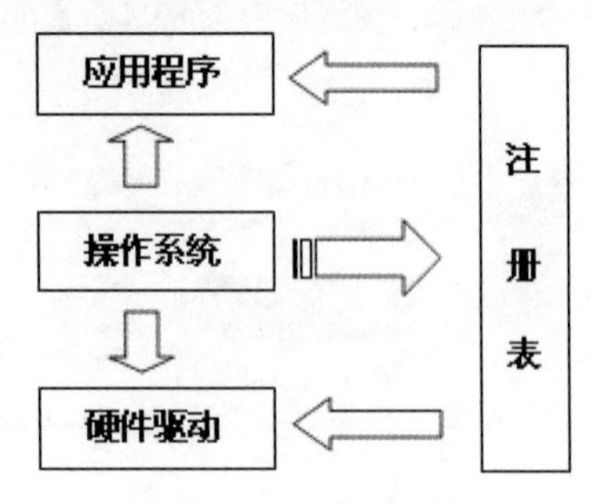

图 3-19　注册表与系统之间的关系

注册表的基本结构是一种 3 层的树型（分层）结构，由“根键→键→子键→键值”组成，如图 3-20 所示。

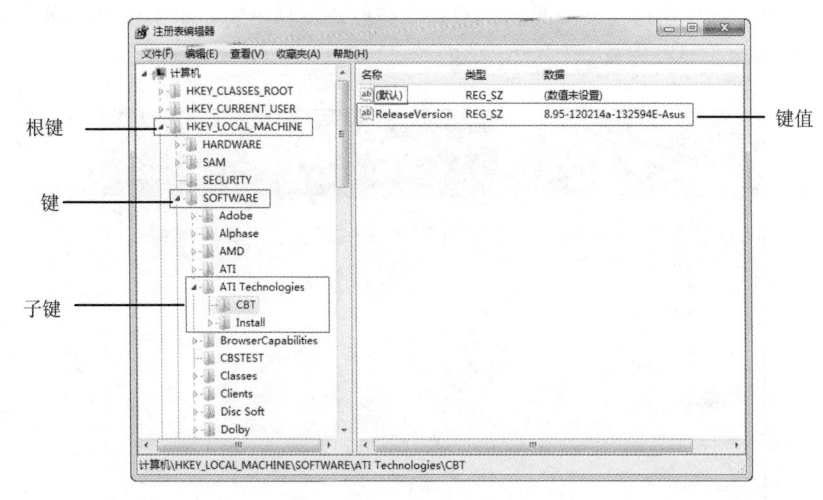

图 3-20　注册表的基本结构

由图 3-20 可知，Windows 系统是通过根键、键和子键来管理各种信息的，而各种信息又是以不同类型的键值项来保存的。

1. 注册表基本术语

（1）根键（Root Key）

在“注册表编辑器”窗口的左边窗格中，用户可以看到以“HKEY_”为首的字符串。HKEY 是某个键的句柄，又称为根键（Root Key）。根键是键的一种，由于其处在注册表树型结构的最顶层，故称其为根键，有时也简称为主键。

（2）键（Key）

在注册表中，键的作用类似于文件夹（目录或子目录）的作用，它往往包含若干个子键和一个或多个值，而每一个子键又可以包含多个值。

（3）子键（SubKey）

在一个根键下面出现的键称为子键。

（4）键值（Value entry）

键值是一对包括名称和值的有序值。键值与 Windows 资源管理器中的文件相似。每一个键值由名称、数据类型和数据 3 部分组成。

- 名称除不能包含反斜杠外，可以由任意字符、数字、转意符和空格组成。名称特指在一个键中的值项。注册表中不同键的值项可以使用相同的名称，而同一键中的值项不能使用相同的名称。
- 注册表中的值项可以保存各种不同的数据类型，如字符串、二进制等。
- 值的数据可以占用 64KB 的空间。如果系统或应用程序给某个值项分配了空值，则该值项的值长度为 0。

（5）值（Value）

值是键值所定义的内容。每一个值的数据都有其数据类型，用于指示该值是字符串、二进制或双字值。

（6）默认值（Default Value）

每一个键都可以包含或不包含数据的默认值。在注册表编辑器中，每一个键中的默认值被称为 Default。每一个键至少包括一个值项，称为该键的默认值。默认值总是一个字符串值，它用来和 Windows 3.1 以及其他 16 位应用程序兼容。

（7）分支（Branch）

分支是指某个特定的子键及其所包含的所有内容。分支一般从注册表的顶端开始。

2. 注册表的数据类型

注册表中的值支持多种数据类型，包括字符串值、二进制值和 DWORD 值。

- 字符串值（SZ）：在注册表中，此类型的值一般用来表示文件描述、硬件标识或应用程序所需要的字符串类型的变量描述等。它通常由字母和数字组成，也可以是汉字，最大长度不超过 255 个字符。
- 二进制值（BINARY）：在注册表中，二进制的长度没有限制，可以为任意字节长，二进制值是以十六进制的方式显示的。
- DWORD 值（DWORD）：DWORD 值是一个 32 位（4 个字节）长度的数值，与二进制值一样，其显示方式也是用十六进制方式显示。

注册表中的键包含着不同格式的数据，其数据类型有以下几种。

- 通用数据类型：这种数据类型只能通过 RegEdit、RegEdit32 及其他绝大多数注册表工具来对其进行编辑。
- Windows NT 专用数据类型：这种数据类型只能通过 RegEdit32 和另外几个注册表工具，对其进行编辑。
- 组件/应用程序专用的特殊数据类型：这种数据类型是通过注册表工具对其进行编辑。但是对于程序而言是有限制的，用户只能将其作为二进制数据进行编辑。

3.3.2　注册表常见的入侵方式

黑客入侵注册表主要通过以下两种方式：

1. 连接远程注册表

黑客一般都是通过远程进入目标计算机注册表，然后对其注册表进行一些修改，以实现其不可告人的目的。

2. 利用网页改写注册表

利用网页可以改写注册表，经常出现的现象是打开某个网站后，开机时弹出警告对话框，或网页的首页被修改。其实，都是黑客利用简单的HTML编程改写注册表实现的。

3.3.3 关闭远程注册表管理服务

了解了黑客入侵注册表的常见方式，就可以有针对性的对注册表进行设置，从而达到防范黑客入侵的目的。远程控制注册表主要是为了方便网络管理员对网络中的计算机进行管理，但这样却给黑客入侵提供了方便。因此，必须关闭远程注册表管理服务。

【实验 3-7】在 Windows 7 系统中关闭远程注册表管理服务

具体操作步骤如下：

（1）在 Windows 7 操作系统的“控制面板”窗口中，单击“管理工具”超链接，如图 3-21 所示。

图 3-21　单击“管理工具”超链接

（2）在弹出的“管理工具”窗口中，双击“服务”超链接，如图 3-22 所示。

图 3-22　双击“服务”超链接

（3）在弹出的“服务”窗口中，选择“Remote Registry”选项，右击，在弹出的快捷菜单中选择“属性”命令，如图 3-23 所示。

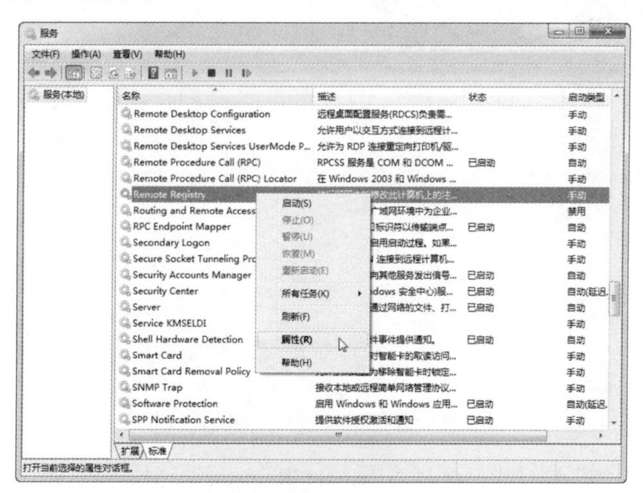

图 3-23　选择“属性”命令

（4）在弹出的“Remote Registry 的属性”对话框中，设置启动类型为“禁用”，单击“停止”按钮，如图 3-24 所示。

图 3-24　单击“停止”按钮

（5）单击“停止”按钮后，系统将开始停止 Remote Registry 服务，返回到“Remote Registry 的属性”对话框中，此时可看到“服务状态”已变为“已停止”，单击“确定”按钮，即可完成允许远程注册表操作服务的关闭操作。

【实验 3-8】在 Windows 10 系统中关闭远程注册表管理服务

具体操作步骤如下：

（1）在 Windows 10 操作系统的“所有控制面板项”窗口中，单击“管理工具”超链接，如图 3-25 所示。

图 3-25　单击“管理工具”超链接

（2）在弹出的“管理工具”窗口中，双击“服务”超链接，如图 3-26 所示。

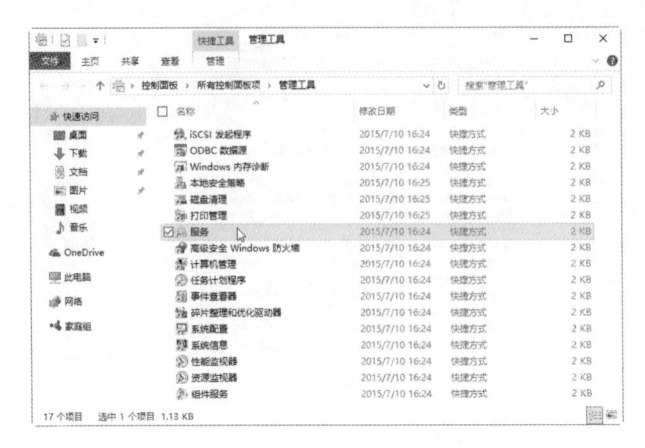

图 3-26　双击“服务”超链接

（3）在弹出的“服务”窗口中，选择“Remote Registry”选项，右击，在弹出的快捷菜单中选择“属性”命令，如图 3-27 所示。

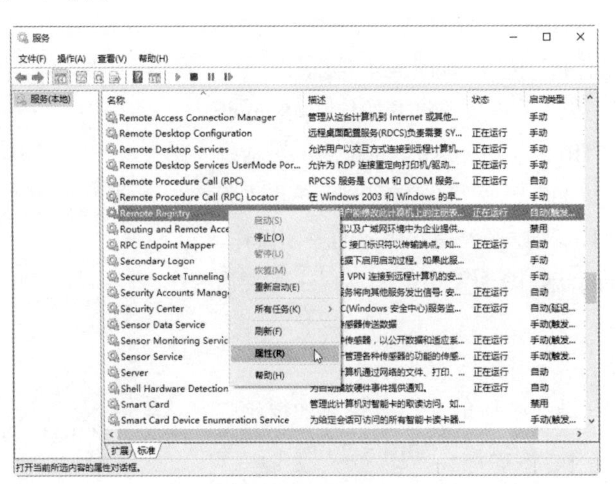

图 3-27　选择“属性”命令

（4）在弹出的“Remote Registry 的属性”对话框中，设置启动类型为“禁用”，单击“停止”按钮，如图 3-28 所示。

（5）单击“停止”按钮后，系统将开始停止 Remote Registry 服务，返回到“Remote Registry 的属性”对话框中，此时可看到“服务状态”已变为“已停止”，单击“确定”按钮，即可完成允许远程注册表操作服务的关闭操作。

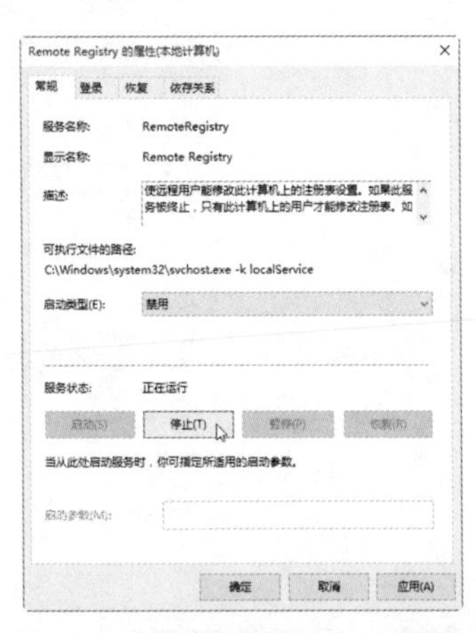

图 3-28　设置启动类型为“禁用”

3.3.4　禁止使用注册表编辑器

一旦修改注册表不当会导致操作系统无法正常运转，甚至无法启动，同时禁止修改注册表也可以在很大程度上防止黑客入侵电脑，因为黑客往往是通过修改注册表的方式来入侵和控制电脑的。

【实验 3-9】在 Windows 7 系统中禁止使用注册表编辑器

具体操作步骤如下：

（1）在 Windows 7 操作系统的“运行”对话框中，输入 gpedit.msc，单击“确定”按钮，如图 3-29 所示。

图 3-29　输入名称

（2）在弹出的“本地组策略编辑器”窗口中，展开“本地计算机策略”→“用户配置”→“管理模板”→“系统”选项，在右侧窗格中选择“阻止访问注册表编辑工具”选项，右击，在弹出的快捷菜单中选择“编辑”命令，如图 3-30 所示。

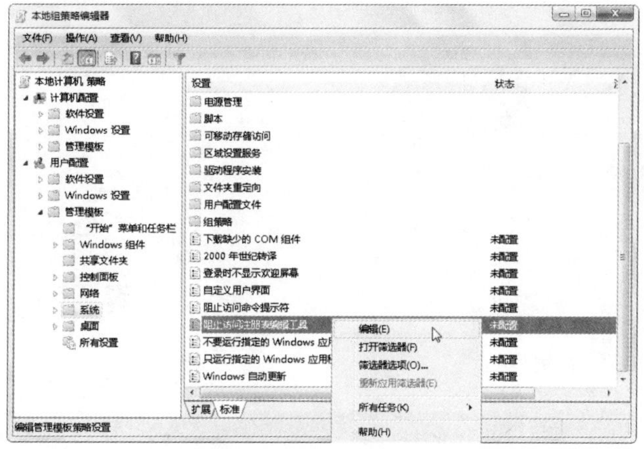

图 3-30　选择“编辑”命令

（3）在弹出的“阻止访问注册表编辑工具”对话框中，选中“已启用”单选按钮，在“是否禁用无提示运行 regedit？”设置为“是”，然后单击“确定”按钮，如图 3-31 所示。

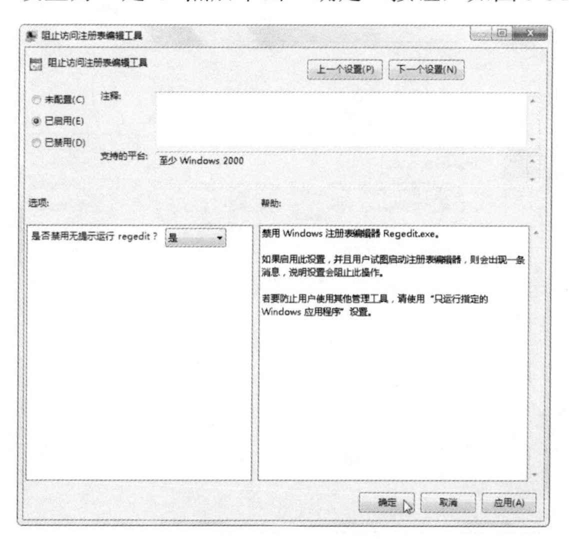

图 3-31　单击“确定”按钮

提示：如果要允许使用注册编辑器，则在“阻止访问注册表编辑工具”对话框中，选中“未配置”单选按钮或“已禁用”单选按钮即可。

【实验 3-10】在 Windows 10 系统中禁止使用注册表编辑器

在 Windows 10 系统中除了使用本地组策略来禁止使用注册表编辑器外，还可以使用第三方软件来设置禁止使用注册表编辑器。

具体操作步骤如下：

（1）在 Windows 10 操作系统中运行软媒魔方，单击“常用应用”区域中的“设置大师”按钮，如图 3-32 所示。

图 3-32　单击“设置大师”按钮

（2）在弹出的“软媒设置大师”窗口中，选择“系统安全”选项卡，选中“系统安全设置”区域中的“禁止用注册表编辑”复选框，然后单击“保存设置”按钮，如图 3-33 所示。

图 3-33　单击“保存设置”按钮

（3）在弹出的“信息提示”对话框中，单击“确定”按钮，如图 3-34 所示。

（4）设置完成后，重新运行注册表编辑器，会弹出如图 3-35 所示的对话框，提示用户注册编辑已被管理员禁用。

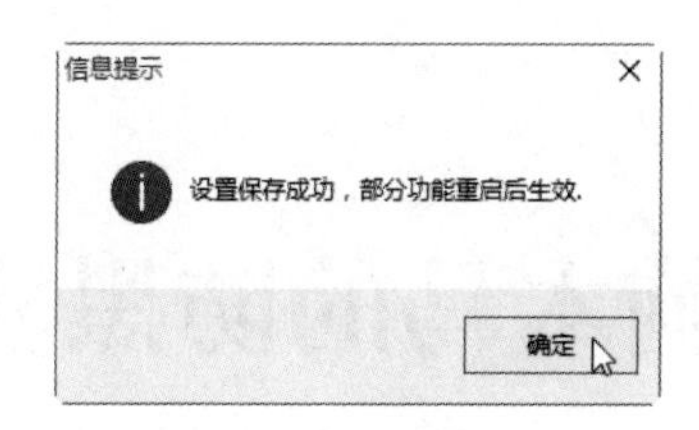

图 3-34　保存成功

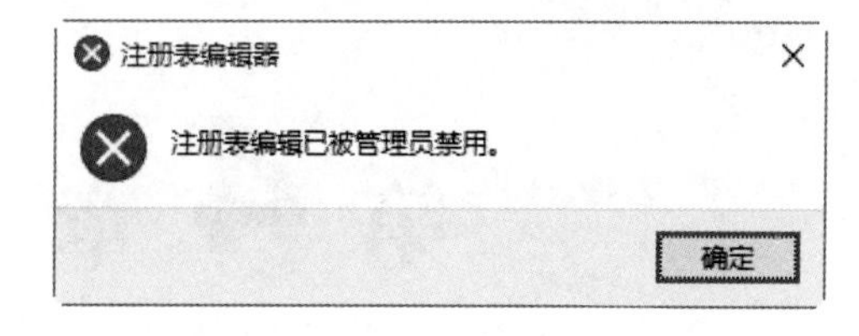

图 3-35　“注册表编辑器”对话框

提示：如果要启用注册表编辑，则在“软媒设置大师”中取消选中“禁止用注册表编辑”复选框即可。

第 4 章　电脑木马的防黑实战

木马的危害性在于它拥有窃取密码、偷窥重要信息、控制操作系统以及进行文件操作等能力，甚至可以达到完全控制目标计算机的目的，因此使用木马是黑客进行攻击的最重要的手段之一。

本章主要介绍木马的基本知识，并介绍木马程序的免杀及木马清除工具的使用，有效帮助用户避免自己的计算机中木马病毒，从而保护系统的安全。

4.1　认识电脑木马

利用计算机程序漏侵入后窃取文件的程序被称为木马。它是一种具有隐藏性的、自发性的可被用来进行恶意行为的程序。

4.1.1　常见的木马类型

木马又被称为特洛伊木马，它是一种基于远程控制的黑客工具，在黑客进行的各种攻击行为中，木马都起到了开路“先锋”的作用。局域网中一旦一台电脑中了木马，它就变成了一台傀儡机，对方可以在目标计算机中上传/下载文件、偷窥私人文件、偷取各种密码及口令信息等，可以说该计算机的一切秘密都将暴露在黑客面前，隐私将不复存在。

随着计算机技术的发展，木马程序技术也发展迅速。现在的木马已经不仅仅具有单一的功能，而是集多种功能于一体。根据木马功能的不同，可以将其划分为以下几种类型：

1．破坏型木马

这种木马的唯一功能就是破坏并且删除计算机中的文件，非常危险，一旦被感染就会严重威胁到计算机的安全。

2．远程访问型木马

这种木马是一种使用很广泛并且危害很大的木马程序。它可以远程访问并且直接控制被入侵的计算机，从而任意访问该计算机中的文件，获取计算机用户的私人信息，如银行密码等。

3．密码发送型木马

这是一种专门用于盗取目标计算机中密码的木马文件。有些用户为了方便，使用 Windows 的密码记忆功能进行登录，从而不必每次都输入密码；有些用户喜欢将一些密码信息以文本文件的形式存放于计算机中。这样确实为用户带来了一些方便，但是却正好为密码发送型木马提供了可乘之机，它会在用户未曾发觉的情况下，搜集密码发送到指定的邮箱，从而达到盗取密码的目的。

4．键盘记录木马

这种木马非常简单，通常只做一件事，就是记录目标计算机键盘敲击的按键信息，并且在日志文件中查找密码。该木马可以随着 Windows 的启动而启动，并且有“在线记录”和“离线记录”两个选项，从而记录用户在在线和离线状态下敲击键盘的按键情况，进而从中提取密码等有效信息。当然这种木马也有邮件发送功能，需要将信息发送到指定的邮箱中。

5．DOS 攻击木马

随 DOS 攻击的广泛使用，DOS 攻击木马使用得也越来越多。黑客入侵一台计算机后，在该计算机上植入 DOS 攻击木马，那么以后这台计算机也会成为黑客攻击的帮手。黑客通过扩充控制“肉机”的数量来提高 DOS 攻击取得的成功率。

所以这种木马不是只限于感染一台计算机，而是通过它攻击一台又一台计算机，从而造成很大的网络伤害并且带来损失。

4.1.2　木马常用的入侵方法

木马程序千变万化，但大多数木马程序并没有特别的功能，入侵方法大致相同，常用的入侵方法有以下几种。

1．在 Win.ini 文件中加载

Win.ini 文件位于 C:\Windows 目录下，在文件的[Windows]段中有启动命令“run=”和“load=”，一般这两项为空，如果等号后面存在程序名，则可能就是木马程序，应特别小心，这时可根据其提供的源文件路径和功能做进一步检查。

这两项分别是用来当系统启动时自动运行和加载程序的，如果木马程序加载到这两个子项中，那么系统启动后即可自动运行或加载木马程序。这两项是木马经常攻击的方向，一旦攻击成功，则还会在现有加载的程序文件名之后再加一个它自己的文件名或者参数，这个文件名也往往是常见的文件，如 command.exe、sys.com 等来伪装。

2．在 System.ini 文件中加载

System.ini 位于 C:\Windows 目录下，其[Boot]字段的 Shell=Explorer.exe 是木马喜欢的隐藏加载的地方。如果 Shell=Explorer.exe file.exe，则 file.exe 就是木马服务端程序。

另外，在 System.ini 中的[386Enh]字段中，要注意检查段内的“driver=路径\程序名”也有可能被木马利用。再有就是 System.ini 中的[mic]、[drivers]、[driver32]这 3 个字段，也是起加载驱动程序的作用，但也是增添木马程序的好场所。

3．隐藏在启动组中

有时木马并不在乎自己的行踪，而在意是否可以自动加载到系统中。启动组无疑是自动加载运行木马的好场所，其对应的文件夹为“C:\Windows\Startmenu\Programs\Startup”。在注册表中的位置是“HKEY_CURRENT_USER\Software\Microsoft\Windows\CurrentVersion\Explorer\Shell Folders Startup="c:\Windows\start menu\programs\startup"”，所以要检查启动组。

4. 加载到注册表中

由于注册表比较复杂，所以有很多木马都喜欢隐藏在这里。木马一般会利用注册表中的下面几个子项来加载。

HKEY_LOCAL_MACHINE\Software\Microsoft\Windows\CurrentVersion\RunServersOnce；

HKEY_LOCAL_MACHINE\Software\Microsoft\Windows\Current Version\Run；

HKEY_LOCAL_MACHINE\Software\Microsoft\Windows\Current Version\RunOnce；

HKEY_CURRENT_USER\Software\Microsoft\Windows\Current Vesion\Run；

HKEY_CURRENT_USER\Software\Microsoft\Windows\Current Vesion\RunOnce；

HKEY_CURRENT_USER\Software\Microsoft\Windows\Current Vesion\RunServers。

5. 修改文件关联

修改文件关联也是木马常用的入侵手段，用户一旦打开已修改了文件关联的文件，木马也随之被启动，如冰河木马就是利用文本文件（.txt）这个最常见但又最不引入注意的文件格式关联来加载自己的，当中了该木马的用户打开文本文件时就自动加载了冰河木马病毒。

6. 设置在超链接中

这种入侵方法主要是在网页中放置恶意代码来引诱用户单击，一旦用户单击超链接，就会感染木马，因此用户不要随便单击网页中的超链接。

4.2　木马常用的伪装手段

由于木马的危害性比较大，很多用户对木马也有了初步的了解，这在一定程序上阻碍了木马的传播，这是运用木马进行攻击的黑客所不愿意看到的。因此，黑客往往会使用多种方法来伪装木马，迷惑用户的眼睛，从而达到欺骗用户的目的。

本节主要介绍木马常用的伪装手段，如伪装成可执行文件、网页、图片等。

1. 伪装成可执行文件

利用 EXE 捆绑机可以将木马与正常的可执行文件捆绑在一起，从而使木马伪装成可执行，运行捆绑后的文件等于同时运行了两个文件。

2. 伪装成自解压文件

利用压缩软件可以将正常的文件与木马捆绑在一起，并生成自解压文件，一旦用户运行该文件，同时也会激活木马文件，这也是木马常用的伪装手段之一。

3. 伪装成图片

将木马伪装成图片是许多木马制造者常用来骗别人执行木马的方法，如将木马伪装成 GIF、JPG 等，这种方式可以使很多人中招。

4. 伪装成网页

网页木马实际上是一个 HTML 网页，与其他网页不同，该网页是黑客精心制作的，用户一旦访问了该网页就会中木马。

4.3　木马常见的启动方式

木马的启动方式很多，如通过注册表启动、通过 System.ini 启动、通过某些特定程序等，其实只要不让木马启动，木马就没什么用了。

本节主要介绍木马常见的启动方式，然后给出有效的防御对策，做到“知己知彼，百战不殆”。

4.3.1　利用注册表启动

关于利用注册表启动，需要注意以下的注册表键值，即只要有“Run”，就需要注意。

HKEY_LOCAL_MACHINE\Software\Microsoft\Windows\CurrentVersion\RunServersOnce；

HKEY_LOCAL_MACHINE\Software\Microsoft\Windows\Current Version\Run；

HKEY_LOCAL_MACHINE\Software\Microsoft\Windows\Current Version\RunOnce；

HKEY_CURRENT_USER\Software\Microsoft\Windows\Current Vesion\Run；

HKEY_CURRENT_USER\Software\Microsoft\Windows\Current Vesion\RunOnce；

HKEY_CURRENT_USER\Software\Microsoft\Windows\Current Vesion\RunServers。

4.3.2　利用系统文件启动

系统启动可以利用的文件有 Win.ini、Sytem.ini、Autoexec.bat、Config.sys，当系统启动的时候，这些文件的一些内容是可以随着系统一起加载的，从而可以被木马利用。

使用文本方式打开“C:\Windows”下面的 System.ini 文件，如果其中包括一些 run 或者 load 等字眼，用户就要小心了，很可能是木马修改了这些系统文件来实现自启动。同时，其他的几个所述文件也是经常被用来利用，从而达到开机启动的目的。

4.3.3　利用系统启动组启动

单击“开始”按钮，选择“所有程序”→“启动”命令，可以看到菜单，如果其中有启动项目，用户就要注意了，很可能就是木马文件。

其实，这个启动方式是在“C:\Documents and Settings\用户名\「开始」菜单\程序\启动”文件夹下被配置的，如果当前用户是 Administrator，那么这个文件的路径就是“C:\Documents and Settings\Administrator\「开始」菜单\程序\启动”。

黑客就可以通过向这个文件夹中写入木马文件或通过其快捷方式来达到自启动的目的，而它对应的注册表键值为“Startup”，其位置为 HKEY_CURRENT_USER\Software\Microsoft\Windows\CurrentVersion\Explorer\Shell Folders，如图 4-1 所示。

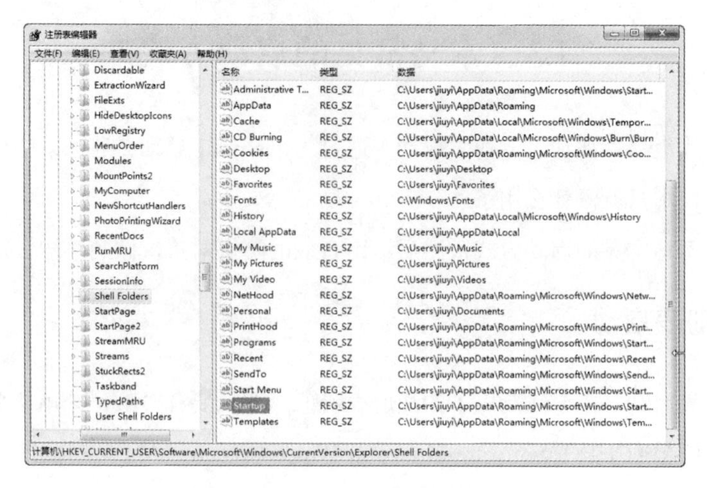

图 4-1 注册表键值 Startup

4.3.4 利用系统服务实现木马的加载

系统要正常运行，就少不了一些服务，一些木马通过加载服务来达到随系统启动的目的。用户可以通过在“服务”窗口中选择相应的服务，将其停止运行，并设置启动类型为禁止，如图 4-2 所示。

图 4-2 停止相应的服务

4.4 查询系统中的木马

当计算机出现以下几种情况时，最好查询一下系统是否中了木马。

- 突然自己打开并进入某个陌生网站。
- 计算机在正常运行的过程中突然弹出一个警告框，提示用户从未遇到的问题。
- Windows 的系统配置自动被更改，如屏幕的分辨率、时间和日期等。
- 硬盘长时间地读盘、屏幕出现异常现象。

- 系统运行缓慢，计算机被自动关闭或者重启，甚至出现死机现象。

本节介绍几种常用的查询系统中的木马的方法，如通过启动文件检测木马、通过进程检测木马等。

4.4.1　通过启动文件检测木马

一旦电脑中了木马，则在电脑开机时一般都会自动加载木马文件，由于木马的隐蔽性比较强，在启动后大部分木马都会更改其原来的文件名。如果用户对电脑的启动文件非常熟悉，则可以从 Windows 系统自动加载文件中分析木马的存在并清除木马，这种方式是最有效、最直接的检测木马的方法。

但是，由于木马自动加载的方法和存放的位置比较多，对于初学者来说比较有难度。

4.4.2　通过进程检测木马

由于木马也是一个应用程序，一旦运行，就会在操作系统的内存中驻留进程。因此，用户可以通过系统自带的“Windows 任务管理器”来检测系统中是否存在木马进程，具体的操作步骤如下：

（1）在 Windows 7 操作系统中，按【Ctrl+Alt+Delete】组合键，打开“Windows 任务管理器”对话框，如图 4-3 所示。

（2）选择“进程”选项卡，选中某个进程，右击，在弹出的快捷菜单中选择相应的命令，如图 4-4 所示。即可对该进程进行相应的管理操作。

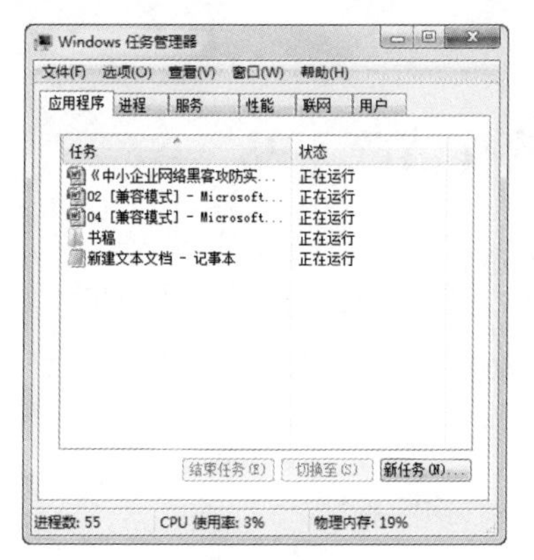

图 4-3　“Windows 任务管理器”对话框

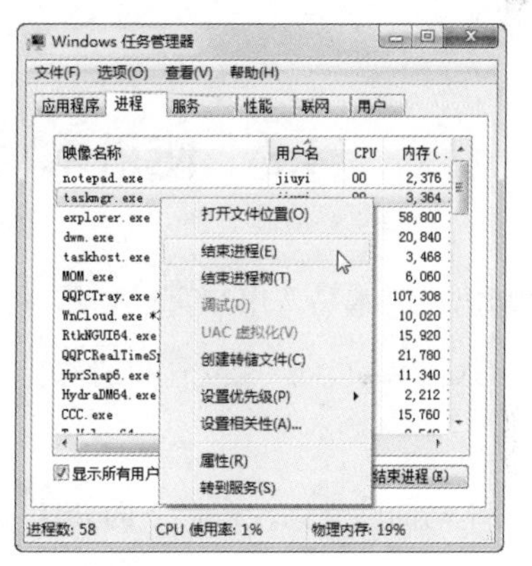

图 4-4　结束相应的进程

4.4.3　通过网络连接检测木马

木马的运行通常是通过网络连接来实现的，因此，用户可以通过分析网络连接来检测木马是否存在，最简单的办法是利用 Windows 自带的 Netstat 命令，具体的操作步骤如下：

（1）在 Windows 7 操作系统中，单击“开始”→“所有程序”→“附件”→“命令提示符”命令，打开“命令提示符”窗口，如图 4-5 所示。

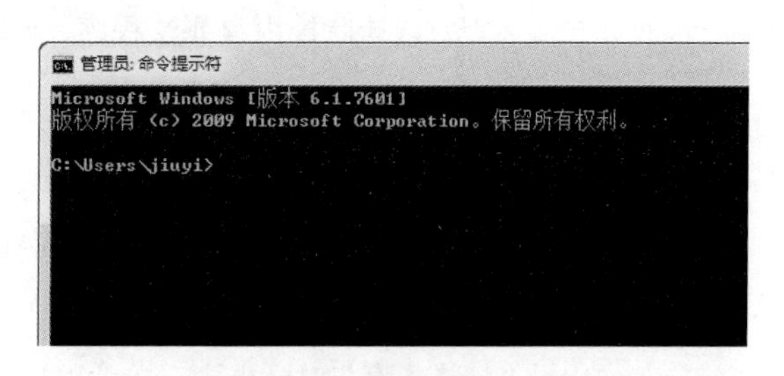

图 4-5　“命令提示符”窗口

（2）在“命令提示符”窗口中输入“netstat -a”，然后按回车键，其运行结果如图 4-6 所示。

```
管理员: 命令提示符
Microsoft Windows [版本 6.1.7601]
版权所有 (c) 2009 Microsoft Corporation。保留所有权利。

C:\Users\jiuyi>netstat -a

活动连接

  协议  本地地址              外部地址              状态
  TCP    0.0.0.0:135            jiuyi-PC:0             LISTENING
  TCP    0.0.0.0:445            jiuyi-PC:0             LISTENING
  TCP    0.0.0.0:902            jiuyi-PC:0             LISTENING
  TCP    0.0.0.0:912            jiuyi-PC:0             LISTENING
  TCP    0.0.0.0:1025           jiuyi-PC:0             LISTENING
  TCP    0.0.0.0:1026           jiuyi-PC:0             LISTENING
  TCP    0.0.0.0:1028           jiuyi-PC:0             LISTENING
  TCP    0.0.0.0:1033           jiuyi-PC:0             LISTENING
  TCP    0.0.0.0:1040           jiuyi-PC:0             LISTENING
  TCP    192.168.1.103:139      jiuyi-PC:0             LISTENING
  TCP    192.168.1.103:1098     125.90.93.186:http     CLOSE_WAIT
  TCP    192.168.1.103:1425     211.161.150.223:http   CLOSE_WAIT
  TCP    192.168.1.103:1450     118.206.253.156:http   CLOSE_WAIT
  TCP    192.168.1.103:1696     123.151.72.17:http     ESTABLISHED
  TCP    192.168.1.103:1709     123.151.71.34:http     TIME_WAIT
  TCP    192.168.234.1:139      jiuyi-PC:0             LISTENING
  TCP    192.168.240.1:139      jiuyi-PC:0             LISTENING
  TCP    [::]:135               jiuyi-PC:0             LISTENING
  TCP    [::]:445               jiuyi-PC:0             LISTENING
  TCP    [::]:1025              jiuyi-PC:0             LISTENING
  TCP    [::]:1026              jiuyi-PC:0             LISTENING
  TCP    [::]:1028              jiuyi-PC:0             LISTENING
  TCP    [::]:1033              jiuyi-PC:0             LISTENING
  TCP    [::]:1040              jiuyi-PC:0             LISTENING
```

图 4-6　运行结果

提示：如果出现不明端口处于监听状态，且目前没有进行任何网络服务的操作，则在监听该端口的很可能是木马。

4.5　使用木马清除软件清除木马

对于识别出来的木马，用户可以使用手工清除的方法将其删除，对于不了解的木马，要确定木马的名称、入侵端口、隐藏位置和清除方法等非常困难。这时，就需要使用木马清除软件来清除木马。

目前清除木马的软件比较多，下面介绍几种常用的木马清除软件。

4.5.1　木马专家

木马专家是一款木马查杀软件，软件除采用传统病毒库查杀木马以外，还能智能查杀未知木马，自动监控内存非法程序，实时查杀内存和硬盘木马。

（即扫即看）

【实验 4-1】使用木马专家清除木马

具体操作步骤如下：

（1）在 Windows 7 操作系统中运行木马专家，在“系统监控”选项卡中，单击“扫描内存”按钮，如图 4-7 所示。

（2）在弹出的“扫描内存”对话框中，提示用户是否使用云鉴定全面分析系统，在这里单击“取消”按钮。

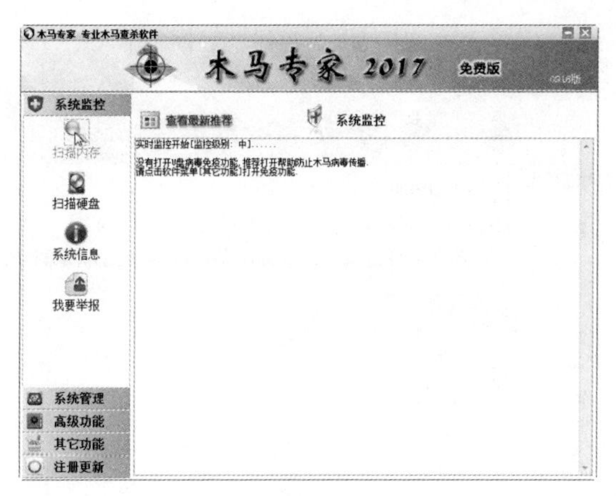

图 4-7　单击“扫描内存”按钮

（3）单击“取消”按钮后，木马专家将自动扫描内存，扫描完成后，将显示扫描结果，如图 4-8 所示。

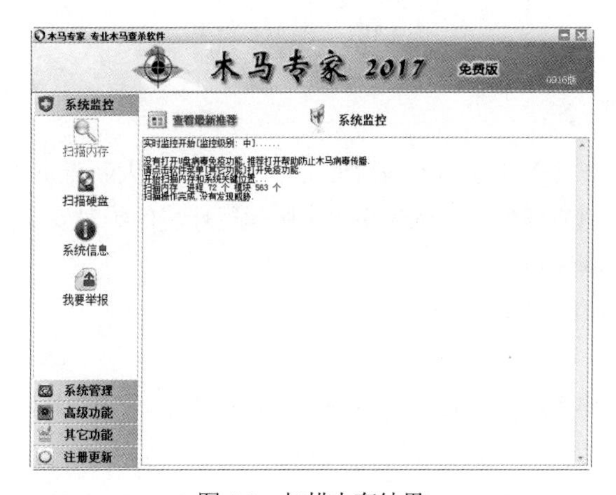

图 4-8　扫描内存结果

（4）单击“扫描硬盘”按钮，在右侧的扫描模式选项区域中，单击“开始全面扫描”超链接，如图 4-9 所示。

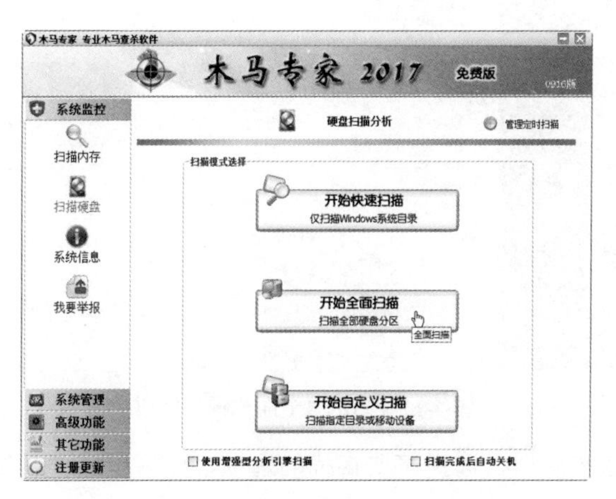

图 4-9　单击“开始全面扫描”超链接

（5）单击“开始全面扫描”超链接后，木马专家将自动扫描全部硬盘分区，显示结果如图 4-10 所示。

图 4-10　扫描硬盘结果

4.5.2　木马清除大师

（即扫即看）

木马清除大师是一款非常受欢迎的木马清理工具，采用了三大新查毒引擎，帮助用户从根源开始彻底的清理数据，确保用户电脑运行环境的绝对安全、可靠，达到最绿色安全的电脑环境。

【实验 4-2】使用木马清除大师清除木马

具体操作步骤如下：

（1）在 Windows 7 操作系统中运行木马清除大师，在“木马清除大师”窗口中，单击“全面扫描”按钮，如图 4-11 所示。

图 4-11　单击“全面扫描”按钮

（2）在弹出的扫描选项窗口，选择需要扫描的选项，然后单击“开始扫描”按钮，如图 4-12 所示。

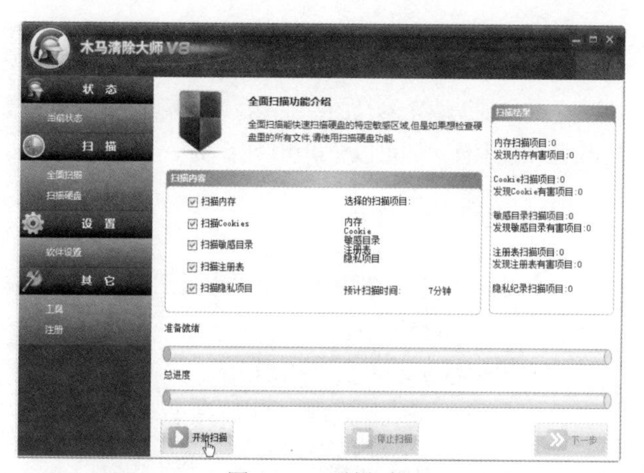

图 4-12　开始扫描

（3）扫描完成后，在弹出的如图 4-13 所示的对话框中，单击“下一步”按钮。

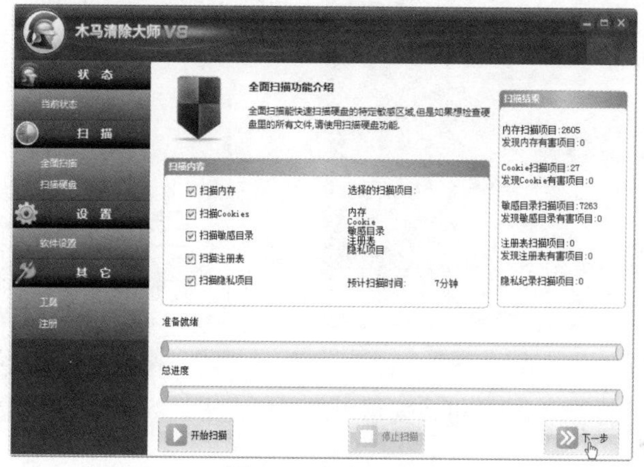

图 4-13　扫描完成

（4）在弹出的如图 4-14 所示的对话框中，显示扫描结果，如果有木马病毒，则选择该木马病毒，单击“删除”按钮即可。

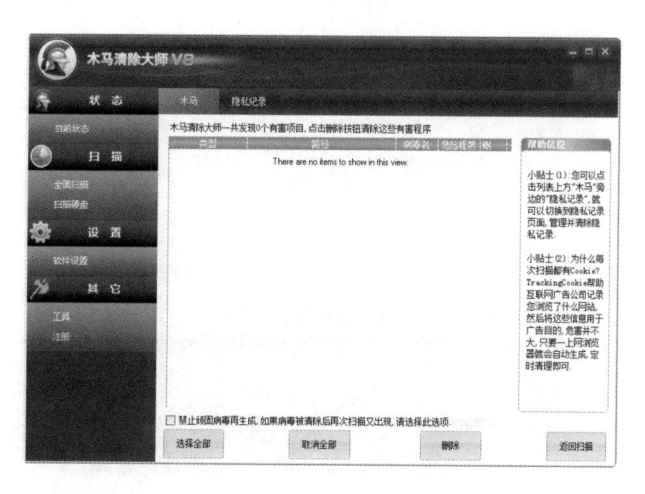

图 4-14　扫描结果

4.5.3 木马清道夫

（即扫即看）

木马清道夫是一款专门查杀并可辅助查杀木马的专业级反木马信息安全产品，是全新一代的木马克星。它不仅可以查木马，还可以分析出后门程序，黑客程序等。

【实验 4-3】使用木马清道夫清除木马

具体操作步骤如下：

（1）在 Windows 7 操作系统中运行木马清道夫，在“木马清道夫 2010”窗口中，单击“扫描进程”按钮，如图 4-15 所示。

（2）在弹出的“扫描进程”对话框中，单击“扫描”按钮，如图 4-16 所示。木马清道夫即将对进程进行扫描。

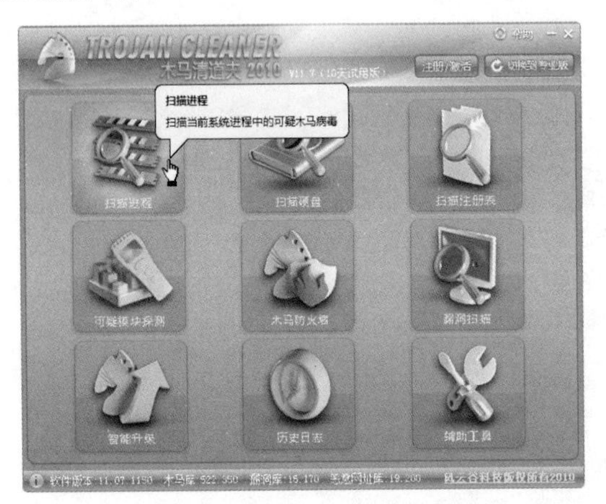

图 4-15　单击“扫描进程”按钮

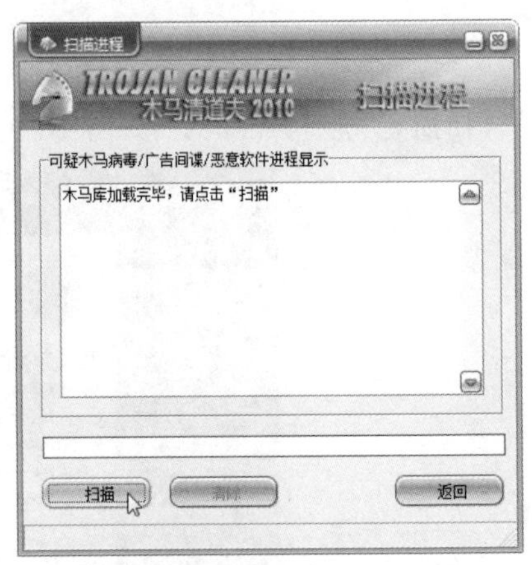

图 4-16　单击“扫描”按钮

（3）扫描进程结束后，弹出对话框，提示用户扫描完毕，然后单击“确定”按钮，返回到“扫描进程”对话框。

（4）如果扫描后，发现进程中有木马，则单击“清除”按钮即可。单击“返回”按钮，返回“木马清道夫 2010”窗口。

（5）在“木马清道夫 2010”窗口中，单击“扫描硬盘”按钮，在弹出的快捷菜单中选择“高速扫描硬盘”命令，如图 4-17 所示。

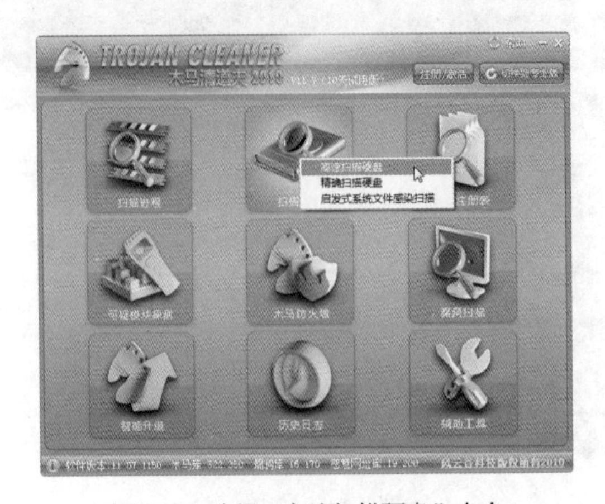

图 4-17　选择“高速扫描硬盘”命令

提示：为了使查杀木马更全面，木马清道夫提供了 3 种方式对硬盘进行扫描，分别是高速扫描硬盘、精确扫描硬盘和启发式系统感染扫描。

（6）在弹出的“高速扫描硬盘”对话框中，单击“扫描”按钮，如图 4-18 所示。木马清道夫将对硬盘进行快速扫描。

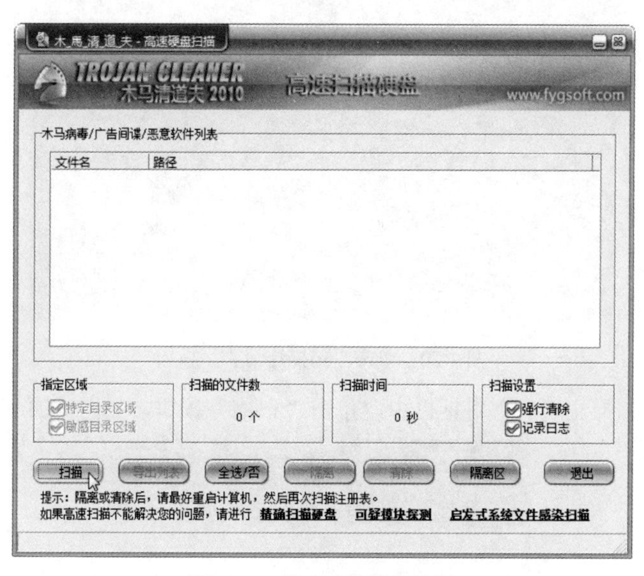

图 4-18　单击“扫描”按钮

（7）扫描完成后，在“木马病毒/广告间谍/恶意软件列表”区域会显示扫描结果，如果有木马，则单击“清除”按钮。在这里由于没有发现木马，则单击“退出”按钮，如图 4-19 所示。

图 4-19　单击“退出”按钮

（8）在“木马清道夫 2010”窗口中，单击“扫描注册表”按钮，如图 4-20 所示。对注册表进行扫描。

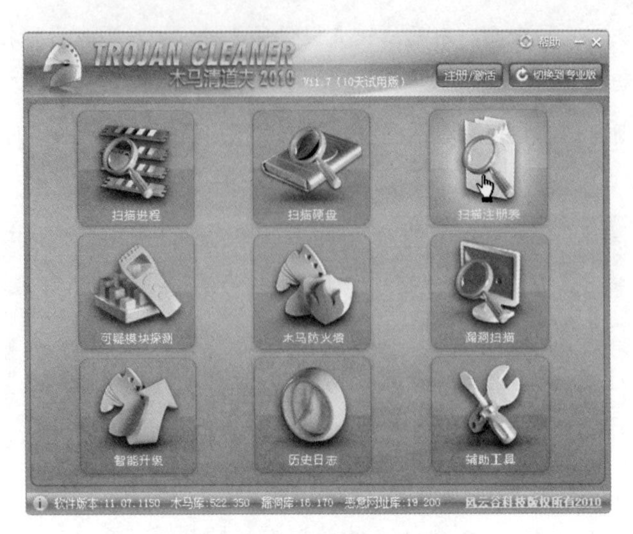

图 4-20　单击“扫描注册表”按钮

（9）在弹出的“扫描注册表”对话框中，单击“扫描”按钮，如图 4-21 所示。

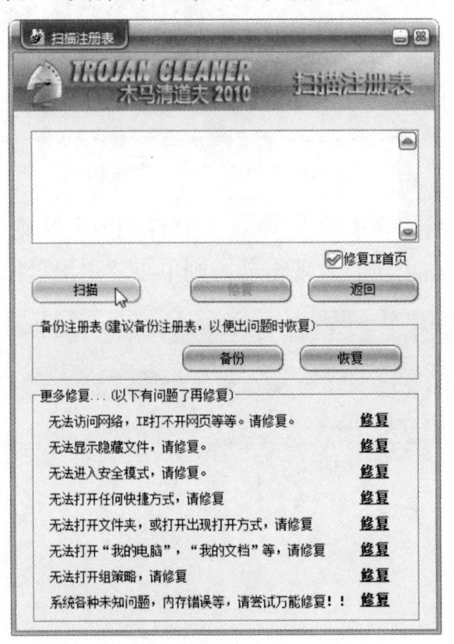

图 4-21　单击“扫描”按钮

提示：为了避免因误操作，造成注册表损坏，建议用户在操作前对注册表进行备份。

（10）扫描注册表结束后，在弹出的如图 4-22 所示的对话框中单击“确定”按钮。

（11）在“扫描注册表”对话框中，单击“修复”按钮，对注册表进行修复，如图 4-23 所示。

图 4-22　单击“确定”按钮

提示：木马清道夫除了对木马进行扫描、清除外，还提供了木马防火墙。使用木马防火墙，可以有效地防御木马的入侵。

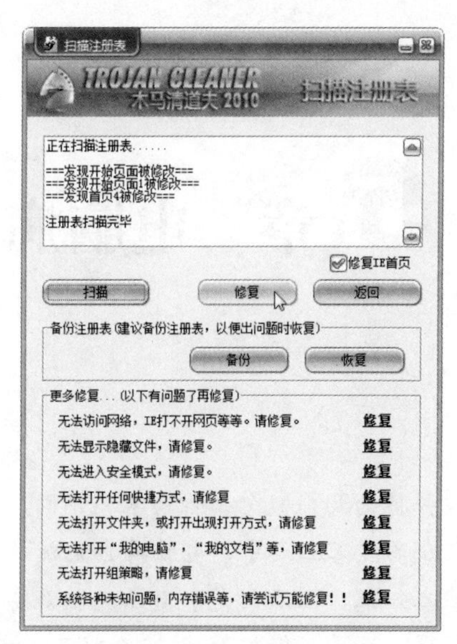

图 4-23　单击“修复”按钮

第 5 章　电脑病毒的防黑实战

电脑病毒与木马，是经常被并称的两个概念。但与木马不同，电脑病毒最直接的危害在于对电脑操作系统的强大破坏力。在众多黑客工具中，电脑病毒无疑是黑客的“至爱”。

本章主要介绍电脑病毒的基本知识，以及防范和查杀电脑病毒的方法。真正了解了电脑病毒后，才能使电脑操作系统从此变得“百毒不侵”，系统安全将不再成为一个恼人的问题。

5.1　了解电脑病毒

电脑病毒是一种人为编写的、在电脑运行时对电脑信息系统起破坏作用的程序。它隐藏在其他可执行程序之中，既有破坏性，又有传染性和潜伏性。轻则影响机器运行速度，使机器不能正常运行；重则使机器“瘫痪”，给用户带来不可估量的损失。

5.1.1　电脑病毒的特点

一般电脑病毒具有如下几个共同的特点：

（1）破坏性：电脑系统一旦感染病毒，就会影响系统正常运行，浪费系统资源，破坏存储数据，导致系统“瘫痪”，给用户造成无法挽回的损失。

（2）传染性：病毒一旦侵入内存，就会不失时机地寻找适合其传染的文件或磁介质作为外壳，并将自己的全部代码复制到其中，从而达到传染的目的。

（3）顽固性：现在的病毒一般很难一次性根除，被病毒破坏的系统、文件和数据等更是难以恢复。

（4）藏匿性：编制者巧妙地把病毒藏匿起来，使用户很难发现病毒。在系统或数据被感染后，并不立即发作，而等待达到引发病毒条件时才发作。

（5）变异性：电脑病毒的变异性主要体现在两个方面，一方面，有些电脑病毒本身在传染过程中会通过一套变换机制，产生出许多与源代码不同的病毒；另一方面，有些恶作剧者人为地修改病毒程序的源代码。这两种方式的结果是产生不同于原病毒代码的病毒，即变种病毒。

（6）针对性：电脑病毒是针对特定的电脑和特定的操作系统。

5.1.2　电脑病毒的分类

到目前为止，电脑病毒还没有一个统一的分类标准，但一般将其分为两大类：即按传染对象分和按破坏程度分。

1. 按传染对象分类

电脑病毒按传染对象分，可以划分为以下几类：

- 引导型病毒

引导型病毒攻击的对象是磁盘的引导扇区，这样能使系统在启动时获得优先的执行权，从而达到控制整个系统的目的。这类病毒因为感染的是引导扇区，所以造成的损失比较大，一般来说会造成系统无法正常启动。但查杀这类病毒也比较容易，多数杀毒软件都能查杀这类病毒，如金山毒霸等。

- 文件型病毒

早期的文件型病毒一般是感染以.exe、.com 等为扩展名的可执行文件，当执行某个可执行文件时病毒程序就会被激活。当前也有一些病毒感染以.dll、.ovl、.sys 等为扩展名的文件，因为这些文件通常是某些程序的配置、链接文件，所以执行这些程序时病毒也自动被加载。它们加载的方法是通过将病毒代码整段落或分散插入这些文件的空白字节中，如 CIH 病毒就是把自己拆分成 9 段嵌入 PE 结构的可执行文件中，感染后通常文件的字节数并不增加，这是它隐蔽性的一面。

- 网络型病毒

随着网络技术的高速发展，出现了网络型病毒。这种病毒感染的对象不再局限于单一的模式和单一的可执行文件，而是更加综合、更加隐蔽。一些网络型病毒几乎可以对所有的 Office 文件进行感染，如 Word、Excel 和电子邮件。其攻击方式也从原始的删除、修改文件到现在对文件进行加密、窃取用户有用信息（如木马程序）等，传播的途径也发生了质的变化，不再局限于磁盘，而是通过更加隐蔽的网络进行传播，如通过电子邮件和短信息等。

- 复合型病毒

复合型病毒同时具备引导型和文件型病毒的某些特点，它们既可以感染磁盘的引导扇区，也可以感染某些类型的可执行文件。如果没有对这类病毒进行全面彻底的清除，病毒的残留部分即可自我恢复，还会再次感染引导扇区和可执行文件，所以这类病毒查杀的难度极大，所用的杀毒软件要同时具备查杀这两类病毒的功能，并且要反复查杀才能彻底消除。

2. 按破坏程度分类

如果按病毒的破坏程度来分，又可以将病毒划分为如下两种：

- 良性病毒

良性病毒入侵计算机系统的目的不是破坏系统，而是消耗计算机的有效资源，使系统运行的速度减慢。这些病毒大多数是一些初级病毒发烧友的恶作剧，想检验自己编写病毒程序的水平。其目的并不想破坏用户的计算机系统，只是发出某种声音，或出现一些文字提示，除了占用一定的硬盘空间和 CPU 处理时间外并不会造成更大的破坏。如一些木马病毒程序只是想窃取他人计算机中的一些通信密码和 IP 地址等。

- 灾难性病毒

计算机系统如果感染灾难性病毒，就会使系统彻底崩溃，根本无法正常启动，保留在硬盘中的重要数据也可能读不出来。这类病毒一般破坏磁盘的引导扇区文件、修改文件分配表和硬盘分区表，造成系统根本无法启动，有时甚至会格式化或锁死硬盘，使硬盘无法使用。如每年 4 月 26 日发作的 CIH 病毒就属于此类，因为它不仅对软件造成破坏，还直接对硬盘和主板的 BIOS 芯片等硬件造成破坏。如果一旦染上这类病毒，计算机系统就很难再恢复，保留在硬盘中的数据也很难获取，所造成的损失会非常巨大。因此，广大计算机用户要有防范意识，对于自己的硬盘数据，一定要及时备份，否则一旦遭到灾难性病毒的入侵，造成的损失将是不可估量的。

5.1.3 电脑中病毒后的表现

一般情况下，电脑病毒是依附某一系统软件或用户程序进行繁殖和扩散，病毒发作时危及电脑的正常工作，破坏数据与程序，侵占电脑资源等。

电脑在感染病毒后的表现如下：

- 屏幕显示异常，屏幕显示出不是由正常程序产生的画面或字符串，屏幕显示混乱。
- 程序载入时间增长，文件运行速度下降。
- 用户并没有访问的设备出现“忙”信号。
- 磁盘出现莫名其妙的文件和磁盘坏区，卷标也发生变化。
- 系统自行引导。
- 丢失数据或程序，文件字节数发生变化。
- 内存空间、磁盘空间减少。
- 异常死机或蓝屏。
- 磁盘访问时间比平常增长。
- 系统引导时间增长。
- 程序或数据神秘丢失。
- 可执行文件的大小发生变化。
- 出现莫名其妙的隐蔽文件。

5.1.4 常见的电脑病毒

电脑病毒有许多种，下面介绍几种常见的电脑病毒，如宏病毒、VBS 代码病毒等。

1. Restart 病毒

Restart 病毒是一种能够让电脑重新启动的病毒，该病毒主要通过 DOS 命令、Shutdown/r 命令来实现。

2. U 盘病毒

U 盘病毒，又称为 Autorun 病毒，就是通过 U 盘产生 Autorun.inf 进行传播的病毒，随着 U 盘、移动硬盘、存储卡等移动存储设备的普及，U 盘病毒已经成为现在比较流行的电脑病毒之一。

U 盘病毒并不是只存在于 U 盘上，中毒的电脑每个分区下面同样有 U 盘病毒，电脑和 U 盘交叉传播。

3. VBS 代码病毒

脚本病毒通常是由 JavaScript 代码编写的恶意代码，一般带有广告性质、修改 IE 首页、修改注册表等信息。脚本病毒前缀是 Script，共同点是使用脚本语言缩写，通过网页进行传播的病毒，如红色代码（Script.Redlof）脚本病毒还有其他前缀 VBS、JS（表明是何种脚本编写的），如欢乐时光（VBS.Happytime）等。

4．宏病毒

宏是一系列 Word 命令和指令的集合，这些命令和指令可以作为单个命令执行，用于实现任务执行的自动化。而宏病毒是一种寄存在文档或模板的宏中的电脑病毒。

宏病毒是利用一些数据处理系统内置宏命令编程语言的特性而形成的，该病毒可以把特定的宏命令代码附加在指定文件上，然后通过文件的打开或关闭来获取控制权，目前可被宏病毒感染的系统中，大部分都是来自于微软的 Word、Excel。

5．电子邮件病毒

邮箱病毒也被称为邮件病毒，该病毒是通过电子邮件形式发送的电脑病毒。“邮件病毒”其实和普通的电脑病毒一样，只不过因为它们的传播途径主要是通过电子邮件，所以才被称为“邮件病毒”。

电子邮件病毒通常是把自己作为附件发送给被攻击者，如果接收到该邮件的用户不小心打开了附件，病毒即会感染用户的电脑。

6．蠕虫病毒

与传统的病毒不同，蠕虫病毒以电脑为载体，以网络为攻击对象。目前，产生严重影响的蠕虫病毒有很多，如“美丽杀手”“求职信”等。

5.2　预防电脑病毒

俗话说：“知已知彼，百战不殆。”在深入了解了电脑病毒的相关知识后，我们就可以有的放矢的采取相应的防范措施来预防病毒。

1．使用正版软件

虽然盗版软件及破解软件在网上到处可见，但是殊不知很多盗版软件中都有潜在的木马程序，会给你的电脑带来感染病毒的潜在机会。因此建议用户使用正版操作系统及正版的应用软件。

2．不接收陌生人的文件

无论是使用 QQ 还是使用邮件，都不要接收陌生人发送的文件，特别是后缀名为.exe、.com、.bat等可以执行的文件，更不要在下载后立即双击它。

3．不上不熟悉的网站

不要上一些不正规或者自己也不熟悉的网站，因为这些网站上往往会隐藏木马程序。不建议通过网络收藏夹来登录网站，因为有的时候木马程序会修改你的收藏夹，让你登录钓鱼网站骗取你的用户名和密码。

4．及时升级补丁

虽然使用了正版的操作系统，但是软件仍旧会有一些小的 bug 需要修复，而正是这些 bug 可以给病毒和黑客有可乘之机，所以要及时升级操作系统补丁。

5．安装杀毒软件

在使用正版软件的基础上，在电脑上要及时安装杀毒软件，如腾讯电脑管家软件，并及时查杀病毒，减少感染病毒的机会。同时要定期上网做对杀毒软件、防火墙和病毒库进行升级。

6．关闭没有必要的服务和端口

在默认情况下，操作系统会开启很多可以供黑客有可乘之机的服务和端口（如 3389，135 端口等），因此，可关闭一些没有必要的服务和端口，降低黑客的入侵概率。

7．使用移动存储设备时先杀毒后使用

连接到电脑的手机或者 U 盘等移动存储设备时，要先使用杀毒软件对其进行扫描检测，以免数据传输的时候，将携带病毒的数据文件传输到电脑里面，进而感染电脑系统。

5.3 查杀电脑病毒

当用户的电脑出现了中毒后的表现后，就需要对其进行查杀病毒。同时，杀毒软件也是病毒防范必不可少的工具，随着人们对病毒危害的认识，杀毒软件也逐渐被重视，各式各样的杀毒软件层出不穷。

5.3.1 使用瑞星杀毒软件查杀病毒

瑞星杀毒软件（Rising Antivirus）（简称 RAV） 采用获得欧盟及中国专利的六项核心技术，形成全新软件内核代码；具有八大绝技和多种应用特性；是目前国内外同类产品中最具实用价值和安全保障的杀毒软件产品之一。

提示：在使用瑞星杀毒软件进行查杀病毒之前，最好先升级一下病毒库，这样才能保证杀毒软件对新型病毒的查杀效果。

使用瑞星杀毒软件查杀病毒的具体操作步骤如下：

（1）在 Windows 7 操作系统中，运行瑞星杀毒软件，打开“瑞星杀毒软件”窗口，单击“病毒查杀”按钮，如图 5-1 所示。

图 5-1 单击“病毒查杀”按钮

（2）在“病毒查杀”窗口中，单击“查杀设置”超链接，如图 5-2 所示。

图 5-2　单击“查杀设置”超链接

（3）在弹出的“设置中心”窗口中，设置发现恶意程序时自动处理，然后单击“确定”按钮，如图 5-3 所示。

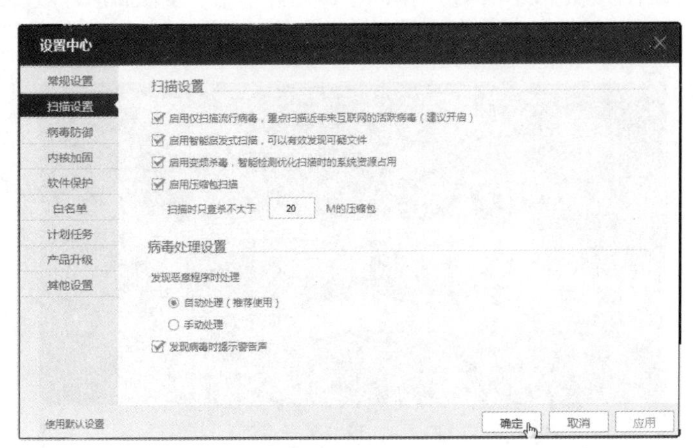

图 5-3　自动处理

（4）在“病毒查杀”窗口中，单击“全盘查杀”按钮，对全盘进行扫描查杀，如图 5-4 所示。

图 5-4　单击“全盘查杀”按钮

（5）在弹出的“瑞星扫描提示”对话框中，提示用户更新病毒库，然后单击“立即更新”按钮。

（6）更新完成后，瑞星杀毒软件将对全盘进行扫描查杀，如图 5-5 所示。

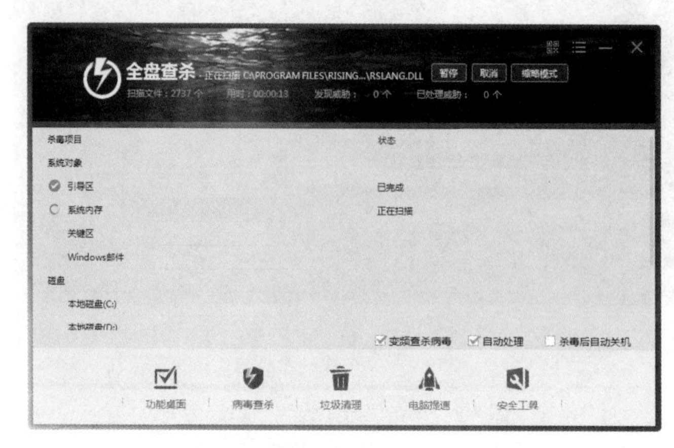

图 5-5　全盘查杀

（7）扫描查杀完成后，弹出如图 5-6 所示的窗口，提示用户发现和清理威胁的数量，然后单击“返回”按钮即可。

图 5-6　单击“返回”按钮

提示：除了全盘查杀外，瑞星杀毒软件还提供了快速查杀和自定义查杀两种方式。快速查杀能够在短时间内对系统关键位置，如系统内存等进行查杀，几分钟内即可完成。自定义查杀选择要查杀的具体位置，然后进行针对性的查杀。

5.3.2　使用 360 杀毒软件查杀病毒

360 杀毒是 360 安全中心出品的一款免费的云安全杀毒软件。360 杀毒具有查杀率高、资源占用少、升级迅速等优点。零广告、零打扰、零胁迫，一键扫描，快速、全面地诊断系统安全状况和健康程度，并进行精准修复，带来安全、专业、有效、新颖的查杀防护体验。

使用 360 杀毒软件查杀病毒的具体操作步骤如下：

（1）在 Windows 7 操作系统中，运行 360 杀毒软件，打开“360 杀毒软件”窗口，单击“检查更新”超链接，如图 5-7 所示。

图 5-7　单击“检查更新”超链接

（2）在弹出的“360 杀毒-升级”对话框中，提示用户正在升级，并显示升级的进度，如图 5-8 所示。

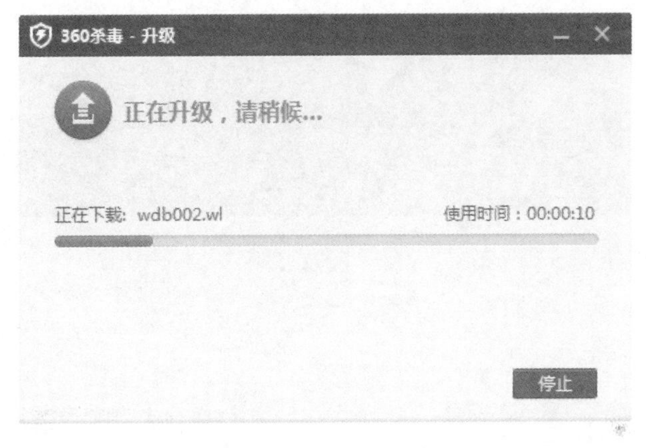

图 5-8　显示升级进度

（3）升级完成后，弹出“360 杀毒-升级”对话框，提示用户升级成功完成，并显示程序的版本信息，如图 5-9 所示。

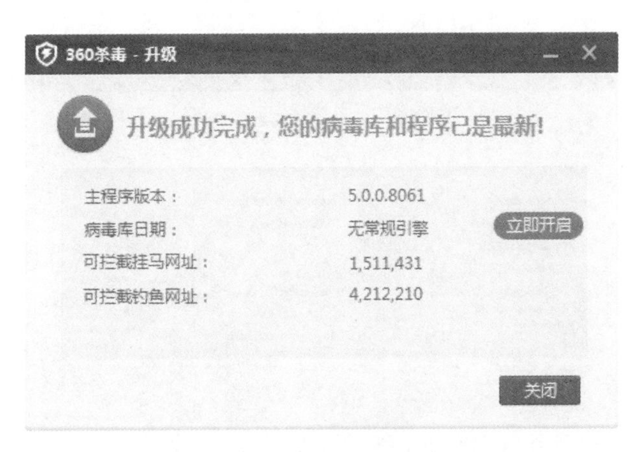

图 5-9　升级病毒库完成

（4）单击病毒库日期右侧的“立即开启”按钮，开始升级常规引擎，如图 5-10 所示。

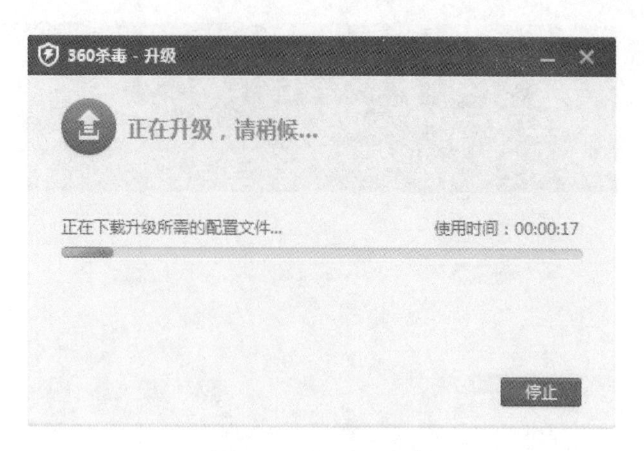

图 5-10　升级常规引擎

（5）升级常规引擎完成后，单击“关闭”按钮，返回到“360 杀毒”窗口，单击“全盘扫描”按钮，如图 5-11 所示。

图 5-11　全盘扫描

（6）扫描完成后，会在正中的空格中显示扫描出来的木马病毒，并列出危险程序和相关描述信息，单击“立即处理”按钮，如图 5-12 所示。

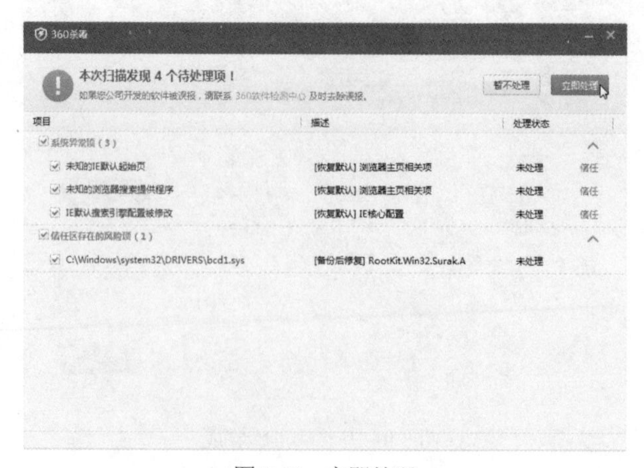

图 5-12　立即处理

提示：360 杀毒为用户提供了三种查杀病毒的方式，即快速扫描、全速扫描和自定义扫描。

（7）单击“立即处理”按钮后，即可删除扫描出来的木马病毒或安全威胁对象，然后单击“确认”按钮，如图 5-13 所示。

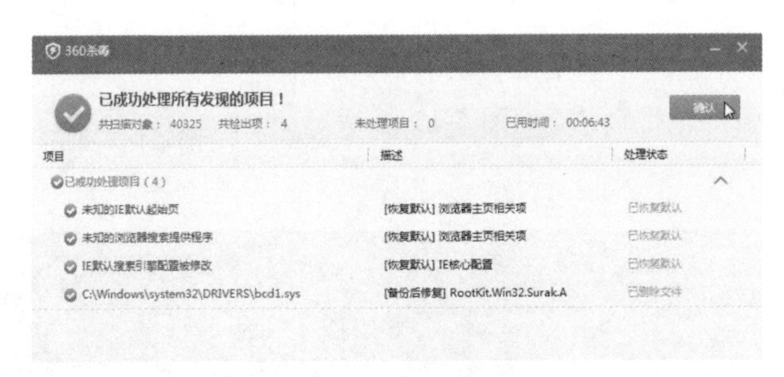

图 5-13　成功处理

（8）在“360 杀毒”窗口中，显示了被 360 杀毒处理的项目，单击“隔离区”超链接，如图 5-14 所示。

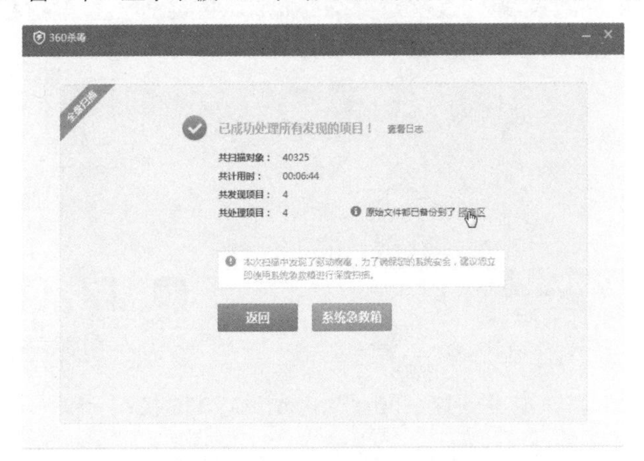

图 5-14　单击“隔离区”超链接

（9）在弹出的“360 恢复区”对话框中，显示了被 360 杀毒处理的项目，选中“全选”复选框，单击“清空恢复区”按钮，如图 5-15 所示。

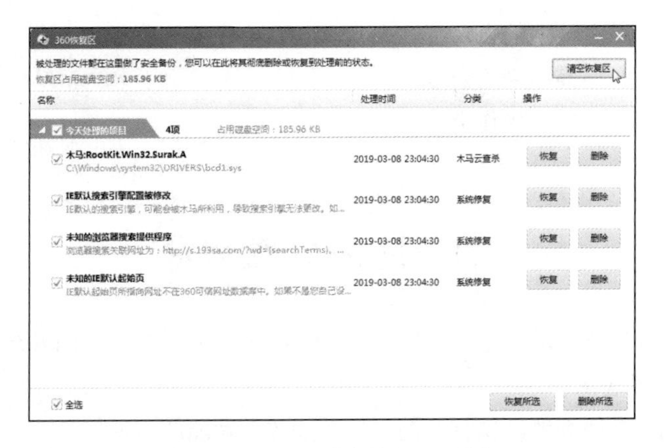

图 5-15　单击“清空恢复区”按钮

（10）在弹出的“360 恢复区”对话框中，提示用户是否确定要一键清空恢复区的所有隔离项，单击“确定”按钮，即可开始清除恢复区所有的项目，如图 5-16 所示。

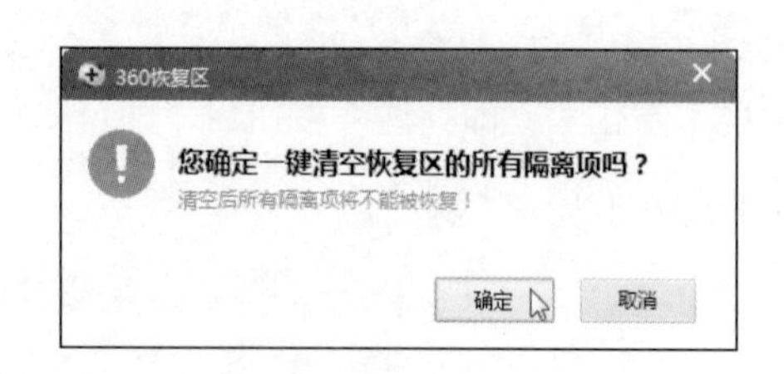

图 5-16　单击“确定”按钮

（11）在“360 杀毒”窗口中，单击“宏病毒扫描”超链接，对宏病毒进行查杀，如图 5-17 所示。

图 5-17　单击“宏病毒扫描”超链接

（12）在弹出“360 杀毒”对话框中，提示用户扫描前需要关闭已经打开的 Office 文档，单击“确定”按钮，如图 5-18 所示。

（13）360 杀毒将扫描电脑中的宏病毒，扫描完成后，即可对扫描出来的宏病毒进行处理，这与全盘扫描的操作类似，这里不再详细介绍。

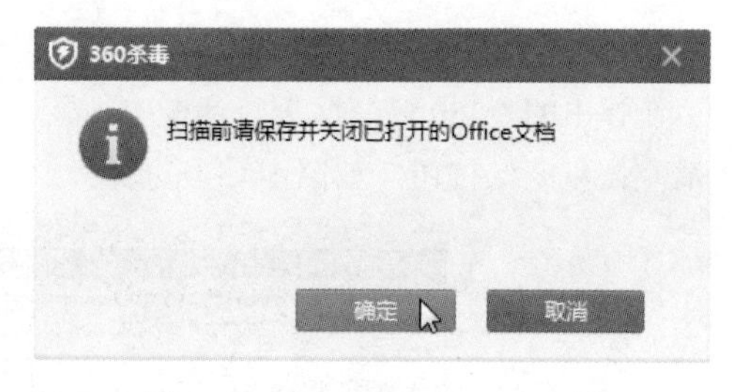

图 5-18　关闭已打开 Office 文档

5.4　防御 U 盘病毒

关闭系统默认打开的“自动播放”功能，在日常的工作中养成良好的安全使用 U 盘的习惯等，都可以有效地防御 U 盘病毒。

本节主要介绍几种关闭系统默认打开的“自动播放”功能的方法。

5.4.1　使用组策略关闭“自动播放”功能

使用组策略可以关闭 U 盘的“自动播放”功能。

【实验 5-1】在 Windows 7 系统中使用组策略关闭“自动播放”功能

具体操作步骤如下：

（1）在 Windows 7 操作系统中单击“开始”→“所有程序”→“附件”→“运行”命令，打开“运行”对话框，如图 5-19 所示。

（2）在弹出的“运行”对话框中，输入 gpedit.msc 命令，然后单击“确定”按钮，如图 5-20 所示。

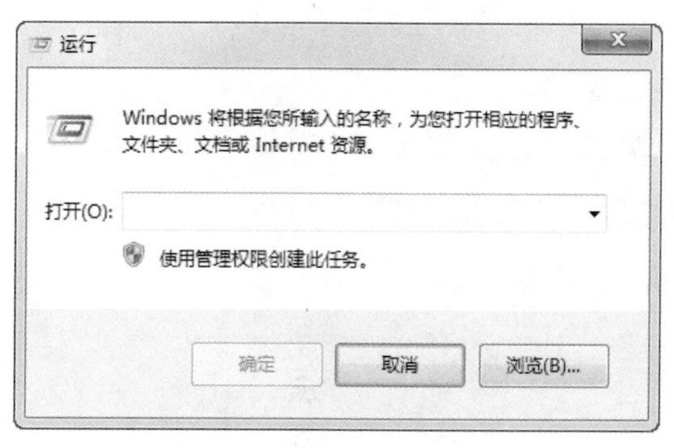

图 5-19　“运行”对话框

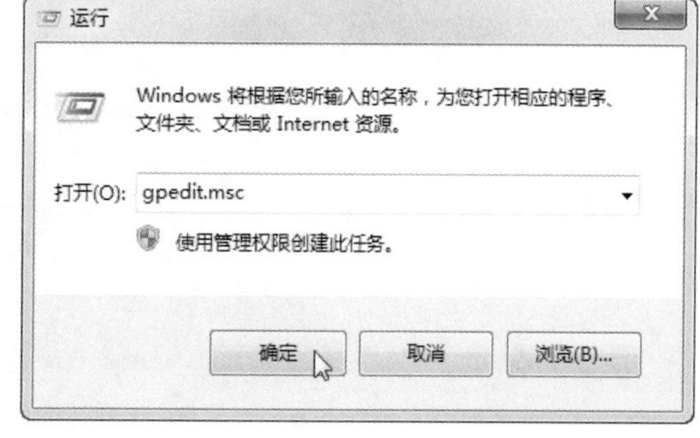

图 5-20　输入名称

（3）在弹出的“组策略”窗口中，依次展开“计算机配置”→“管理模板”→“系统”→“所有设置”选项，在右侧窗格的“设置”列表框中双击“关闭自动播放”选项，如图 5-21 所示。

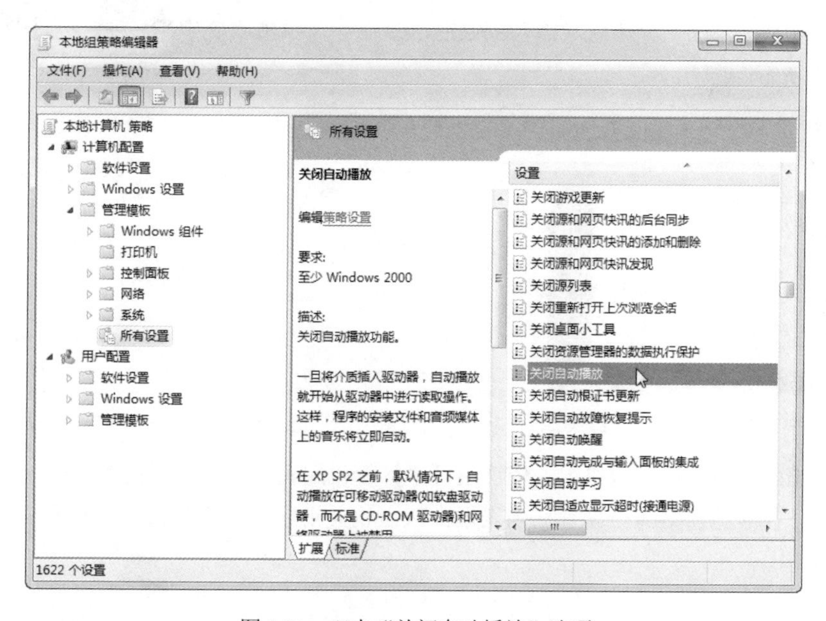

图 5-21　双击“关闭自动播放”选项

（4）在弹出的“关闭自动播放 属性”对话框中，选中“已启用”复选框，在“关闭自动播放”下拉列表框中选择“所有驱动器”选项，然后单击“确定”按钮，如图 5-22 所示。

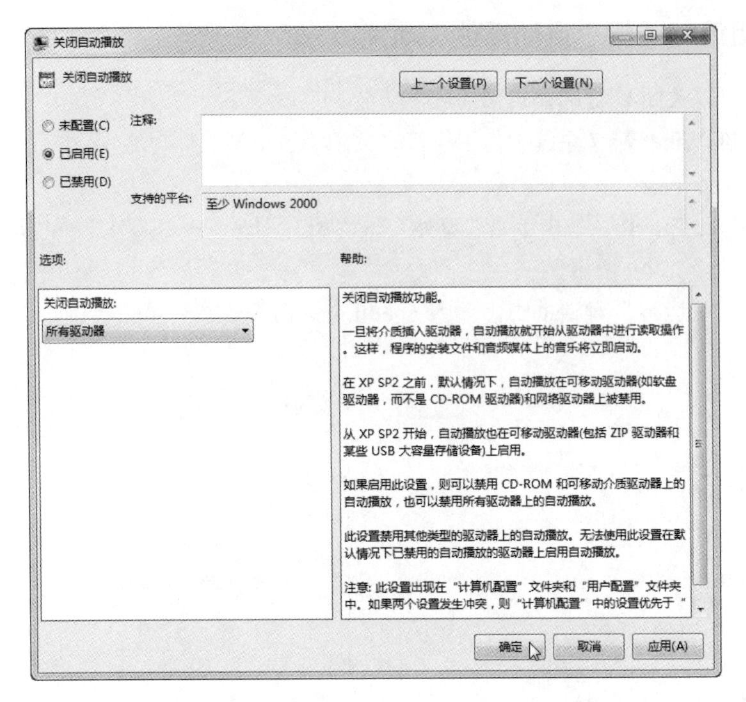

图 5-22　选择所有驱动器

(即扫即看)

【**实验 5-2**】在 Windows 10 系统中使用组策略关闭“自动播放”功能

（1）在 Windows 10 操作系统中右击“开始”按钮，在弹出的快捷菜单中选择“运行”命令，如图 5-23 所示。

（2）在弹出的“运行”对话框，输入 gpedit.msc 命令，单击“确定”按钮，如图 5-24 所示。

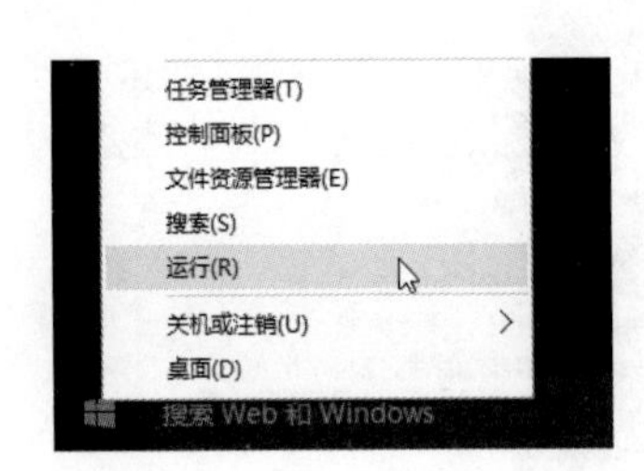

图 5-23　选择“运行”命令

图 5-24　单击“确定”按钮

（3）在弹出的“组策略”窗口中，依次展开“计算机配置”→“管理模板”→“系统”→“所有设置”选项，在右侧窗格的“设置”列表框中双击“关闭自动播放”选项，如图 5-25 所示。

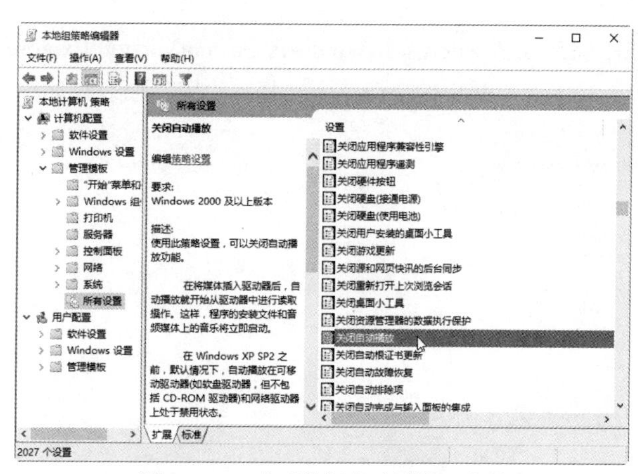

图 5-25　双击“关闭自动播放”选项

（4）在弹出的“关闭自动播放”属性对话框中，选中“已启用”复选框，然后单击“确定”按钮，如图 5-26 所示。

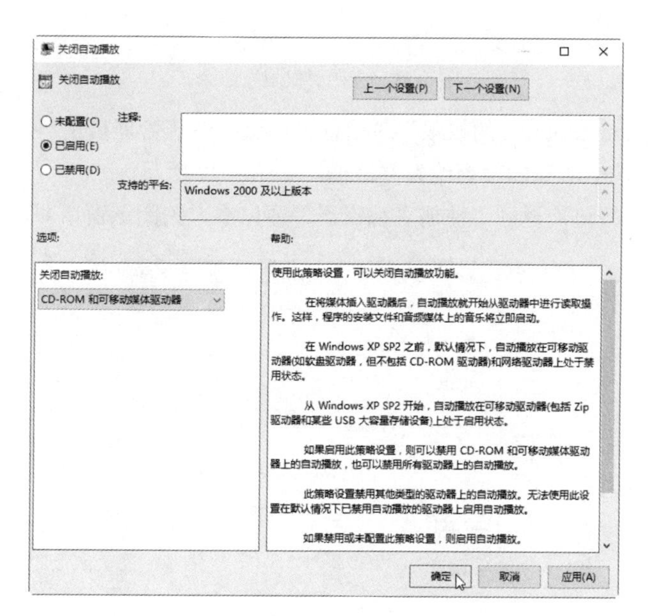

（即扫即看）

图 5-26　选中“已启用”复按框

5.4.2　修改注册表关闭“自动播放”功能

通过修改注册表可以关闭“自动播放”功能。

【实验 5-3】在 Windows 7 系统中修改注册表关闭“自动播放”功能

具体操作步骤如下：

（1）在 Windows 7 操作系统中打开“运行”对话框，输入“regedit”命令，单击“确定”按钮，如图 5-27 所示。

图 5-27　单击“确定”按钮

（2）在弹出的“注册表编辑器”窗口中，依次展开

HKEY_CURRENT_USER\Software\ Microsoft\Windows\CurrentVersion\Explorer\MountPoints2 分支，选择 MountPoints2 子键，右击，在弹出的快捷菜中选择“权限”命令，如图 5-28 所示。

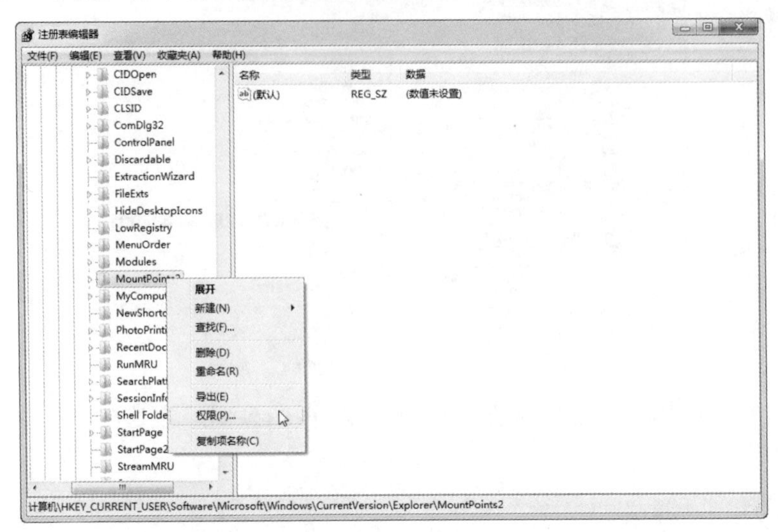

图 5-28　选择“权限”命令

（3）在弹出的“MountPoints2 的权限”对话框中，选择系统管理员用户，在这里选择 jiuyi，在“jiuyi 的权限”区域中选中所有的“拒绝”复选框，如图 5-29 所示。

（4）单击“确定”按钮，返回“注册表编辑器”窗口中，关闭该窗口即可。

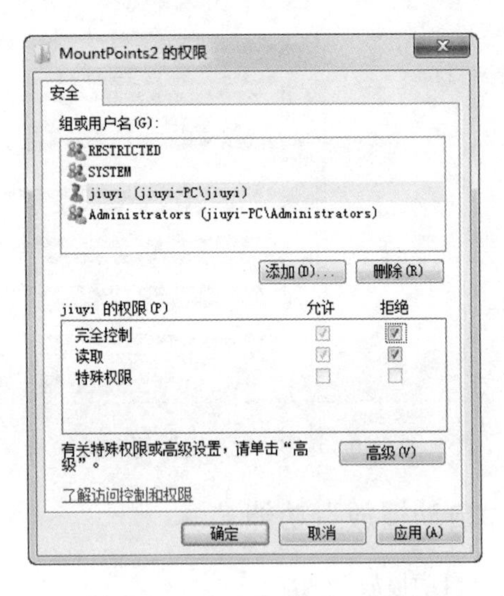

图 5-29　选中所有“拒绝”复选框

（即扫即看）

【实验 5-4】在 Windows 10 系统中修改注册表关闭“自动播放”功能

具体操作步骤如下：

（1）在 Windows 10 操作系统中打开“运行”对话框，输入“regedit”命令，单击“确定”按钮。

（2）在弹出的“注册表编辑器”窗口中，依次展开 HKEY_CURRENT_USER\Software\ Microsoft\Windows\CurrentVersion\Explorer\MountPoints2 分支，选择 MountPoints2 子键，右击，在弹出的快捷菜中选择“权限”命令，如图 5-30 所示。

图 5-30　选择“权限”命令

（3）在弹出的“MountPoints2 的权限”对话框中，选择系统管理员用户，在这里选择 Administrator,在“Administrator 的权限”区域中选中所有的“拒绝”复选框，如图 5-31 所示。

（4）单击“确定”按钮，返回“注册表编辑器”窗口中，关闭该窗口即可。

图 5-31　选中“拒绝”复选框

5.4.3　设置服务关闭“自动播放”功能

停止相关系统服务也可以实现关闭“自动播放”功能。

【实验 5-5】在 Windows 7 系统中设置服务关闭“自动播放”功能

具体操作步骤如下：

（1）在 Windows 7 操作系统的“控制面板”窗口中，双击“管理工具”超链接，如图 5-32 所示。

图 5-32　双击“管理工具”超链接

（2）在弹出的“管理工具”窗口中，双击“服务”超链接，如图 5-33 所示。

图 5-33　双击“服务”超链接

（3）在弹出的“服务”窗口中，双击“Shell Hardware Detection”选项，如图 5-34 所示。

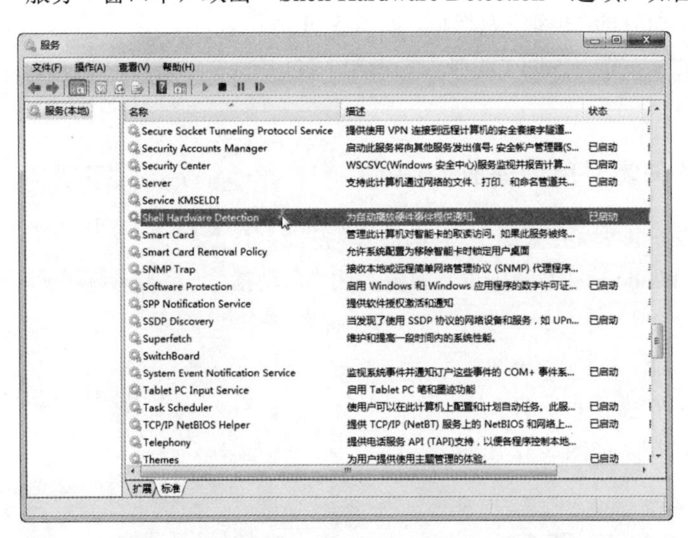

图 5-34　双击“Shell Hardware Detection”选项

（4）在弹出的“Shell Hardware Detection 的属性（本地计算机）”对话框中，选择“启动类型”下拉列表框中的“禁用”选项，然后单击“确定”按钮，如图 5-35 所示。

图 5-35　单击“确定”按钮

【实验 5-6】在 Windows 10 系统中设置服务关闭“自动播放”功能

具体操作步骤如下：

（1）在 Windows 10 操作系统的“所有控制面板项”窗口中，双击“管理工具”超链接，如图 5-36 所示。

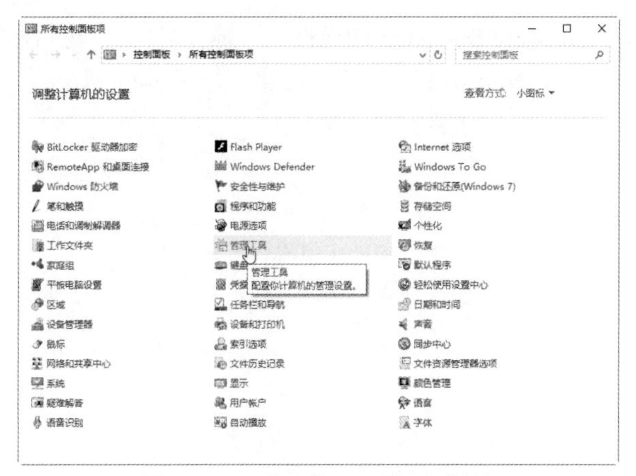

图 5-36　双击“管理工具”超链接

（2）在弹出的“管理工具”窗口中，双击“服务”超链接，如图 5-37 所示。

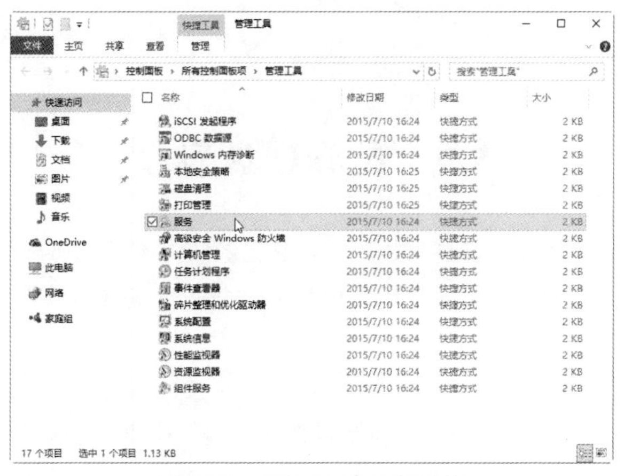

图 5-37　双击“服务”超链接

（3）在弹出的“服务”窗口中，双击“Shell Hardware Detection 的属性（本地计算机）”选项，如图 5-38 所示。

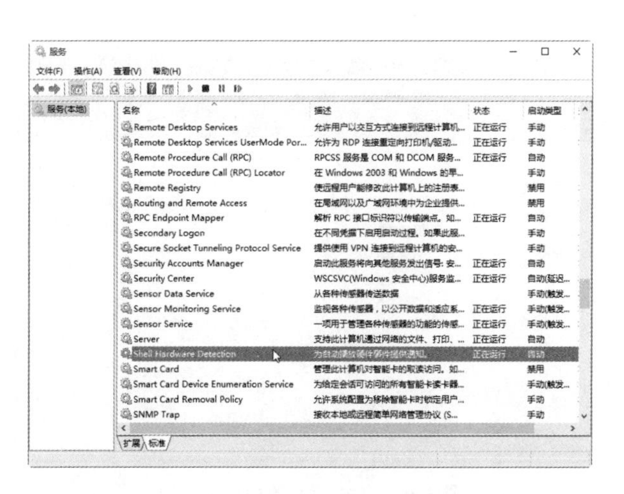

图 5-38　双击“Shell Hardware Detection”选项

（4）在弹出的“Shell Hardware Detection 的属性（本地计算机）”对话框中，选择“启动类型”下拉列表框中的“禁用”选项，然后单击“确定”按钮，如图 5-39 所示。

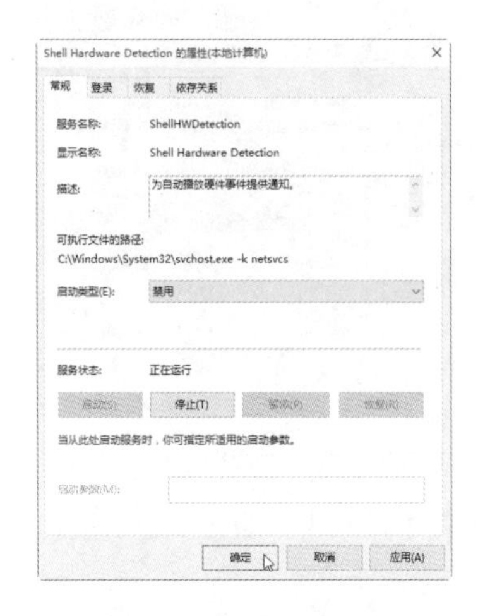

图 5-39　单击“确定”按钮

5.5　查杀 U 盘病毒

随着 U 盘等移动存储介质使用得越来越广泛，它已经成为木马、病毒等传播的主要途径之一。目前查杀 U 盘病毒的软件比较多，下面介绍几种常用的查杀 U 盘病毒软件。

5.5.1　用 U 盘杀毒专家查杀

U 盘查杀专家（USB Killer）是一款专业预防及查杀 U 盘、移动硬盘病毒、Auto 病毒的工具。下面介绍使用 U 盘杀毒专家查杀 U 盘病毒的方法。使用 U 盘杀毒专家查杀 U 盘病毒的具体操作步骤如下：

（1）在 Windows 7 操作系统中运行 U 盘查杀专家，打开“U 盘查杀专家”窗口，选择“免疫 U 盘病毒”选项，分别选中“禁止自动运行功能”和“免疫磁盘”复选框，选择“移动存储”单选按钮，然后单击“开始免疫”按钮，如图 5-40 所示。

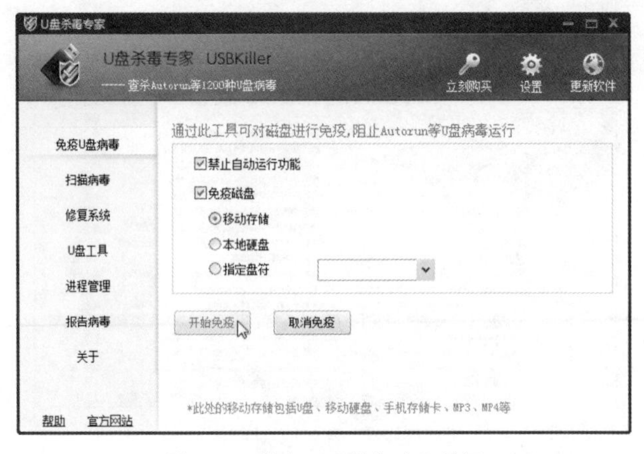

图 5-40　单击“开始免疫”按钮

（2）选择“扫描病毒”选项，在右侧选择要扫描的对象，然后单击“开始扫描”按钮，如图 5-41 所示。

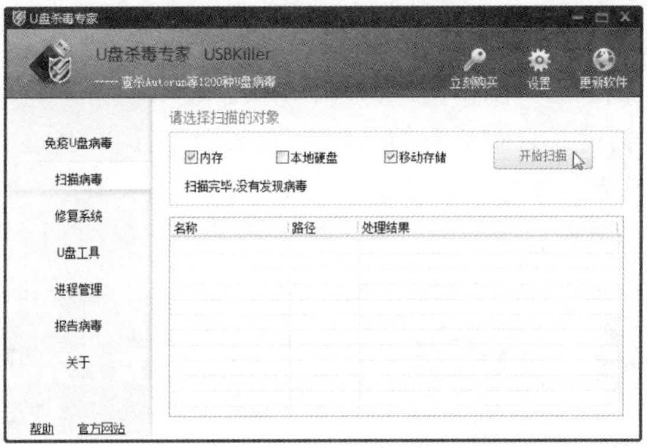

图 5-41　单击“开始扫描”按钮

（3）单击“开始扫描”按钮后，即可开始扫描病毒，扫描进度在窗口下方显示，如图 5-42 所示。如果发现病毒，软件会自动进行清除操作。

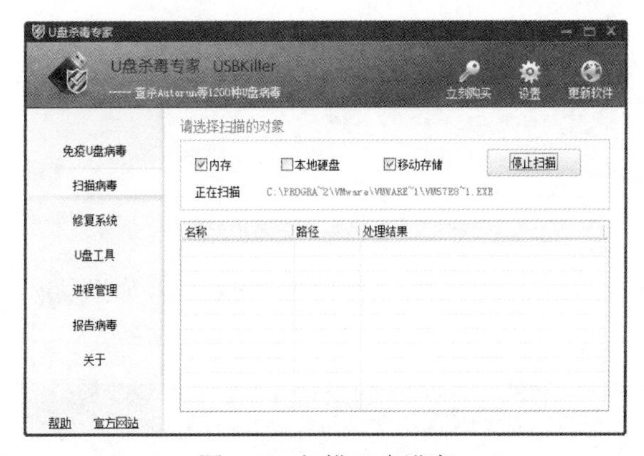

图 5-42　扫描 U 盘进度

（4）选择“U 盘工具”选项，在右侧的“安全设置”区域中，可以选中“禁止使用任何 USB 存储设备”复选框，禁止使用 U 盘等移动存储设备；选中“禁止向 USB 存储设备写入数据”复选框，可以防止使用移动存储设备盗取资料，设置完成，单击“应用设置”按钮即可，如图 5-43 所示。

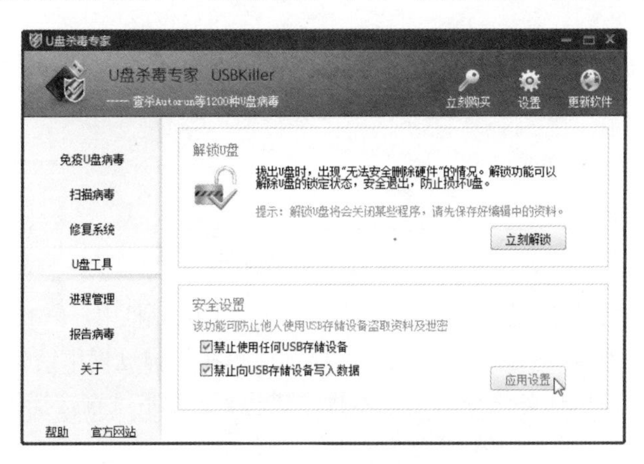

图 5-43　单击“应用设置”按钮

5.5.2 使用U盘病毒专杀工具查杀

U盘病毒专杀工具是一款绿色的辅助杀毒工具，具有检测查杀U盘病毒、U盘病毒广谱扫描、U盘病毒免疫等功能，可以全方位一体化修复并查杀U盘病毒。

使用U盘病毒专杀工具查杀U盘病毒的具体操作步骤如下：

（1）在Windows 7操作系统中运行U盘病毒专杀工具，打开“U盘病毒专杀工具”窗口，单击“全面检测”按钮，如图5-44所示。

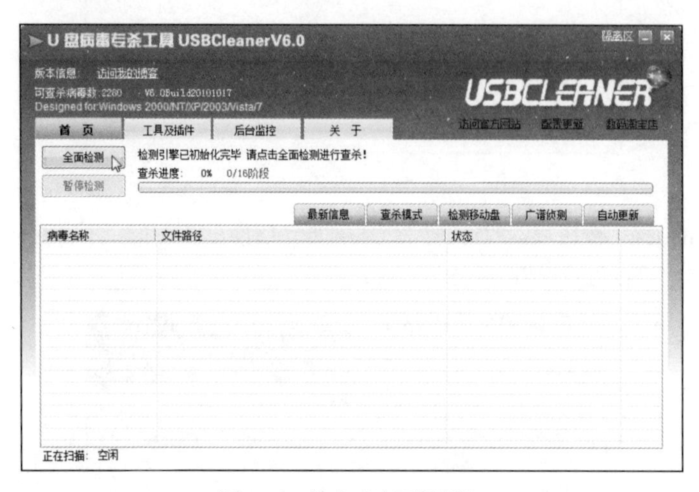

图5-44 单击“全面检测”

（2）U盘病毒专杀工具对系统进行扫描，在扫描的过程中，如果发现病毒，则会在下面的列表中显示，如图5-45所示。

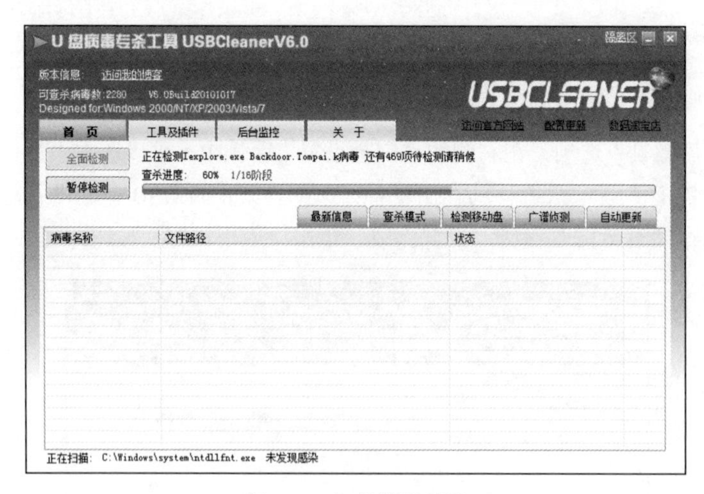

图5-45 扫描进度显示

（3）单击“检测移动盘”按钮，在弹出的如图5-46所示的对话框中，单击“检测U盘”按钮。

（4）在弹出的如图5-47所示的对话框中，提示用户在扫描过程中请勿进行其他操作，扫描中如果程序出现假死，请用任务管理器结束本程序进程，千万不可直接插拔U盘，然后单击“确定”按钮。

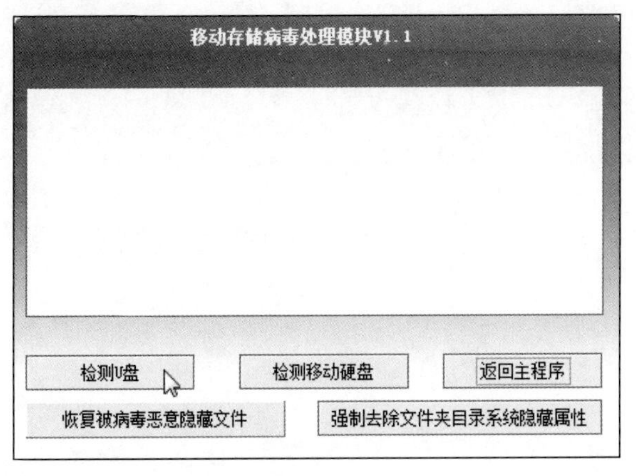

图 5-46　单击“检测 U 盘”

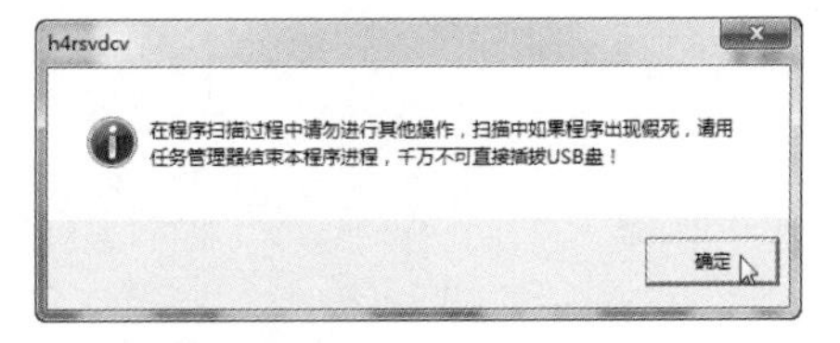

图 5-47　单击“确定”按钮

（5）单击“确定”按钮后，弹出如图 5-48 所示的对话框，提示用户已发现 U 盘。

（6）单击“确定”按钮，即可对本机中的 U 盘进行检查，待检测完毕后，弹出如图 5-49 所示的对话框，提示用户检测完成。

图 5-48　“消息”对话框

图 5-49　提示用户检测完成

（7）单击“确定”按钮，弹出如图 5-50 所示的对话框，提示已完成检测，是否调用 FolderCure 查杀 U 盘中的文件夹图标病毒，单击“是”按钮。

（8）在弹出的“文件夹图标病毒专杀工具 FolderCure”对话框中，单击“开始扫描”按钮，如图 5-51 所示。

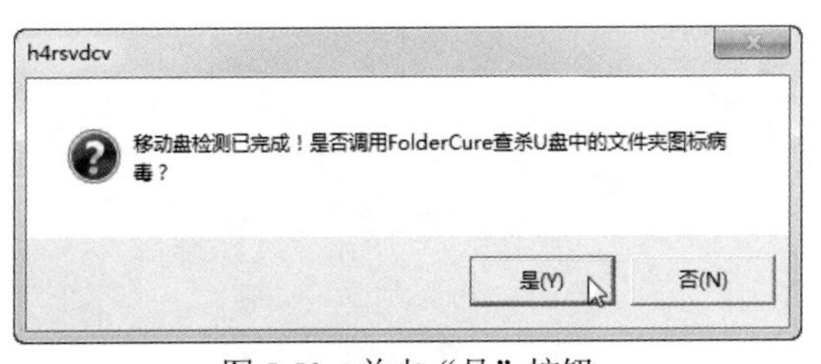

图 5-50　单击“是”按钮

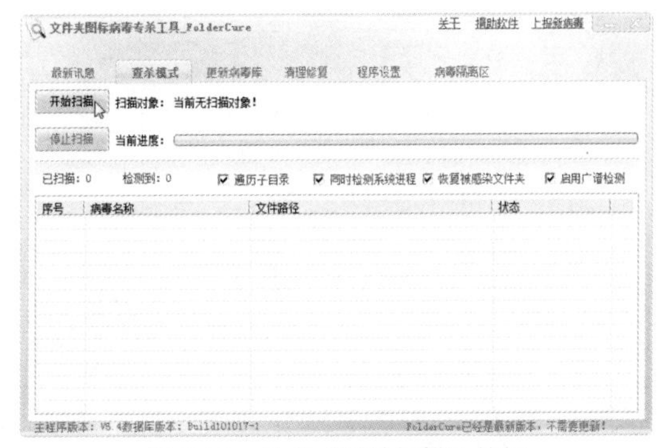

图 5-51　单击“开始扫描”按钮

（9）在弹出的“请选择扫描对象”信息提示框中，选中“执行 U 盘扫描”单选按钮，对 U 盘进行文件夹图标病毒扫描，如图 5-52 所示。

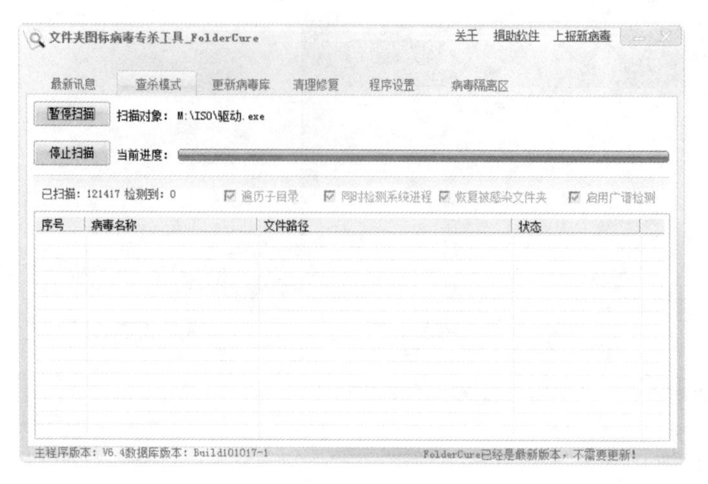

图 5-52　对 U 盘进行文件夹病毒扫描

（10）检测完成后，在“移动存储病毒处理模块”对话框中看到相应的操作日志，如图 5-53 所示。

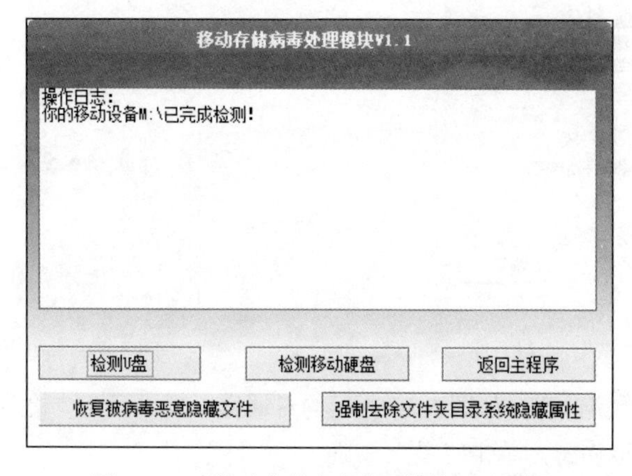

图 5-53　“移动存储病毒处理模块”对话框

第 6 章　系统入侵与远程控制的防黑实战

随着网络技术的不断发展，电脑操作系统的漏洞越来越多的被发现。同时，电脑操作系统附带的远程控制功能和各种远程控制软件，却常常被黑客们所用。

本章主要介绍黑客入侵操作系统的方法，以及防范远程控制的措施等知识，通过本章的学习，读者应掌握防范系统入侵和远程控制的措施。

6.1　入侵系统的常用手段

入侵电脑操作系统是黑客的首要任务，无论采用什么手段，只要入侵到目标主机的操作系统当中，这一台电脑就相当于是黑客的了。下面介绍几种常见的入侵电脑操作系统的方式。

6.1.1　在命令提示符中创建隐藏账号入侵

黑客在成功入侵一台主机后，会在该主机上建立隐藏账号，以便长期控制该主机。

下面介绍使用命令提示符创建隐藏账号的操作步骤。

（1）在命令提示符窗口中输入“net user abc$ 123456 /add”命令，按回车键，即可成功创建一个名为“abc$”、密码为 123456 的隐藏账号，如图 6-1 所示。

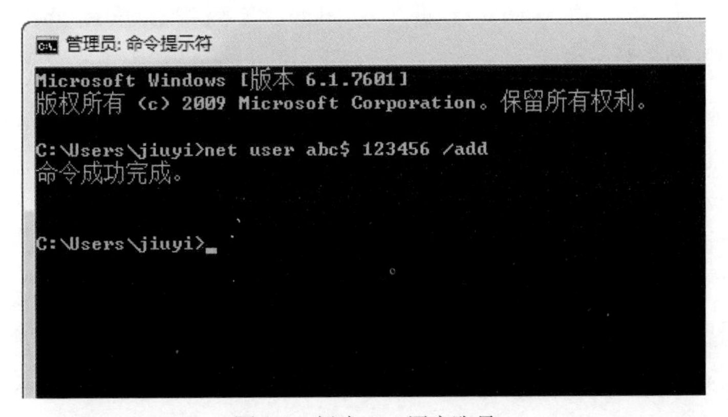

图 6-1　创建 abc$用户账号

（2）在命令行输入“net localgroup administrators abc$ /add”命令，然后按回车键，即可对该隐藏账号赋予管理员权限，如图 6-2 所示。

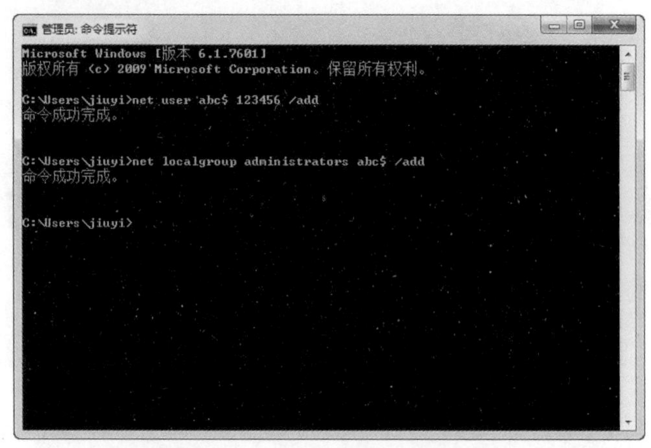

图 6-2　为 abc$用户赋予管理员权限

（3）在命令行输入“net user”命令，然后按回车键，即可显示当前系统中所有已存在的账号信息，但是并没有发现刚才创建的 abc$，如图 6-3 所示。

图 6-3　显示用户账号

提示：在命令行提示符下输入 net user 用户名/delete，例如输入 net user abc$ /delete，按回车键，即可将该用户名和密码全部删除。

由此可见，隐藏账号可以不被命令查看到。不过，这种方法创建的隐藏账号并不能完美被隐藏。查看隐藏账号的具体操作步骤如下。

（1）在 Windows 7 操作系统桌面上，右击“计算机”快捷图标，在弹出的快捷菜单中选择“管理”命令，打开“计算机管理”窗口，如图 6-4 所示。

（2）在“计算机管理”窗口中依次展开“系统工具”→“本地用户和组”→“用户”选项，这时在右侧的窗格中可以发现创建的 abc$隐藏账号依然会被显示，如图 6-5 所示。

提示：在命令提示符中创建并隐藏用户的方法并不实用，只能做到在“命令提示符”窗口中隐藏，属于入门级的系统账号隐藏技术。

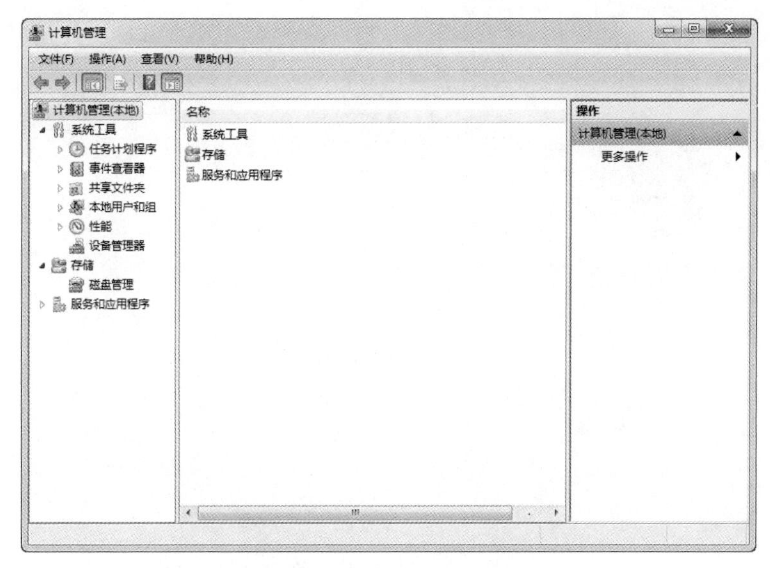

图 6-4 “计算机管理”窗口

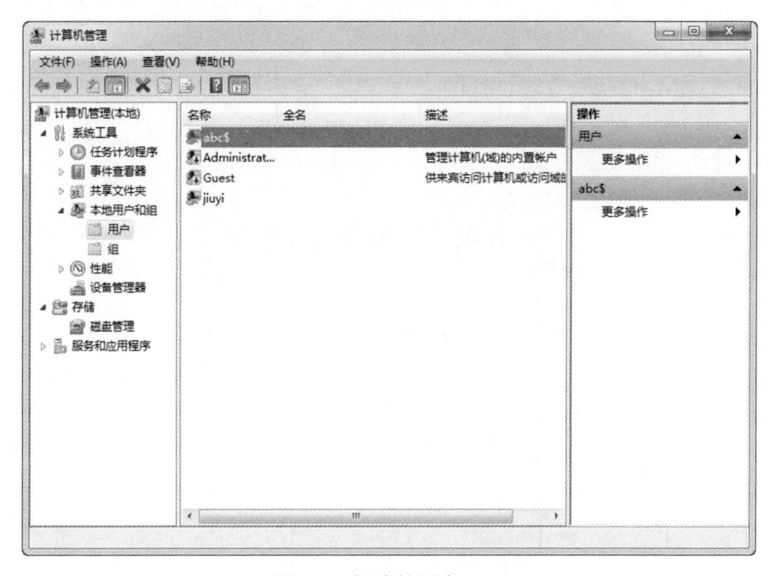

图 6-5　创建的用户 abc$

6.1.2　在注册表中创建隐藏账号入侵

注册表是 Windows 系统的数据库，包含系统中非常多的重要信息，也是黑客入侵最多的地方。

在注册表中创建隐藏账号的操作步骤如下：

（1）在 Windows 7 操作系统中，“开始”→“所有程序”→“附件”→“运行”命令，打开“运行”对话框，在“打开”文本框中输入“regedit”，如图 6-6 所示。

图 6-6 “运行”对话框

（2）单击“确定”按钮，打开“注册表编辑器”窗口，选择“HKEY_LOCAL_MACHINE\SAM\SAM”分支，右击，在弹出的快捷菜单中选择“权限”命令，如图 6-7 所示。

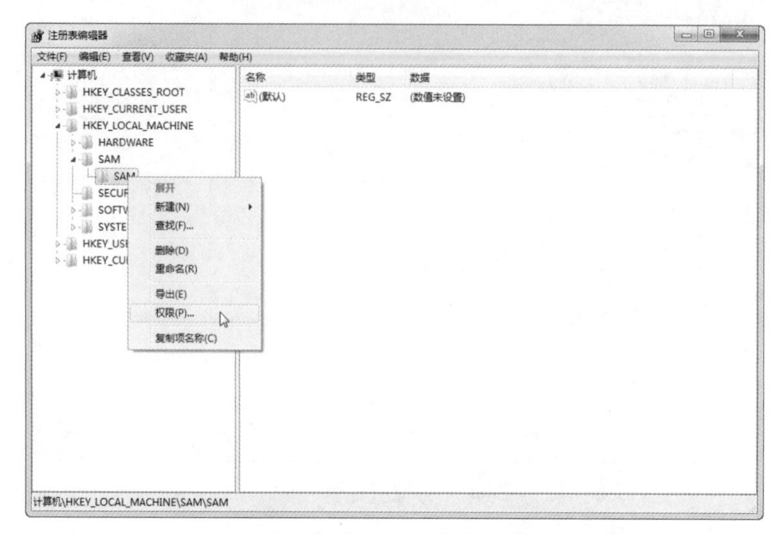

图 6-7 选择“权限”命令

（3）在弹出的“SAM 的权限”对话框的“组或用户名”区域中，选择“Administrators”，然后在“Administrators 的权限”区域中选中“完全控制”和“读取”复选框，单击“确定”按钮，如图 6-8 所示。

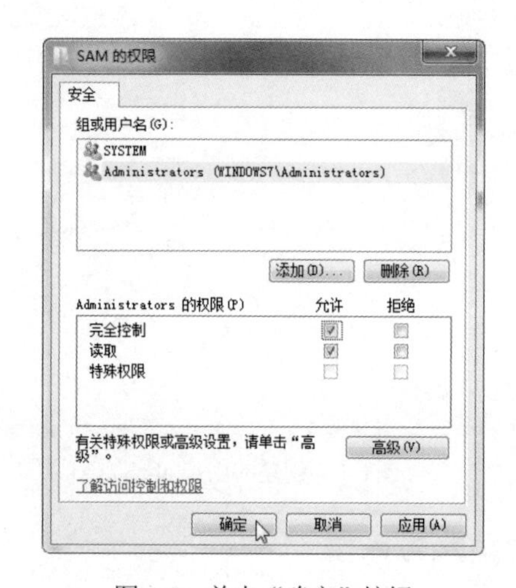

图 6-8 单击“确定”按钮

（4）重新打开注册表编辑器，选择“HKEY_LOCAL_MACHINE\SAM\SAM\Domains\Account\Users\Names”项，可以查看到当前系统中的所有系统账户名。选择 abc$项，右击，在弹出的快捷菜单中选择“导出”命令，如图 6-9 所示。

（5）在弹出的“导出注册表文件”对话框中，选择保存位置，输入文件名 abc.reg，然后单击“保存”按钮，如图 6-10 所示。

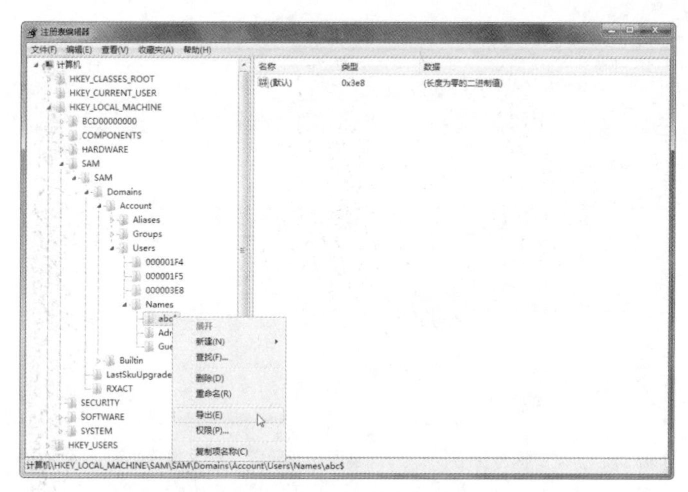

图 6-9　选择“导出”命令

图 6-10　单击“保存”按钮

（6）分别将 HKEY_LOCAL_MACHINE\SAM\SAM\Domains\Account\Users\项下的“000001F4”和“000003E8”项分别导出，并命名为 administrator.reg 和 user.reg，如图 6-11 所示。

图 6-11　导出注册表文件

（7）选择“administrator.reg”文件，右击，在弹出的快捷菜单中选择“打开方式”→“记事本”命令，使用记事本打开“administrator.reg”文件。

（8）选中“F”之后的所有内容，右击，在弹出的快捷菜单中选择“复制”命令，如图 6-12 所示。

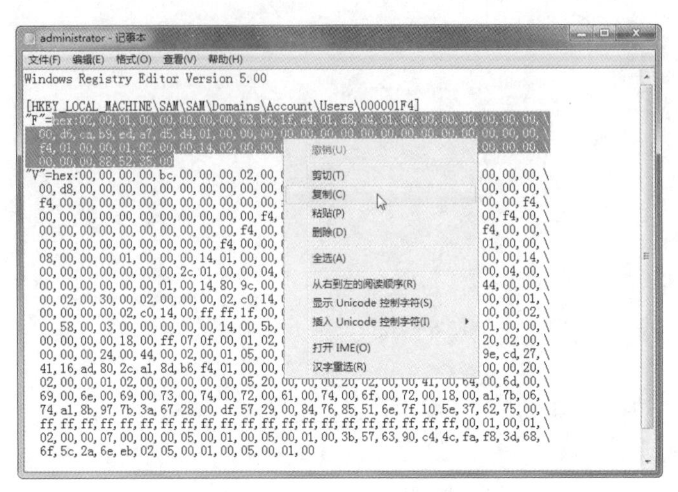

图 6-12　选择“复制”命令

（9）使用记事本打开“user.reg”文件，将“F”之后的内容替换掉，完成后保存退出。

（10）打开“命令提示符”窗口，输入“net user abc$ /del”命令，如图 6-13 所示。然后按回车键，即可将建立的隐藏账号 abc$删除。

图 6-13　删除隐藏账号

（11）分别将 abc.reg 和 user.reg 导入注册表中，即可完成注册表隐藏账号的创建。在“计算机管理”窗口中依次展开“系统工具”→“本地用户和组”→“用户”选项，这时在右侧的窗格中也查看不到创建的 abc$隐藏账号。

提示：使用此方法创建的隐藏账号还是可以在注册表中查看到的。为了保证建立的隐藏账号不被管理员删除，还需要将注册表中“HKEY_LOCAL_MACHINE\SAM\SAM”项，将“administrators”所拥有的权限全部取消即可。这样即使是经验丰富的管理员发现并要删除隐藏账号，系统也会报错，并且无法再次赋予权限。

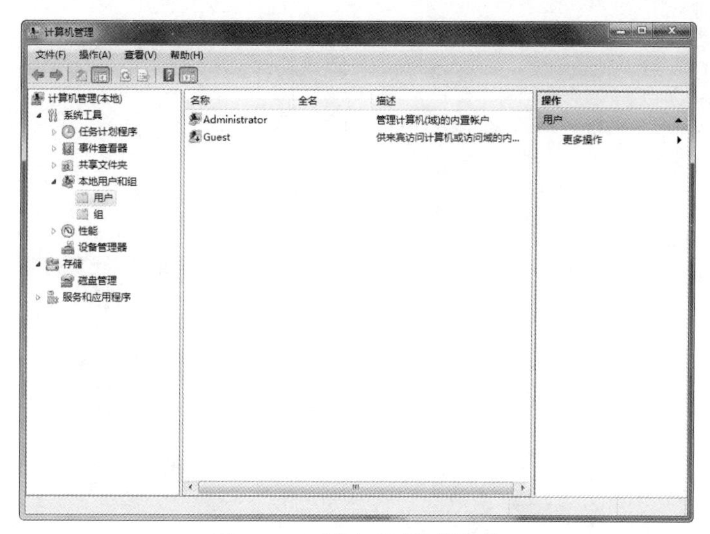

图 6-14　无法查看到隐藏账号

6.2　抢救被账号入侵的系统

当确定自己的电脑遭受到了入侵时，可以在不重新安装系统的情况下抢救被账号入侵的系统。本节主要介绍通过找出黑客创建的隐藏账号和批量关闭危险端口的方法来抢救被账号入侵的系统。

6.2.1　找出黑客创建的隐藏账号

隐藏账号的危害是不容忽视的，用户可以通过设置组策略使黑客无法使用隐藏账号，具体操作步骤如下：

（1）在 Windows 7 操作系统中打开“运行”对话框，在“打开”文本框中输入“gpedit.msc”，单击“确定”按钮，打开“本地组策略编辑器”窗口，如图 6-15 所示。

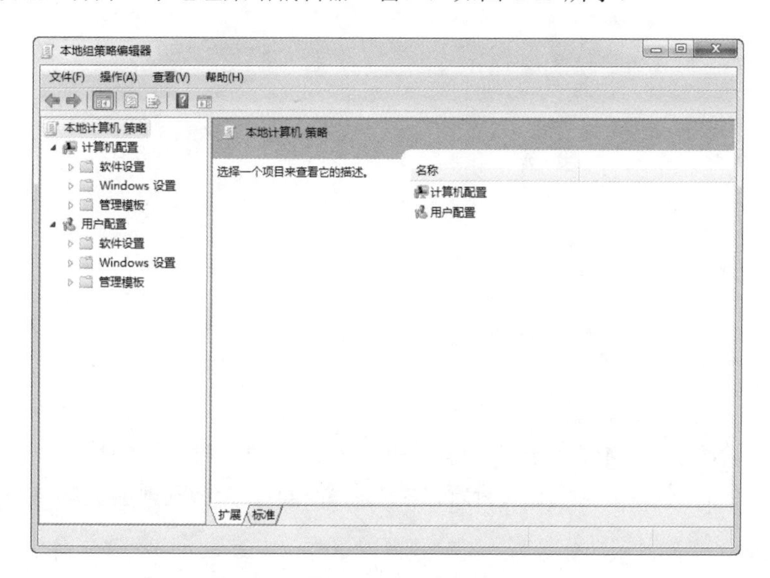

图 6-15　“本地组策略编辑器”窗口

（2）在“本地组策略编辑器”窗口中，依次展开“计算机配置”→“Windows 设置”→“安全设置”→“本地策略”→“审核策略”选项，在右侧窗格中选择“审核策略更改”选项，右击，在弹出的快捷菜单中选择“属性”命令，如图 6-16 所示。

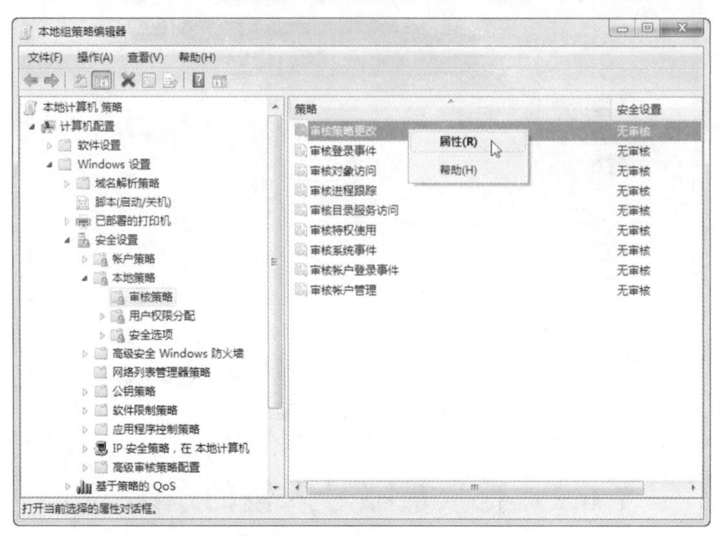

图 6-16　选择“属性”命令

（3）在弹出的“审核策略更改 属性”对话框中，选中“成功”复选框，然后单击“保存”按钮，如图 6-17 所示。

（4）按照步骤 3、步骤 4 的方法，将“审核登录事件”选项做同样的设置，如图 6-18 所示。

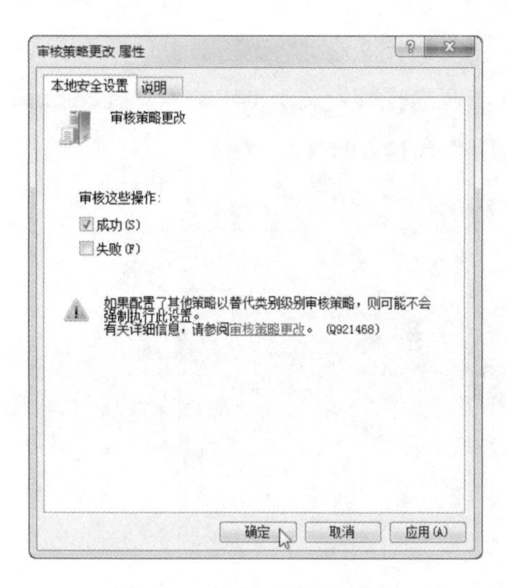

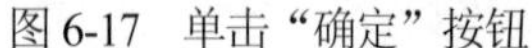
图 6-17　单击“确定”按钮

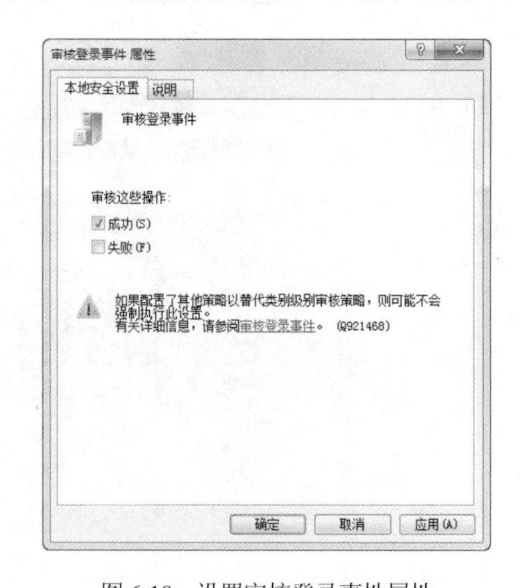

图 6-18　设置审核登录事性属性

（5）设置完成后，打开“事件查看器”窗口，依次展开“事件查看器（本地）”→“Windows 日志”→“系统”选项，在右侧的窗格中可以查看所有登录过系统的账号及登录时间，如图 6-19 所示。

提示：在确定了黑客隐藏的账号后，无法删除时，可以通过在“命令提示符”窗口中输入“net user 隐藏账号新密码”命令来更改隐藏账号的登录密码，从而使黑客无法登录该账号。

图 6-19　“事件查看器”窗口

6.2.2　批量关闭危险端口

在各种防护手段下，关闭系统中的危险端口是非常重要的，对于初学者来说，一个一个地关闭危险端口太麻烦了，而且也不知道哪些端口应该关闭，哪些端口不应该关闭。使用关闭危险端口工具可以批量关闭危险的端口，具体操作步骤如下：

（1）从网上下载关闭危险端口工具，双击关闭危险端口.bat 批量处理文件，则自动打开“命令提示符”窗口，如图 6-20 所示。并在其中自动关闭危险端口。

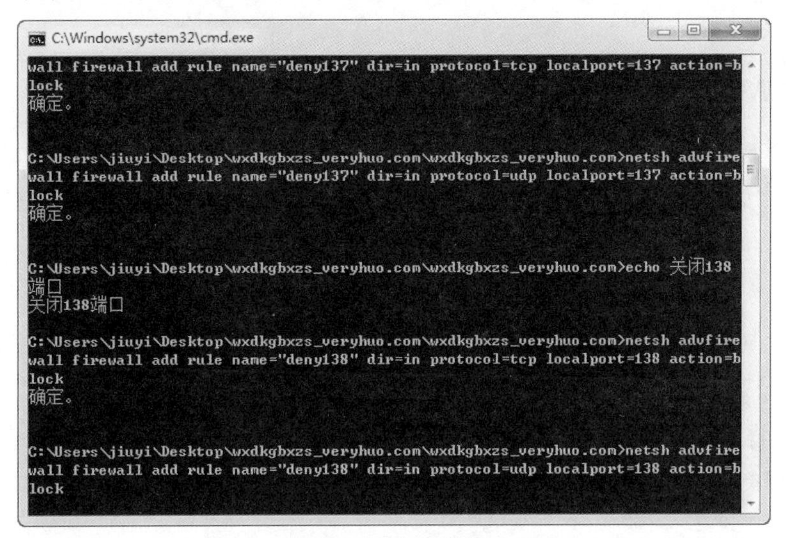

图 6-20　关闭危险端口

（2）使用关闭危险端口工具，还可以手工修改、自动关闭端口，用户可以将最新的端口添加到关闭的列表中。使用记事本打开“关闭危险端口.bat”文件，即可在其中看到关闭端口的重要语句 netsh advfirewall firewall add rule name="deny139" dir=in protocol=tcp localport=139 action=block，其中 TCP 参数用于指定关闭端口使用的协议，139 参数是要关闭的端口，如图 6-21 所示。

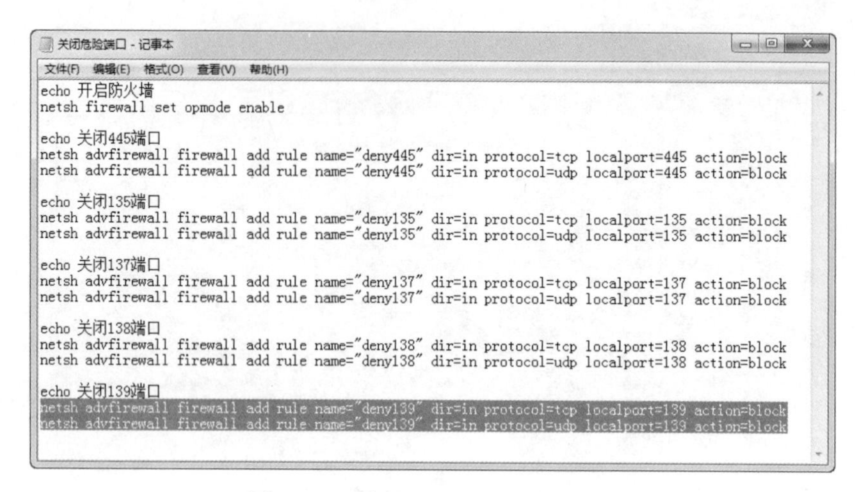

图 6-21 “关闭危险端口-记事本”窗口

（3）参照上述语句，可以手工添加语句，将一些新的木马病毒使用的端口添加到关闭列表中，添加完成后，将该文件保存为.bat 文件，重新运行即可关闭新添加的端口。

6.3 通过远程工具入侵系统

远程控制是在网络上由一台电脑远距离去控制另一台电脑的技术。而远程一般是指通过网络控制远端电脑，和操作电脑的电脑一样。

通过远程控制工具入侵目标主机系统的方法有多种，最常见的有远程桌面、TeamViewer、PcAnywhere 等。

6.3.1 通过 Windows 远程桌面控制

利用远程桌面，用户可以在远离办公室的地方通过网络对计算机进行远程控制，即使主机处在无人状况，“远程桌面”仍然可以顺利进行。远程控制并不神秘，Windows 7/8/10 系统中就提供了多种简单的远程控制手段，如 Windows 7/8/10 远程协助、Windows 7/8/10 远程桌面等。

提示：远程协助是 Windows 附带提供的一种简单的远程控制的方法。远程协助中被协助方的计算机将暂时受协助方（在远程协助程序中被称为专家）的控制，专家可以在被控计算机当中进行系统维护、安装软件、处理计算机中的某些问题或者向被协助者演示某些操作。

1．启用远程桌面功能

在使用远程桌面之前，用户需要先启用远程桌面功能。下面以一个具体实例来介绍启用远程桌面功能的方法。

【实验 6-1】启用 Windows 7 系统中远程桌面功能

具体操作步骤如下：

（1）在 Windows 7 操作系统的桌面中选择“计算机”图标，右击，在弹出的菜单中选择“属性”命令，打开“系统”窗口，单击“远程设置”超链接，如图 6-22 所示。

图 6-22　单击“远程设置”超链接

（2）在弹出的“系统属性”对话框中，单击“远程”选项卡，并选中“远程桌面”区域中的“允许远程连接到此计算机”单选按钮，同时取消选中“仅允许运行使用网络级别身份验证的远程桌面的计算机连接（建议）”复选框，如图 6-23 所示。

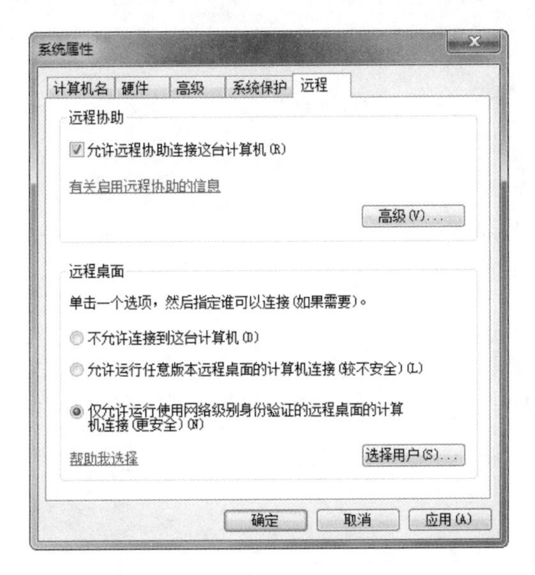

图 6-23　选中“允许远程连接到此计算机”单选按钮

（3）单击“确定”按钮，关闭“系统属性”对话框。

【实验 6-2】启用 Windows 10 系统远程桌面功能

具体操作步骤如下：

（1）在 Windows 10 操作系统中，将鼠标光标移动到桌面左下角图标，右击并在弹出的菜单中选择“系统”命令，打开“系统”窗口，单击“远程设置”超链接，如图 6-24 所示。

图 6-24　单击“远程设置”超链接

（2）在弹出的“系统属性”对话框中，单击“远程”选项卡，并选中“远程桌面”区域中的“允许远程连接到此计算机”单选按钮，同时取消选中“仅允许运行使用网络级别身份验证的远程桌面的计算机连接（建议）”复选框，如图 6-25 所示。

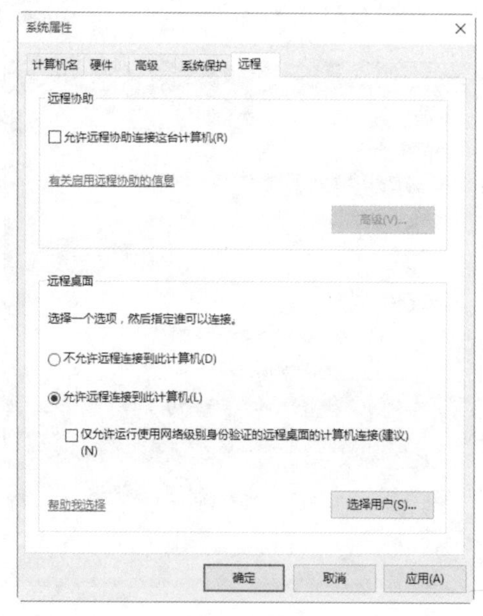

图 6-25　选中“允许远程连接到此计算机”单选按钮

（3）单击“确定”按钮，关闭“系统属性”对话框。

2. 启用远程桌面功能

使用远程桌面之前，用户还需要添加远程桌面用户，同时添加的远程桌面用户必须有权限登录本地计算机。下面以一个具体实例来介绍添加远程桌面用户的方法。

【实验 6-3】添加 Windows 7 系统远程桌面用户

具体操作步骤如下：

（1）在 Windows 7 操作系统的“系统属性”窗口中，选择“远程”选项卡，单击远程桌面区域中的“选择用户”按钮，打开“远程桌面用户”对话框，如图 6-26 所示。

（2）单击“添加”按钮，弹出如图 6-27 所示的“选择用户”对话框，然后单击“高级”按钮。

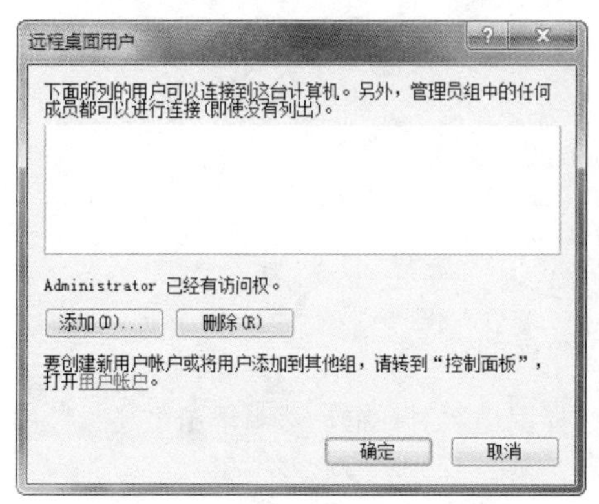

图 6-26　“远程桌面用户”对话框

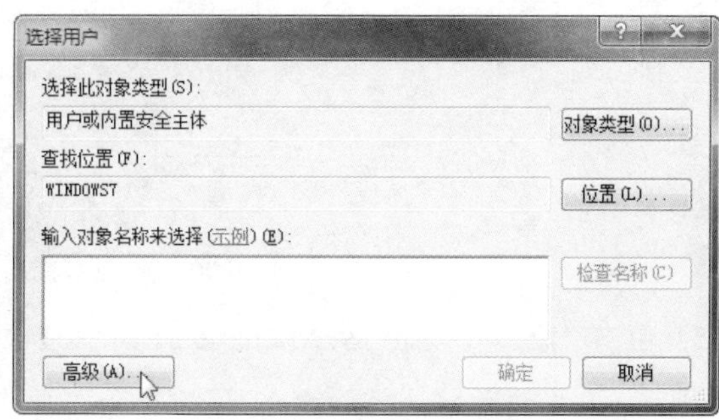

图 6-27　“选择用户”对话框

（3）在展开的对话框中，单击“立即查找”按钮，在列出的用户列表框中选择用户，然后单击“确定”按钮，如图 6-28 所示。

注意：*在用户列表框中选择的用户，必须是系统已启用的用户账户，否则将无法使用该用户账户连接远程桌面。*

（4）单击“确定”按钮后，返回“远程桌面用户”对话框，显示已经添加的远程用户，如图 6-29 所示。单击“确定”按钮关闭该对话框，添加远程桌面用户完成。

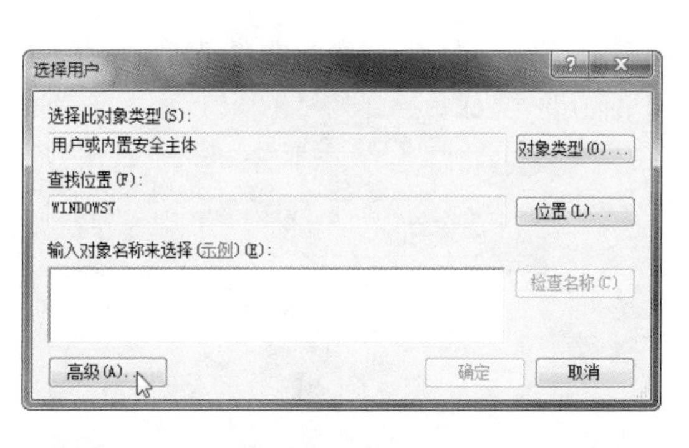

图 6-28　选择用户

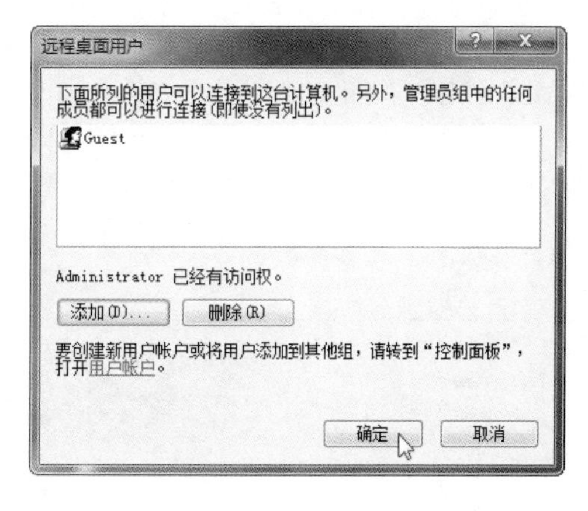

图 6-29　添加完成

【实验 6-4】添加 Windows 10 系统远程桌面用户

具体操作步骤如下：

（1）在 Windows 10 操作系统的“系统属性”窗口中，选择“远程”选项卡，单击远程桌面区域中的“选择用户”按钮，打开“远程桌面用户”对话框，如图 6-30 所示。

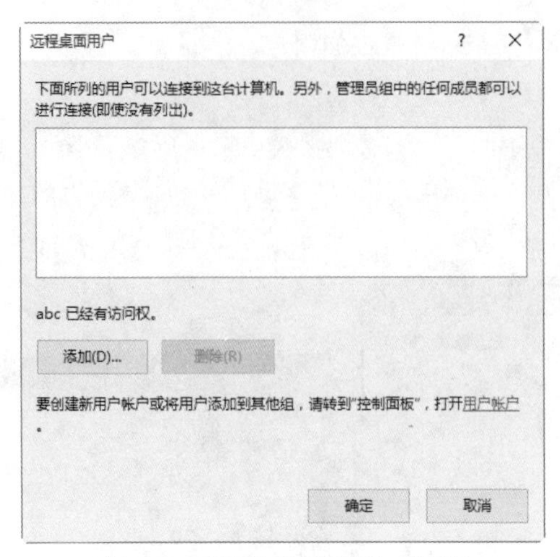

图 6-30 “远程桌面用户”对话框

（2）单击“添加”按钮，弹出如图 6-31 所示的“选择用户”对话框，然后单击“高级”按钮。

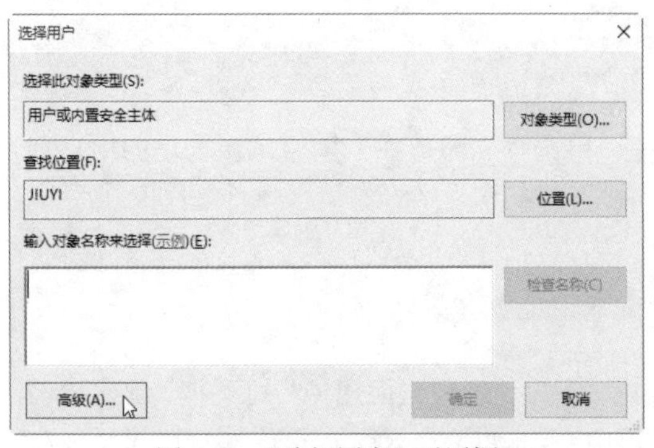

图 6-31 “选择用户”对话框

（3）在展开的对话框中，单击“立即查找”按钮，在列出的用户列表框中选择用户，然后单击“确定”按钮，如图 6-32 所示。

（4）单击“确定”按钮后，返回“远程桌面用户”对话框，显示已经添加的远程用户，如图 6-33 所示，单击“确定”按钮关闭该对话框，添加远程桌面用户完成。

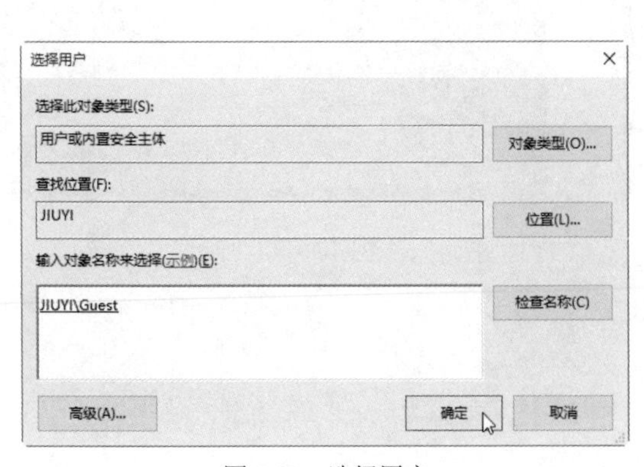

图 6-32 选择用户

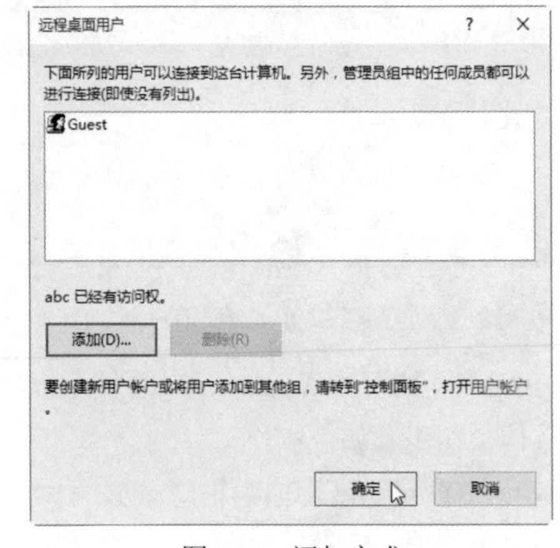

图 6-33 添加完成

3. 使用远程桌面控制

启用远程桌面功能并设置好远程桌面用户后，用户就可以使用远程桌面了。使用远程桌面之前，用户需要检查是否已接入局域网中。

（即扫即看）

【实验 6-5】在 Windows 10 系统中远程连接 Windows 7 系统桌面

具体操作步骤如下：

（1）在 Windows 10 操作系统中，按键盘上的【WIN+R】组合键打开运行对话框，然后输入“mstsc”，如图 6-34 所示。单击打开“远程桌面连接”对话框。

（2）在“远程桌面连接”对话框中，单击“显示选项”按钮，在“计算机”下拉列表框中，输入远程计算机的名称或 IP 地址，如图 6-35 所示。

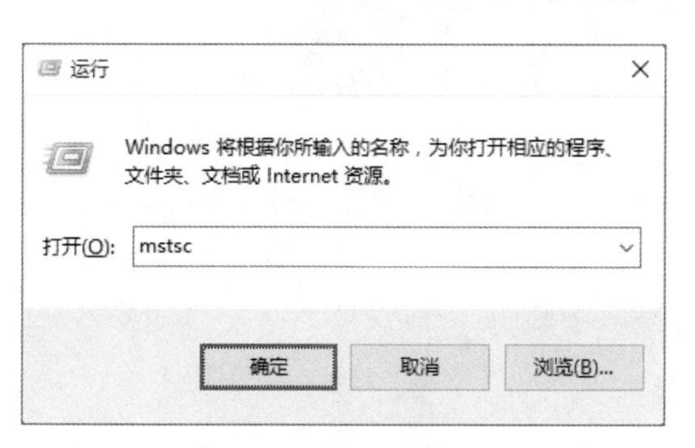

图 6-34　“运行”对话框

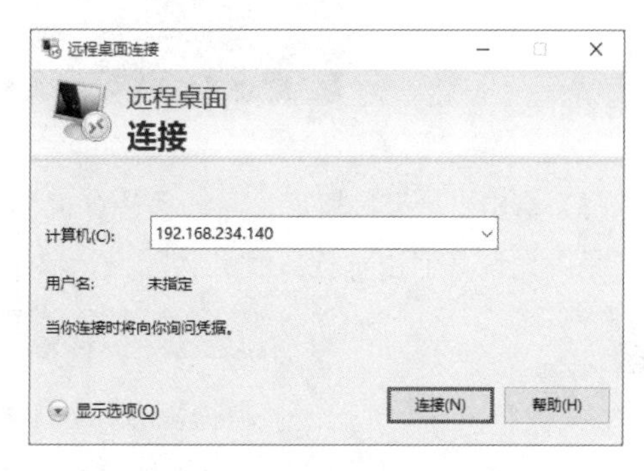

图 6-35　“远程桌面连接”对话框

（3）单击“连接”按钮，弹出如图 6-36 所示的对话框，输入远程计算机的用户名和密码。

（4）单击“确定”按钮，弹出如图 6-37 所示的对话框，提示用户是否继续连接，在这里单击“是”按钮。

图 6-36　单击“是”按钮

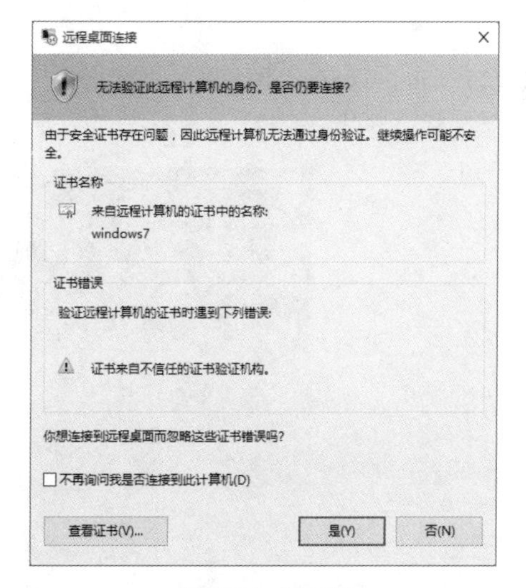

图 6-37　提示框

（5）单击“是”按钮后，如果远程计算机 Windows 7 系统中是以其他用户账户登录时，则会出现如图 6-38 所示的提示框，提示用户是否继续连接到此计算机，单击“是”按钮。

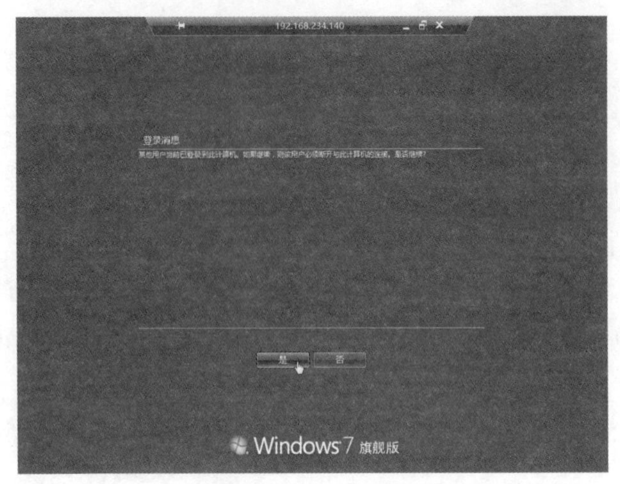

图 6-38　单击“是”按钮

（6）单击“是”按钮后，在远程计算机 Windows 7 中桌面会出现如图 6-39 所示的提示框，提示用户是否允许其他用户连接到此计算机，单击“确定”按钮。

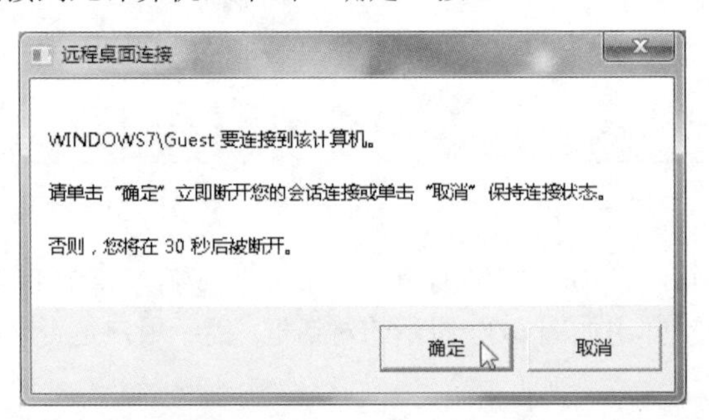

图 6-39　单击“确定”按钮

（7）Windows 10 操作系统将开始登录到远程计算机的 Windows 7 系统，登录成功后在“远程桌面连接”窗口将显示远程计算机的桌面，如图 6-40 所示。

图 6-40　“远程桌面连接”窗口

【实验 6-6】在 Windows 7 系统中远程连接 Windows 10 系统桌面

具体操作步骤如下：

（即扫即看）

（1）在 Windows 7 操作系统中，单击“开始”→“所有程序”→“附件”→“远程桌面连接”命令，打开“远程桌面连接”对话框。

（2）在“远程桌面连接”对话框中的“计算机”下拉列表框中，输入远程计算机的名称或 IP 地址，如图 6-41 所示。

（3）单击“连接”按钮，弹出如图 6-42 所示的对话框，输入远程计算机的用户名和密码。

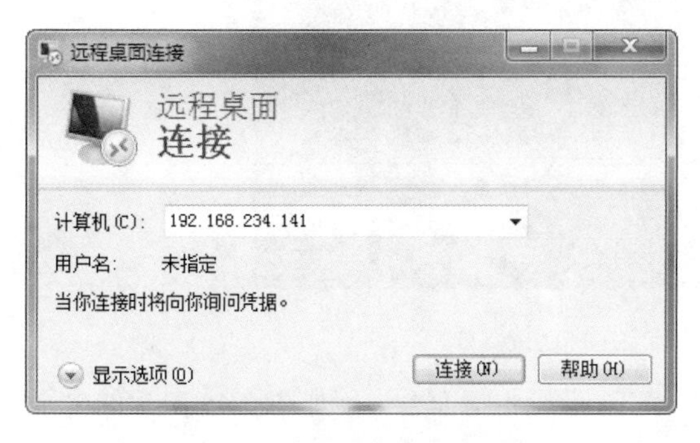

图 6-41　“远程桌面连接”对话框

图 6-42　输入用户名和密码

（4）单击“确定”按钮，弹出如图 6-43 所示的对话框，提示用户是否继续连接，在这里单击“是”按钮。

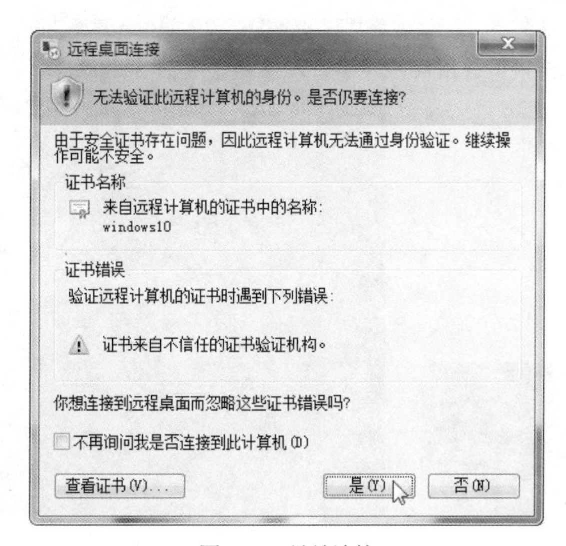

图 6-43　继续连接

（5）单击“是”按钮后，如果远程计算机 Windows 10 系统中是以其他用户账户登录时，则会出现如图 6-44 所示的提示框，提示用户是否继续连接到此计算机，单击“是”按钮。

图 6-44　确认其他用户连接

（6）单击“是”按钮后，在远程计算机 Windows 10 系统中桌面会出现如图 6-45 所示的提示框，提示用户是否允许其他用户连接到此计算机，单击“确定”按钮。

（7）Windows 7 操作系统将开始登录到远程计算机的 Windows 10 系统，登录成功后在“远程桌面连接”窗口将显示远程计算机的桌面，如图 6-46 所示。

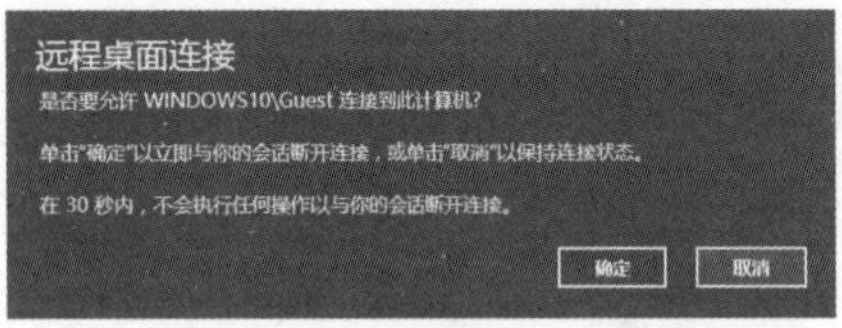

图 6-45　提示框

图 6-46　远程登录成功

4．使用远程桌面控制

用户如果不需要使用远程桌面，可以断开或注销远程桌面。

【实验 6-7】断开或注销 Windows 7 系统远程桌面

具体操作步骤如下：

（1）在“远程桌面连接”窗口中，选择桌面左下角的图标，单击并在弹出的菜单中选择“注销”→“断开连接”命令，如图 6-47 所示。即可断开远程桌面。

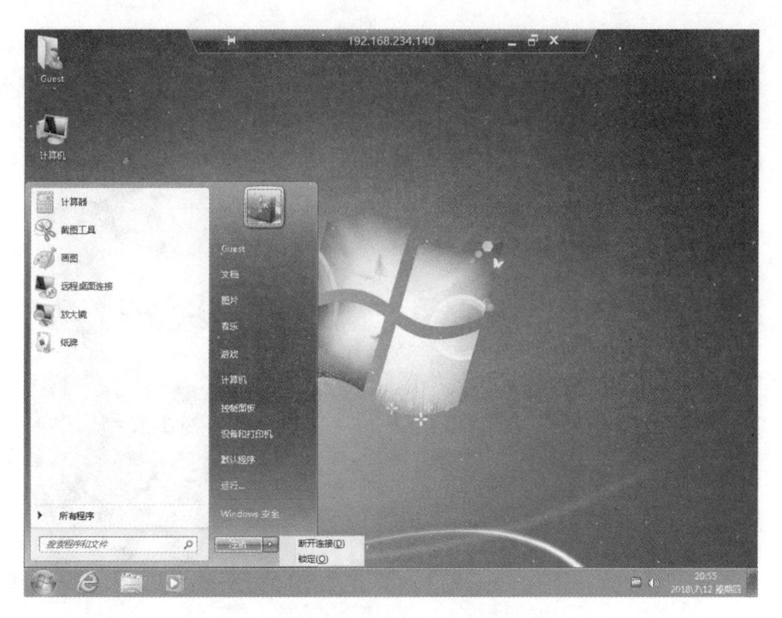

图 6-47　选择“注销”→“断开连接”命令

（2）在“远程桌面连接”窗口中，选择桌面左下角的图标，单击并在弹出的菜单中选择“注销”命令，如图 6-48 所示。即可注销远程桌面。

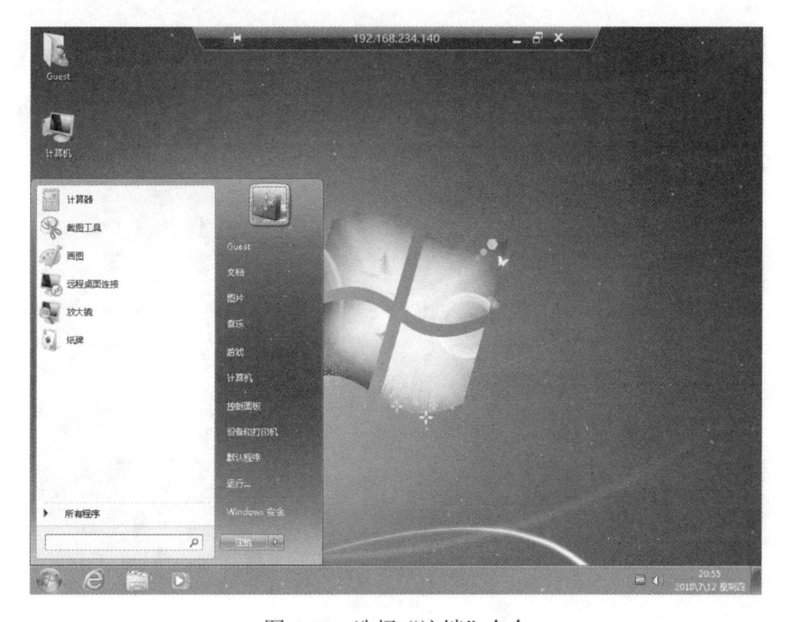

图 6-48　选择“注销”命令

【实验 6-8】断开或注销 Windows 10 系统远程桌面

具体操作步骤如下：

（1）在“远程桌面连接”窗口中，选择桌面左下角的图标，右击并在弹出的菜单中选择“关机或注销”→“断开连接”命令，如图 6-49 所示。即可断开远程桌面。

图 6-49　选择“关机或注销”→“断开连接”命令

（2）在“远程桌面连接”窗口中，选择桌面左下角的图标，右击并在弹出的菜单中选择“关机或注销”→“注销”命令，如图 6-50 所示。即可注销远程桌面。

图 6-50　选择“关机或注销”→“注销”命令

6.3.2　通过远程控件工具控制

Team Viewer 是一个能在任何防火墙和 NAT 代理的后台用于远程控制的应用程序，桌面共享和文件传输的简单且快速的解决方案。为了连接到另一台计算机，只需要在两台计算机上同时运行 Team Viewer 即可。

【实验 6-9】使用 Team Viewer 远程控制目标主机

具体操作步骤如下：

（1）在 Windows 7 操作系统中安装并运行 Team Viewer，弹出如图 6-51 所示的“Team Viewer”窗口，显示了本机的 ID 和密码。

（2）在 Windows 10 操作系统中安装并运行 Team Viewer，弹出如图 6-52 所示的“Team Viewer”窗口，显示了本机的 ID 和密码。

图 6-51　在 Windows 7 中运行 Team Viewer

图 6-52　在 Windows 10 中运行 Team Viewer

（3）如果要在 Windows 7 操作系统中远程控制 Windows 10 系统，则在“Team Viewer”窗口的“伙伴 ID”文本框中输入 Windows 10 系统的 ID，如图 6-53 所示。然后单击“连接”按钮。

（4）在弹出的“Team Viewer 验证”对话框中，输入 Windows 10 系统的密码，如 P2w7v4，然后单击“登录”按钮，如图 6-54 所示。

图 6-53　单击“连接”按钮

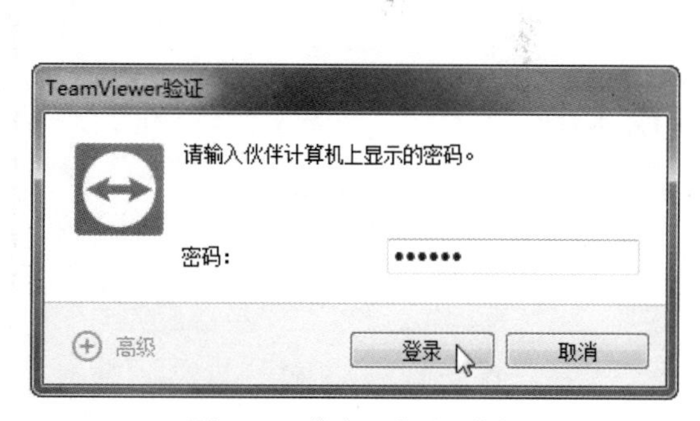

图 6-54　单击“登录”按钮

（5）确定登录密码无误后，弹出如图 6-55 所示的窗口。显示远程目标主机 Windows 10 系统的桌面，用户可以控制远程目标主机 Windows 10 系统。

（6）如果要在 Windows 10 操作系统中远程控制 Windows 7 系统，则在“Team Viewer”窗口的“伙伴 ID”文本框中输入 Windows 7 系统的 ID，如图 6-56 所示。然后单击“连接”按钮。

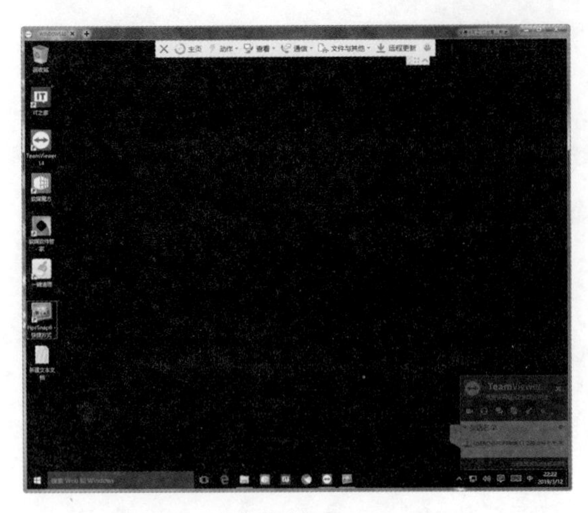

图 6-55　远程控制 Windows 10

图 6-56　单击“连接”按钮

（7）在弹出的“Team Viewer 验证”对话框中，输入 Windows 7 系统的密码，如 d78v1r，然后单击“登录”按钮，如图 6-57 所示。

（8）确定登录密码无误后，弹出如图 6-58 所示的窗口，显示远程目标主机 Windows 7 系统的桌面，用户可以控制远程目标主机 Windows 7 系统。

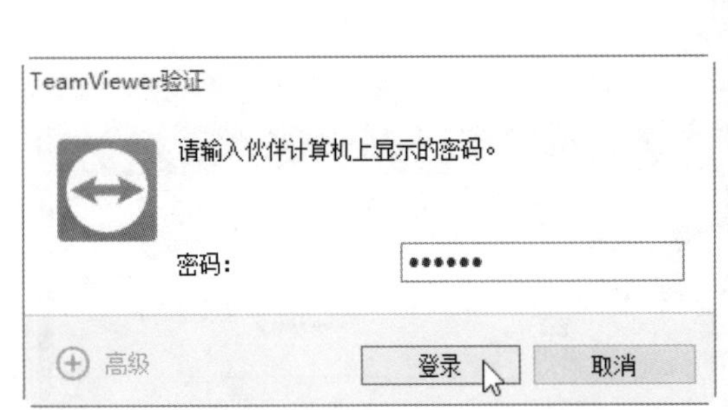

图 6-57　输入密码

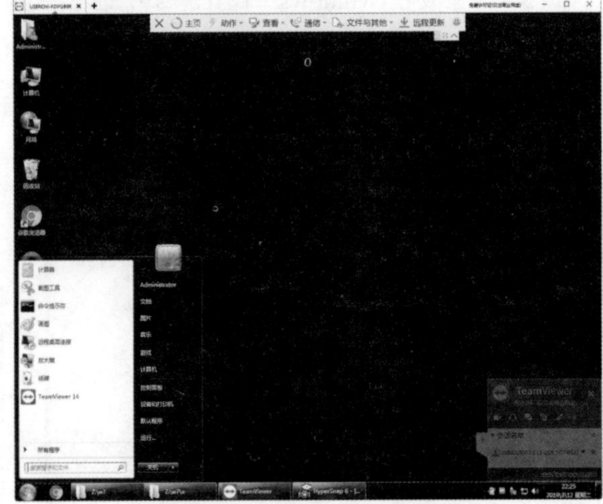

图 6-58　远程控制 Windows 7

6.4　远程控制的防黑实战

了解了黑客远程控制的方法后，用户就可以有针对性的对自己的电脑进行相应的保护操作，如关闭电脑自带的远程控制功能、开启系统防火墙，或者安装第三方防火墙等。

6.4.1　关闭 Windows 远程桌面功能

关闭 Windows 远程桌面功能是防止黑客远程入侵系统的首要手段。

【实验 6-10】在 Windows 7 系统中关闭远程桌面功能

具体操作步骤如下：

（1）在 Windows 7 操作系统中右击桌面上的“计算机”图标，在弹出的快捷菜单中选择“属性”命令，打开“系统”窗口，单击“远程设置”超链接，如图 6-59 所示。

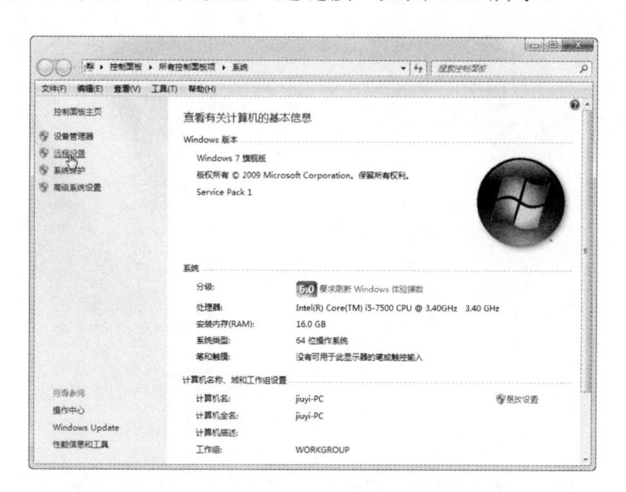

图 6-59 单击“远程设置”超链接

（2）在弹出的“系统属性”对话框中，取消选择“允许远程协助连接这台计算机”复选框，选中“不允许远程连接到此计算机”单选按钮，然后单击“确定”按钮，如图 6-60 所示。

图 6-60 不允许远程连接到此计算机

【实验 6-11】在 Windows 10 系统中关闭远程桌面功能

具体操作步骤如下：

（1）在 Windows 10 操作系统中单击“系统”窗口中的“远程设置”超链接，如图 6-61 所示。

图 6-61 选择“运行”命令

（2）在弹出的“系统属性”对话框中，取消选择“允许远程协助连接这台计算机”复选框，选中“不允许远程连接到此计算机”单选按钮，然后单击“确定”按钮，如图 6-62 所示。

图 6-62　不允许远程连接到此计算机

6.4.2　使用瑞星防火墙保护系统安全

瑞星个人防火墙以瑞星研发的变频杀毒引擎为核心，通过变频技术使电脑得到安全保证的同时，又大大降低了资源占用，让电脑更加轻便。

使用瑞星防火墙保护系统安全的具体操作步骤如下：

（1）在 Windows 7 操作系统中运行瑞星个人防火墙软件，在弹出的如图 6-63 所示的“瑞星防火墙软件”窗口中，单击“防火墙规则”按钮。

图 6-63　单击“防火墙规则”按钮

（2）在“联网程序规则”选项卡中，选择程序名称，然后单击“放行”旁边的倒三角形按钮，在弹出的快捷菜单中选择相应的选项，如图 6-64 所示。

图 6-64　选择“放行”命令

（3）如果在“程序名称”列表框中没有相应的程序，用户可以单击“增加”按钮，添加相应的程序规则。

（4）选择“IP 规则”选项卡，在“规则名称”列表框中选择一个规则名称，然后单击“阻止”旁边的倒三角形按钮，在弹出的快捷菜单中选择相应的选项，如图 6-65 所示。

（5）如果在“规则名称”列表框中没有相应的规则，用户可以单击“增加”按钮，在弹出的“编辑 IP 规则”对话框中，设置协议类型、规则名称等，然后单击“确定”按钮即可，如图 6-66 所示。

图 6-65　选择“阻止”命令　　　　图 6-66　设置协议类型、规则名称

第 7 章　系统账户数据的防黑实战

对于电脑系统来说，只要是以系统管理员身份登录的，就可以在系统中进行任何操作而不受到限制，所以黑客攻击目标主机要是获取系统账户和登录密码，从而获得使用电脑的最高权限，为下一步攻击的实施扫平道路。

本章主要从系统账户的基础知识、黑客破解密码的常用方法、破解系统账户密码等方面入手，介绍防范黑客获取系统账户数据的方法。

7.1　认识系统账户

在 Windows 系统中，一般分为管理员账户、标准用户账户和来宾账户三种。而管理员账户，在系统中又分为两种：

- 一种是用户在安装 Windows 操作系统时系统自带的管理员账户，即 Administrator，这个账户被称为超级管理员账户；
- 另一种就是用户在安装完操作系统并在进入操作系统之前创建的管理员账户，该账户在系统盘目录下创建一个以用户创建的用户名为名称的文件。标准用户账户是受到一定限制的账户，在系统中可以创建多个此类账户，也可以改变其账户类型。

来宾账户又称为 Guest 账户，来宾账户只能对一些常用软件使用，不能随便更改管理员账户的设置。

提示：Windows 10 操作系统中除了管理员账户、标准用户账户和来宾账户外，还有一种账户类型，即 Microsoft 账户。

Microsoft 账户是免费的且易于设置的系统账户，用户可以使用自己所选的任何电子邮件地址完成该账户的注册与登录操作。

当用户使用 Microsoft 账户登录自己的电脑时，可以从 Windows 应用商店中获取应用，使用免费云存储备份自己的所有重要数据文件，并使自己的所有常用内容保持更新和同步。

7.2　黑客破解密码的常用方法

黑客破解密码的方法有很多，常用的破解密码的方法有以下几种。

1. 暴力破解

密码破解技术中最基本的就是暴力破解，也叫密码穷举。如果黑客事先知道了账户号码，如邮件帐号、QQ 用户帐号、网上银行账号等，而用户的密码又设置的十分简单，比如用简单的数字组合，黑客使用暴力破解工具很快就可以破解出密码来。因此用户要尽量将密码设置得复杂一些。

2. 击键记录

如果用户密码较为复杂，那么就难以使用暴力破解的方式破解，这时黑客往往通过给用户安装木马病毒，设计“击键记录”程序，记录和监听用户的击键操作，然后通过各种方式将记录下来的用户击键内容传送给黑客，这样，黑客通过分析用户击键信息即可破解出用户的密码。

3. 屏幕记录

为了防止击键记录工具，产生了使用鼠标和图片录入密码的方式，这时黑客可以通过木马程序将用户屏幕截屏下来然后记录鼠标点击的位置，通过记录鼠标位置对比截屏的图片，从而破解这类方法的用户密码。

4. 网络钓鱼

“网络钓鱼”攻击利用欺骗性的电子邮件和伪造的网站登录站点来进行诈骗活动，受骗者往往会泄露自己的敏感信息（如用户名、口令、账号、PIN 码或信用卡详细信息），网络钓鱼主要通过发送电子邮件引诱用户登录假冒的网上银行、网上证券网站，骗取用户账号密码实施盗窃。

5. Sniffer（嗅探器）

在局域网上，黑客要想迅速获得大量的账号(包括用户名和密码)，最为有效的手段是使用 Sniffer 程序。Sniffer，中文翻译为嗅探器，是一种威胁性极大的被动攻击工具。使用这种工具，可以监视网络的状态、数据流动情况以及网络上传输的信息。当信息以明文的形式在网络上传输时，便可以使用网络监听的方式窃取网上的传送的数据包。将网络接口设置在监听模式，便可以将网上传输的源源不断的信息截获。任何直接通过 HTTP、FTP、POP、SMTP、TELNET 协议传输的数据包都会被 Sniffer 程序监听。

7.3　系统账户数据的防黑实战

要不想被黑客轻而易举地闯进自己的电脑，对系统账户进行加密是最基本的防黑实战。不加密的系统就像自己的家开了一个任何人可以进出的后门，黑客可以随意打开用户的系统，查看用户电脑上的私密文件。

7.3.1　设置系统管理员密码

为了增加系统的安全性，Windows 允许用户设置 Windows 登录密码对系统进行保护，在登录时需要进行身份验证，只有正确输入密码的用户才可以进入桌面，否则不但不能够进入桌面，而且在连续输错密码数次之后，还会锁定 Windows，拒绝非法用户的登录尝试。

在安装 Windows 7/10 时，系统会要求用户设置系统管理员密码，如果当时没有设置系统管理员密码，可以在安装完 Windows 7/10 系统后，再进行设置。下面介绍在 Windows 7/10 中设置系统管理员密码的方法。

【实验 7-1】设置 Windows 7 系统管理员密码

具体操作步骤如下：

（1）在 Windows 7 系统的“控制面板”窗口中，单击“用户账户和家庭安全”超链接，如图 7-1 所示。

图 7-1　单击“用户账户和家庭安全”超链接

（2）在弹出的“用户账户和家庭安全”窗口中，单击“用户账户”超链接，如图 7-2 所示。

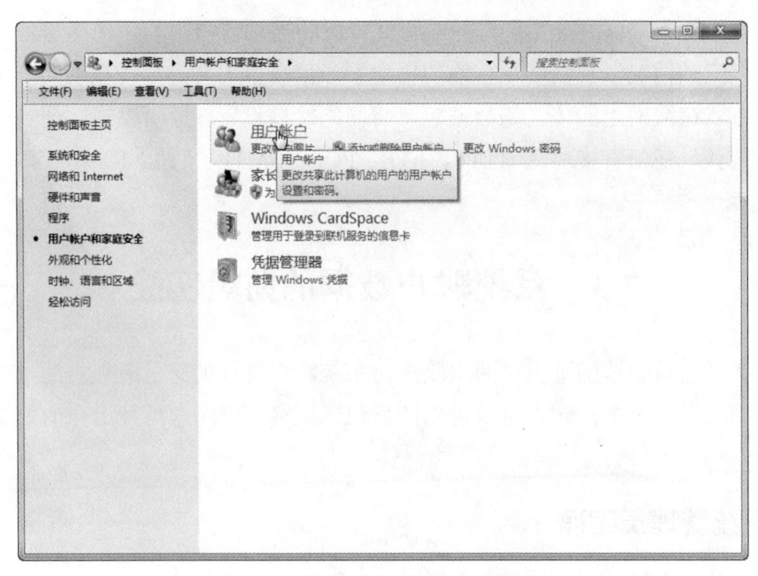

图 7-2　单击“用户账户”超链接

（3）在弹出的“用户账户”窗口中，单击“为您的账户创建密码”超链接，如图 7-3 所示。

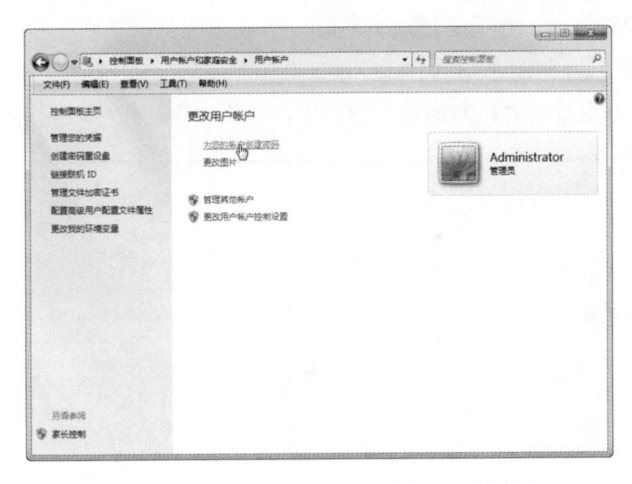

图 7-3　单击“为您的账户创建密码”超链接

（4）在弹出的“创建密码”窗口中，输入密码，如图 7-4 所示。然后单击“创建密码”按钮。

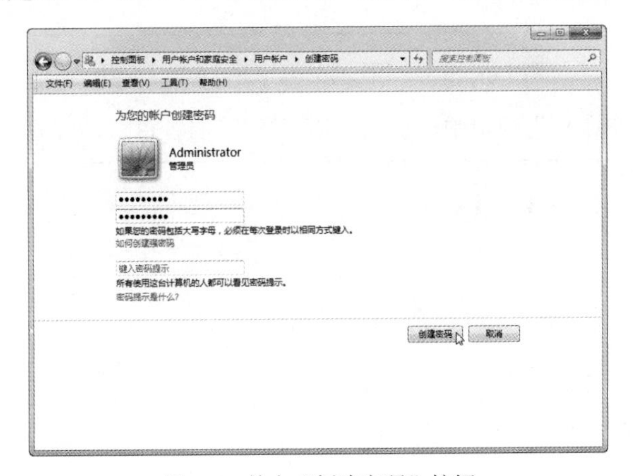

图 7-4　单击“创建密码”按钮

（5）单击“创建密码”按钮后，即可将系统管理员创建密码，同时显示已经启用密码保护，如图 7-5 所示。

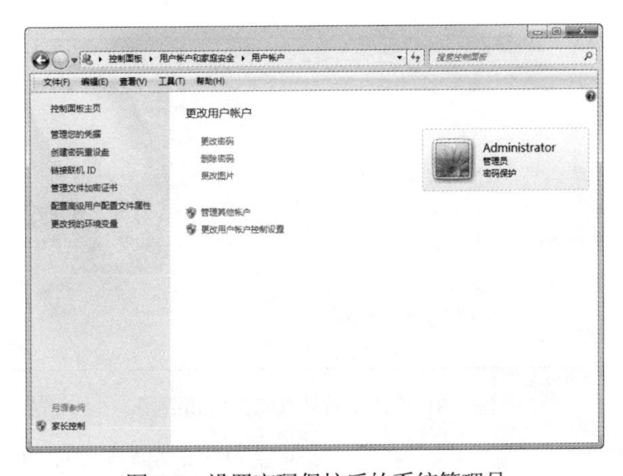

图 7-5　设置密码保护后的系统管理员

【实验 7-2】设置 Windows 10 系统管理员密码

具体操作步骤如下：

（1）在 Windows 10 系统的“控制面板”窗口中，单击“用户账户”超链接，如图 7-6 所示。

图 7-6　单击“用户账户和家庭安全”超链接

（2）在弹出的“用户账户”窗口中，单击“用户账户”超链接，如图 7-7 所示。

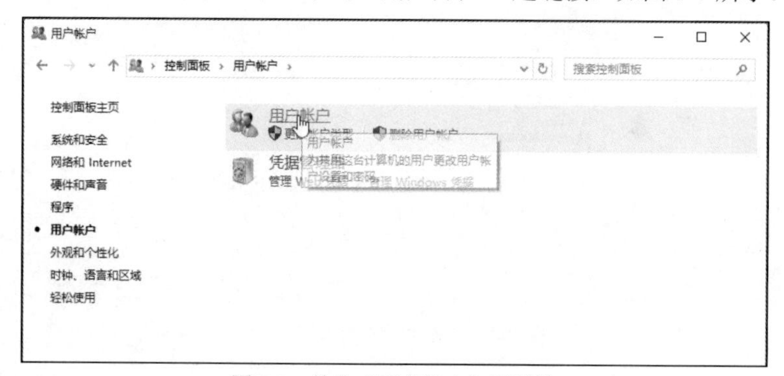

图 7-7　单击“用户账户”超链接

（3）在弹出的“用户账户”窗口中，单击“管理其账户”超链接，如图 7-8 所示。

图 7-8　单击“管理其账户”超链接

（4）在弹出的“管理账户”窗口中，单击“本地账户管理员”账户，如图 7-9 所示。

图 7-9　单击“本地账户管理员”账户

（5）在弹出的“更改账户”窗口中，单击“创建密码”超链接，如图 7-10 所示。

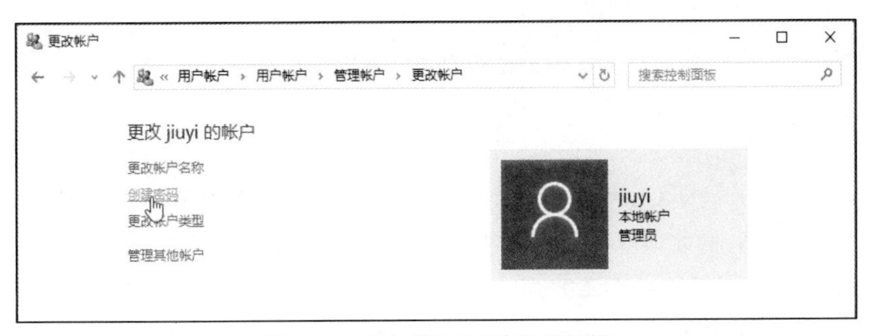

图 7-10　单击“创建密码”超链接

（6）在弹出的“创建密码”窗口中，输入密码，如图 7-11 所示。然后单击“创建密码”按钮。

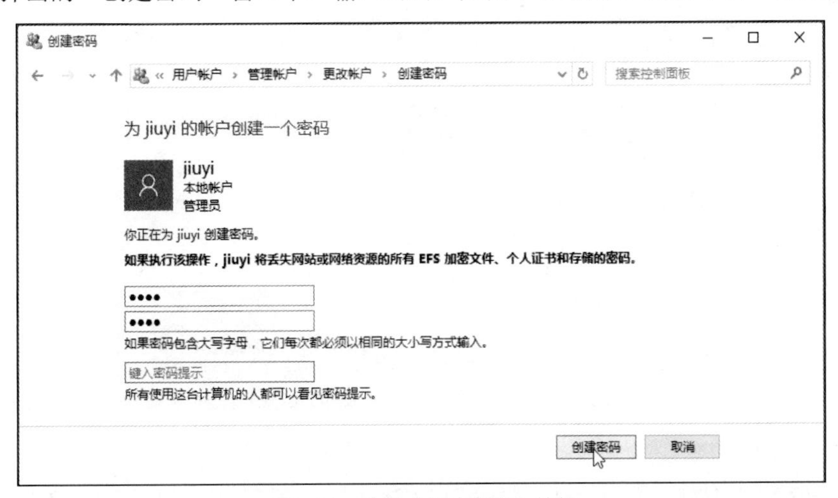

图 7-11　单击“创建密码”按钮

（7）单击“创建密码”按钮后，即可将系统管理员创建密码，同时显示已经启用密码保护，如图 7-12 所示。

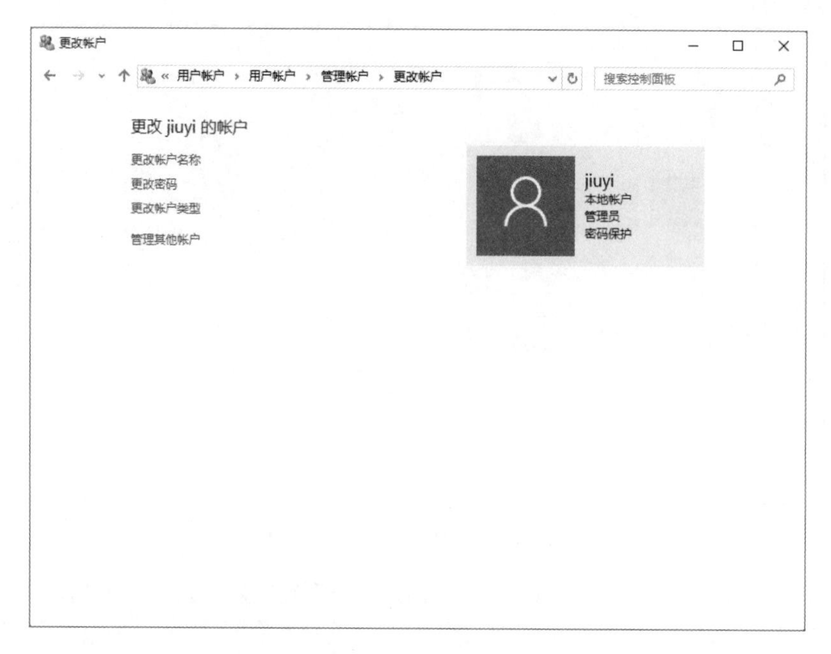

图 7-12 创建密码后的系统管理员账户

7.3.2 禁用来宾账户

众所周知，来宾用户（即 Guest 用户）可以访问计算机，但受到限制。不幸的是，Guest 也为黑客入侵打开了方便之门，因此最好将其关闭。

1. 禁用 Windows 7 系统的来宾账户

（1）在 Windows 7 操作系统中打开“运行”对话框，在“打开”的文本框中输入“compamgmt.msc”，如图 7-13 所示。

图 7-13 “运行”对话框

（2）单击“确定”按钮，打开“计算机管理”窗口，依次展开“计算机管理（本地）”→“系统工具”→“本地用户和组”→“用户”选项，在右侧窗格中选择 Guest 账户，右击，在弹出的快捷菜单中选择“属性”命令，如图 7-14 所示。

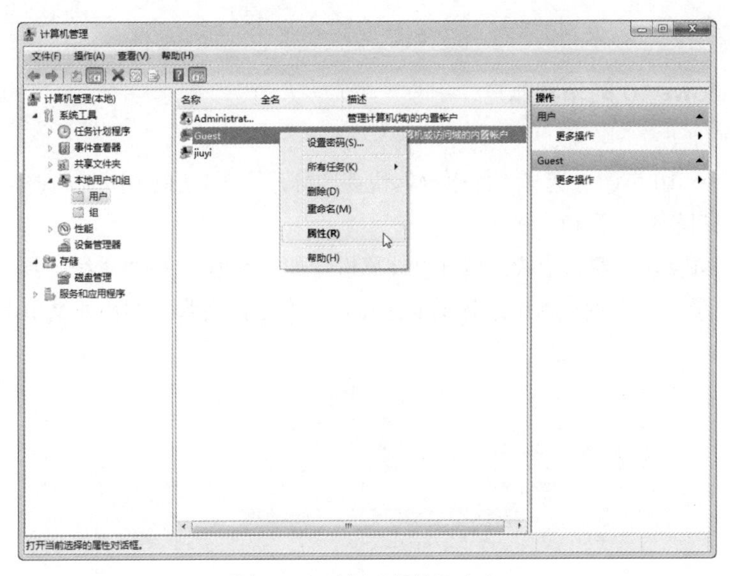

图 7-14　选择“属性”命令

（3）在弹出的“Guest 属性”对话框中，选中“账户已禁用”复选框，如图 7-15 所示。

（4）单击“确定”按钮，返回“计算机管理”窗口，可以看到，Guest 用户多了一个小箭头，这表示该账户已经被禁用了，如图 7-16 所示。

图 7-15　选中“账户已禁用”复选框

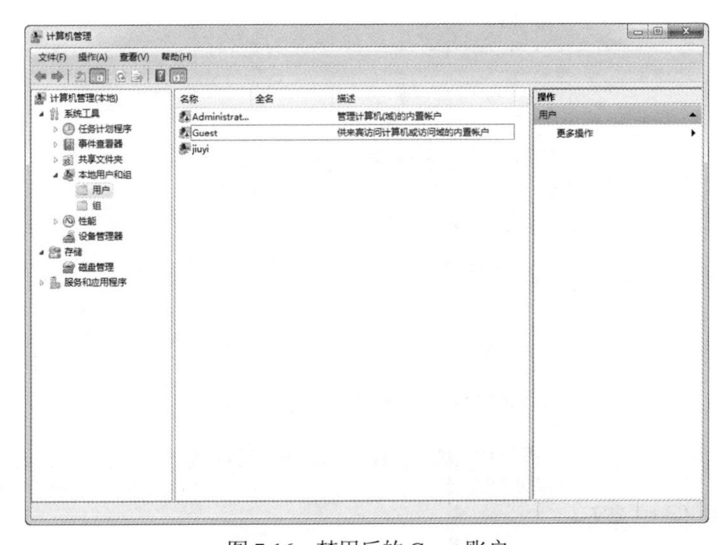

图 7-16　禁用后的 Guest 账户

提示：如果要删除来宾账户，则选择“删除”命令即可。

2. 禁用 Windows 10 的来宾账户

具体操作步骤如下：

（1）在 Windows 10 桌面上选择“此电脑”快捷图标，右击，在弹出的快捷菜单中选择“管理”命令，打开“计算机管理”窗口。

（2）在“计算机管理”窗口中依次展开“计算机管理（本地）”→“系统工具”→“本地用户和组”→“用户”选项，在右侧窗格中选择 Guest 账户，右击，在弹出的快捷菜单中选择“属性”命令，如图 7-17 所示。

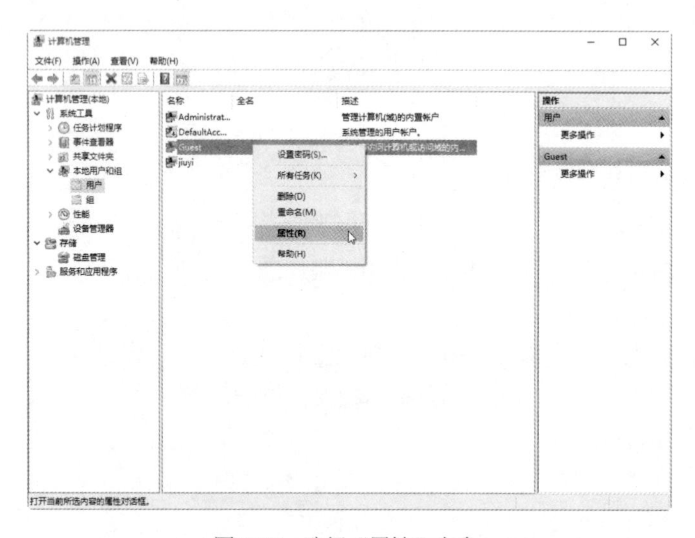

图 7-17　选择“属性”命令

（3）在弹出的“Guest 属性”对话框中，选中“账户已禁用”复选框，如图 7-18 所示。单击“确定”按钮即可。

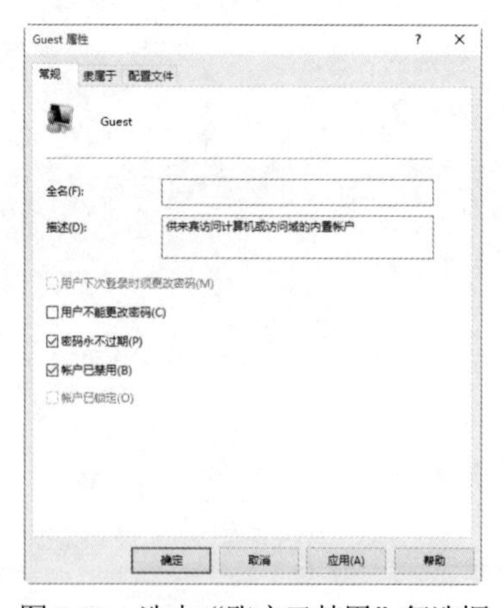

图 7-18　选中“账户已禁用”复选框

7.3.3　设置屏幕保护密码

屏幕保护是计算机的一种自动防护功能，即在用户离开电脑一段时间后，将进入系统的屏幕保护程序。用户最好设置屏幕保护即密码，这样在离开屏保时需要输入密码才可以进入桌面。在公司里，这样做可以防止隐私信息的泄露。

提示：在设置屏幕保护程序密码之前，先要设置系统管理员密码。

【实验 7-3】 设置 Windows 7 系统屏幕保护程序密码

具体操作步骤如下：

（1）在 Windows 7 系统桌面空白处右击，在弹出的快捷菜单中选择“个性化”命令，如图 7-19 所示。

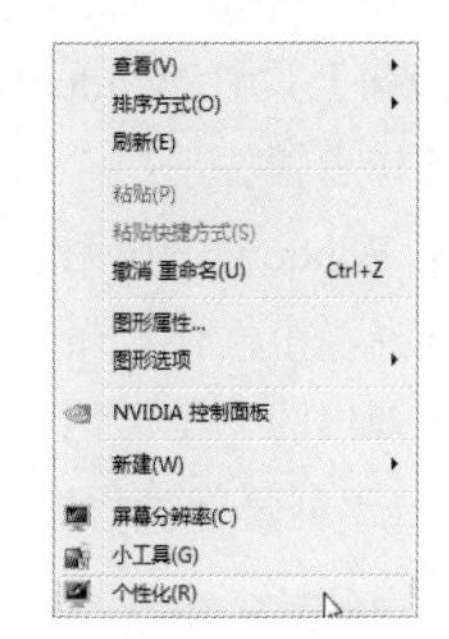

图 7-19　选择“个性化”命令

（2）在弹出的“个性化”窗口中，单击“屏幕保护程序”超链接，如图 7-20 所示。

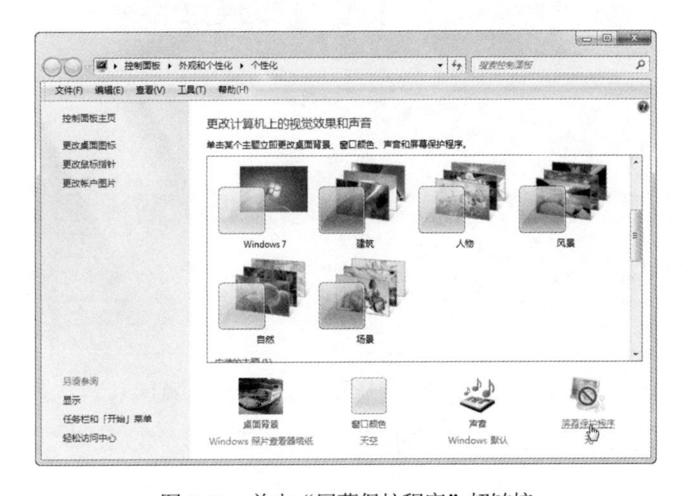

图 7-20　单击“屏幕保护程序”超链接

（3）在弹出的“屏幕保护程序设置”对话框中，选中“在恢复时显示登录屏幕”复选框，如图 7-21 所示。

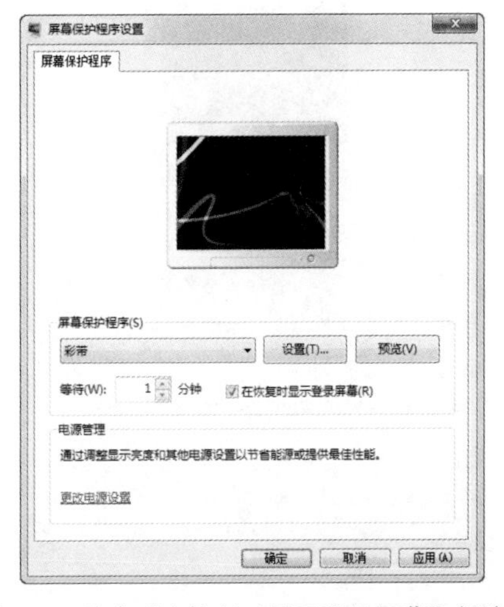

图 7-21　选中“在恢复时显示登录屏幕”复选框

（4）单击“应用”按钮，然后单击“确定”按钮即可。

【实验 7-4】设置 Windows 10 系统屏幕保护程序密码

具体操作步骤如下：

（1）在 Windows 10 系统桌面空白处右击，在弹出的快捷菜单中选择“个性化”命令，如图 7-22 所示。

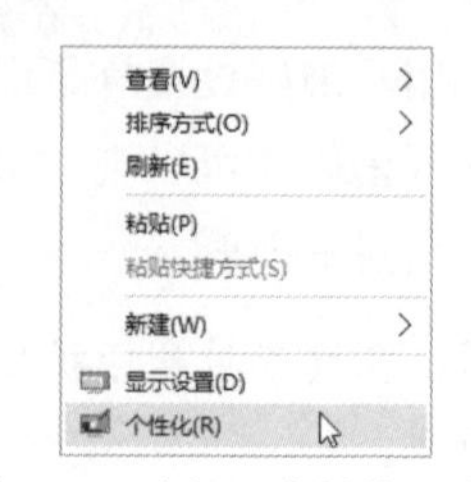

图 7-22　选择“个性化”命令

（2）在弹出的“个性化”窗口中，选择“锁屏界面”选项，然后单击“屏幕保护程序设置”超链接，如图 7-23 所示。

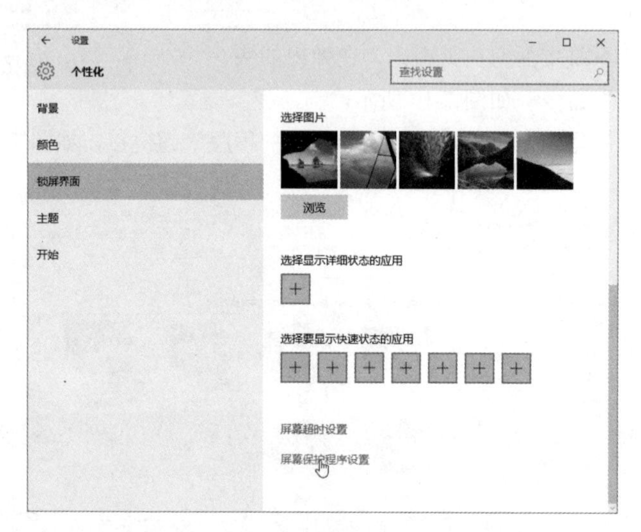

图 7-23　单击“屏幕保护程序设置”超链接

（3）在弹出的“屏幕保护程序设置”对话框中，选中“在恢复时显示登录屏幕”复选框，如图 7-24 所示。

图 7-24　选中“在恢复时显示登录屏幕”复选框

（4）单击“应用”按钮，然后单击“确定”按钮即可。

7.3.4　创建密码重置盘

有时进入系统的账户密码被黑客破解并修改后，用户就进不了系统，但如果事先创建了密码重置盘，就可以强制进行密码恢复以找到原来的密码。下面介绍在 Windows 7/10 系统中，创建密码重置盘的方法。

1. 创建 Windows 7 系统密码重置盘

具体操作步骤如下：

（1）将 U 盘插入电脑中，然后单击“开始”→“设置”→“控制面板”命令，打开“控制面板”窗口，单击“用户账户和家庭安全”链接，如图 7-25 所示。

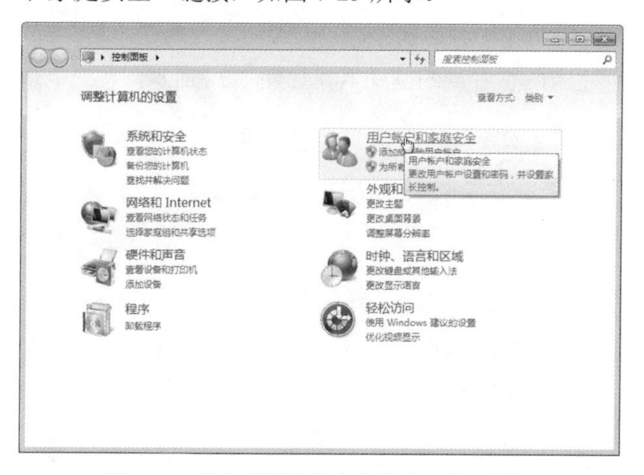

图 7-25　单击“用户账户和家庭安全”链接

（2）在弹出的“用户账户和家庭安全”窗口中，单击“用户账户”下的“更改 Windows 密码”链接，如图 7-26 所示。

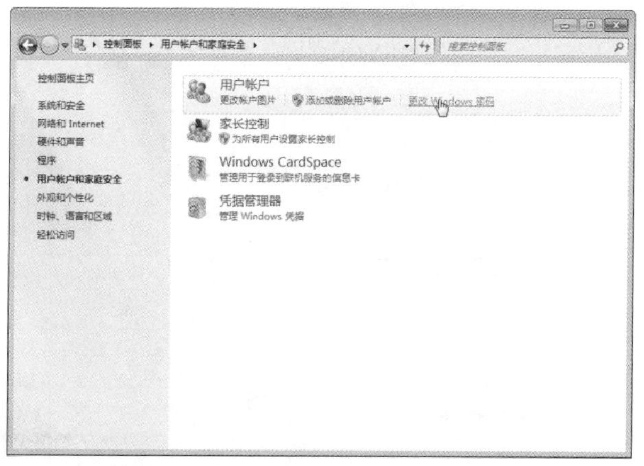

图 7-26　单击“更改 Windows 密码”链接

（3）在打开的“用户账户”窗口左侧任务列表中，单击“创建密码重设盘”链接，如图 7-27 所示。

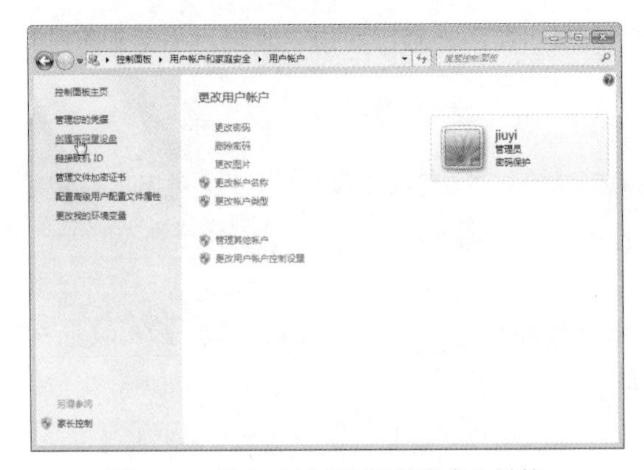

图 7-27　单击“创建密码重设盘”链接

（4）在弹出的“忘记密码向导”对话框中，了解了相关说明信息后，直接单击“下一步”按钮，在弹出的对话框中选择创建密码重置盘的驱动器，如图 7-28 所示。

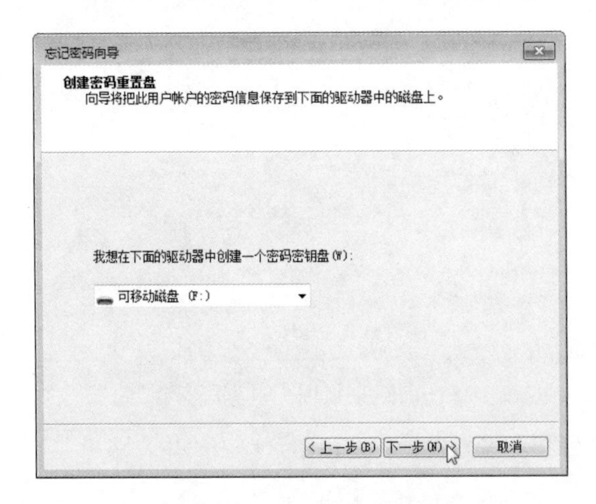

图 7-28　选择创建密码重置盘

（5）在弹出的对话框中输入当前用户账户的密码，如图 7-29 所示。单击“下一步”按钮。

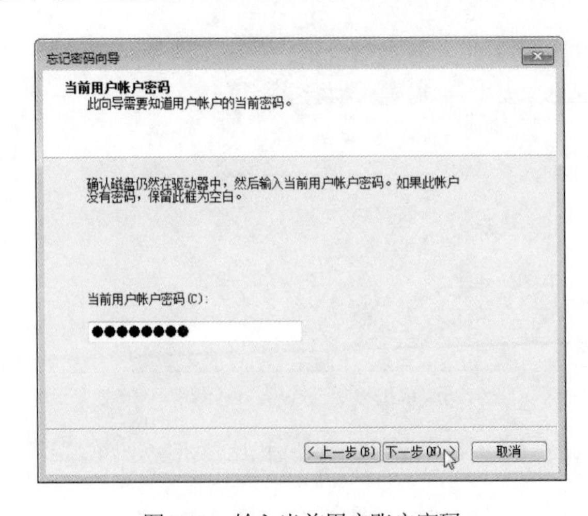

图 7-29　输入当前用户账户密码

（6）在系统开始创建密码重置盘，创建完成后，单击“下一步”按钮。

（7）在弹出的如图 7-30 所示的对话框中，单击“完成”按钮，拔出 U 盘，创建密码重置盘完成。

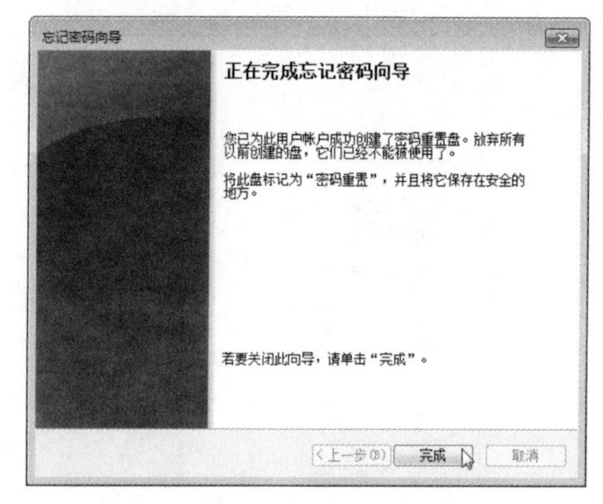

图 7-30　设置完成

提示：当用户再打开 U 盘时，就会发现其中多出了一个“userkey.psw”文件，这就是密码恢复文件。这个文件是不能删除的，否则密码重置盘就会失去作用。

2. 创建 Windows 10 系统密码重置盘

具体操作步骤如下：

（1）将 U 盘插入电脑中，在“控制面板”窗口，单击“用户账户”链接，如图 7-31 所示。

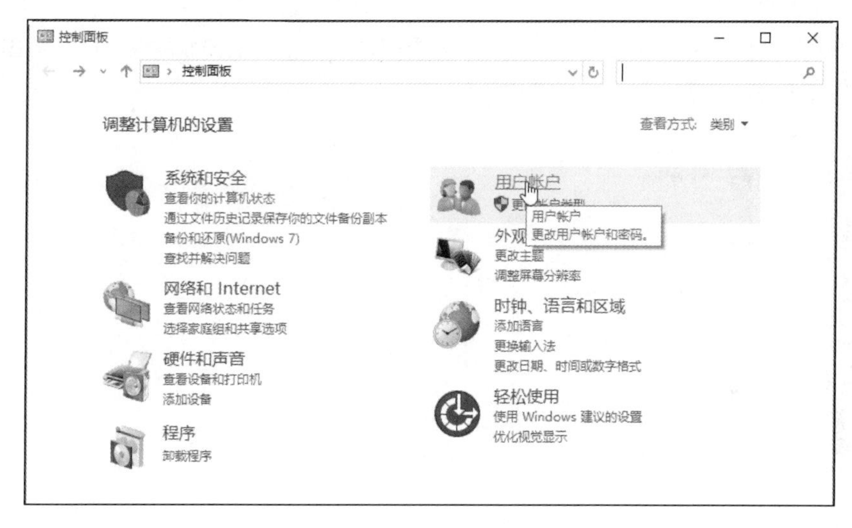

图 7-31　单击“用户账户”链接

（2）在弹出的“用户账户”窗口中，单击“用户账户”链接，如图 7-32 所示。

图 7-32　单击“用户账户”链接

（3）打开的“用户账户”窗口左侧任务列表中，单击“创建密码重设盘”链接，如图 7-33 所示。

图 7-33　单击“创建密码重置盘”链接

（4）在弹出的“忘记密码向导”对话框中，了解了相关说明信息后，单击“下一步”按钮，如图 7-34 所示。

（5）在弹出的“忘记密码向导”对话框中，选择创建密码重置盘的驱动器，然后单击“下一步”按钮，如图 7-35 所示。

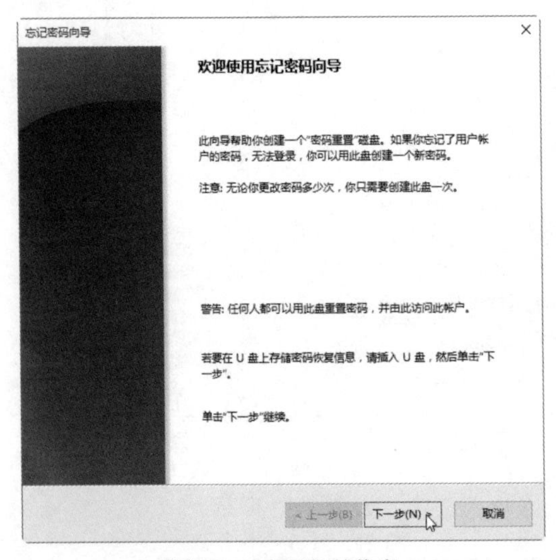

图 7-34　向导相关信息

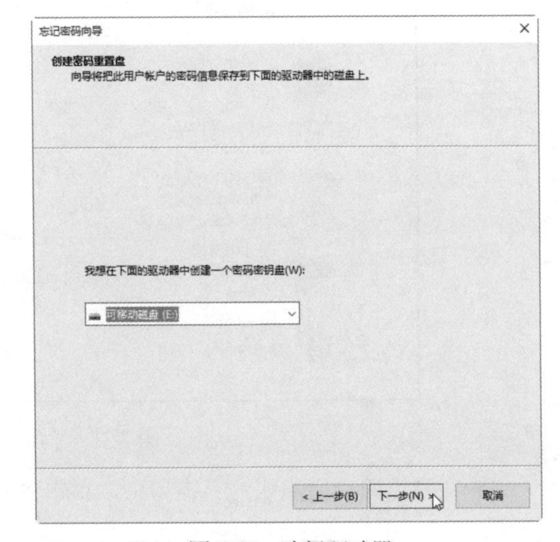

图 7-35　选择驱动器

（6）在弹出的“忘记密码向导”对话框中，输入当前用户账户密码，然后单击“下一步”按钮，如图 7-36 所示。

（7）系统开始创建密码重置盘，创建完成后，单击“下一步”按钮。

（8）在弹出的对话框中，单击“完成”按钮，拔出 U 盘，创建密码重置盘完成。

提示：Windows 10 系统内虽然有制作密码重置盘的功能，可以避免无法进入系统的麻烦，但是这种方法具有很大的局限性：密码重置盘需要在忘记密码之前事先安装，而且仅仅针对电脑中的本地账户（Local Account），如果使用的是微软帐户（Microsoft Account），则无法通过这种方法重置密码。

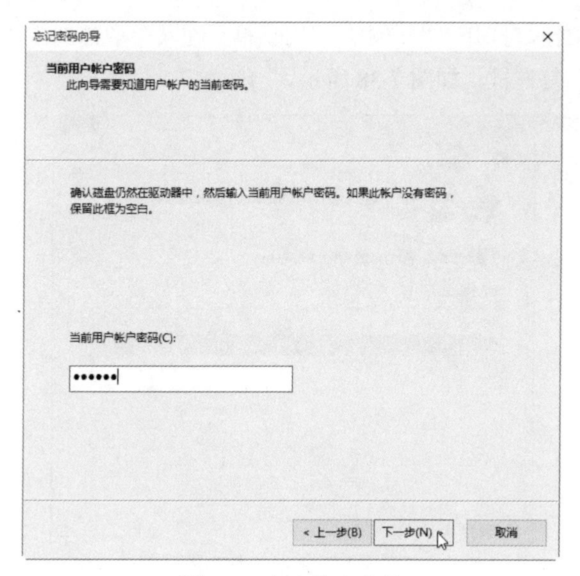

图 7-36　输入账户密码

7.4　系统账户密码丢失（破解）后的补救措施

在 Windows 操作系统中，系统账户的权限是最高的，黑客经常运用各种方法对系统账户密码进行破解，从而获得电脑的控制权。

本节主要介绍黑客破解系统账户密码的常用方法以及系统密码被破解或丢失后的补救措施，如跳过 Windows 7/10 密码、清除 Windows 7/10 密码、使用密码重设盘破解密码等。

7.4.1　跳过 Windows 7/10 系统密码

在设置好系统账户密码的操作系统中，可以通过相应的设置，从而跳过输入 Windows 登录密码，自动登录到操作系统中，其具体操作步骤如下。

提示：跳过 Windows 7/10 系统密码是在已知系统账户密码的基础上进行的。

（1）在 Windows 7 操作系统中打开“运行”对话框，在“打开”文本框中输入“control userpasswords2”，如图 7-37 所示。

图 7-37　“运行”对话框

（2）单击“确定”按钮，打开“用户账户”对话框，在其中取消选中“要使用本计算机，用户必须输入用户名和密码”复选框，如图 7-38 所示。

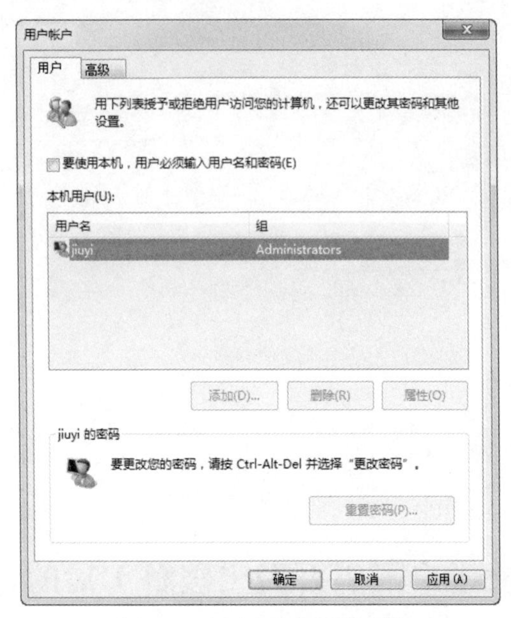

图 7-38 “用户账户”对话框

（3）单击“确定”按钮，打开“自动登录”对话框，在其中输入本台计算机的用户名及密码信息，如图 7-39 所示。

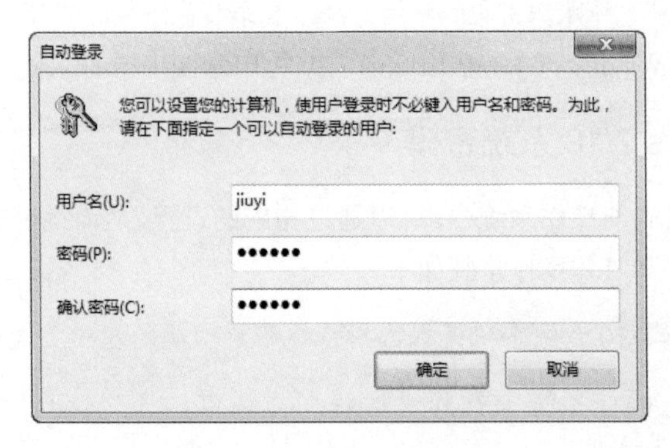

图 7-39 输入用户名和密码

（4）单击“确定”按钮，这样重新启动该计算机后，系统就会不用输入密码自动登录到操作系统中，从而跳过 Windows 登录密码。

7.4.2 使用密码重置盘破解密码

密码重置盘是一种能够不限次数更改登录密码的工具，利用它可以随意更改指定用户账户的登录密码。无论是对于黑客还是用户自己，密码重置盘都有着很重要的作用。

【实验 7-5】使用密码重置盘破解 Windows 7 系统密码

具体操作步骤如下：

（1）进入系统账户登录界面，如图 7-40 所示。在用户的密码框中随便输入一些数字，单击“登录”按钮。

图 7-40　Windows 7 登录界面

（2）因为此时密码不正确，系统会提示用户名或密码不正确，如图 7-41 所示。

图 7-41　提示用户名或密码不正确

（3）单击“确定”按钮，返回到登录界面，这时在界面上就会多出一个“重设密码”链接，如图 7-42 所示。

（4）单击“重设密码”链接，弹出“重置密码向导”对话框，然后单击“下一步”按钮。

（5）在弹出的如图 7-43 所示的对话框中，选择前面创建的密码重置盘，单击“下一步”按钮。

图 7-42　出现“重设密码”链接

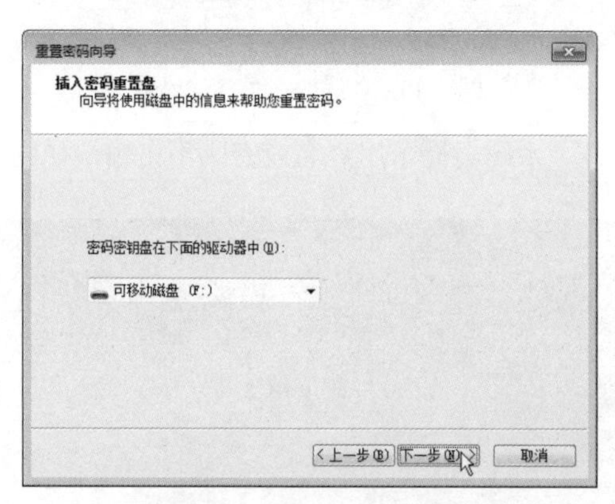

图 7-43　选择密码重置盘

（6）在弹出的对话框中，重新设置当前用户账户的密码和密码提示，如图 7-44 所示。

（7）单击“下一步”按钮，在弹出的如图 7-45 所示的对话框中，单击“完成”按钮，完成重设当前用户账户登录密码。

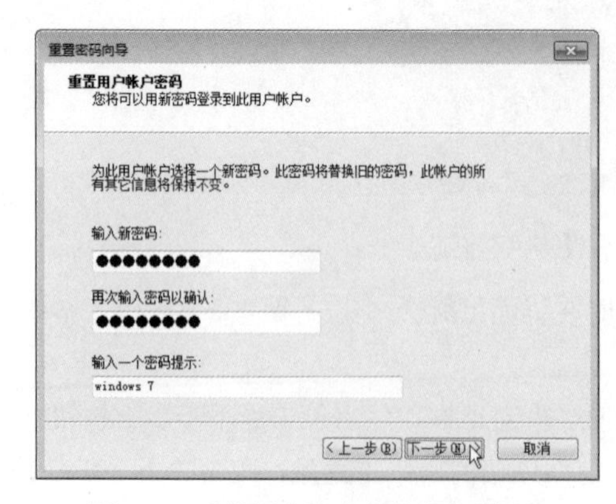

图 7-44　重设用户账户密码和密码提示

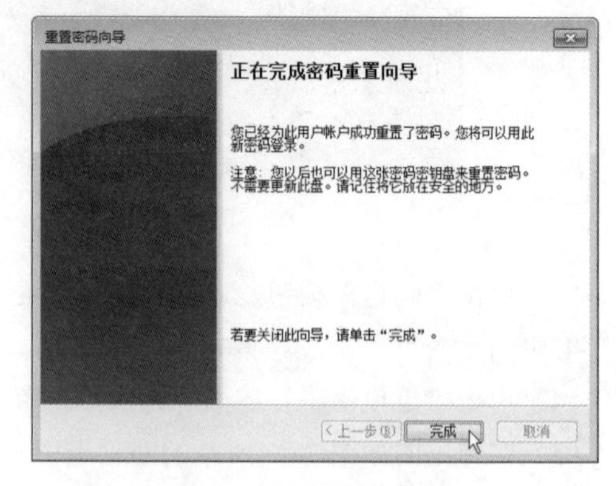

图 7-45　密码重置完成

（8）在用户登录界面中，输入刚设置的用户账户密码，单击“登录”按钮即可进入 Windows 7 系统。

【实验 7-6】使用密码重置盘破解 Windows 10 系统密码

（即扫即看）

（1）在 Window 10 操作系统用户登录界面中，如图 7-46 所示。在用户的密码框中随便输入一些数字，单击“登录”按钮。

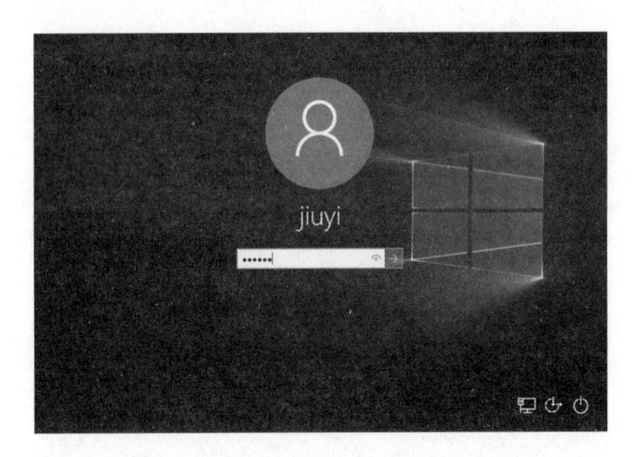

图 7-46　输入用户密码

（2）由于密码不正确，系统会提示用户名或密码不正确，如图 7-47 所示。

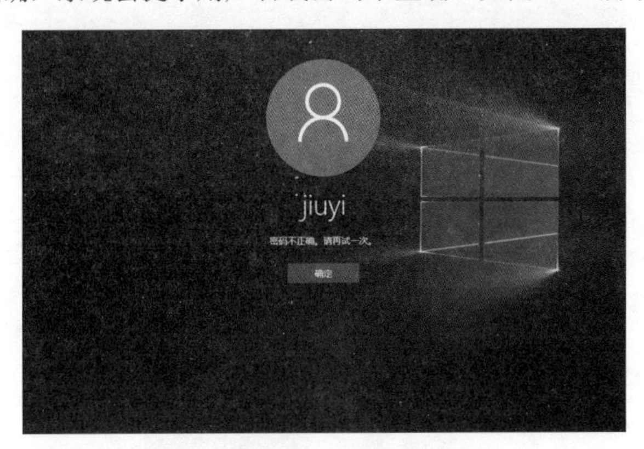

图 7-47　提示密码不正确

（3）单击“确定”按钮，返回到登录界面，单击“重置密码”链接，如图 7-48 所示。

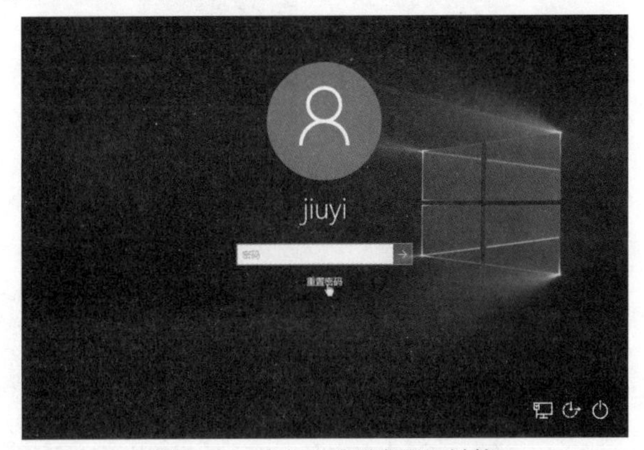

图 7-48　单击“重置密码”链接

（4）在弹出的“重置密码向导”对话框，然后单击“下一步”按钮，如图 7-49 所示。

（5）插入做好的密码重置盘，在弹出的“重置密码向导”对话框中，选择密码重置盘，然后单击“下一步”按钮，如图 7-50 所示。

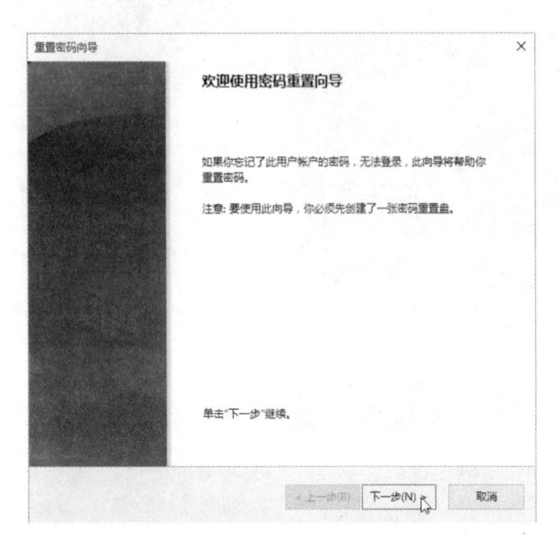

图 7-49　单击“下一步”按钮

图 7-50　选择密码重置盘

（6）在弹出的“重置密码向导”对话框中，输入新密码和提示信息，然后单击“下一步”按钮，如图 7-51 所示。

（7）在弹出的如图 7-52 所示的对话框中，单击“完成”按钮，返回用户登录界面中，输入刚设置的用户账户密码，单击“登录”按钮即可进入 Windows 10 系统。

图 7-51　输入密码和提示信息

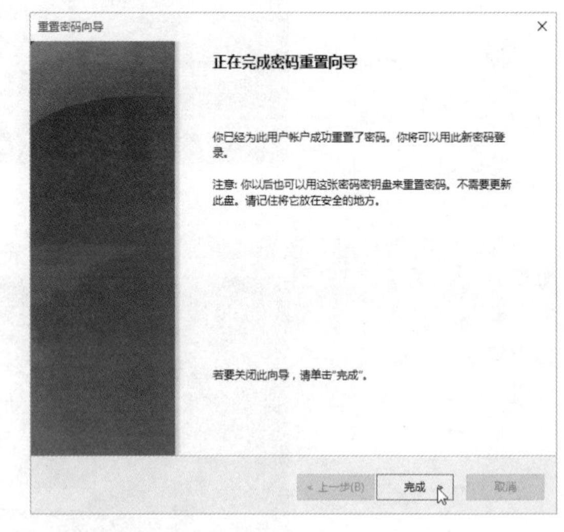

图 7-52　密码重置完成

7.4.3　使用第三方工具破解密码

除了使用密码重设盘破解 Windows 登录密码外，还可以使用第三方工具破解 Windows 登录密码，如 Active@ Password Changer Professional、NTPWEdit 工具等。

1. Active@ Password Changer Professional

Active@ Password Changer Professional 是一款功能强大的 Windows 系统密码重置软件，该软件能够对 Windows 系统下的本地管理员和密码进行重置。

（即扫即看）

【实验 7-7】使用 Active@ Password Changer Professional 破解密码

具体操作步骤如下：

（1）使用含有 Active@ Password Changer Professional 工具的启动 U 盘，启动电脑并进入 PE 系统，运行 Active@ Password Changer Professional。

（2）在弹出的 Active@ Password Changer Professional 对话框中，选择 Search all volumes for Microsoft Security Accounts Manager Database（SAM），然后单击“下一步”按钮，如图 7-53 所示。

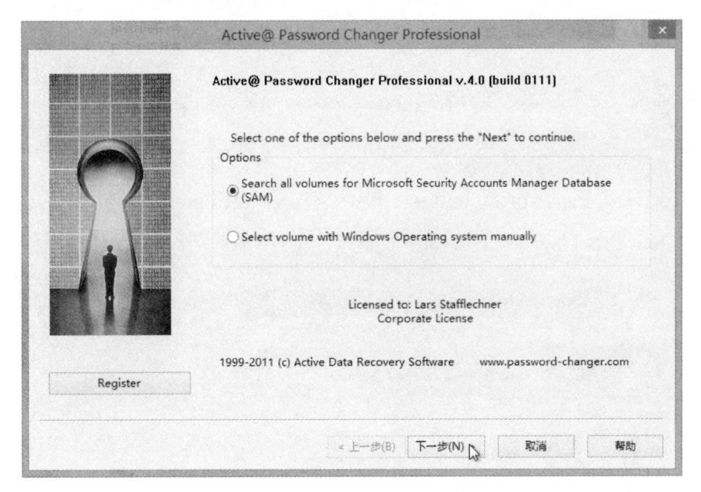

图 7-53　选择 SAM 文件

（3）Active@ Password Changer Professional 自动搜索操作系统中的 SAM 文件，在弹出的如图 7-54 所示的对话框中，选择找到的 SAM 文件，然后单击“下一步”按钮。

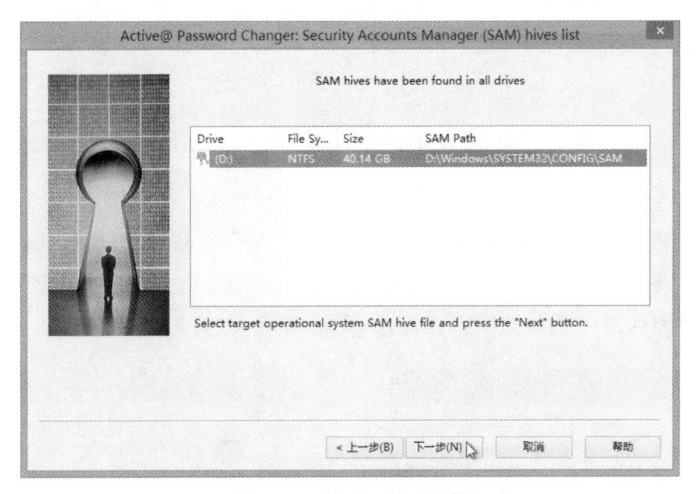

图 7-54　搜索 SAM 文件

（4）在弹出的“Active@ Password Changer：User List”对话框中，选择需要破解的用户类型，在这里选择 Administrator，然后单击“下一步”按钮，如图 7-55 所示。

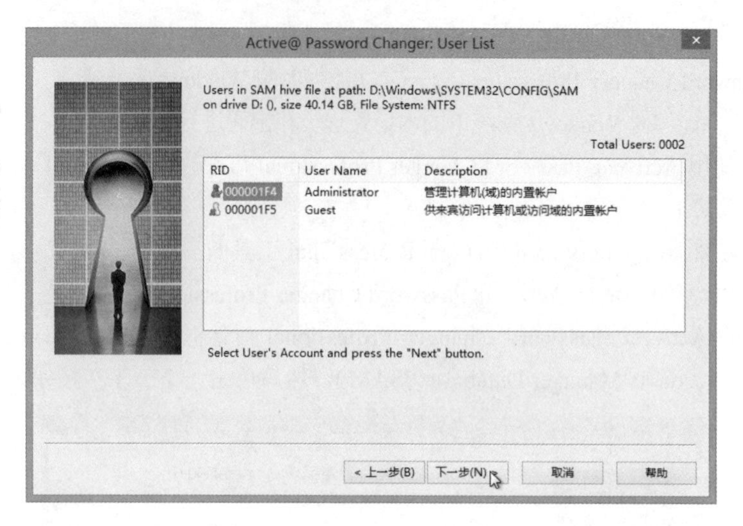

图 7-55　选择破解的用户类型

（5）在弹出的“Active@ Password Changer：User’s Account Parameters”对话框中，选中“Password Never expires”和“Clear this User’s Password”复选框，然后单击“Save”按钮，如图 7-56 所示。

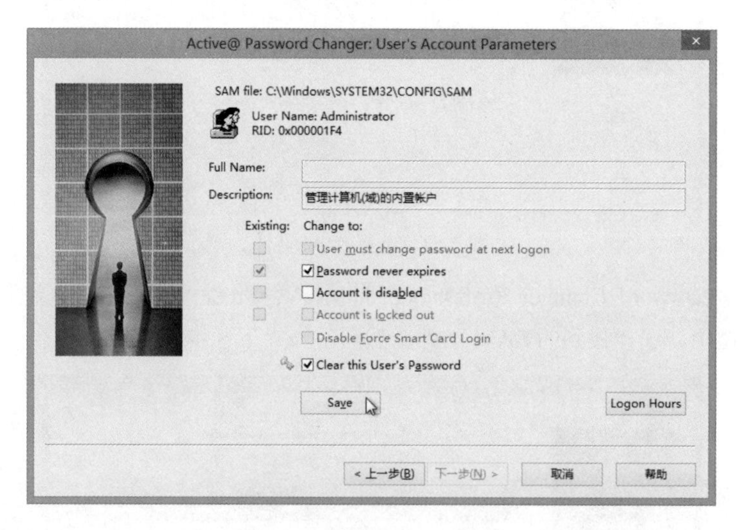

图 7-56　单击“Save”按钮

（6）在弹出的“Save Parameters”对话框中，单击“是”按钮，如图 7-57 所示。

（7）在弹出的如图 7-58 所示的“Save Parameters”对话框中，单击“确定”按钮。重新启动系统，Windows 7 系统管理员密码就破解了，不需要输入密码，直接登录即可。

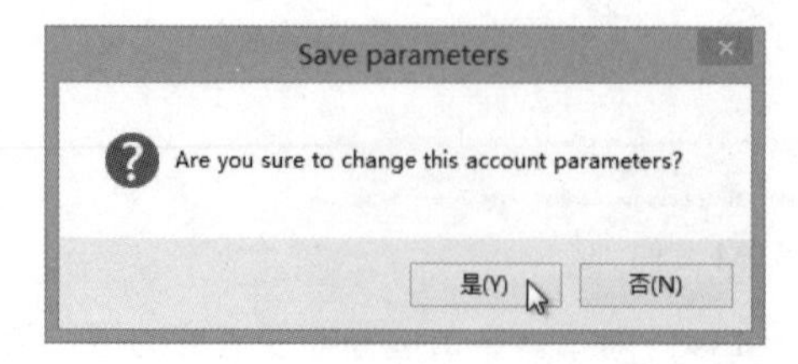

图 7-57　单击“是”按钮

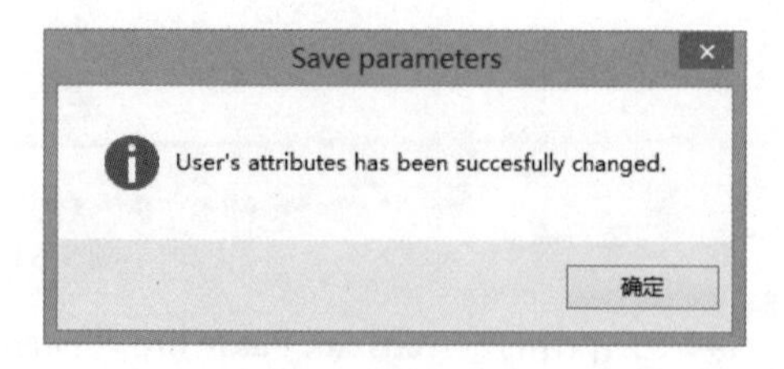

图 7-58　“Save Parameters”对话框

2. NTPWEdit

NTPWEdit 工具可以查看并修改系统 SAM 文件中的密码，SAM 文件中记载着系统用户名和密码，一般情况下是无法打开的，使用 NTPWEdit 可以在 PE 系统下修改用户名和密码。

（即扫即看）

【实验 7-8】 使用 NTPWEdit 工具重设 Windows 10 系统管理员密码

具体操作步骤如下：

（1）使用含有 NTPWEdit 工具的启动 U 盘，启动电脑并进入 PE 系统，运行 NTPWEdit，单击⋯按钮，如图 7-59 所示。

图 7-59　“NTPWEdit”对话框

（2）在弹出的“打开”对话框中，选择 Windows 10 操作系统的 SAM 文件，然后单击“打开”按钮，如图 7-60 所示。

提示： Windows 7/10 操作系统中的 SAM 文件，一般在 X:\Windows\System32\Config 文件夹中（X 为安装操作系统所在的盘符）。

图 7-60　选择 SAM 文件

（3）在“NTPWEdit”对话框中，选择 Windows 10 的系统管理员 Administrator，然后单击“更改口令”按钮，如图 7-61 所示。

（4）在弹出的如图 7-62 所示的对话框中，输入 Windows 10 系统管理员 Administrator 新的密码，然后单击“OK”按钮。

图 7-61　选择系统管理员

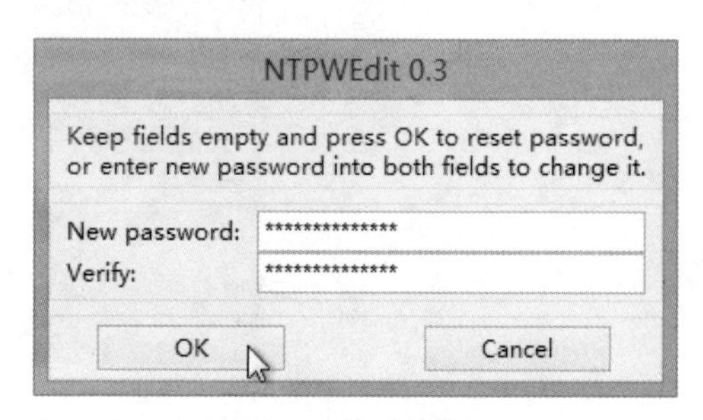

图 7-62　输入新密码

提示：除了可以更改系统管理员密码外，还可以更改其他用户的密码。如果在图 7-62 所示的对话框中不输入密码，直接单击“OK”按钮，则取消系统管理员或其他用户的密码。

（5）单击“OK”按钮后，返回“NTPWEdit”对话框中，单击“保存更改”按钮，然后单击“退出”按钮，如图 7-63 所示。

图 7-63　保存并退出

（6）重新启动操作系统，即可用修改后的密码登录，登录成功后，即可进入 Windows 10 窗口，如图 7-64 所示。

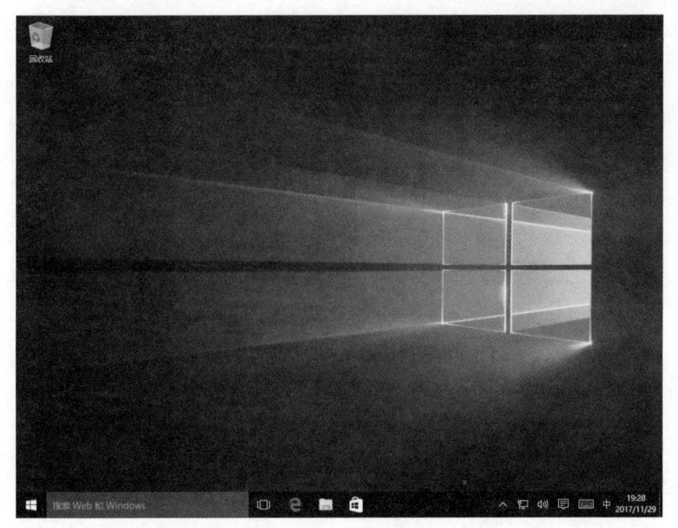

图 7-64　重启系统

7.5　另类的系统账户数据的防黑实战

为了使自己的电脑系统账户密码不被破解，用户还可以在平时对系统账户进行相应的设置，从而增强系统账户数据的安全性。

7.5.1　更改系统管理员账户名称

在 Windows 系统中，Administrator 账户是默认的系统管理员账户，而且无法轻易删除。黑客可以使用扫描工具和攻击工具对 Administrator 账户密码进行破解。因此，对 Administrator 账户加强保护是非常必要的。

对 Administrator 账户保护最直接的方法是删除，其次是更改名称，使黑客的扫描工具寻找不到 Administrator 账户名称，避免对其密码的破解，具体操作步骤如下。

（1）在 Windows 7 系统的“计算机管理”窗口中，依次展开“计算机管理（本地）”→“系统工具”→“本地用户和组”→“用户”选项，在右侧窗格选择“Administrator”，右击，在弹出的快捷菜单中选择“重命名”命令，如图 7-65 所示。

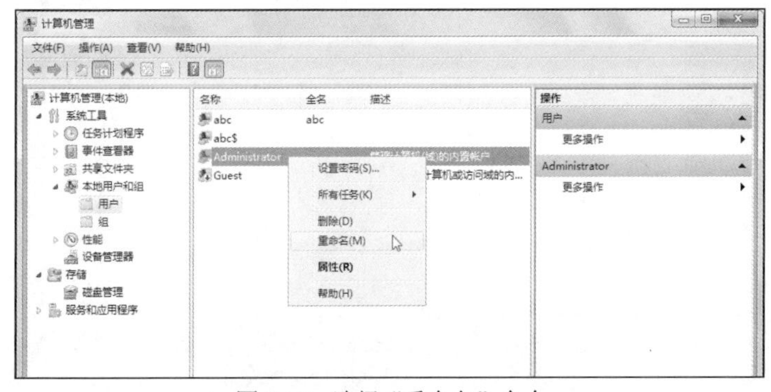

图 7-65　选择“重命名”命令

（2）选择“重命名”命令，则 Administrator 账户名称处于可修改状态，删除原来的名称并输入新的名称，如图 7-66 所示。

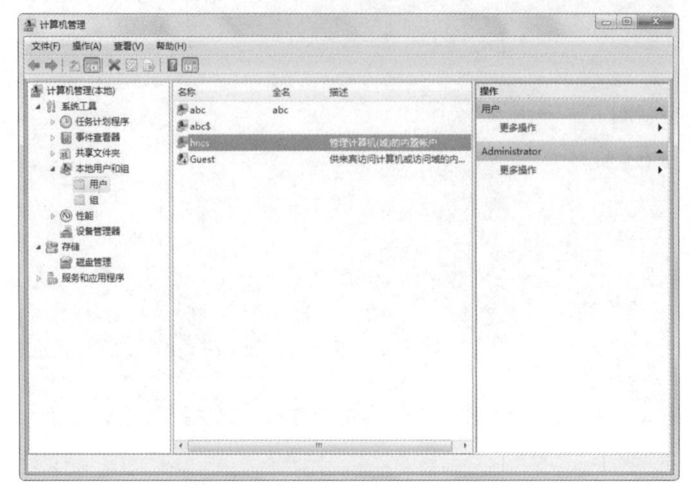

图 7-66　重命名 Administrator 账户

提示：修改后的名称不要使用 Admin、root 等系统常用的名称，否则和不修改没有什么两样。

7.5.2　伪造陷阱账户保护管理员账户

除了更改系统管理员账户的名称外，用户还可以在此操作的基础上重新创建一个名称为 Administrator 的账户，但不赋予该账户任何权限，并且设置一个高度复杂的密码，然后对该账户启用审核功能。

具体操作步骤如下：

（1）在 Windows 7 系统的“计算机管理”窗口中，依次展开“计算机管理（本地）”→“系统工具”→“本地用户和组”→“用户”选项，在右侧窗格空白处，右击，在弹出的快捷菜单中选择“新用户”命令，如图 7-67 所示。

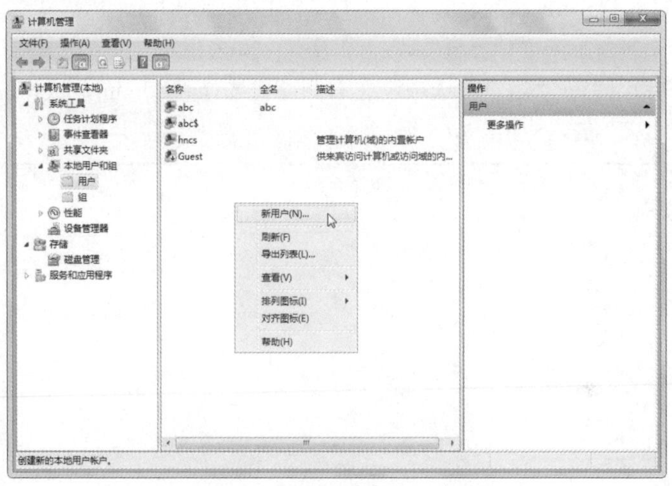

图 7-67　选择“新用户”命令

（2）在弹出的“新用户”对话框，在“用户名”和“全名”文本框中输入 Administrator，然后在“密码”和“确认密码”文本框中输入高度复杂的密码，并选中“用户不能更改密码”复选框，如图 7-68 所示。

（3）单击“创建”按钮，用户即可在系统用户列表中发现多了一个 Administrator 账户，选择该账户，右击，在弹出的快捷菜单中选择“属性”命令，打开“Administrator 属性”对话框，选择“隶属于”选项卡，如图 7-69 所示。

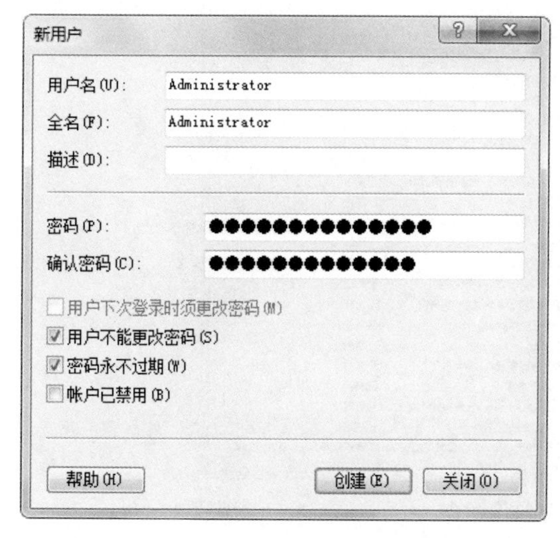

图 7-68　“新用户”对话框

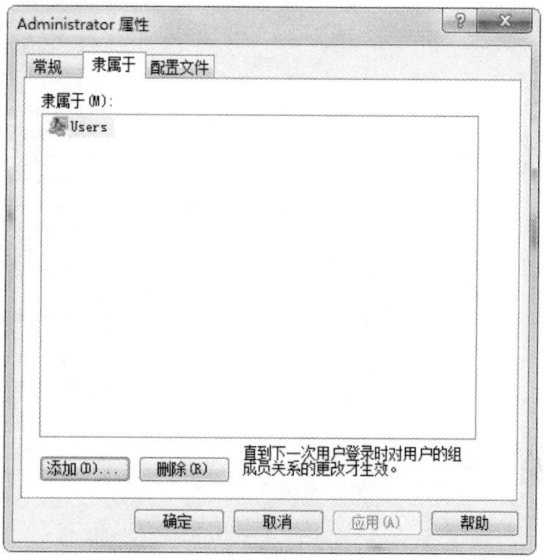

图 7-69　选择“隶属于”选项卡

（4）单击“添加”按钮，弹出“选择组”对话框，单击“高级”按钮，然后单击“立即查找”按钮，选择“Guests”用户组，如图 7-70 所示。

（5）单击“确定”按钮，将其添加到“输入对象名称来选择”文本框中，单击“确定”按钮，即可将“Guests”用户组添加到“Administrator 属性”对话框的“隶属于”列表框中，如图 7-71 所示。

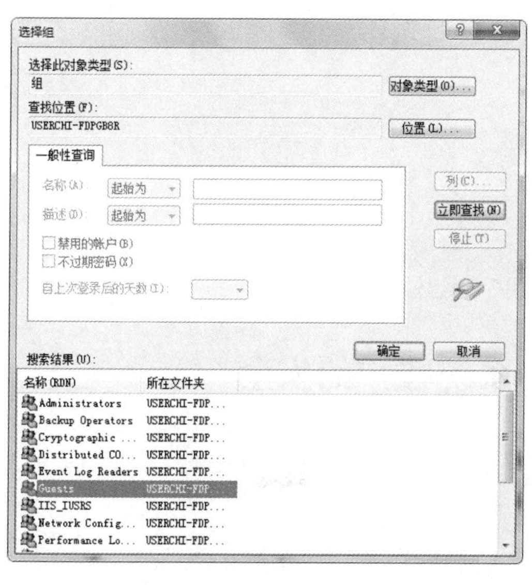

图 7-70　选择“Guests”用户组

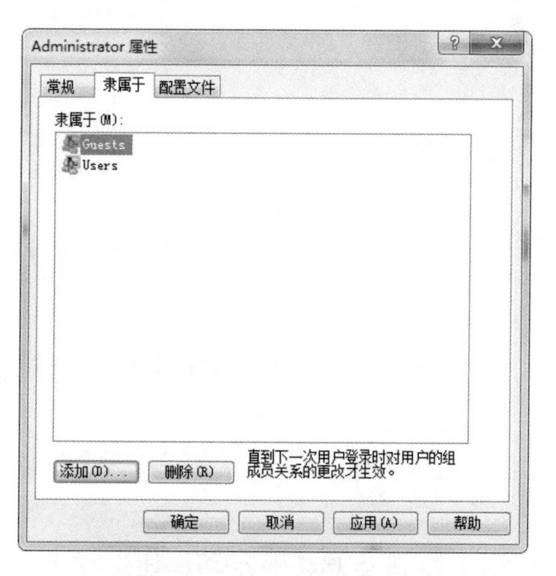

图 7-71　添加“Guests”用户组

（6）在“隶属于”列表框中选择“Administrator”用户组，单击“删除”按钮将其删除即可。

（7）打开“本地安全策略”窗口，依次展开“安全设置”→“本地策略”→“安全选项”选项，在右侧窗口中选择“交互式登录：不显示最后的用户名”选项，右击，在弹出的快捷菜单中选择“属性”命令，如图7-72所示。

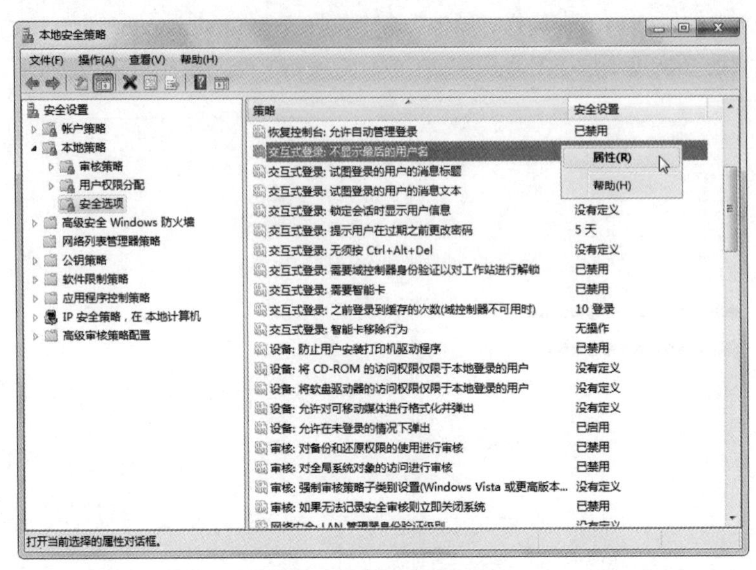

图7-72　选择“属性”命令

（8）打开“交互式登录：不显示最后的用户名属性”对话框，选中“已启用”单选按钮，单击“确定”按钮即可，如图7-73所示。

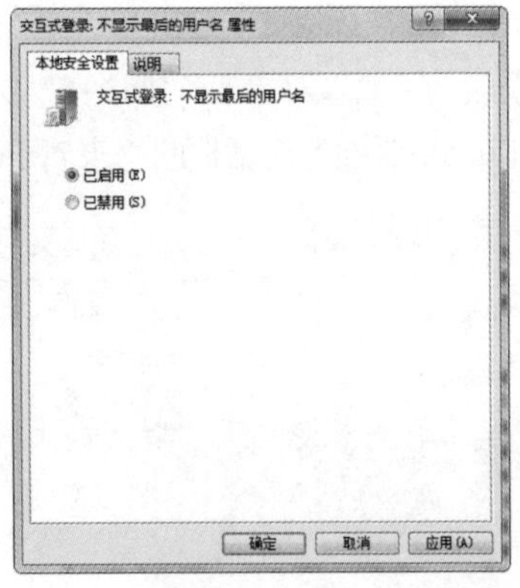

图7-73　选中“已启用”单选按钮

7.6　通过组策略提升系统账户的安全

通过在“本地组策略编辑器”进行相关功能的设置，可以提升系统账户的安全性，如密码策略、账户锁定策略等。

7.6.1　限制Guest账户的操作权限

如果无法禁用Guest账户，则需要对Guest账户设置相关的操作权限，限制其操作的范围，这样既可以防止被黑客利用又可以共享 Guest 账户的便利。

具体操作方法如下：

（1）在 Windows 7 系统中打开“运行”对话框，在“打开”文本框中输入 gpedit.msc，单击“确定”按钮。

（2）在弹出的“本地组策略编辑器”窗口中，依次展开“本地计算机策略”→“计算机配置”→“Windows 设置”→“安全设置”→“本地策略”→“安全选项”选项，在右侧窗格中选择“网络访问：不允许 SAM 账户和共享的匿名枚举”选项，右击，在弹出的快捷菜单中选择“属性”命令，如图 7-74 所示。

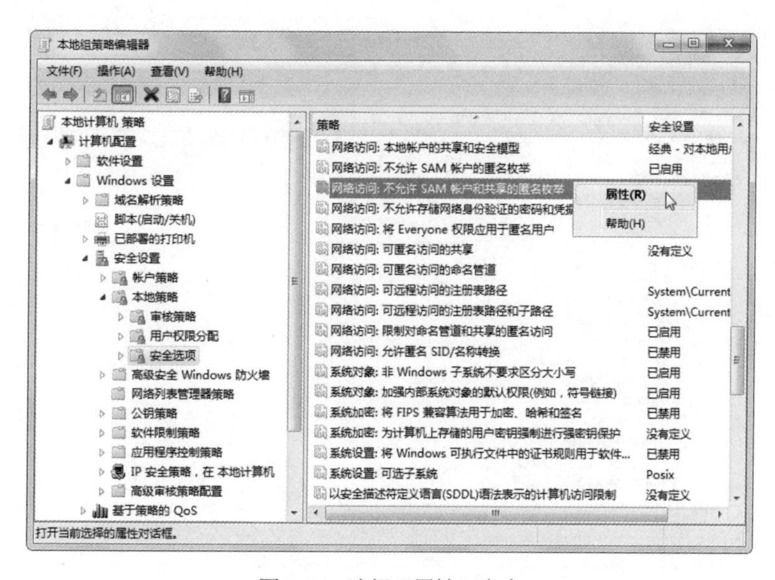

图 7-74　选择“属性”命令

（3）在弹出的“网络访问：不允许 SAM 账户和共享的匿名枚举 属性”对话框中，选中“已启用”单选按钮，如图 7-75 所示。

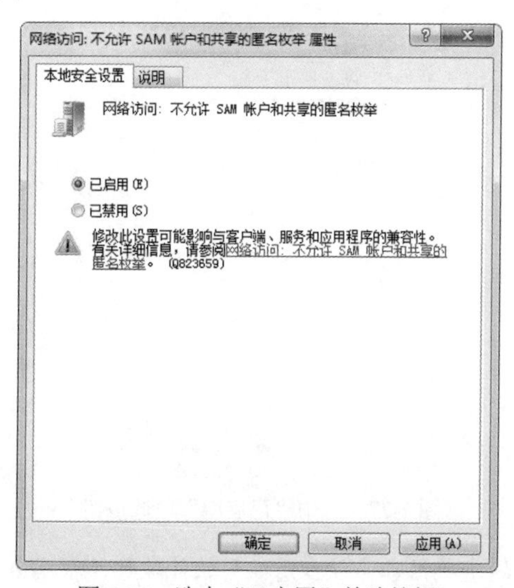

图 7-75　选中“已启用”单选按钮

（4）单击“确定”按钮，完成设置。

7.6.2 设置账户密码的复杂性

设置复杂的系统账户密码，可以提高系统账户的安全性，下面介绍设置账户密码复杂性的操作步骤。

（1）在“本地组策略编辑器”窗口中，依次展开“本地计算机策略”→“计算机配置”→“Windows 设置”→“安全设置”→“账户策略”→“密码策略”选项，在右侧窗格中选择“密码必须符合复杂性要求”选项，右击，在弹出的快捷菜单中选择“属性”命令，如图 7-76 所示。

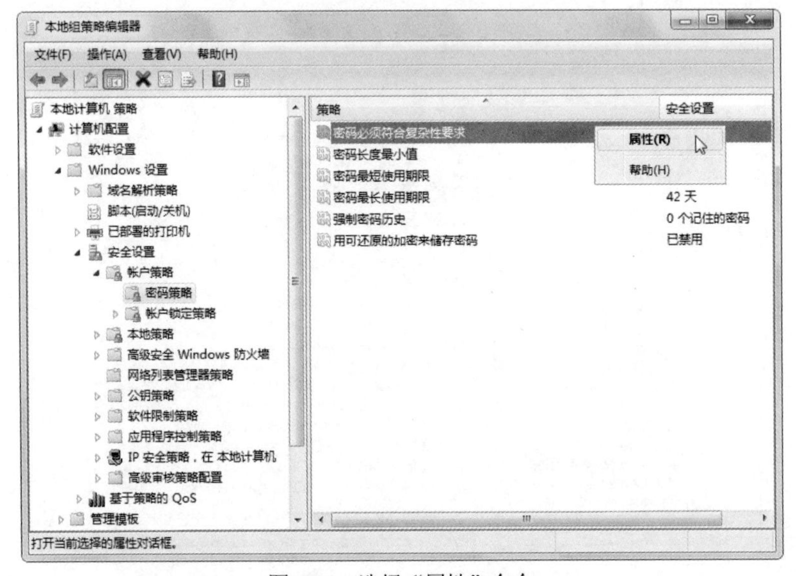

图 7-76 选择“属性”命令

（2）在弹出的“密码必须符合复杂性要求 属性”对话框中，选中“已启用”单选按钮，如图 7-77 所示。

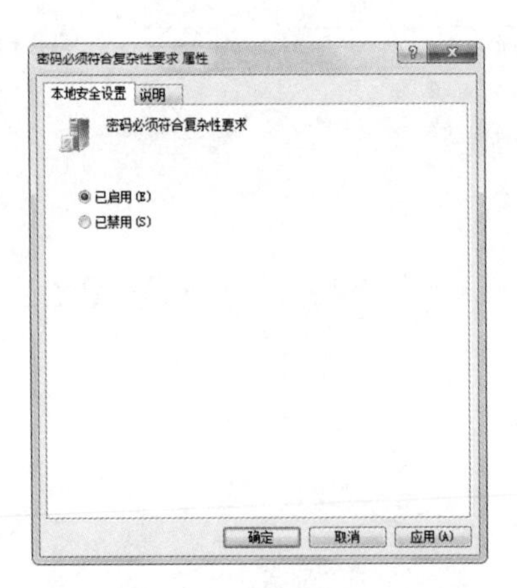

图 7-77 选中“已启用”单选按钮

提示：由于空密码和太短的密码很容易被专用破解软件破解，密码应该尽量长一些、复杂一些。

（3）双击“密码长度最小值”选项，打开“密码长度最小值 属性”对话框，根据实际情况输入密码的最少字符个数，如图 7-78 所示。

（4）双击“密码最长使用期限”选项，打开“密码最长使用期限 属性”对话框，在“密码过期时间”文本框中设置密码过期的天数，如图 7-79 所示。

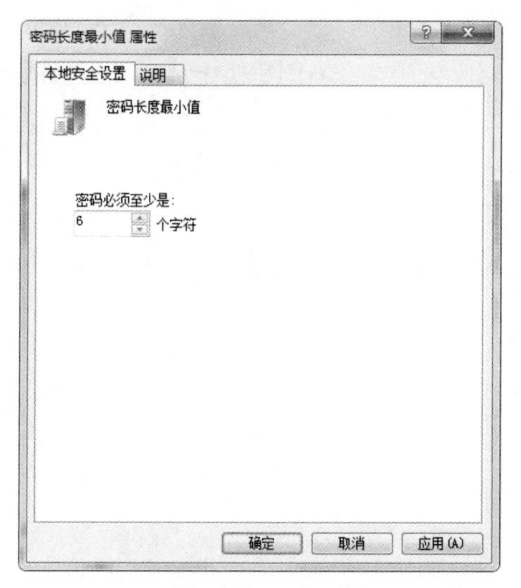

图 7-78 “密码长度最小值 属性”对话框

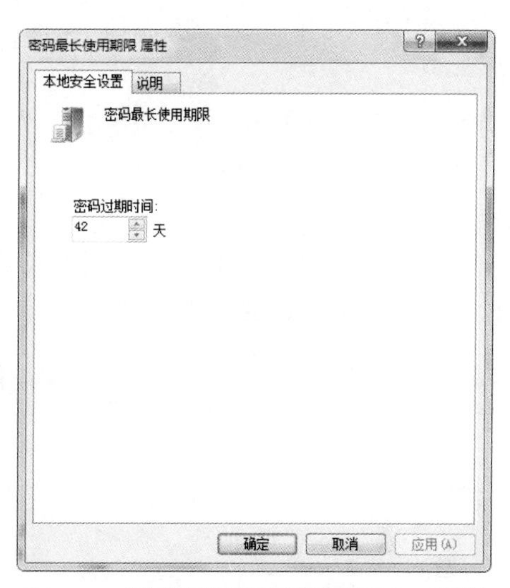

图 7-79 “密码最长使用期限 属性”对话框

（5）双击“密码最短使用期限”选项，打开“密码最短使用期限 属性”对话框，根据实际情况设置密码最短使用期限，如图 7-80 所示。

（6）双击“强制密码历史”选项，打开“强制密码历史 属性”对话框，根据实际情况设置保留密码历史的个数，如图 7-81 所示。

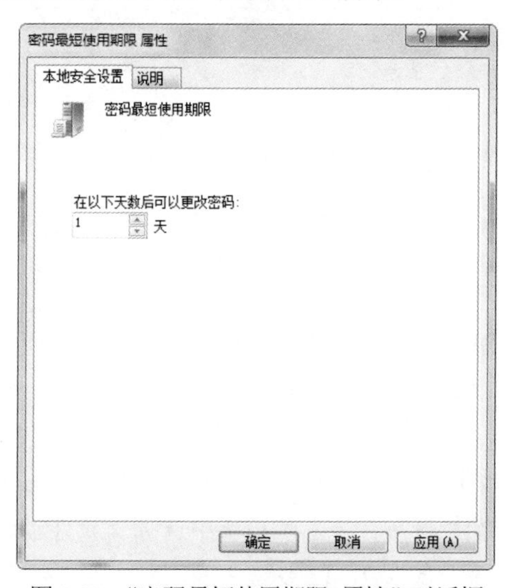

图 7-80 “密码最短使用期限 属性”对话框

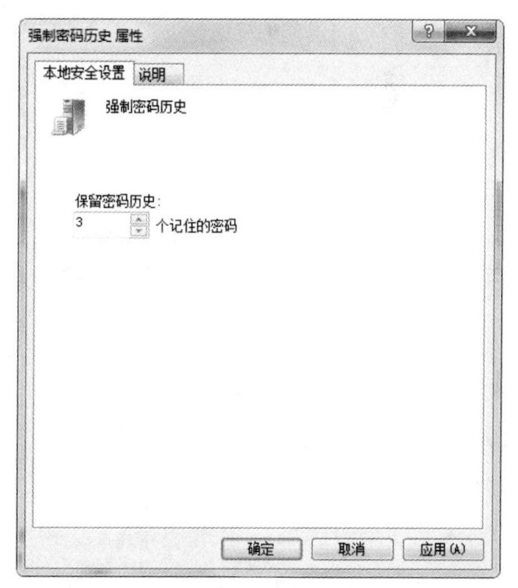

图 7-81 “强制密码历史 属性”对话框

7.6.3 开启账户的锁定功能

在 Windows 7/10 系统中具有账户锁定功能，在登录失败的次数达到管理员指定次数之后锁定该账户。启用账户锁定功能可以使黑客不能使用该账户，除非只尝试少于管理员设置的次数就破解出密码。

如果一个账户已经被锁定，管理员可以使用 Active Directory、启用域账户、使用计算机等启用本地账户，而不用等待账户自动启用。

具体操作步骤如下：

（1）在“本地组策略编辑器”窗口中，依次展开“本地计算机策略”→“计算机配置”→“Windows 设置”→“安全设置”→“账户策略”→“账户锁定策略”选项，在右侧窗格中选择“账户锁定阀值”选项，右击，在弹出的快捷菜单中选择“属性”命令。

（2）在弹出的“账户锁定阈值 属性”对话框中，在“账户不锁定”微调框中设置 3，如图 7-82 所示。

（3）单击“应用”按钮，打开“建议的数值改动”对话框，如图 7-83 所示，连续单击“确定”按钮，即可完成开启锁定账户的操作。

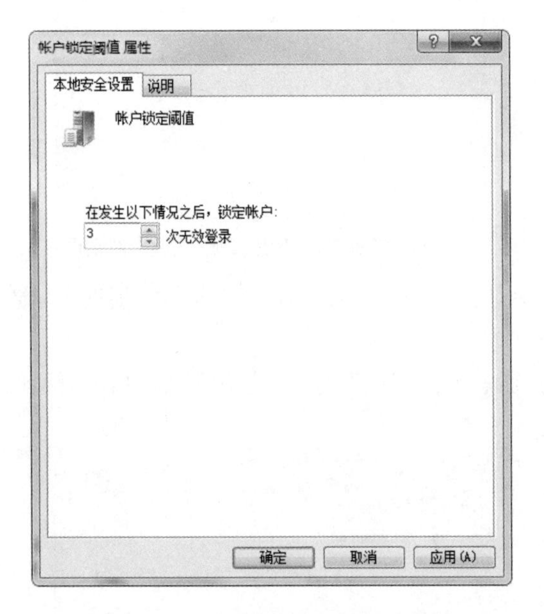

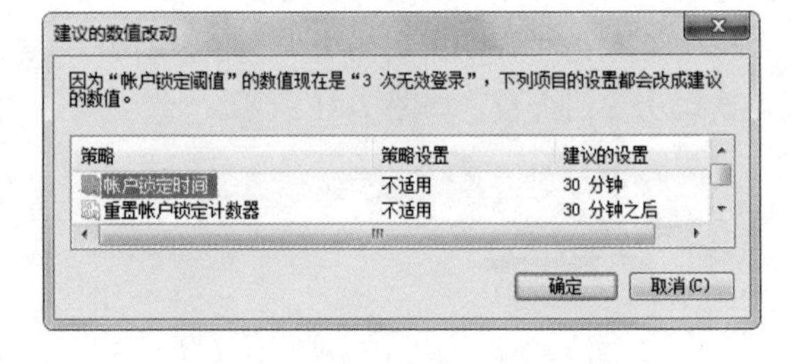

图 7-82 “账户锁定阀值 属性”对话框

图 7-83 “建议的数值改动”对话框

7.6.4 禁用 Guest 账户在本地系统登录

默认情况下，系统允许使用 Guest 账户在本地系统登录，这就给黑客访问系统提供了便利。为了防止黑客利用 Guest 账户在本地系统登录，可以在“本地组策略编辑器”窗口中禁用 Guest 账户在本地系统登录，具体操作步骤如下：

（1）在“本地组策略编辑器”窗口中，依次展开“本地计算机策略”→“计算机配置”→“Windows 设置”→“安全设置”→“本地策略”→“用户权限分配”选项，在右侧窗格中选择“允许本地登录”选项，右击，在弹出的快捷菜单中选择“属性”命令，如图 7-84 所示。

（2）在弹出的“允许本地登录属性”对话框中，选择“Guest”选项，然后单击“删除”按钮，禁用 Guest 账户在本地系统登录，如图 7-85 所示。

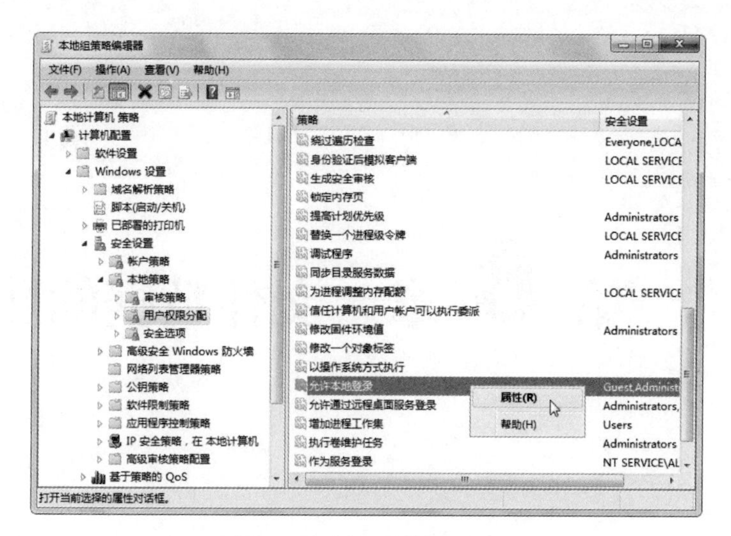

图 7-84　选择“属性”命令

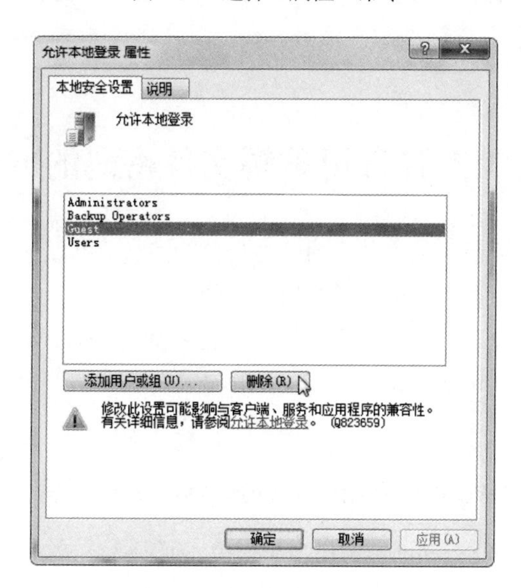

图 7-85　单击“删除”按钮

第 8 章 文件数据的防黑实战

对于用户来说，文件数据的安全是非常重要的，一旦被黑客破解打开，将会泄露自己的隐私数据。本章主要介绍黑客常用破解文件密码的方法，用户通过本章的学习，应熟练掌握防范黑客破解文件数据的措施。

8.1 黑客常用破解文件密码的方法

随着互联网的飞速发展，越来越多的人习惯将自己的隐私数据保存在电脑中。黑客通过各种方法将用户保存在电脑中的文件数据破解，并窃取其中的资料。

本节主要介绍黑客破解文件密码的常用方法，如利用 Word Password Recovery 破解 Word 文档密码、利用 PassFab Word Password Recovery 破解 Word 文件密码、利用 Excel Password Recovery 破解 Excel 文件密码等。

8.1.1 利用 Word Password Recovery 破解 Word 文档密码

Word Password Recovery 可以帮助黑客快速破解 Word 文档密码，包括暴力破解、字典破解、增强破解 3 种方式。使用 Word Password Recovery 破解 Word 密码的具体操作步骤如下：

（1）在 Windows 7 操作系统中打开“Word Password Recovery”窗口，单击“浏览”按钮，如图 8-1 所示。

（2）在弹出的“打开”对话框中，选择要破解的文件，然后单击“打开”按钮，如图 8-2 所示。

（3）返回“Word Password Recovery”窗口中，单击“开始”按钮，如图 8-3 所示。Word Password Recovery 将开始破解操作。

（4）破解完成后，弹出如图 8-4 所示的“密码已经成功恢复”对话框，提示用户文件的密码，然后单击“确定”按钮即可。

提示： Word Password Recovery 只能破解 1995~2007 版的 Word 文档。

图 8-1　单击“浏览”按钮

图 8-2　选择要破解的文件

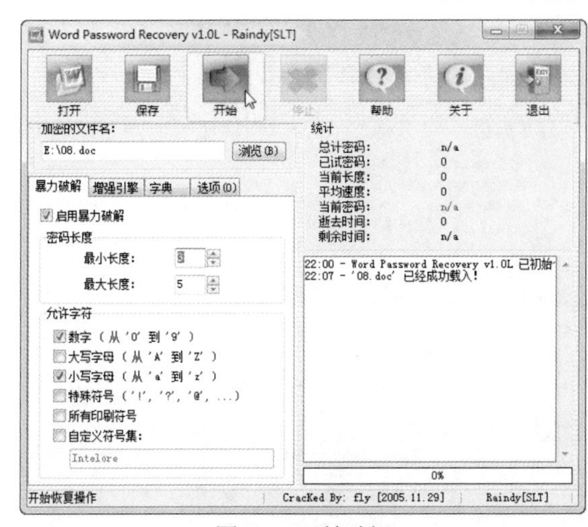

图 8-3　开始破解

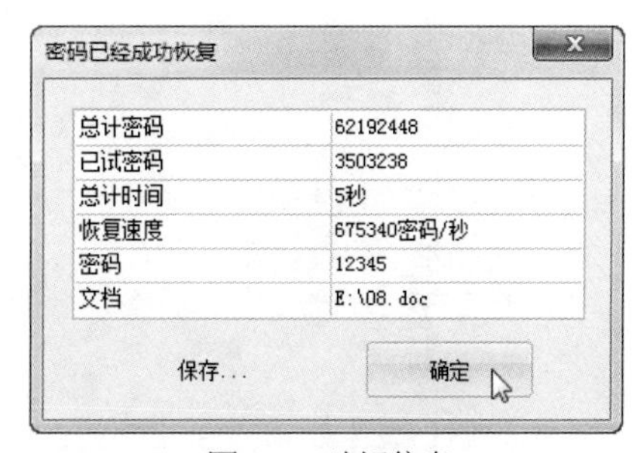

图 8-4　破解信息

8.1.2 利用 PassFab Word Password Recovery 破解 Word 文件密码

PassFab Word Password Recovery 是国外用户开发的一款非常强大的 Word 文档密码破解工具，采用国际上最先进的密码破译恢复技术，支持多种破解攻击方式，支持 CPU 和显卡 GPU 硬件加速技术，可以帮助用户快速地找回和破解被密码保护的 Word 文档。

目前软件主要支持暴力破解、字典破解两种方式，还嵌入了 GPU 加速技术，将解密速度提高到平均水平的 30 倍，可以让用户快速轻松地恢复或删除受保护的 Microsoft Word 密码。

（即扫即看）

【实验 8-1】利用 PassFab Word Password Recovery 破解 Word 文件密码

具体操作步骤如下：

（1）在 Windows 7 操作系统中运行 PassFab Word Password Recovery，打开“PassFab Word Password Recovery”窗口，单击“Add”按钮，如图 8-5 所示。

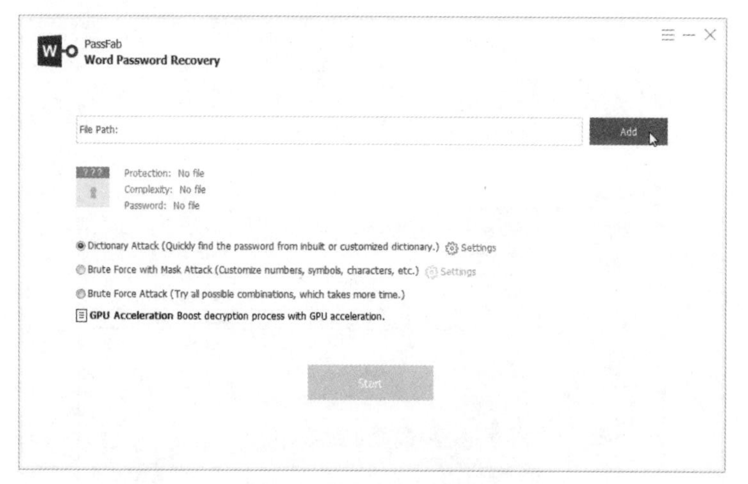

图 8-5 单击“Add”按钮

（2）在弹出的“打开”对话框中，选择要破解的文件，然后单击“打开”按钮，如图 8-6 所示。

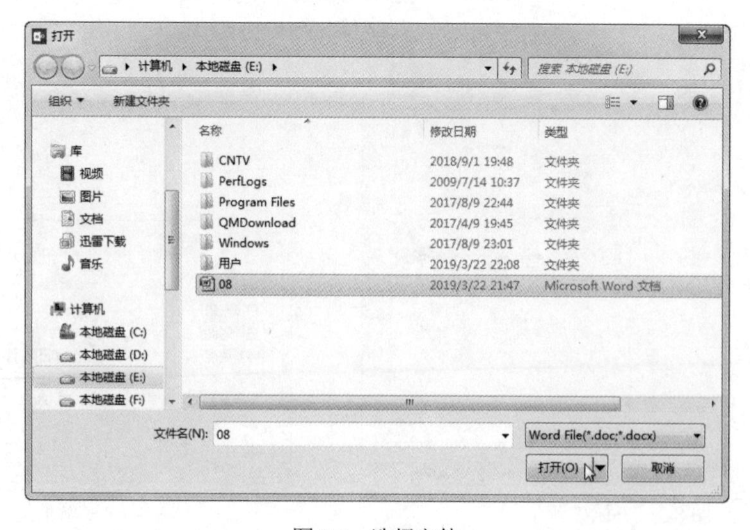

图 8-6 选择文件

（3）返回“PassFab Word Password Recovery”窗口，单击“Start”，如图 8-7 所示。PassFab Word Password Recovery 开始对 Word 文档进行破解操作。

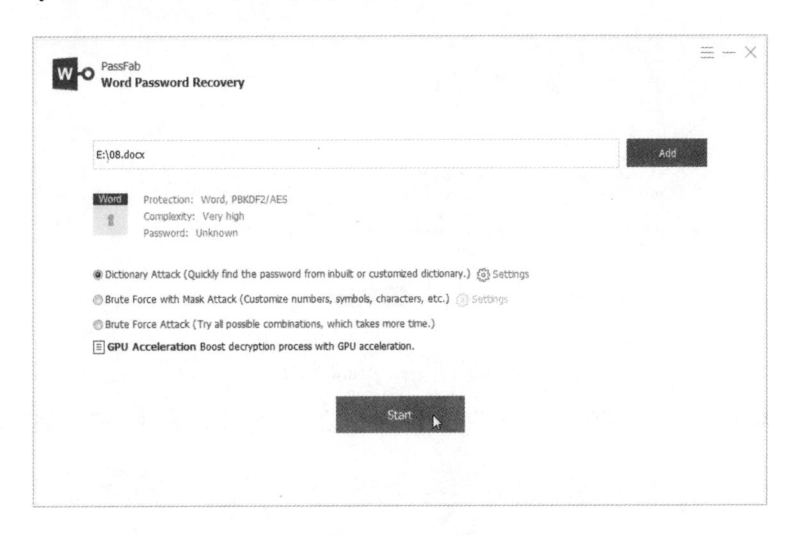

图 8-7　开始破解

（4）破解完成后，弹出如图 8-8 所示的“Word Password Recovery”对话框，显示破解出来的密码，然后单击“OK”按钮即可。

提示：PassFab Word Password Recovery 可以破解所有版本的 Word 文档。

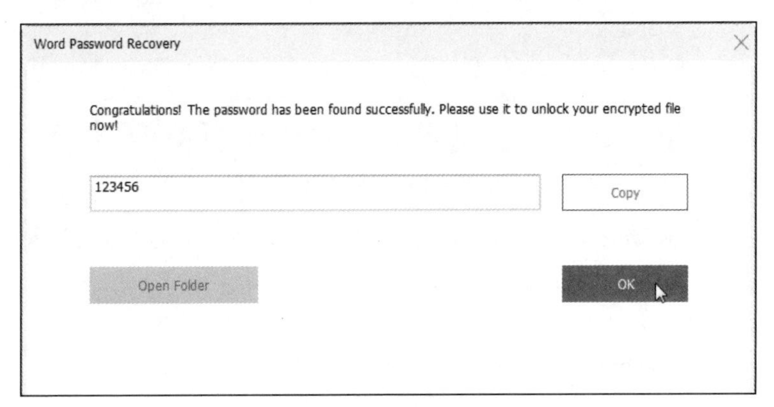

图 8-8　破解完成

8.1.3　利用 Excel Password Recovery 破解 Excel 文件密码

Excel Password Recovery 是一款功能强大的 Excel 密码破解工具，包含 3 种密码恢复方式，可以快速破解 Excel 文件的密码，不会造成文件数据的损坏，并且支持最新版的 Excel 2016。

（即扫即看）

【实验 8-2】利用 Excel Password Recovery 破解 Excel 文件密码

具体操作步骤如下：

（1）在 Windows 7 操作系统中运行 Excel Password Recovery，打开“Excel Password Recovery Professional”窗口，单击“Add”按钮，如图 8-9 所示。

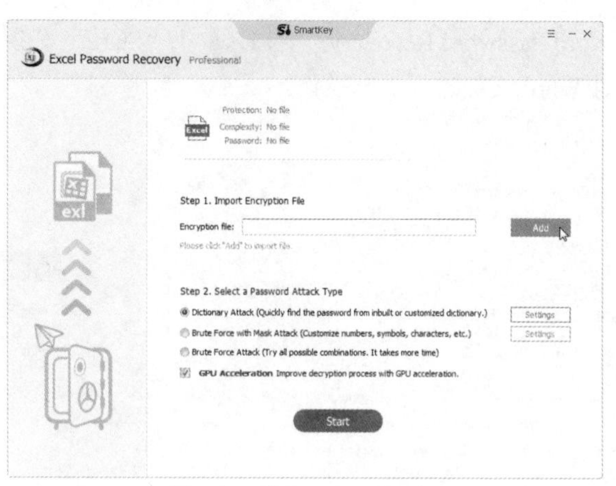

图 8-9　单击“Add”按钮

（2）在弹出的“打开”对话框中，选择要破解的 Excel 文件，然后单击“打开”按钮，如图 8-10 所示。

图 8-10　选择文件

（3）返回“Excel Password Recovery Professional”窗口，然后单击“Start”按钮，如图 8-11 所示，软件开始对 Excel 文件进行破解操作。

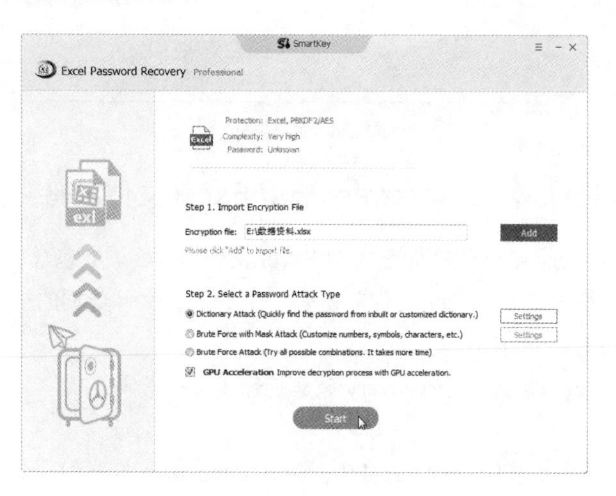

图 8-11　开始破解

（4）破解完成后，弹出如图 8-12 所示的“Excel Password Recovery Professional”对话框，显示破解出的 Excel 文件的密码，然后单击“OK”按钮关闭该对话框即可。

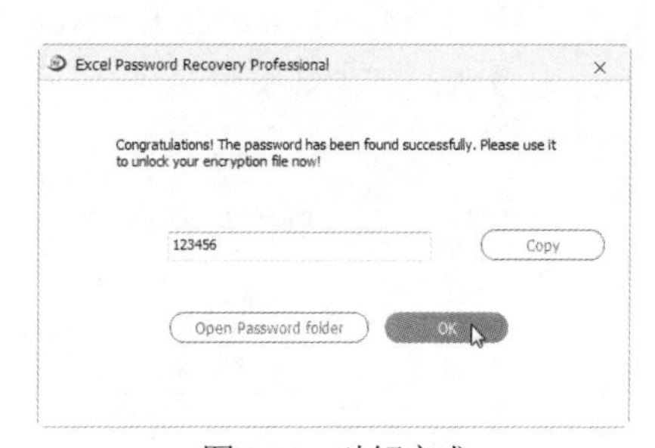

图 8-12　破解完成

8.1.4　利用 Office Password Recovery 破解工具破解 PPT 文件密码

Office Password Recovery 专业版是一款多功能的 Office 密码破解工具，可以破解 Office 套件的 MS Word 文档、Excel 电子表格、Access 数据库和 PowerPoint 演示文稿等，并且支持最新的 Office 2016。

【实验 8-3】利用 Office Password Recovery 破解 PPT 文件密码

具体操作步骤如下：

（1）在 Windows 7 操作系统中运行 Office Password Recovery，打开“Office Password Recovery”窗口，单击“Add”按钮，如图 8-13 所示。

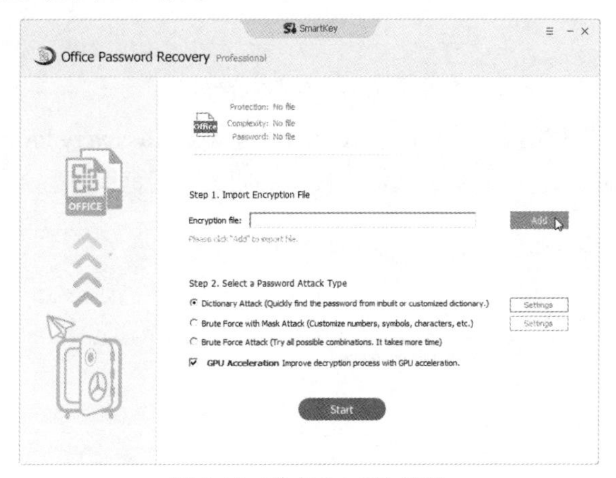

图 8-13　单击“Add”按钮

（2）在弹出的“打开”对话框中，选择要破解的 PPT 文件，然后单击“打开”按钮，如图 8-14 所示。

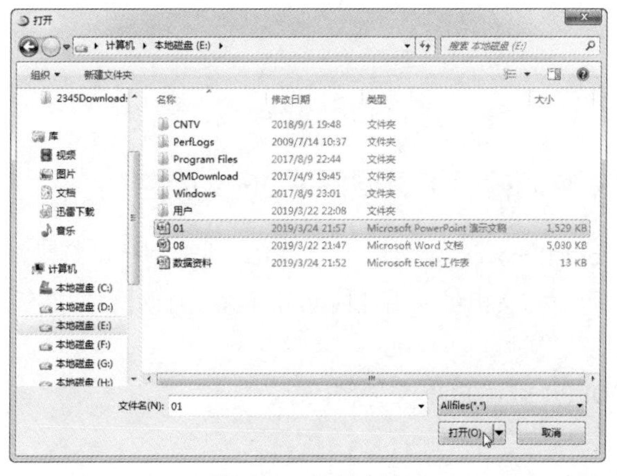

图 8-14　选择文件

（3）返回“Office Password Recovery”窗口，然后单击“Start”按钮，如图 8-15 所示。软件开始对 Excel 文件进行破解操作。

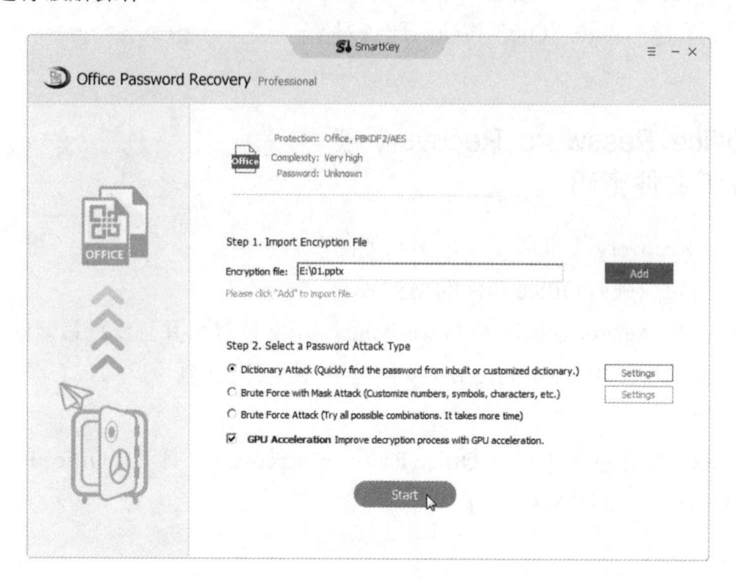

图 8-15　开始破解

（4）破解完成后，弹出如图 8-16 所示的“Office Password Recovery Professional”对话框，显示破解出来的 PPT 文件的密码，然后单击“OK”按钮关闭该对话框即可。

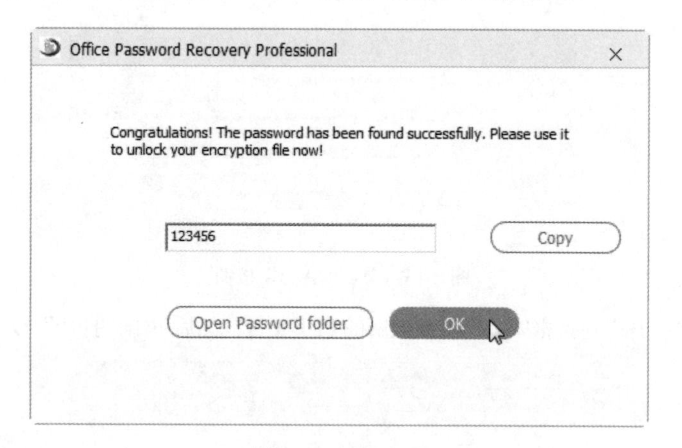

图 8-16　破解完成

8.1.5　利用 APDFPR 密码破解工具破解 PDF 文件密码

Advanced PDF Password Recovery（简称 APDFPR）主要用于破解受密码保护的 PDF 文档，能够瞬间完成解密过程，解密后的文档可以用任何 PDF 查看器打开，并能任意对其进行编辑、复制、打印等操作。

【实验 8-4】利用 APDFPR 破解 PDF 文件密码

具体操作步骤如下：

（1）在 Windows 7 操作系统中运行 APDFPR，打开“APDFPR”窗口，选择“Options”选项卡，

在“Language”列表框中选择“简体中文”选项，如图 8-17 所示。

（2）选择“长度”选项卡，设置最小口令长度和最大口令长度，如图 8-18 所示。

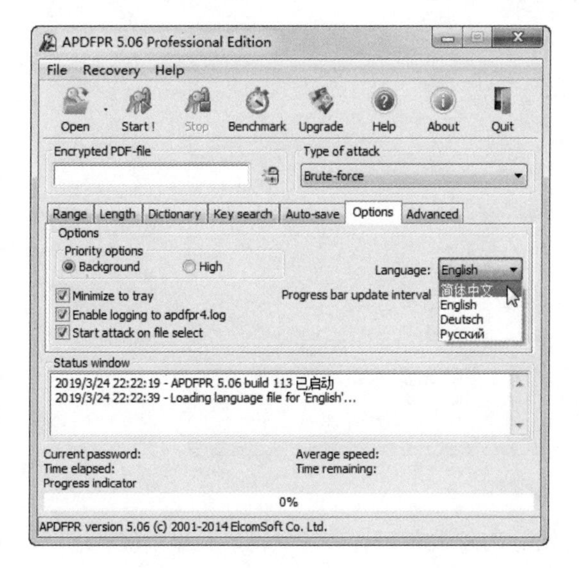

图 8-17　选择“简体中文”选项

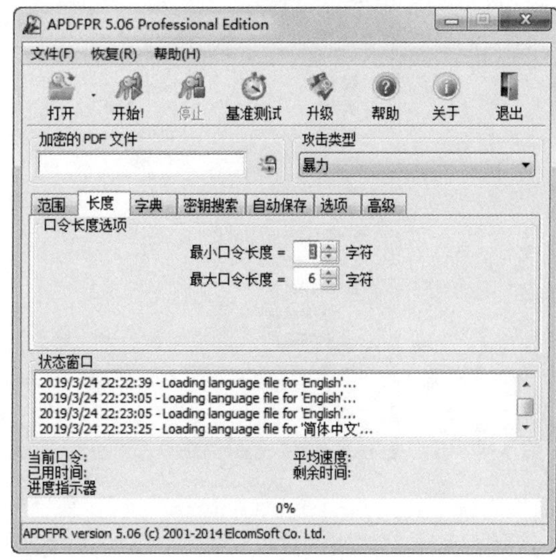

图 8-18　设置口令长度

（3）选择“范围”选项卡，设置攻击类型为暴力，以及暴力范围，如图 8-19 所示。

（4）在“APDFPR”窗口中，选择“文件”→“打开文件”命令，如图 8-20 所示。

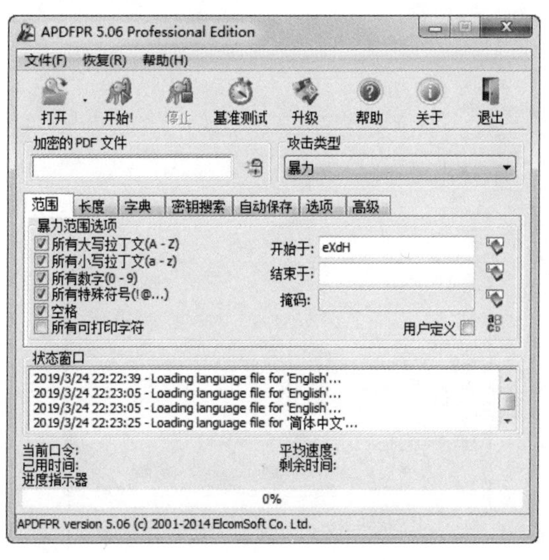

图 8-19　设置攻击类型及范围

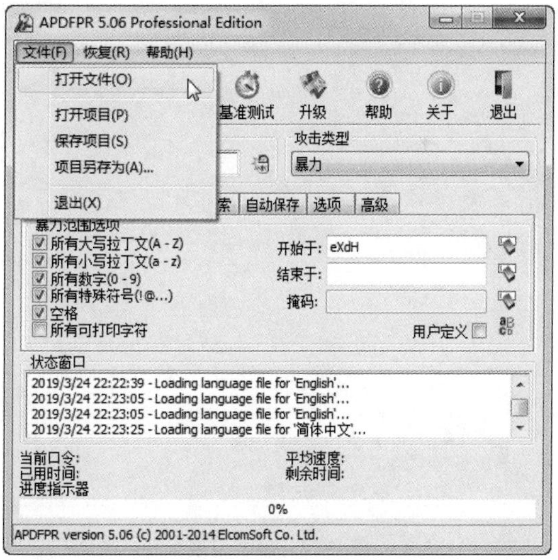

图 8-20　选择“文件”→“打开文件”命令

（5）在弹出的“打开”对话框中，选择要破解的 PDF 文件，然后单击“打开”按钮，如图 8-21 所示。

（6）在弹出的“APDFPR”对话框中，单击“开始恢复”按钮。

图 8-21　选择文件

（7）单击“开始恢复”按钮后，APDFPR 将开始对 PDF 文件进行破解操作，并显示破解进度，如图 8-22 所示。

（8）如果破解成功，将弹出如图 8-23 所示的“口令已成功恢复”对话框，提示密码已被成功恢复，单击“确定”按钮，完成解密操作。

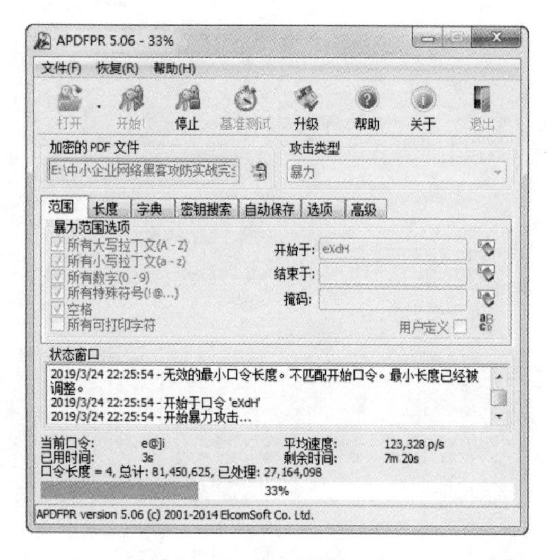

图 8-22　破解进度显示

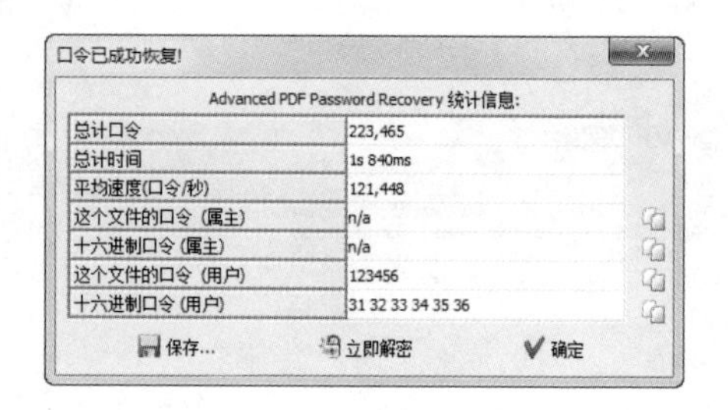

图 8-23　破解完成

8.2　文件数据的加密防黑

用户要想保护自己的文件密码不被破解，最简单的方法就是给各类文件加上比较复杂的密码（如密码包括数字、字母或特殊符号等），并且密码的长度最好超过 8 个字符。

本节介绍对文件数据进行加密的方法，如利用 Word 自身功能给 Word 文件加密、利用 PDF 文件加密器给 PDF 文件加密、利用 WinRAR 的自加密功能加密 RAR 文件等。

8.2.1　利用 Word 自身功能给 Word 文件加密

Word 自身提供了简单的加密功能，用户可以通过 Word 提供的加密功能轻松实现文档的密码设置。

【实验 8-5】利用 Word 自身功能给 Word 文件加密

具体操作步骤如下：

（1）打开一个需要加密的文档，单击“文件”按钮，在弹出的菜单中选择“另存为”命令，打开“另存为”对话框，单击“工具”按钮，在弹出的快捷菜单中选择“常规选项”命令，如图 8-24 所示。

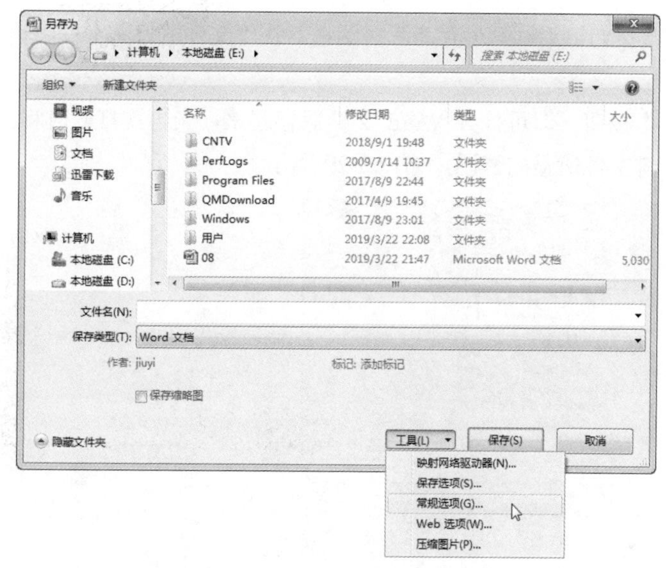

图 8-24　选择“常规选项”命令

（2）在弹出的“常规选项”对话框中，设置打开当前文档时的密码及修改当前文档时的密码（这两个密码可以相同，也可以不同），如图 8-25 所示。

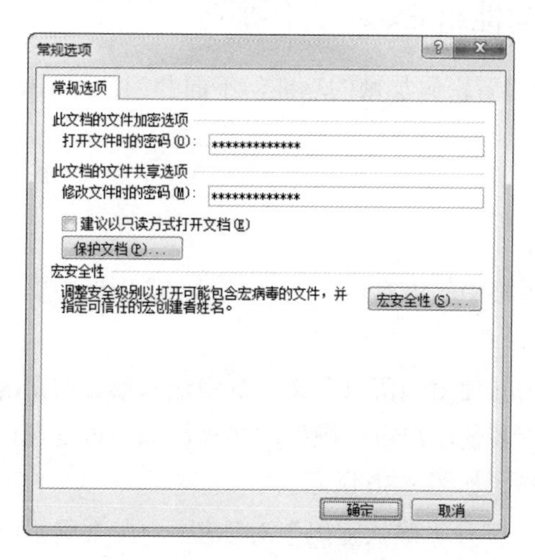

图 8-25　单击“用户账户”超链接

（3）单击“确定”按钮，弹出“确认密码”对话框，再次输入打开文件时的密码，如图 8-26 所示。

（4）单击“确定”按钮，弹出“确认密码”对话框，再次输入修改文件密码，如图 8-27 所示。

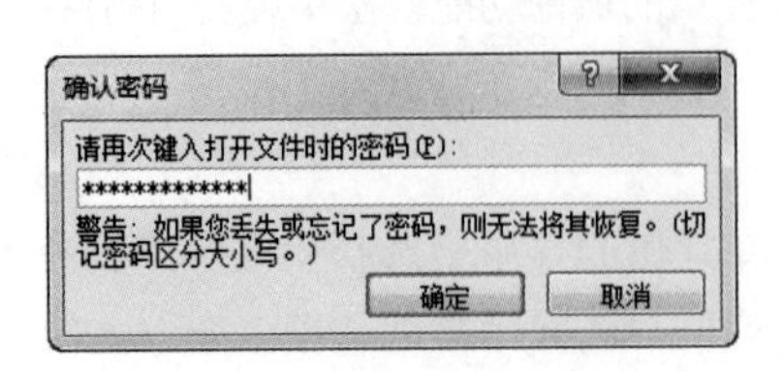

图 8-26　再次输入打开密码

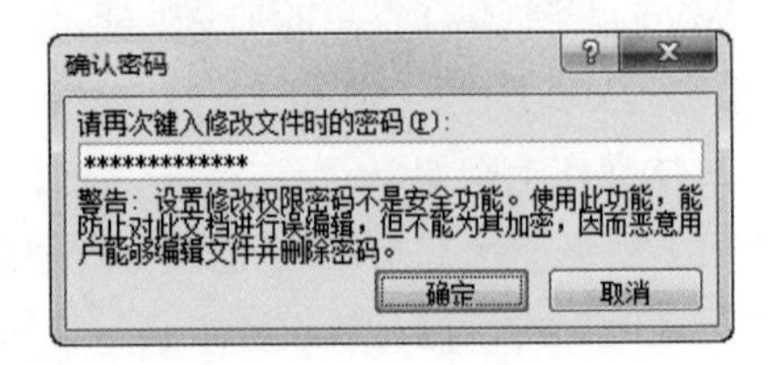

图 8-27　再次输入修改密码

（5）单击“确定”按钮，返回“另存为”对话框，在“文件名”文本框中输入保存文件的名称，如图 8-28 所示。

（6）单击“保存”按钮，即可打开 Word 文档保存起来，当再次打开时将会弹出“密码”对话框，提示用户键入打开文件所需的密码，如图 8-29 所示。

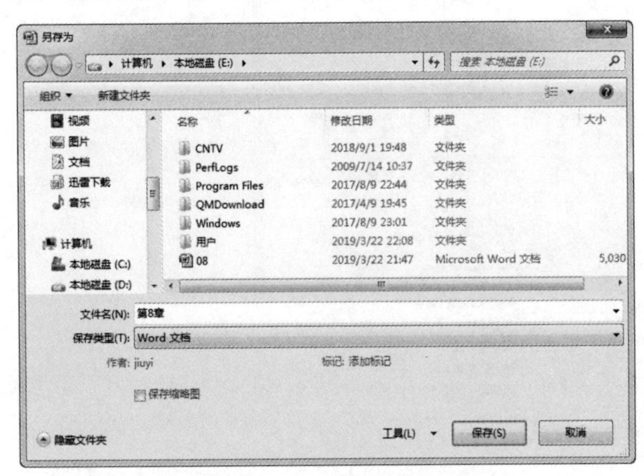

图 8-28　输入保存文件的名称

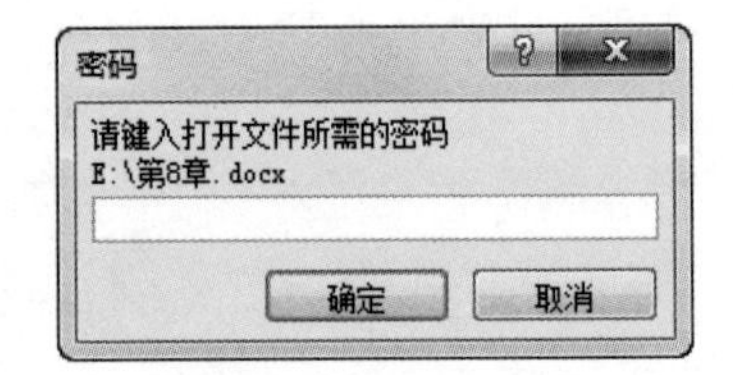

图 8-29　“密码”对话框

8.2.2　利用 Excel 自身功能给 Excel 文件加密

Excel 自身提供了简单的设置密码加密的功能，下面介绍使用 Excel 自身功能加密、解密 Excel 文件的具体操作步骤。

1. 加密工作表

具体操作步骤如下：

（1）当编辑好一个电子表格中的内容后，在“审阅”选项卡中单击“保护工作表”按钮，打开“保护工作表”对话框。

（2）在“取消工作表保护时使用的密码”文本框中输入自己的密码，在“允许此工作表的所有用户进行”列表框中选择允许其他用户可以操作的选项，选中该复选框表示允许其他用户进行此项操作，否则不能进行此项操作，如图 8-30 所示。

（3）单击“确定”按钮，打开“确认密码”对话框 ，在“重新输入密码”文本框中输入刚才设置的密码，如图 8-31 所示。

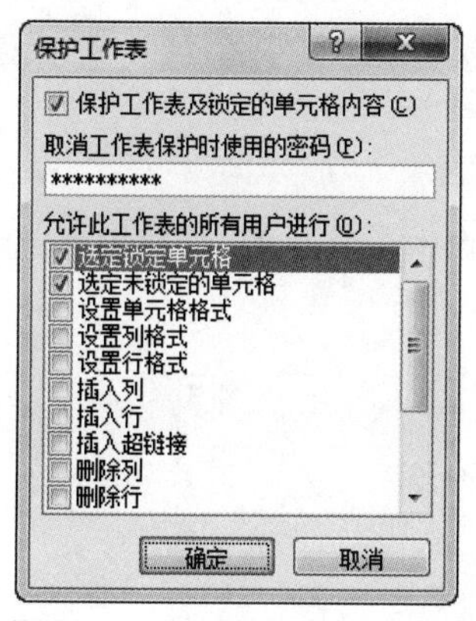

图 8-30 “保持工作表”对话框

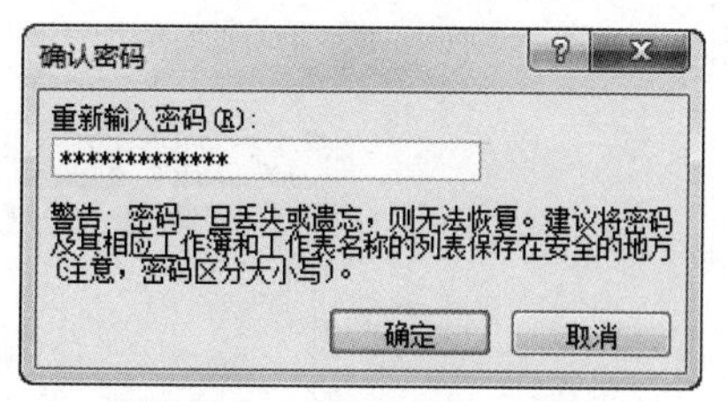

图 8-31 “确认密码”对话框

（4）设置完成单击“确定”按钮，即可为当前工作表加密，此后当前表格中的内容将只允许浏览、不允许修改。

提示：如果想修改此表格，则需要在“审阅”选项卡中单击“撤销工作表保护”按钮，打开“撤销工作表保护”对话框，在“密码”文本框中输入之前设置的密码即可撤销对工作表的保护。

2. 加密工作簿

具体操作步骤如下：

（1）在“审阅”选项卡中，选择“保护工作簿”→“保护结构和窗口”命令，在打开“保护结构和窗口”对话框，在“密码”文本框中输入密码，并选取保护工作簿的范围（即结构和窗口），如图 8-32 所示。

（2）单击“确定”按钮，打开“确认密码”对话框，在“重新输入密码”文本框中输入刚才设置的密码，如图 8-33 所示。

图 8-32 “保护结构和窗口”对话框

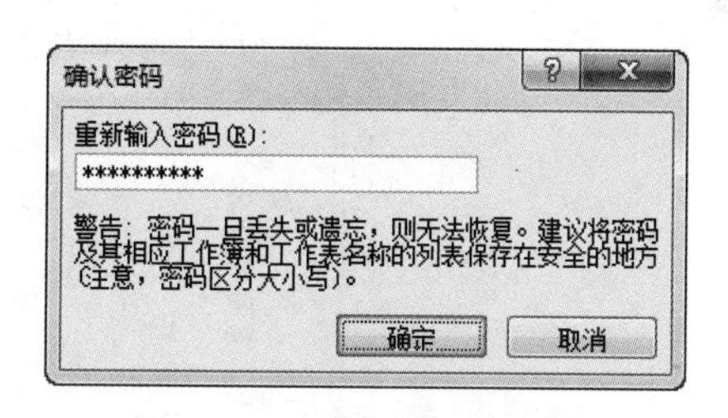

图 8-33 “确认密码”对话框

（3）单击“确定”按钮，这样就可以防止其他用户添加或删除工作表，或者显示或隐藏工作表，同时还可以防止用户更改已设置的工作簿，显示窗口的大小或位置。

提示：如果想取消对工作簿的保护，则需要单击“撤销工作簿保护”按钮，打开“撤销工作簿保护”对话框，在“密码”文本框中输入设置的密码，单击“确定”按钮，即可撤销对工作簿的保护。

8.2.3 利用 PDF 文件加密器加密 PDF 文件

PDF 文件加密器是一款 PDF 文件内容加密软件，全面支持所有版本的 PDF 文件加密，以防止

PDF 文档内容被盗用。加密后的文档可以进行一机一码授权，禁止复制和打印，禁止挂屏等，阅读者只有拥有了密钥才可以对其进行相应操作。

具体操作步骤如下：

（1）运行 PDF 文件加密器，在“PDF 文件加密器”窗口中，单击“选择待加密文件”按钮，如图 8-34 所示。

图 8-34　单击“选择待加密文件”按钮

（2）在弹出的“打开”对话框中，选择要加密的 PDF 文件，然后单击“打开”按钮，如图 8-35 所示。

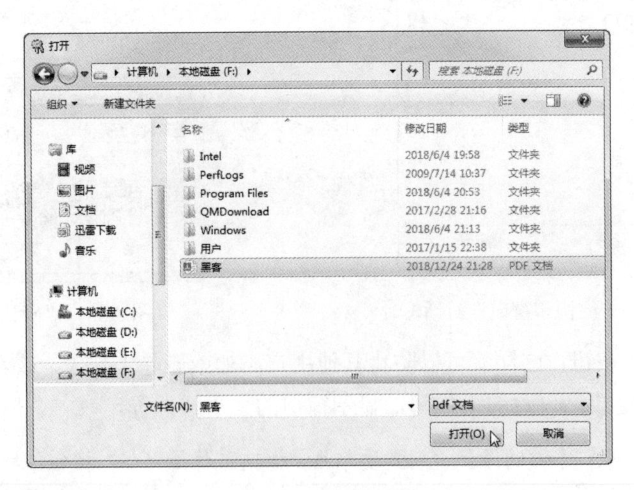

图 8-35　选择文件

（3）单击“打开”按钮后，返回“PDF 文件加密器”窗口，在“请指定加密密钥”文本框中输入相应的密钥，只有知道密钥的人才可以创建阅读密码，选择加密方式，然后单击“开始加密”按钮，如图 8-36 所示。

图 8-36　开始加密

（4）单击“开始加密”按钮后，将对选中的文件进行加密操作，完成后将弹出“加密完成”对话框，单击“OK”按钮即可。

8.2.4　利用 WinRAR 的自加密功能加密 RAR 文件

WinRAR 是一款功能强大的压缩包管理器，该软件可用于备份数据，减小电子邮件附件的大小，解压缩从 Internet 上下载的 RAR、 ZIP2.0 及其他文件，并且可以新建 RAR 及 ZIP 格式的文件。

具体操作步骤如下：

（1）选择需要压缩和加密的文件，右击，在弹出的快捷菜单中选择“添加到压缩文件”命令，如图 8-37 所示。

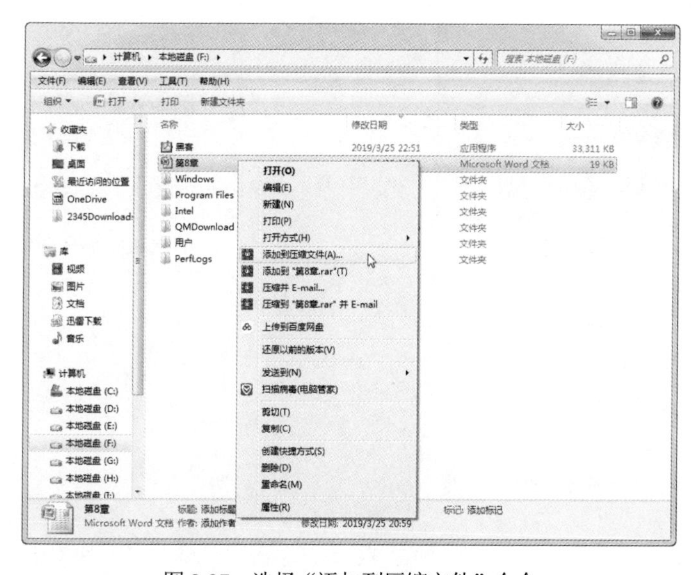

图 8-37　选择“添加到压缩文件”命令

（2）在弹出的“压缩文件名和参数”对话框中，选择“RAR”单选按钮，在“压缩文件名”文本框中输入压缩文件的名称，如图 8-38 所示。

图 8-38　设置压缩名及格式

（3）单击“设置密码”按钮，在弹出的“输入密码”对话框中，输入密码，并选中“加密文件名”复选框，如图 8-39 所示。

（4）单击“确定”按钮，完成加密操作，再次双击该文件，解压缩时会弹出如图 8-40 所示的“输入密码”对话框，只有输入正确的密码，才能解压缩。

图 8-39　输入密码

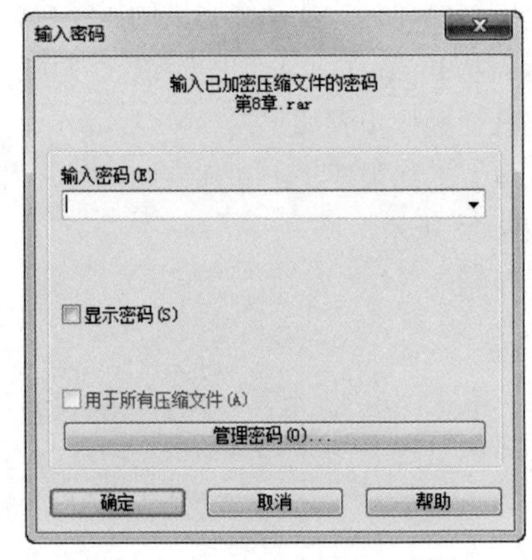

图 8-40　解压时需要输入密码

第 9 章 网络账号防黑实战

随着互联网的发展，用户一般都申请开通了 QQ、微博、微信、邮箱和支付宝等账号，这些账号包含用户大量的隐私和重要数据，一旦被黑客盗取则后果不堪设想。为了保护我们的隐私不被侵犯，也为了保护我们的重要数据不被盗取，本章介绍防范黑客盗取网络账号的方法，用户通过本章的学习，应熟练掌握防范黑客盗取网络账号的措施。

9.1 QQ 账号及密码攻防常用工具

目前常见的黑客盗取 QQ 账号及密码的工具类型有通过木马盗取、通过监听用户键盘获取和通过暴力破解来获取等。

下面介绍黑客常用的几种盗取 QQ 账号的工具及护范措施。

1. QQExplorer

QQExplorer 是一个 QQ 密码破解工具，通过密码字典加服务器验证的方法来破解，可以帮用户找回丢失的 QQ 密码。

防范 QQExplorer 的措施是在设置密码时尽量设置得长一点，字母、数字混合使用。

2. 雨辰 QQ 密码查看器

雨辰 QQ 密码查看器是由雨辰工作室研发并提供维护的一款共享软件，可有效监控及查阅本机登录过的 QQ 的密码信息。

在输入密码时最好不要用键盘直接输入全部的密码，可以在首次输入密码后让程序记住密码，下次登录的时候程序自动填充密码，或者在输入密码时将输入顺序打乱。

3. QQ 简单盗

QQ 简单盗是常用的盗取 QQ 号码工具，它采用进程插入技术，使得软件本身不会产生进程，因而很难被发现。QQ 简单盗能够自动生成木马，只要将该木马发送给目标用户，并使其在目标计算机中运行该木马，就可以达到盗取目标计算机中的 QQ 密码的目的。

对于在公共场所上网的 QQ 用户应该特别注意被这种方法盗取 QQ 号，如果条件允许，最好先用杀毒软件对计算机进行杀毒之后再进行登录。同时，也不要轻易接收 QQ 好友发过来的不明文件。

9.2 增强 QQ 安全性的方法

增强 QQ 的安全性可以从两个方面着手：一是培养安全意识，注意平时的行为习惯；二是通过QQ软件自带的安全机制来增强QQ的安全性。

9.2.1 定期更换 QQ 密码

定期更换 QQ 密码，可以防范黑客盗取密码，增强 QQ 的安全。定期更换 QQ 密码的具体操作步骤如下。

具体操作步骤如下：

（1）运行 QQ，单击 QQ 主界面左下角的“主菜单”按钮，在弹出的菜单中选择“设置”命令，如图 9-1 所示。

图 9-1 选择“设置”命令

（2）在弹出的“系统设置”窗口中，选择“安全设置”选项卡，单击“修改密码”按钮，如图 9-2 所示。

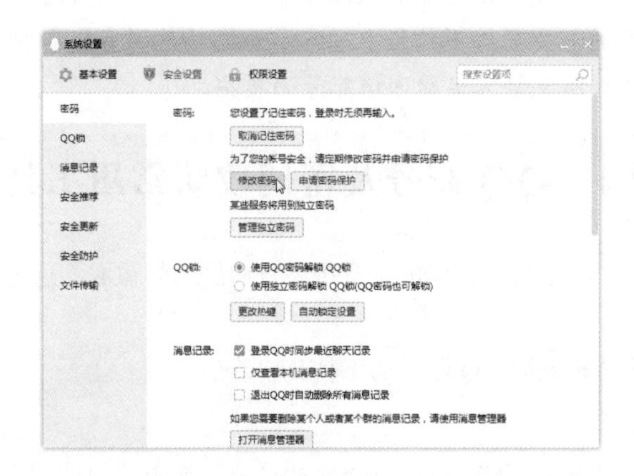

图 9-2 单击“修改密码”按钮

（3）在弹出的“请确认 QQ 号码”提示框中，单击“是，继续修改”按钮。

（4）在弹出的如图 9-3 所示的“重置密码-QQ 安全中心”页面中，按照提示填写相应的信息资料即可。

图 9-3 填写相应信息

9.2.2　申请密码保护

除了定期修改 QQ 密码外，用户还可以申请密码保护，其具体操作步骤如下：

（1）运行 QQ，单击 QQ 主界面左下角的“主菜单”按钮，在弹出的菜单中选择“设置”→“安全”→“安全中心首页”命令，如图 9-4 所示。

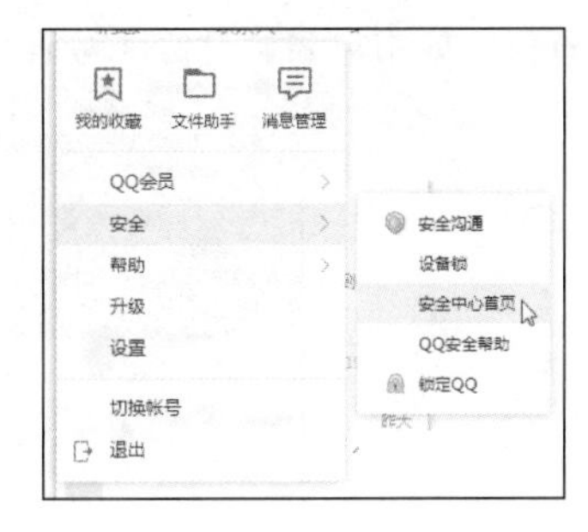

图 9-4　选择“安全中心首页”命令

（2）在弹出的“QQ 安全中心”页面中，QQ 安全中心提供了三种安全保护方式，即密保手机、手机 App 和密保问题，如图 9-5 所示。

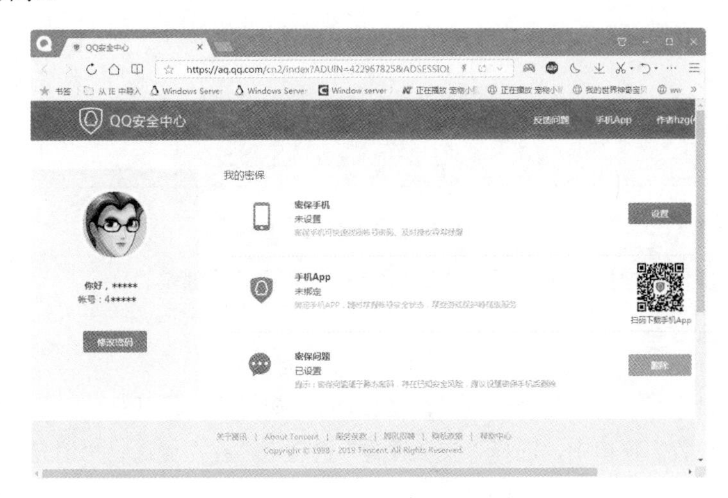

图 9-5　“QQ 安全中心”页面

（3）单击密保手机右侧的“设置”按钮，打开“密保手机”页面，如图 9-6 所示。根据提示输入手机号码。

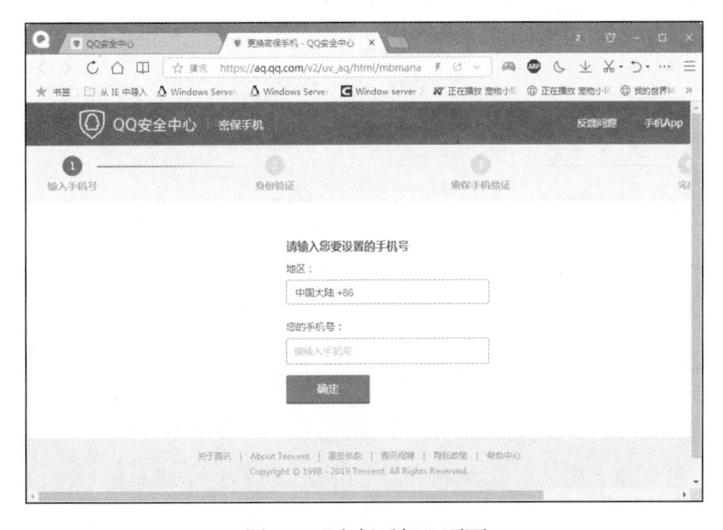

图 9-6　“密保手机”页面

（4）输入手机号码后，单击“确定”按钮，在弹出的如图 9-7 所示的页面中，根据提示输入相应的资料，如用户名、身份证号码等。

图 9-7　输入相应的信息

（5）接下来的操作，根据提示进行操作即可完成密保手机的绑定。

9.2.3　加密聊天记录

通过对聊天记录进行加密，可以防范黑客获取 QQ 密码及资料，其具体操作步骤如下：

（1）在“系统设置”窗口中，选择“安全设置”选项卡，在左侧选择“消息记录”选项，选中“启用消息记录加密”复选框，如图 9-8 所示。

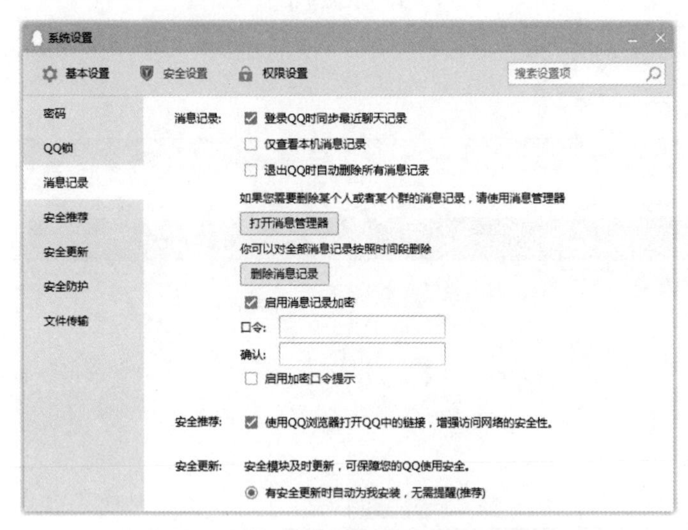

图 9-8　选中“启用消息记录加密”复选框

（2）分别在“口令”和“确认”文本框中输入口令，然后选中“启用加密口令提示”复选框，如图 9-9 所示。

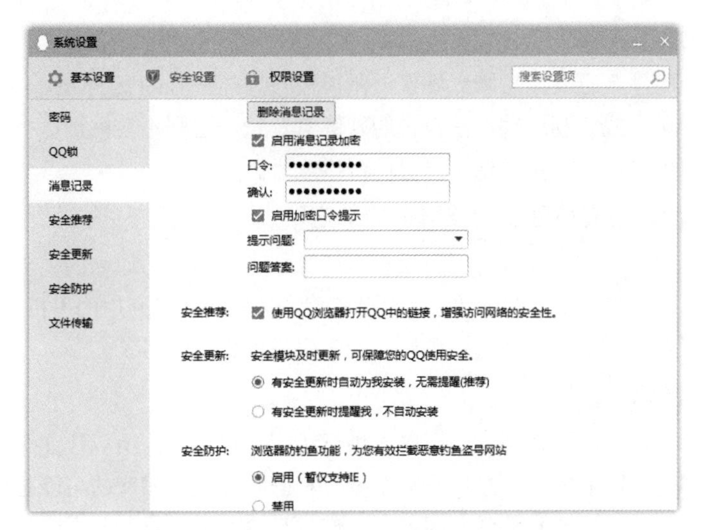

图 9-9　选中“启用加密口令提示”复选框

（3）在“提示问题”下拉列表框中选择提示问题，然后在“问题答案”文本框中输入相应的答案，加密消息记录操作完成。

9.3　微博等自媒体账号的安全防范

自媒体又称为“公民媒体”或“个人媒体”，自媒体平台包括博客、微博、微信、QQ 空间、知乎、百度贴吧等。

随着互联网的进一步发展，并且移动互联网兴起，网络进入了碎片化阅读时代。传统的门户网站已经不再一家独大，以微博、微信、百度、豆瓣等网站为代表的自媒体平台兴起，用户在这类平台上可以随意发表观点，网络的形态是“我们说，我们听，人人能够参与”，这是一个个人化的自媒体的时代。

9.3.1　网络自媒体账号被盗的途径

下面介绍网络自媒体账号被盗的常见途径。

1. 在外面连接免费 Wi-Fi

千万不要乱连接一些免费的 Wi-Fi，否则黑客利用建立的 Wi-Fi 轻易就可以获取用户使用的各种网络账号和密码。一旦用户连上他们建立的 Wi-Fi，打开网络输入自己的账号密码，数据马上就能在黑客的后台同步显示出来，盗取银行密码只需要 1 秒。因此，切勿乱用免费的 Wi-Fi，更不要用免费 Wi-Fi 进行网银和支付宝交易。

2. 乱扫二维码

随着二维码的普及，商家也利用二维码来推广和营销自己的产品，这给许多用户以错误的信号，认为二维码是个好玩的东西，可以随便玩，于是扫描了含有病毒或木马的二维码，这样黑客就可以轻易获取用户的账号和密码。

3. 使用公用电脑不注意

在使用公用电脑时，一定要注意聊天软件、微博等自媒体账号的安全防护。最好的办法是打开软件提供的软键盘登录，或者利用输入法自带的软键盘登录，这样不会被键盘类木马记录。

此外，用完公用电脑后，一定要退出自己的网络账号。

4. 换手机号码后，没有解除与网络账号的绑定

许多人更换手机号码是常有的事，但如果有些自媒体账号绑定了原来的手机号码，后来手机号码弃用注销，但没有解除和原账号的绑定，就很可能遭遇风险。结果弃用的手机号码被重新激活后，新号码的使用者可以在注册网络账号时，通过找回密码掌握你的账号。

5. 使用相同的密码

一个用户可能有非常多的网络账号，有些人怕记错或是记混淆，所以往往给所有网络账号都设置相同的密码，这样是不可取的。一旦用户某个账号和密码被盗，相应的可能是用户大量的网络账号密码同时出问题，当前的黑客是非常聪明的，他们一旦盗取了用户的某个账号，就会用同一个密码去试你不同平台的账号。

6. 设置的密码过于简单

许多用户为了便于记忆，给账号设置的密码非常简单，这样就很容易被黑客破解。对于大多数的网络平台来说，设置密码时一般要用字母与数字混编的形式，并且密码的长度不宜少于 8 位，这样可以提高账号的安全性。

9.3.2 正确使用自媒体平台

自媒体平台以读取方便、发布快捷及时而受到用户的欢迎。但时，自媒体平台在快速传播信息的同时，也带来一些副作用。例如，虚假不时的谣言、恶意炒作等。

作为用户，应该正确、健康地使用自媒体平台，具体应注意以下事项：

1. 守住两个底线，严格文明自律

用户应自觉以国家法律约束自己，以中华民族的道德标准约束自己，要守住法律和道德这两个底线，坚持以健康心态对待微博、微信等自媒体平台，以文明语言，以实事求是的态度写作和分享健康的内容。

2. 增强责任意识，不要盲目跟风

网络自媒体账号，是当前信息的传播来源，每一条信息发布后就可能在网上形成快速传播，因此，作为信息的发布者就要勇于担负起责任，对别人发布的信息要加以分析，辨明信息的真伪善恶，不盲目信从，不盲目转发，要传播具有正能量的内容，抵制不健康的内容和谣言。

3. 拒绝商业利益，抵制恶意炒作

对于当前自媒体平台上的一些以商业推销为目的行为要抵制，特别是要自觉抵制网上的恶意炒作，做到不参与、不转帖。

9.4 微信等自媒体账号的安全防范

用户的微信账号被盗，最直接的后果就是用户的个人隐私会被大量泄露。不法分子冒用用户的

身份去借钱、诈骗或是发送广告信息之后，会影响你的名誉，还有可能破坏与好友的关系。

本节主要介绍安全使用微信的原则，以及个人微信账号被盗的应对措施。

9.4.1　安全使用微信的原则

在使用微信时，应遵循以下几条原则。

1. 密码设置及保护

很多用户使用同样的账号（如邮箱等）注册多种自媒体的账号，如微博、微信等，并且设置相同的密码，这就有可能一旦密码被盗，多个网站的账号都会被盗。比如 QQ 号被盗了，微信号也就跟着被盗。所以用户尽量不要在多个网站或自媒体平台使用同样的密码。

另外，为了保护用户的微信，建议用户将微信绑定手机号码，这样可以更加有效地保护账号安全；即使账号出问题了，也可以第一时间将密码找回。

2. 加陌生好友要谨慎

很多时候会有陌生的微信用户加你好友，如果这类用户没有使用真实名字，而个人资料又显得很诡异，建议不要加他们为好友；此外，许多陌生微信用户会用养眼的网络图片包装自己，头像、相册均为美女帅哥，这类用户也要谨慎添加。

3. 不要轻易打开链接

在微信上，并不算熟悉的好友给你发送信息，内有网页链接，一定不要打开。如果不小心打开了，网页上要求输入账号和密码时，应立即关闭。

即使是熟人发送的网页链接，也要谨慎，如果不是特别感兴趣的话题，不要打开；此外，也要提前判断链接是否有问题，在确认没有问题后再打开。

4. 坚决抵制不良信息

微信聊天过程中，如果聊天的内容涉及金钱、见面等敏感字眼时，用户就要小心了。此外，如果在聊天过程中发现有些用户涉及诈骗、发布色情信息，可以立即对其进行举报。

9.4.2　微信账号被盗的应对措施

用户的微信账号被盗之后，应该第一时间设置冻结账号，找回密码之后，再解冻账号。正常登录微信后，要及时向好友解释账号被盗的情况，并向被打扰的好友道歉。下面介绍微信账号冻结及解冻的操作方法。

1. 绑定了 QQ 号的微信账号

具体操作步骤如下：

（1）微信被盗后，应该先通过计算机登录 110.qq.com 网站，申请冻结微信账号，以保证账号信息的安全，并尽量避免盗号者利用账号进行欺诈。

（2）微信账号冻结后，先通过计算机登录 aq.qq.com，修改 QQ 密码。如果不小心忘记了密保问题，可以通过账号申诉来找回密码。

（3）修改 QQ 密码后，通过计算机登录 110.qq.com，单击“解冻账号”即可解除微信账号的冻结，然后微信号可正常登录。而在用户再次微信账号时，微信官方还会发送一条验证码信息到此前绑定的手机。

2. 没有绑定QQ号的微信账号

具体操作步骤如下：

（1）因为微信没有绑定QQ，所以需要拨打微信客服热线0755-83767777申请冻结微信账号。

（2）使用电话或是在网站联系微信客服，修改微信绑定的手机和邮箱等信息。

（3）在处理好账号的安全信息之后，联系微信客服申请解除账号冻结，开启账号保护并清除非本人的登录手机信息，保障账号的使用安全。

9.5 邮箱账户的安全防范

伪造电子邮件的攻击手段很多，一旦受到攻击用户的重要信息就会泄露，将面临巨大的损失。所以我们应该掌握必要的防范措施来保护邮箱账户安全。

9.5.1 隐藏邮箱账户

伪造邮件攻击通常跟钓鱼攻击一起使用。黑客伪造可信的发件人账户，在邮件正文编辑诱骗信息，包括钓鱼网站链接，诱骗用户单击。用户收到伪造的邮件后不经仔细审查很难发现邮件的伪造，用户一旦单击进入钓鱼链接，输入的账号和密码直接就被黑客获取。

隐藏邮箱账户有如下两种方法：

（1）使用假邮箱地址，在各大论坛等需要注册时填写邮箱的地方使用。

（2）使用小技巧，如将abc@126.com在输入时改成abc 126.com，大家都会知道这个实际上就是邮箱，但一些邮箱自动搜索软件却无法识别这样的“邮箱”了。

9.5.2 电子邮件攻击防范措施

电子邮件攻击手段很多，一旦受到攻击，将面临着巨大的损失。所以，我们应该掌握必要的防范措施来保护电子邮件的安全。

1. 使用软件过滤垃圾邮件

防止黑客利用大量垃圾邮件来攻击邮箱，用可以下载垃圾邮件过滤软件来过滤垃圾邮件。如MailWasher在下载邮件前会对将要接收的邮件进行检查并过滤垃圾邮件，它将邮件分为合法邮件、病毒邮件、可能带病毒的邮件、垃圾邮件等几个类别，可以对邮件进行直接删除、黑名单编辑、过滤名单编辑等处理。

2. 避免使用公共Wi-Fi发送邮件

黑客为了窃取别人的信息，可以自己创建公共Wi-Fi热点，然后等待用户连接到Wi-Fi热点，这样黑客就可以使用监听工具监听用户的账户和密码，或者是其他重要的数据信息。

3. 谨慎对待陌生链接和附件

黑客往往喜欢伪造一份邮件，声称用户注册的某个账户中了病毒或安全性较低，然后放置一个钓鱼链接诱骗用户单击进去修改密码。当用户在钓鱼网站重新登录时，黑客就获取了用户的账户和密码。

不要随意打开陌生邮件中的附件。当收到陌生人发来的带有附件的邮件时，不要随意打开邮件中的附件。这些附件可能看上去没有特别之处，就像平时接收的附件一样。但是，用户需要注意的是，木马程序或者其他的病毒都是可以伪装的，可能表面上看附件内容是一张图片，但当打开它的时候就会隐藏启动一个木马程序。

9.6　支付账户的安全防范

目前，线上支付占据非常大的比例，但线上支付却存在着较大的安全隐患。本节以市场占有率较高的支付宝为例，介绍防范支付账号安全的措施。

支付宝作为一款网络支付宝工具已经被广泛接受，那么对于经常使用支付宝的用户来说，其账户及账户内资金的安全也成为用户比较担心的问题。从这两点出发，介绍如何使自己的支付宝账户及账户内资金更加安全，防御系数更高。

9.6.1　加强支付宝账户的安全防护

加强支付宝账户的安全防护主要有以下 3 个方法：定期修改登录密码、绑定手机、设置安全保护问题。

1. 定期修改登录密码

使用支付宝前首先要通过登录密码进行登录，密码登录错误将无法进行后续操作，其重要性不言而喻。由于长时间使用单一密码很容易导致密码泄露或被黑客破译，因此定期修改密码非常重要。

【实验 9-1】定期修改登录密码

具体操作步骤如下：

（1）在 IE 浏览器地址栏中输入 https://www.alipay.com/，按回车键，打开支付宝首页，单击“登录”按钮，如图 9-10 所示。

图 9-10　单击“登录”按钮

（2）在弹出的“登录支付宝”对话框中，单击电脑图标，采用通过输入账户和密码方式登录，如图 9-11 所示。

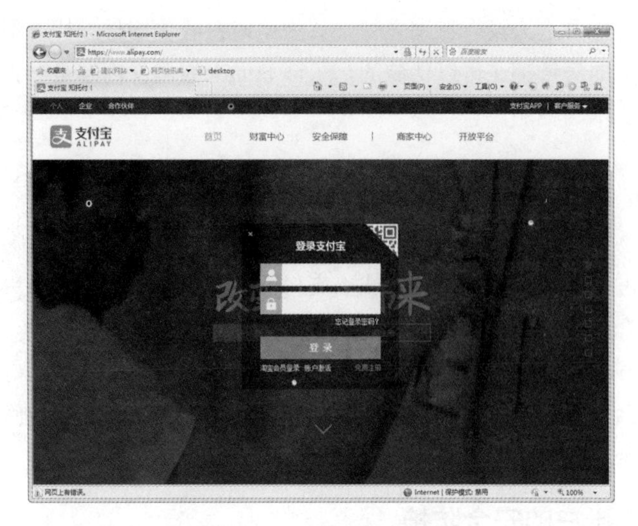

图 9-11 “登录支付宝”对话框

（3）输入账户和密码后，单击“登录”按钮，进入我的支付宝页面，单击顶部的“安全中心”超链接，如图 9-12 所示。

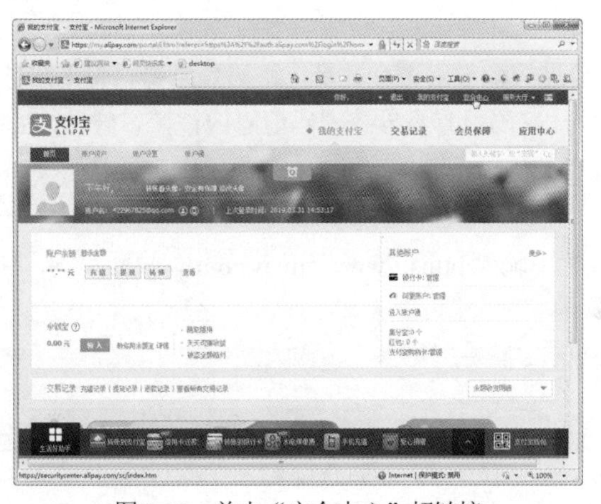

图 9-12 单击“安全中心”超链接

（4）在弹出的“安全中心”页面中，选择“保护账户安全”选项卡，单击登录密码右侧的“重置”超链接，如图 9-13 所示。

图 9-13 单击“重置”超链接

（5）在弹出的“重置登录密码”页面中，提示用户可以采用“通过登录密码”、“通过验证身份证件”、“通过验证短信”和“通过验证电子邮箱”等方式来重置登录密码，在这里选择“通过登录密码”方式来重置密码，单击“立即重置”按钮，如图 9-14 所示。

图 9-14　单击“立即重置”按钮

（6）在弹出的“重置登录密码”页面中，输入登录密码，然后单击“下一步”按钮，如图 9-15 所示。

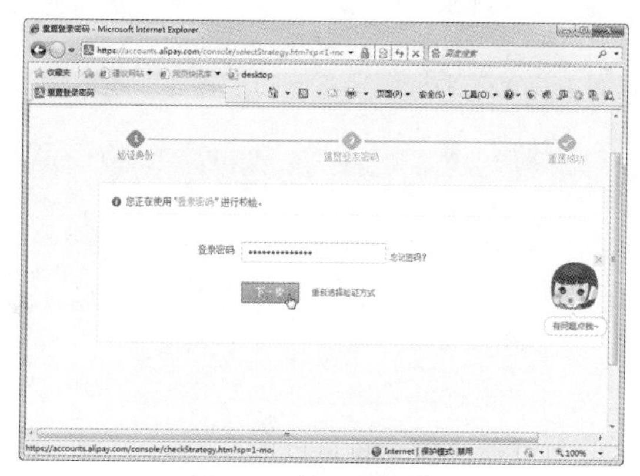

图 9-15　输入登录密码

（7）确认密码无误后，弹出“重置登录密码”页面，分别在“新的登录密码”和“确认新的登录密码”文本框中输入新的登录密码，然后单击“确认”按钮，如图 9-16 所示。

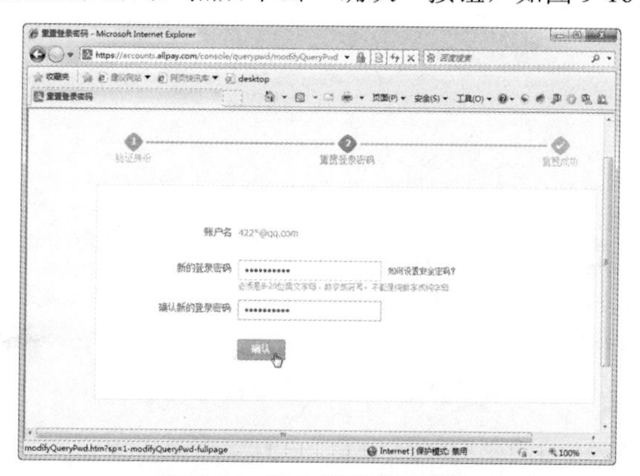

图 9-16　输入新的登录密码

（8）单击“确认”按钮后，弹出如图 9-17 所示的页面，提示用户登录密码修改成功。

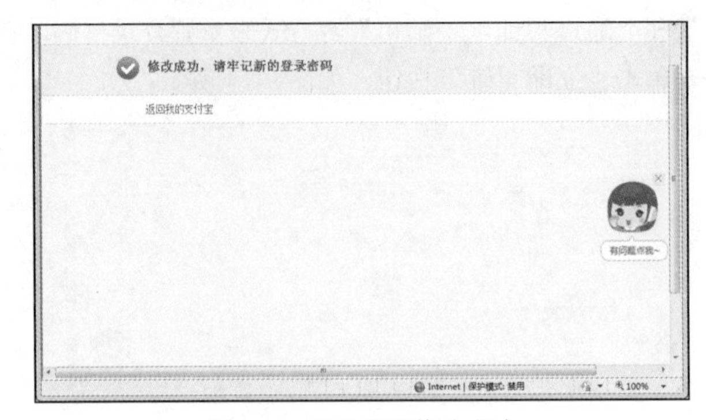

图 9-17　登录密码修改成功

2. 绑定手机

绑定手机功能能够使支付宝的安全性能提高很多。支付宝账户与手机绑定后，用户还能够随时随地修改密码，保证账户安全。下面介绍修改绑定手机的操作。

【实验 9-2】修改绑定手机

具体操作步骤如下：

（1）在“安全中心”页面中，单击手机绑定右侧的“管理”超链接，如图 9-18 所示。

图 9-18　单击“管理”超链接

（2）在弹出的“账户管理”页面中，单击手机右侧的“修改”超链接，如图 9-19 所示。

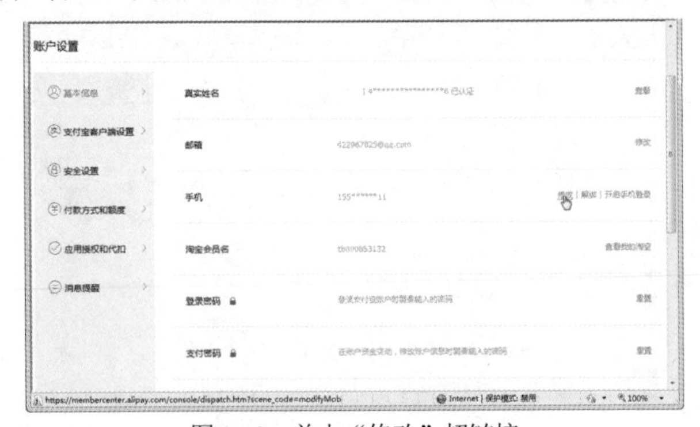

图 9-19　单击“修改”超链接

（3）在弹出的“修改手机”页面中，如图 9-20 所示。根据提示输入新的手机号码。

（4）接下来根据提示进行操作，即可完成修改绑定手机号码的操作。

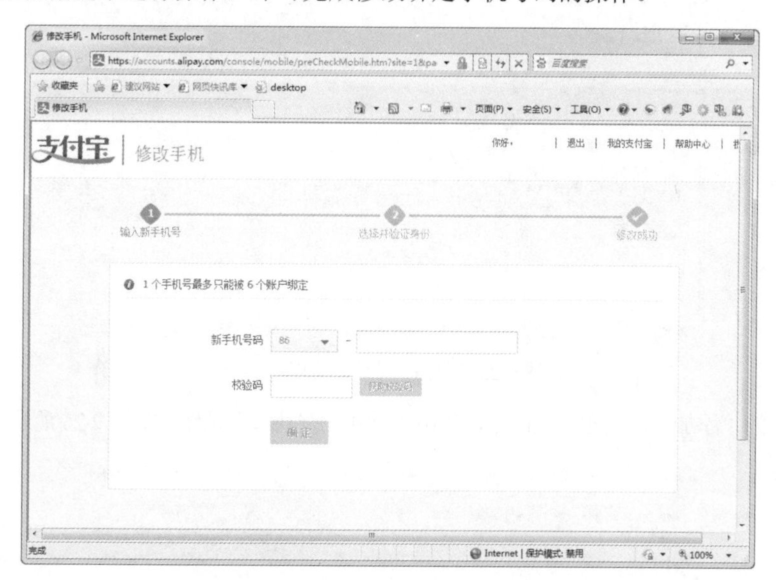

图 9-20　“修改手机”页面

3. 设置安全保护问题

设置安全保护问题，使支付宝账户更加安全。下面介绍设置安全保护问题的具体操作步骤。

【实验 9-3】设置安全保护问题

具体操作步骤如下：

（1）在“安全中心”页面中，单击安全保护问题右侧的“设置”超链接，如图 9-21 所示。

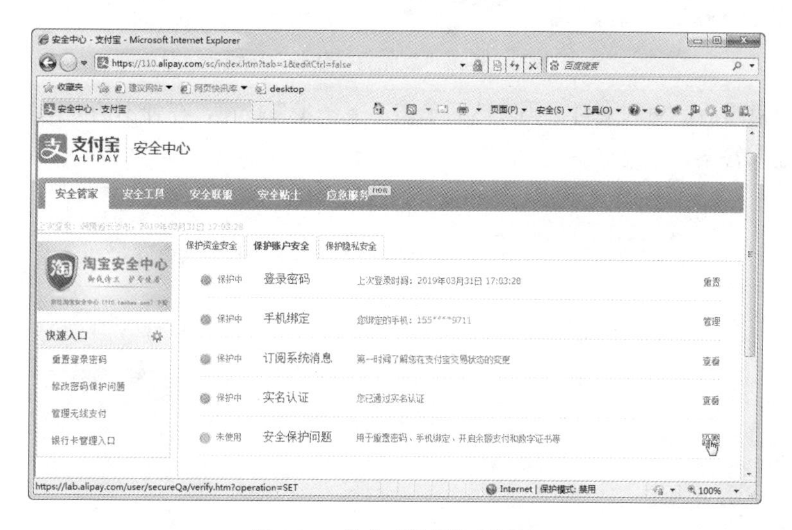

图 9-21　单击“设置”超链接

（2）在弹出的“添加安保问题”页面中，单击“立即添加”按钮，如图 9-22 所示。

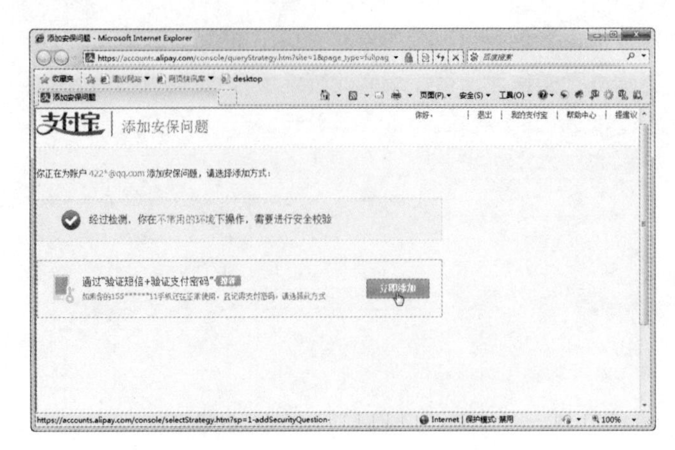

图 9-22　单击“立即添加”按钮

（3）在弹出的“添加安保问题”页面中，单击“点此免费获取”按钮，如图 9-23 所示。获取校验码。

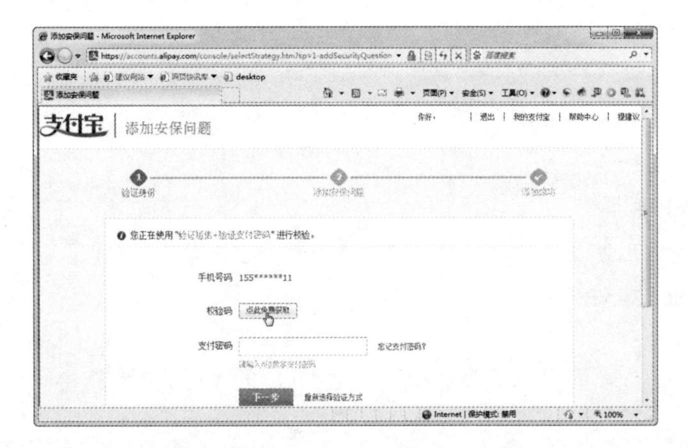

图 9-23　单击“点此免费获取”按钮

（4）输入校验码后，输入支付密码，然后单击“下一步”按钮，在弹出的如图 9-24 所示的页面中选择问题并输入答案。

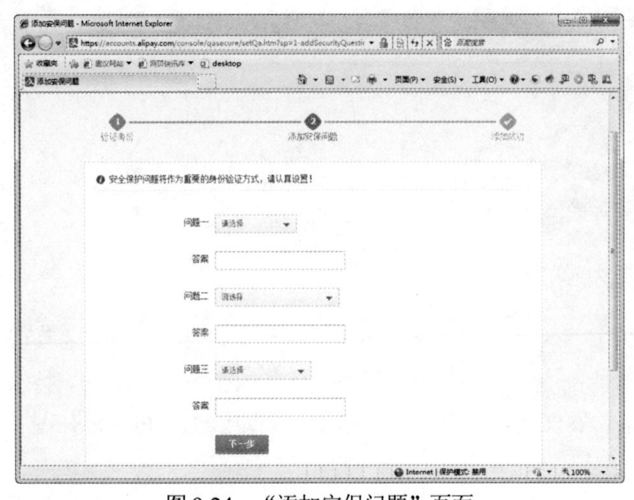

图 9-24　“添加安保问题”页面

（5）设置安保问题后，在弹出的如图 9-25 所示的确认安保问题页面中，单击“确定”按钮。

图 9-25　单击“确定”按钮

（6）单击“确定”按钮，弹出如图 9-26 所示的页面，提示用户添加安保问题成功。

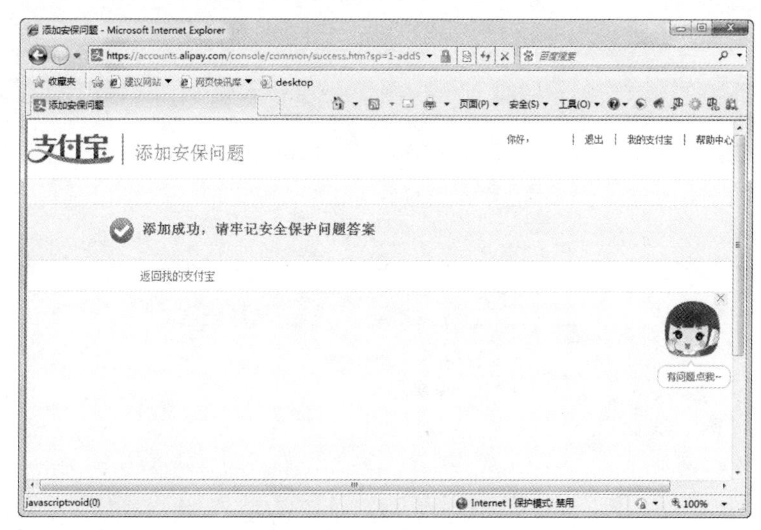

图 9-26　添加安保问题成功

提示：安保问题虽然不经常使用，但是仍存在泄露的风险，为了保证用户的账户安全，建议定期修改安全保护问题，可以 3 个月修改一次。

9.6.2　加强支付宝内资金的安全防护

一般情况下，用户不会将大量资金直接存在支付宝内，而是在使用时先通过银行卡将资金存入支付宝账户中，然后再通过支付宝支付。但当支付宝中存有一定量的资金时，就要注意支付宝的安全问题，以防他人盗取。

1. 定期修改支付密码

支付密码与登录密码不同，登录密码是在登录支付宝账户时所输入的密码，而支付密码是使用支付宝进行资金支付时所输入的密码，一旦密码被黑客掌握，账户里的资金将会被他人盗取。

【实验 9-4】定期修改支付密码

具体操作步骤如下：

（1）在“安全中心”页面中，选择“保护资金安全”选项卡，单击支付密码右侧的“重置”超链接，如图 9-27 所示。

图 9-27　单击“重置”超链接

（2）在弹出的“重置支付密码”页面中，展开“我记得原支付密码”选项，单击“立即重置”按钮，如图 9-28 所示。

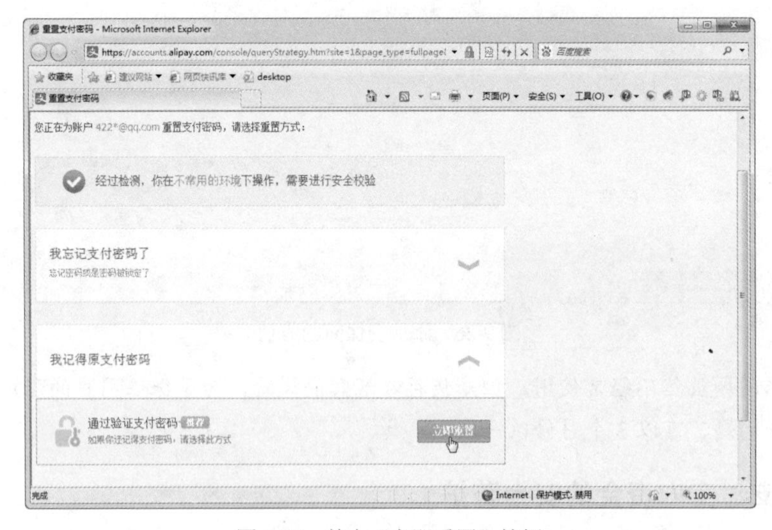

图 9-28　单击“立即重置”按钮

（3）在弹出的“重置支付密码”页面中，输入原支付密码，然后单击“下一步”按钮，如图 9-29 所示。

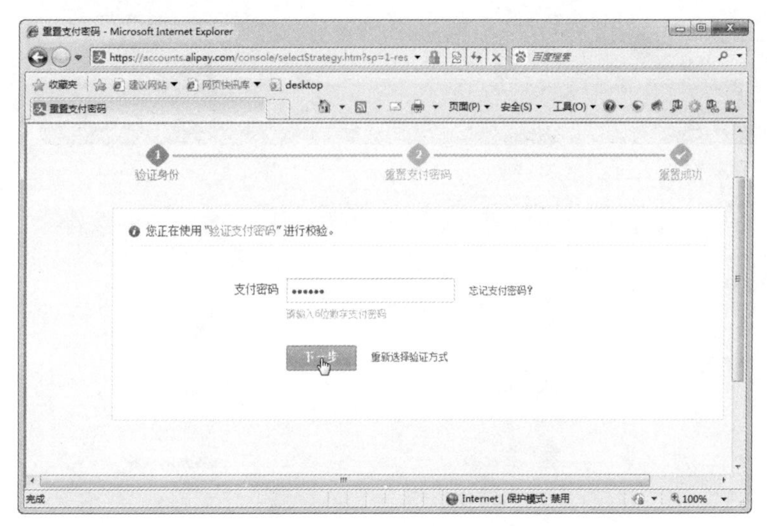

图 9-29　输入原支付密码

（4）在弹出的“重置支付密码”页面中，输入新的支付密码，然后单击“确定”按钮即可，如图 9-30 所示。

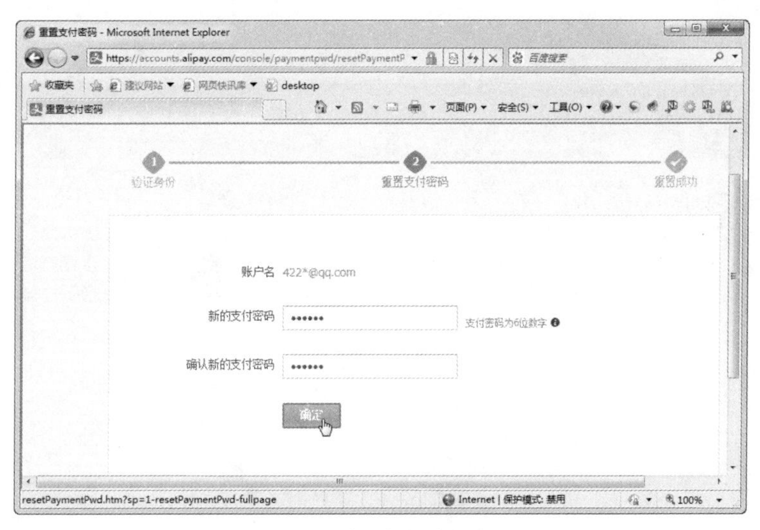

图 9-30　输入新的支付密码

2. 申请支付盾

支付盾可以保证用户在网上信息传递时的保密性、唯一性、真实性和完整性，时刻保护用户的资金和账户安全。

具体操作步骤如下：

（1）在“安全中心”页面中，选择“保护资金安全”选项卡，单击支付盾右侧的“申请”超链接，如图 9-31 所示。

图 9-31　单击“申请”超链接

（2）在弹出的“安全工具”页面中，根据提示将购买的支付盾插入电脑中，如图 9-32 所示。然后单击“激活支付盾”按钮即可。

图 9-32　激活支付盾

第 10 章　网页浏览器的防黑实战

在上网时用户可能会发现浏览器无法正常工作，或是频繁弹窗，对用户造成极大的干扰。因此保护网页浏览器的安全也就成为一项刻不容缓的工作。本章从网页恶意代码的基本知识入手，介绍常见恶意网页代码及攻击方法，清除和预防恶意网页代码等知识，通过本章的学习，用户应掌握防护网页浏览器的技巧。

10.1　了解网页恶意代码

恶意代码最常见的表现形式就是网页恶意代码，网页恶意代码的技术以 WSH 为基础，即 Windows Scripting Host，中文称作“Windows 脚本宿主”。它是利用网页进行破坏的病毒，使用一些用 Script 语言编写的恶意代码，利用 IE 的漏洞实现病毒植入。

当用户登录某些含有网页病毒的网站时，网页病毒便被悄悄激活，这些病毒一旦被激活，可以对用户的电脑系统进行破坏，强行修改用户操作程序，甚至可以对被攻击的电脑进行非法控制系统资源、盗取用户文件、删除硬盘中的文件、格式化硬盘等恶意操作。

1. 恶意代码的特征

恶意代码（Malicious code）或者叫恶意软件 Malicious（Malicious Software）具有以下共同特征：

（1）恶意的目的

（2）本身是程序

（3）通过执行发生作用

有些恶作剧程序或者游戏程序不能看作是恶意代码。现在，对过滤性病毒的特征进行讨论的文献很多，尽管它们数量很多，但是机理比较相似，在防病毒保程序的防护范围之内，更值得注意的是非滤过性病毒。

2. 恶意代码的传播方式

恶意代码的传播方式在迅速地演化，从引导区传播到某种类型文件传播、到宏病毒传播、到邮件传播，再到网络传播，发作和流行的时间越来越短，危害越来越大。

目前，恶意代码主要通过网页浏览或下载、电子邮件、局域网和移动存储介质、即时通信工具等方式传播。广大电脑用户遇到的最常见的方式是通过网页浏览方式进行攻击的方式，这种方式具有传播广、隐蔽性较强等特点，潜在的危害性也是较大的。

10.2　常见恶意网页代码及攻击方法

网络上的恶意代码各种各样，那么怎样判断电脑是否已经感染了恶意代码呢？如果已经感染了恶意代码，又怎样进行清除呢？下面介绍几种最常见的恶意代码及相应的解决方法。

10.2.1　启动时自动弹出对话框和网页

相信大多数用户都会遇到下面的情况：

（1）系统启动时弹出对话框，通常是一些广告信息，如“欢迎访问某某网站”等。

（2）开机弹出网页，通常会弹出很多窗口，让用户措手不及，更有甚者，会重复弹出窗口直到死机。

这就说明恶意代码修改了用户的注册表信息，使得启动浏览器时出现异常，可以通过编辑系统注册表来解决，具体操作步骤如下：

（1）单击“开始”→“所有程序”→“附件”→“运行”命令，在弹出的“运行”对话框中输入“regedit”命令，打开“注册表编辑器”窗口。

（2）在“注册表编辑器”窗口中，依次展开“HKEY_LOCAL_MACHINE\SOFTWARE\Microsoft\ Windows NT\CurrentVersion\Winlogon”选项，选择右窗格中的LegalNoticeCaption和LegalNoticeText两个字符串，然后右击，在弹出的快捷菜单中选择“删除”命令，如图10-1所示。

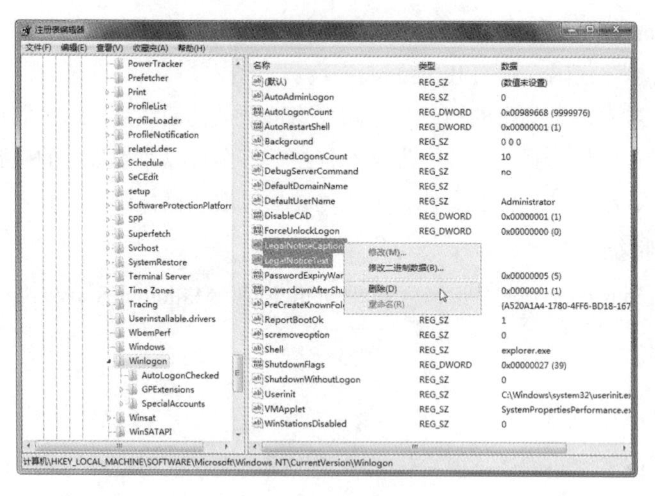

图10-1　选择“删除”命令

（3）按【WIN＋R】组合键，打开“运行”对话框，在“运行”文本框中输入“msconfig”命令，按回车键。

（4）在弹出的“系统配置”对话框中，选择“启动”选项卡，在列表框中将扩展名为.url、.html、.htm的网址文件禁用，然后单击“应用”按钮。

10.2.2　利用恶意代码禁用注册表

有时用户浏览了恶意网页之后系统被修改，要想用 Regedit 注册表编辑器更改，却发现系统提示没有权限运行该程序，无法运行。这说明恶意代码不仅修改了用户的浏览器设置，甚至禁用了注册表的编辑功能。

遇到这种情况，用户可以从网上下载一个第三方的注册表编辑器，推荐使用 Registry Workshop 软件。Registry Workshop 是一款高级的注册表编辑工具，能够完全替代 Windows 系统自带的注册表编辑器。

【实验 10-1】使用 Registry Workshop 恢复注册表

具体操作步骤如下：

（1）下载 Registry Workshop 软件，然后安装运行，在软件左窗格中依次展开“HKEY-LOCAL-MACHINE\Software\Microsoft\Windows\CurrentVersion\Policies\System”选项，在右窗格中选择“DisableRegistryTools”键值，如图 10-2 所示。

（2）右击，在弹出的快捷菜单中选择“修改”命令，在弹出的对话框中将“数值数据”改为 0。单击“确定”按钮，并退出 Registry Workshop 软件，然后重新启动电脑，即可恢复注册表的系统权限。

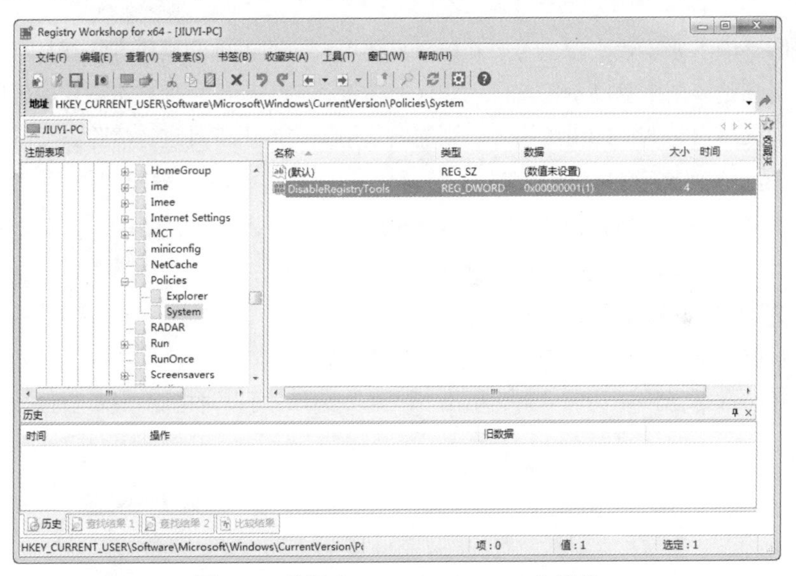

图 10-2　选择“DisableRegistryTools”键值

10.3　恶意网页代码的预防和清除

虽然有的恶意代码的破坏性不是很大，但是感染恶意代码常常会对用户的电脑系统做一些强制设置，并且清除起来非常麻烦。因此，电脑用户要学会对恶意代码的预防和清除。

10.3.1　预防恶意网页代码

电脑用户在上网前和上网时要做好以下工作，才能对网页恶意代码进行很好地预防：

（1）要避免被网页恶意代码感染，首先是不要轻易去一些自己并不了解的站点，尤其是对于那些看上去非常诱人的网址更不要轻易进入，否则往往在不经意间就会误入网页代码的“圈套”。

（2）微软官方经常发布一些漏洞补丁，要及时对当前操作系统及IE浏览器进行更新升级，从而更好地对恶意代码进行防范。

（3）一定要在电脑上安装病毒防火墙和网络防火墙，并要时刻打开“实时监控功能”。通常防火墙软件都内置了大量查杀 VBS、JavaScript 恶意代码的特征库，能够有效地警示、查杀、隔离含有恶意代码的网页。

（4）对防火墙等安全类软件进行定时升级，并在升级后检查系统进程，及时了解系统的运行情况，定期扫描系统（包括毒病扫描与安全漏洞扫描），以确保系统的安全性。

（5）关闭局域内系统的网络硬盘共享功能，防止一台电脑中毒影响到网络内的其他电脑。

（6）利用 hosts 文件可以将已知的广告服务器重定向到无广告的机器（通常是本地的 IP 地址：127.0.0.1）上来过滤广告，从而拦截一些恶意网站的请求，防止访问欺诈网站或者感染一些病毒或恶意软件。

（7）对 IE 浏览器进行详细的安全设置。

10.3.2 清除恶意网页代码

即便是电脑感染了恶意代码，也不要着急，只要用户按照正确的操作方法都是可以使系统恢复正常的。如果用户是一个电脑高手，就可以对注册表进行手工操作，使被恶意代码破坏的更改的地方恢复正常；如果用户是普通的电脑用户，则需要使用一些专用工具进行清除。

1. 使用 IEscan 恶意网站清除软件

IEscan 恶意网站清除软件是功能强大的 IE 修复工具及流行的病毒专杀工具，使用它可以进行恶意代码的查杀，并对常见的恶意网络插件进行免疫。

【实验 10-2】使用 IEscan 恶意网站清除软件

具体操作步骤如下：

（1）运行 IEscan 恶意网站清除软件，单击“检测”按钮，可以对电脑系统进行恶意代码的检查，如图 10-3 所示。

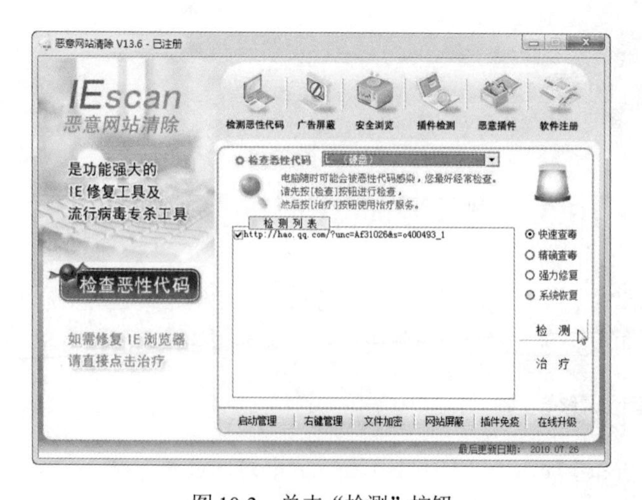

图 10-3 单击“检测”按钮

（2）检测完成后，弹出对话框，提示用户查毒完毕，单击“确定”按钮即可。

（3）单击“确定”按钮，返回到“IEscan 恶意网站清除”窗口，单击“治疗”按钮，则可以对 IE 浏览器进行修复，如图 10-4 所示。

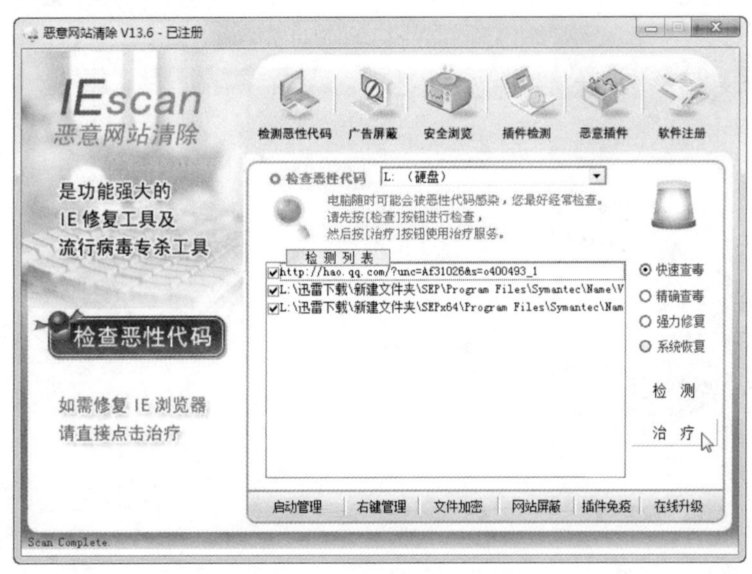

图 10-4　单击“治疗”按钮

（4）单击“IEscan 恶意网站清除”窗口右下角的“插件免疫”按钮，以列表形式显示已知的恶意插件的名称，然后单击“全选”按钮，单击“应用”按钮，如图 10-5 所示。即可完成插件免疫操作。

图 10-5　完成插件免疫操作

2. 使用恶意软件查杀助理

Windows 软件清理大师能够检测、清理已知的大多数广告软件、工具条和流氓软件。

【实验 10-3】使用 Windows 软件清理大师清除软件

具体操作步骤如下：

（1）在 Windows 7 操作系统中，运行 Windows 软件清理大师，单击“清理系统”按钮，如图 10-6 所示。

图 10-6　单击“清理系统”按钮

（2）在右侧的窗格中选择“清理系统”选项卡，然后选中所有的选项，单击“下一步”按钮，如图 10-7 所示。

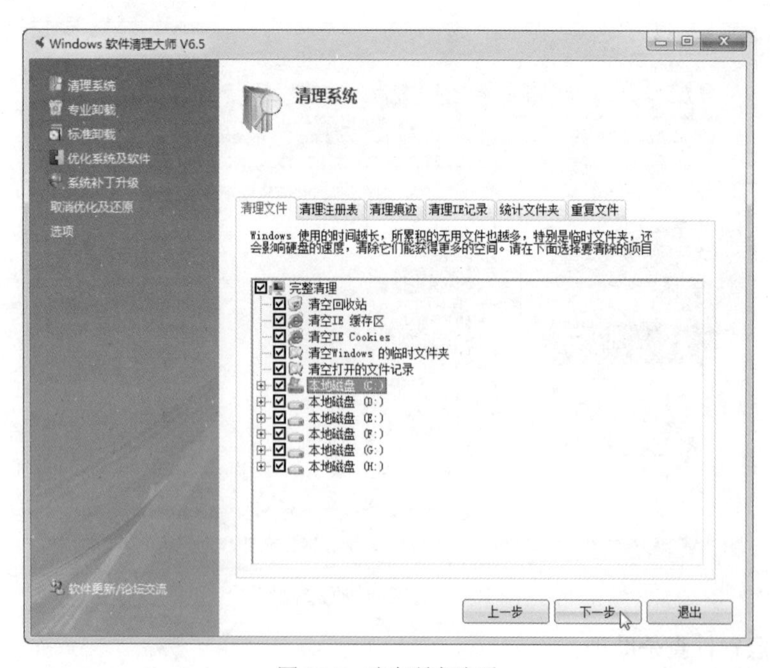

图 10-7　选中所有选项

（3）Windows 软件清理大师将自动搜索系统中的垃圾和“流氓”软件，扫描完成后，选中需要清除的选项，然后单击“清除”按钮，如图 10-8 所示。

（4）清除完成后，在弹出的提示对话框中，单击“确定”按钮即可。

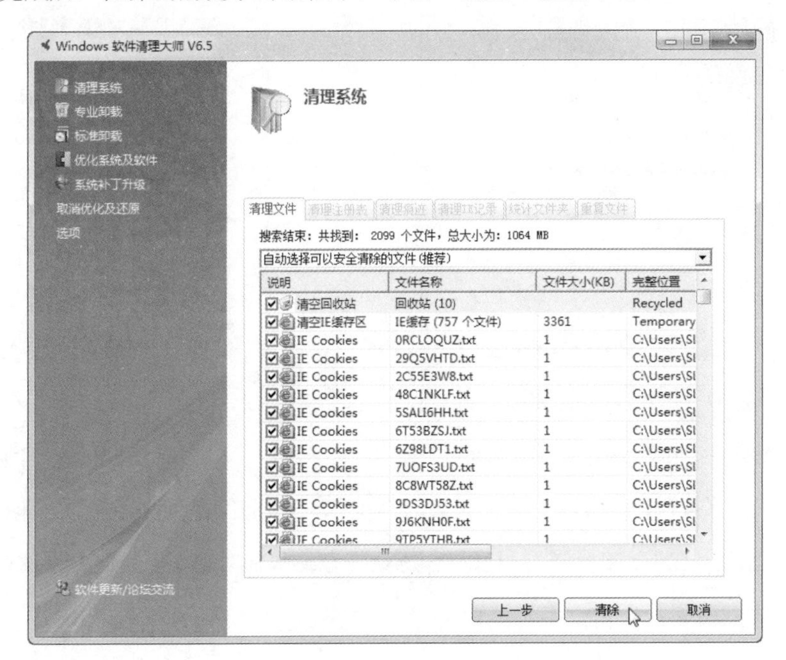

图 10-8　选中文件

10.4　攻击浏览器的常见方式

浏览器是用户访问网站的主要工具，通过网页浏览器用户可以访问海量的信息，本节就以常用的 IE 浏览器为例来介绍常见的网页浏览器的攻击方式。

10.4.1　修改默认主页

某些网站为了提高自己的访问量和做广告宣传，使用恶意代码将用户设置的主页修改为自己的网页，解决这一问题最简单的方式是在“Internet 选项”对话框中进行设置。

1. 设置浏览器的主页

下面介绍在“Internet”对话框中，设置浏览器的主页的方法。

【实验 10-4】设置浏览器的主页

具体操作步骤如下：

（1）打开 IE 浏览器，选择“工具”→“Internet 选项”命令，打开“Internet 选项”对话框，如图 10-9 所示。

（2）选择“常规”选项卡，在“主页”设置区域的“地址”文本框中输入自己需要的主页，例如这里输入“http://www.baidu.com/”，如图 10-10 所示。

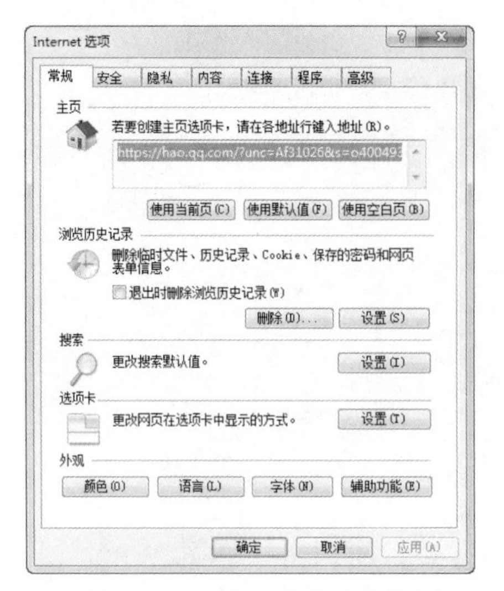

图 10-9 “Internet 选项”对话框

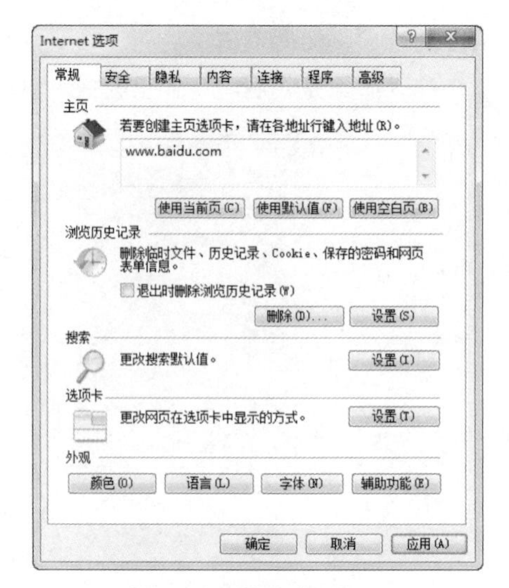

图 10-10 输入主页网址

（3）单击“确定”按钮，就可以把主页设置为百度首页。打开 IE 浏览器主页，即显示百度首页。

提示：除了上述方法外，用户还可以在“本地组策略编辑器”窗口中修改被攻击的浏览器主页。

在“本地组策略编辑器”窗口中修改攻击的浏览器主页的具体操作步骤如下：

（1）打开“运行”对话框，在“打开”文本框中输入“gpedit.msc”，单击“确定”按钮，如图 10-11 所示。

图 10-11 输入命令

（2）打开“本地组策略编辑器”窗口，在左侧窗格中依次展开“用户配置”→“Windows 设置”→“Internet Explorer 维护”→“URL”选项，在右侧窗格选择“重要 URL”选项，右击，在弹出的快捷菜单中选择“属性”命令，如图 10-12 所示。

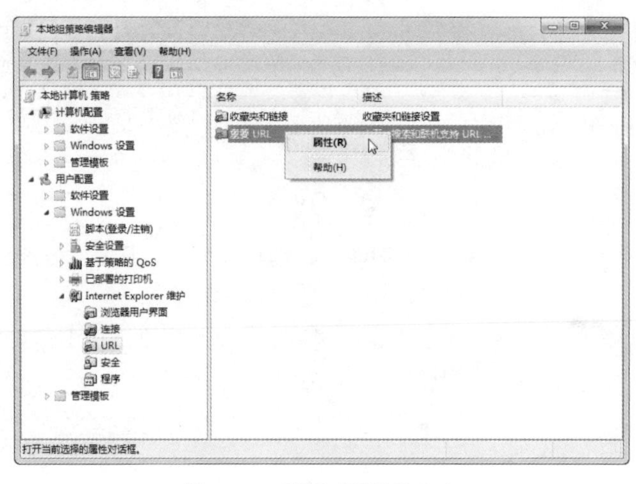

图 10-12 选择“属性”命令

（3）在弹出的“重要 UR”对话框中，选中“自定义主页 URL”复选框，在“主页 URL”文本框中输入自己定义的主页，在这里输入百度的网址“http://www.baidu.com/，单击“确定”按钮，即可将 IE 浏览器的首页修改为百度首页。

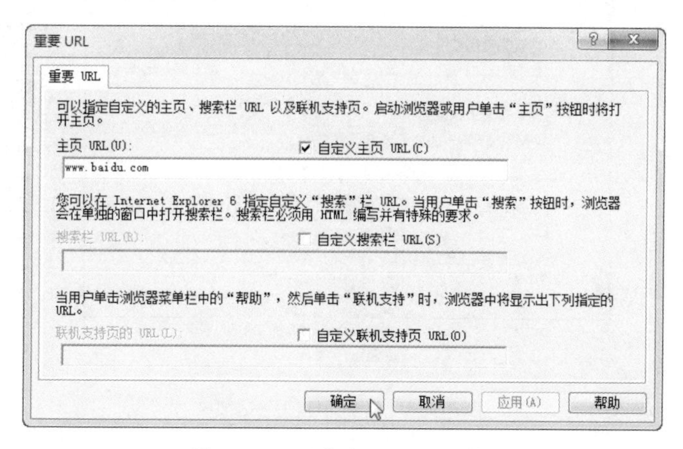

图 10-13　“重要 URL”对话框

2. 锁定浏览器的主页

通过对浏览器的主页锁定，可以避免恶意软件经常修改浏览器的主页。下面介绍使用 QQ 电脑管家锁定浏览器主页的方法。

【实验 10-5】锁定浏览器的主页

具体操作步骤如下：

（1）运行 QQ 电脑管家，选择“工具箱”选项卡，单击“浏览器保护”按钮，如图 10-14 所示。

图 10-14　单击“浏览器保护”按钮

（2）在弹出的“电脑管家-浏览器保护”对话框中，单击“锁定默认 IE 主页为”右侧的三角按钮，在弹出的下拉列表框中选择“百度一下”，如图 10-15 所示。

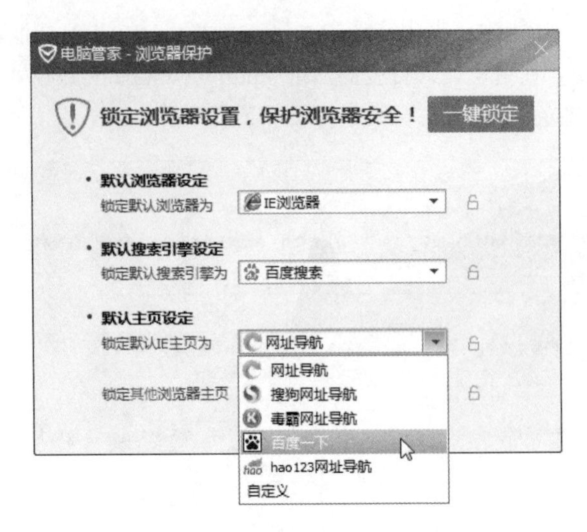

图 10-15　选择“百度一下”

（3）设置完成后，单击“一键锁定”按钮，即可锁定默认浏览器、默认搜索引擎和默认主页设定，如图 10-16 所示。

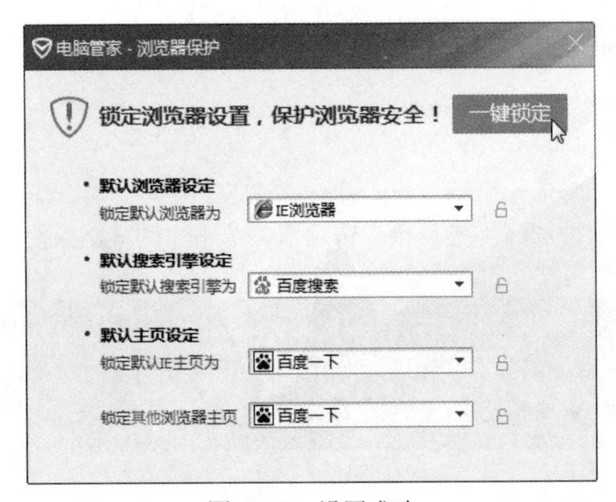

图 10-16　设置成功

10.4.2　恶意更改浏览器标题栏

恶意更改网页浏览器的标题栏也是黑客攻击浏览器常用的方式之一，具体表现为浏览器的标题栏被加入一些固定不变的广告等信息。针对这种攻击方式，用户可以通过修改注册来清除标题栏中的广告等信息，具体操作步骤如下：

（1）在“注册表编辑器”窗口中，依次选择“HKEY-LOCAL-MACHINE \Software \Microsoft\Internet Explorer\Main”选项，在右侧窗格中选择 Window Tile 健值项并右击，在弹出的快捷菜单中选择“删除”命令，如图 10-17 所示。

（2）在弹出的“确认数值删除”对话框中，询问用户确实要删除此数值吗？ 单击“是”按钮。即可完成数值删除操作。

（3）关闭注册表编辑器，然后重新启动电脑，当再次使用 IE 浏览器浏览网页时就会发现标题栏中的广告等信息已经被删除了。

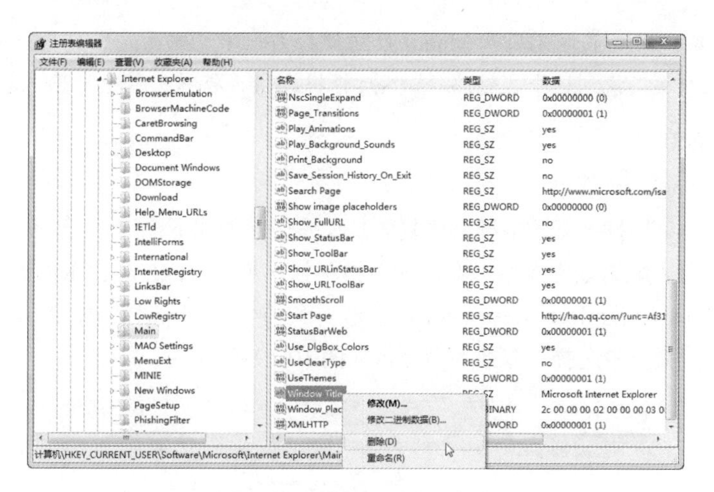

图 10-17　选择“删除”命令

10.4.3　强行修改浏览器的右键菜单

被强行修改右键菜单的现象主要表现为：

（1）右键快捷菜单被添加非法网站链接。

（2）右键弹出快捷菜单功能被禁用，在 IE 浏览器中右击无反应。

1. 删除非法网站链接

【实验 10-6】删除非法网站链接

针对浏览器右键菜单中出现的非法网站链接，修复的具体操作步骤如下：

（1）打开“注册表编辑器”窗口中，在左侧窗格中依次展开 HKEY_CURRENT_USER\Software\Microsoft\Internet Explorer\MenuExt 选项，IE 的右键菜单都在这里设置，在其中选择要删除的右键链接，右击，在弹出的快捷菜单中选择“删除”命令，如图 10-18 所示。

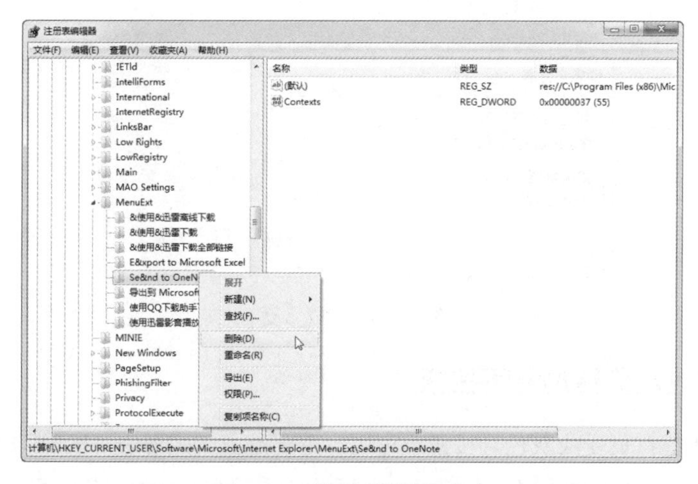

图 10-18　选择“删除”命令

（2）在弹出的“确认项删除”对话框中，提示用户是否确实要删除这个项和所有其子项，单击

“是”按钮，即可将该项删除。

提示：在删除前，用户最好先展开 MenuExt 主键检查一下，里面是否会有一个子键，其内容是指向一个 HTML 文件的，找到这个文件路径，然后根据此路径将该文件也删除，这样才能彻底清除。

2. 恢复右键菜单

【实验 10-7】恢复右键菜单

针对浏览器右键菜单打不开的情况，修复的具体操作步骤如下：

（1）打开“注册表编辑器”窗口，在左侧窗格中依次展开 HKEY_CURRENT_USER\Software\Policies\Microsoft\Internet Explorer\Restrictions 选项，在右侧窗格中选择“NoBrowserContextMenu”，右击，在弹出的快捷菜单中选择“修改”命令，如图 10-19 所示。

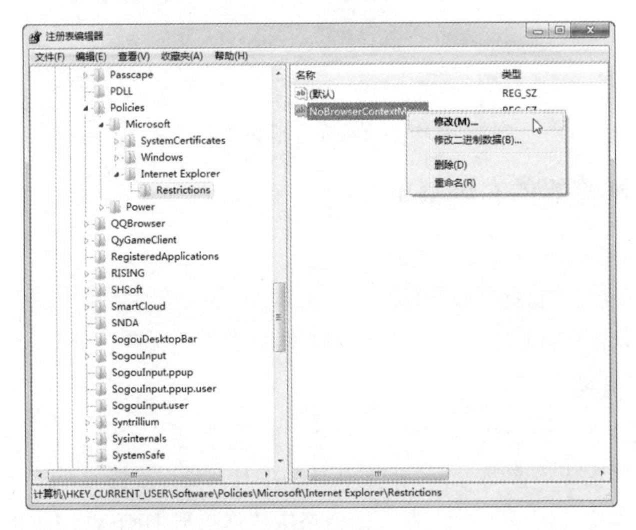

图 10-19 选择“修改”命令

（2）打开“编辑字符串”对话框，在“数值数据”文本框中输入“00000000”，然后单击“确定”按钮，如图 10-20 所示，即可完成 IE 浏览器的修复。

图 10-20 完成修复

10.4.4 强行修改浏览器的首页按钮

IE 浏览器默认的首页变成灰色且按钮不可用，主要是由于注册表 HKEY_USERS\.DEFAULT\Software\Policies\Microsoft\Internet Explorer\Control Panel 下的 homepage 的键值被修改，即原来的键值为 0，被修改为 1。

具体操作步骤如下：

（1）在“注册表编辑器”窗口中，依次选择“HKEY_USERS\.DEFAULT\Software\Policies\Microsoft\Internet Explorer\Control Panel”选项，在右侧窗格中选择 homepage 健值项并右击，在弹出的快捷菜单中选择“修改”命令，如图 10-21 所示。

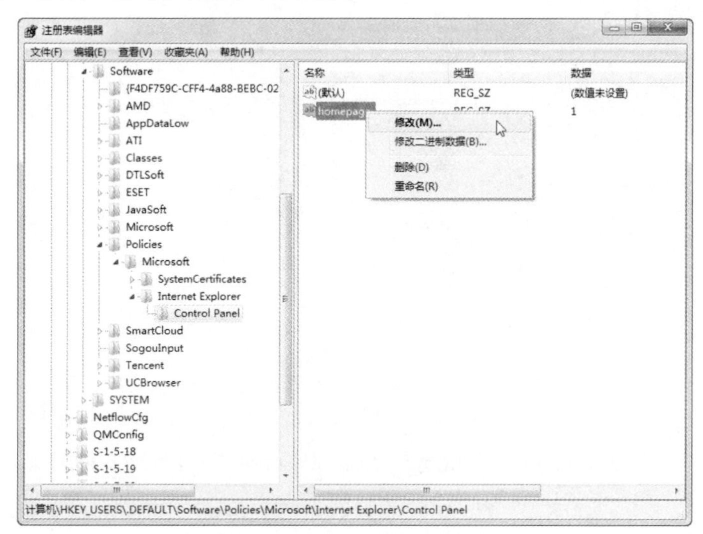

图 10-21　选择“修改”命令

（2）在弹出的“编辑字符串”对话框中，将“数值数据”文本框中的数值 1 修改为 0，如图 10-22 所示。

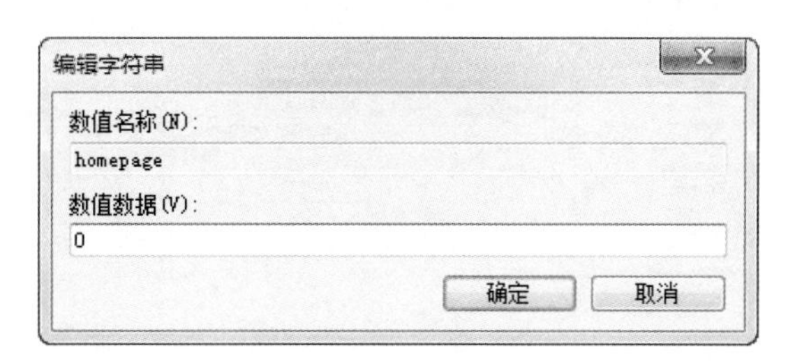

图 10-22　修改数值

（3）单击“确定”按钮，重新启动计算机，则该问题即可修复。

10.4.5　删除桌面上的浏览器图标

桌面上的 IE 浏览器图标“不见”了，出现这种现象主要还是“流氓”软件的篡改所致，或计算机中了病毒，这时建议用户使用杀毒软件查杀病毒，然后重新启动计算机。不过，还可以通过手动建立快捷方式来使图标出现在桌面上。

通过手动建立 IE 快捷方式的具体操作步骤如下：

（1）在 Windows 7 操作系统中，打开 X:\Program Files\Internet Explorer（X 为安装操作系统盘符）文件夹。

（2）选择“iexplore”图标，右击，在弹出的快捷菜单中选择“发送到”→“桌面快捷方式”命令，如图 10-23 所示。这样就可以将 IE 快捷方式发送到桌面上使用。

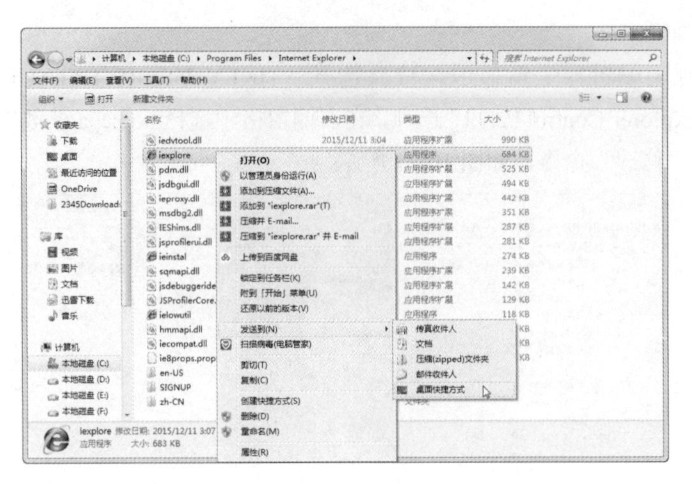

图 10-23　选择“发送到”→“桌面快捷方式”命令

另外，还可以在注册表中修复 IE 浏览器图标“不见了”的情况，具体操作步骤如下：

（1）在 Windows 7 操作系统中，打开“注册表编辑器”窗口，在左侧窗格中单击展开 HKEY_CURRENT_USER\Software\Microsoft\Windows\CurrentVersion\Explorer\HideDesktopIcons\NewStartPanel 子项。

（2）在右侧的窗格中选择{871C5380-42A0-1069-A2EA-08002B30309D}键值，右击，在弹出的快捷菜单中选择“修改”命令，如图 10-24 所示。

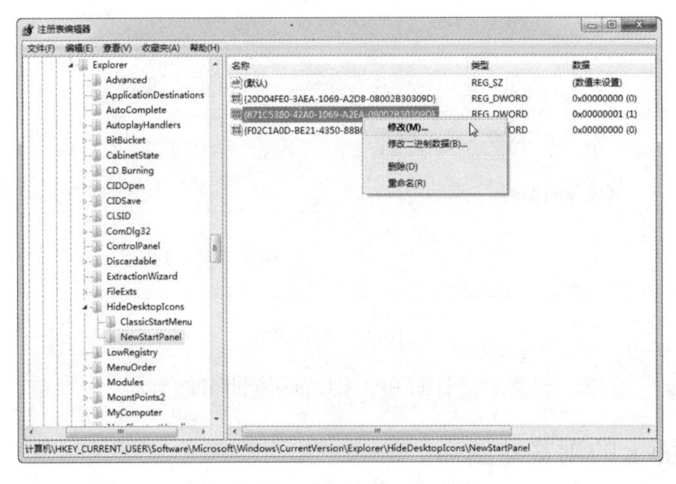

图 10-24　选择“修改”命令

（3）打开“编辑 DWORD 值”对话框，在“数值数据”文本框中输入 0，如图 10-25 所示。

（4）单击“确定”按钮，然后刷新桌面，即可看到消失的 IE 图标重新出现，且右键菜单也可用。

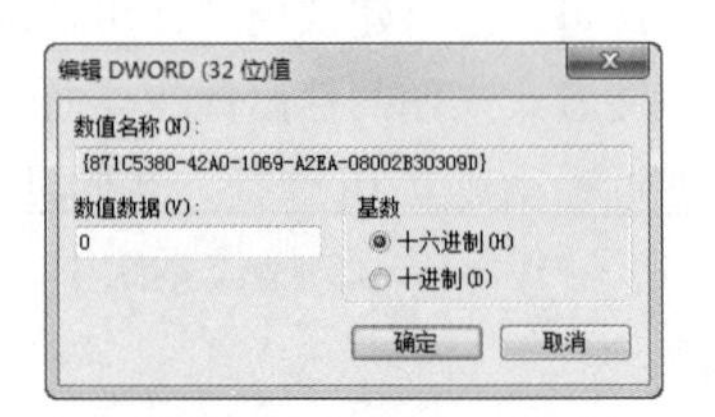

图 10-25　输入数值数据

10.5　浏览器的自我防护

为保护计算机的安全，在上网浏览网页时需要注意对网页浏览器的安全维护。一般情况下，网页浏览器其自身均有防护功能。

10.5.1　提高 IE 浏览器的安全防护等级

通过设置 IE 浏览器的安全等级，可以防止用户打开含有病毒和木马程序的网页，这样可以保护系统和计算机的安全。

【实验 10-8】提高 IE 浏览器的安全防护等级

具体操作步骤如下：

（1）在 IE 浏览器中，单击“工具”→“Internet 选项”命令，打开“Internet 选项”对话框，如图 10-26 所示。

（2）选择“安全”选项卡，选中“Internet”图标，单击“自定义级别”按钮，如图 10-27 所示。

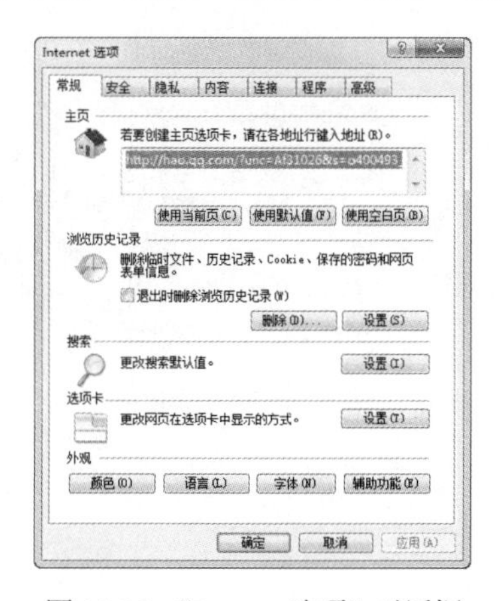

图 10-26　“Internet 选项”对话框

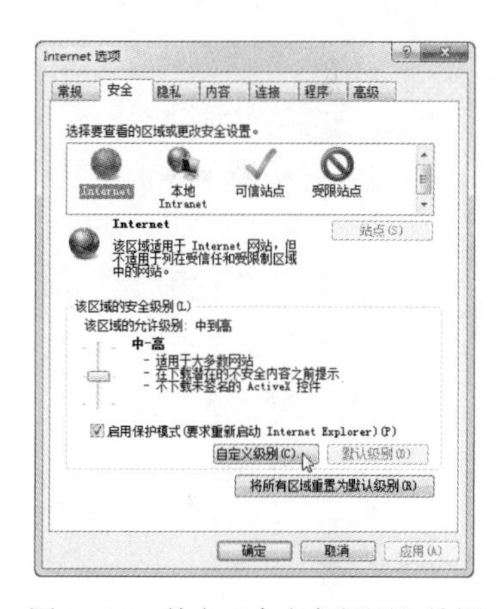

图 10-27　单击“自定义级别”按钮

（3）在弹出的“安全设置”对话框中，单击“重置为”下拉按钮，在弹出的下拉列表框中选择“高”选项，如图 10-28 所示。

（4）单击“确定”按钮，即可将 IE 安全等级设置为“高”，如图 10-29 所示。

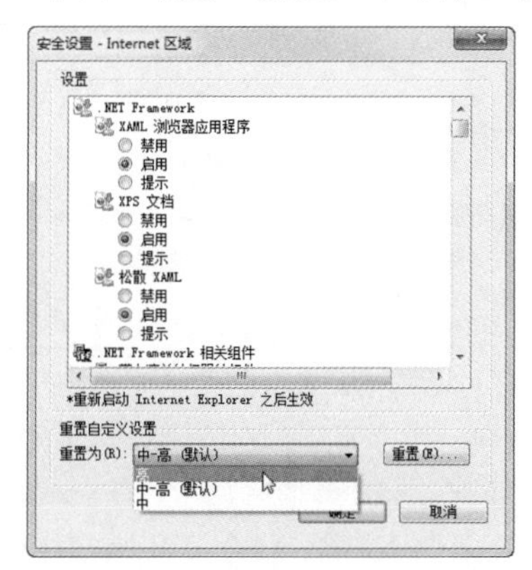

图 10-28　选择“高”选项

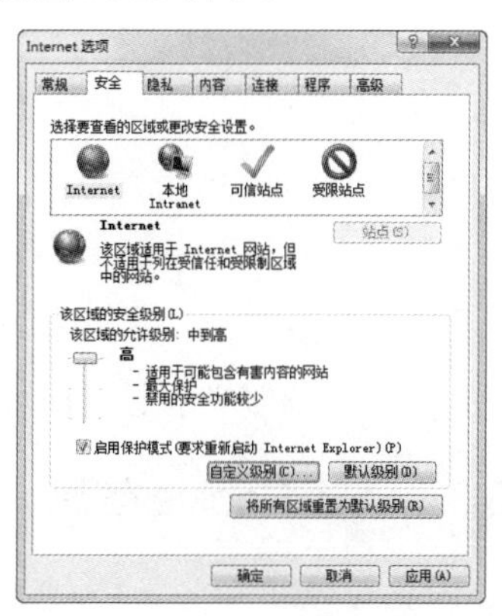

图 10-29　设置完成

10.5.2　清除浏览器中的表单

浏览器的表单功能在一定程度上方便了用户，但也常被黑客用来窃取用户的数据信息，所以从安全角度出发，需要清除浏览器的表单并取消自动记录表单的功能。

清除 IE 浏览器中的表单的具体操作步骤如下：

（1）在 IE 浏览器中，单击“工具”→“Internet 选项”命令，打开“Internet 选项”对话框，选择“内容”选项卡，如图 10-30 所示。

（2）在 IE 浏览器中，单击“自动完成”选项区域中的“设置”按钮，打开“自动完成设置”对话框，取消选中所有的复选框，如图 10-31 所示。

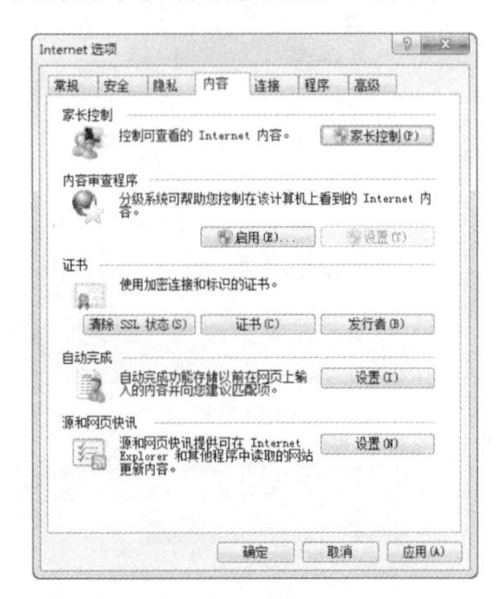

图 10-30　“内容”选项卡

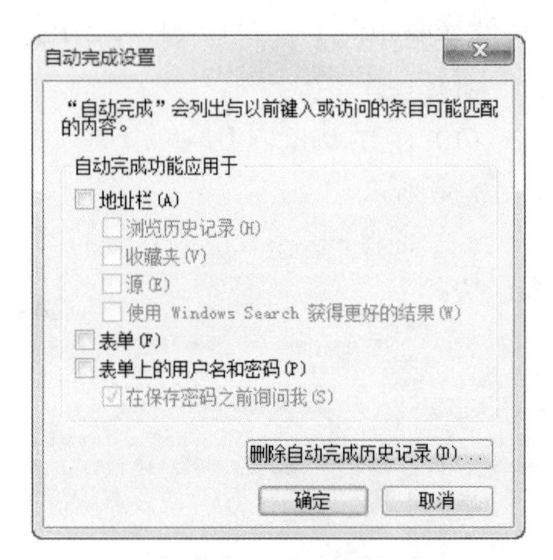

图 10-31　“自动完成设置”对话框

（3）单击“删除自动完成历史记录”按钮，打开“删除浏览历史记录”对话框，选中“表单数据”复选框，如图 10-32 所示。

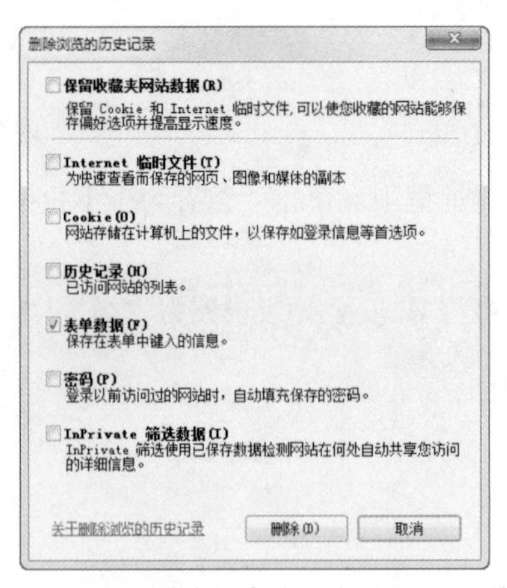

图 10-32　“删除自动完成历史记录”对话框

（4）单击“删除”按钮，即可删除浏览器中的表单信息。

10.5.3　清除 Cookie 信息

Cookie 是 Web 服务器发送到计算机里的数据文件，它记录了用户名、口令及其他一些信息。特别是目前在许多网站中，Cookie 文件中的 Username 和 Password 是不加密码的明文信息，就更容易泄密。因此，在关闭浏览器时，删除 Cookie 内容是非常有必要的。

清除 Cookie 信息的具体操作步骤如下：

（1）在 IE 浏览器中，单击“工具”→“Internet 选项”命令，打开“Internet 选项”对话框，选择“常规”选项卡，选中“退出时删除浏览历史记录”复选框，在“浏览历史记录”选项区域中单击“删除”按钮，如图 10-33 所示。

（2）在弹出的“删除浏览历史记录”对话框中，选择“Cookie”“历史记录”和“密码”等复选框，单击“删除”按钮，如图 10-34 所示，即可清除 IE 浏览器中的 Cookie 文件和历史记录等。

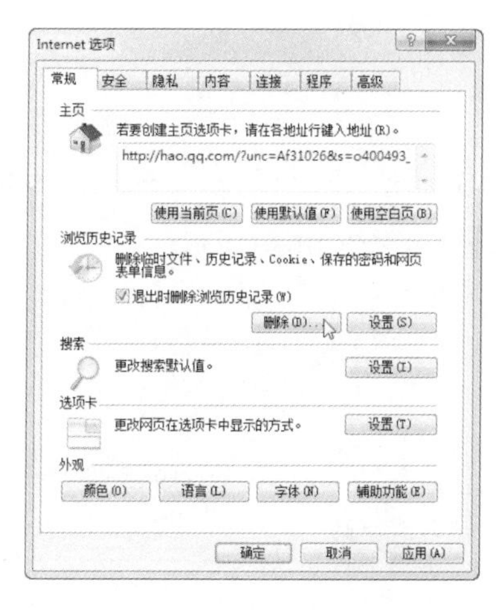

图 10-33　单击“删除”按钮

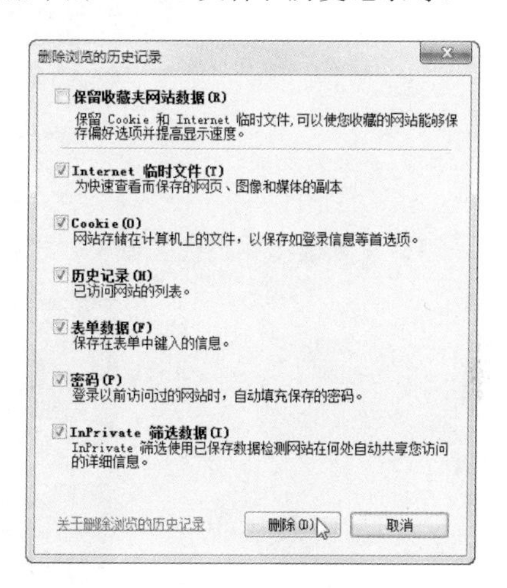

图 10-34　删除、Cookie 文件和历史记录

10.6　使用第三方软件保护浏览器安全

除了可以利用网页浏览器自身的防护功能来保护网页浏览器安全外，用户还可以使用第三方软件来保护网页浏览器。

10.6.1　使用 IE 修复专家

使用 IE 修复专家可以修复 IE 的标题栏、首页、右键菜单、工具栏按钮、工具栏菜单等，还可以全面修复各项 Internet 选项，包括常规、安全、连接等所有选项设置；并提供“一键修复”功能，单击即可自动修复所有设置。

【实验 10-9】使用 IE 修复专家修复浏览器

具体操作步骤如下：

（1）运行 IE 修复专家，打开“IE 修复专家”窗口，选择“常规设置”选项，进入“常规设置”界面，在其中根据提示输入相应的内容，如图 10-35 所示。

（2）单击“常规修复”按钮，即可对 IE 浏览器进行常规修复，在弹出的“IE 修复专家”对话框中，提示已经成功修复以上各项设置，单击“确定”按钮。

图 10-35　输入相应的内容

（3）在“选项”设置区域中，根据需要选中相应的复选框，如图 10-36 所示。

图 10-36　全面修复

（4）单击“全面修复”按钮，打开“全面修复-修复选项设置”窗口，在其中选中相应的修复选项，然后单击“立即修复”按钮，即可开始对 IE 浏览器进行全面修复，如图 10-37 所示。

图 10-37　开始修复

（5）修复完毕后，在弹出的“修复成功”对话框中，单击“确定”按钮即可。

10.6.2　使用 IE 伴侣

IE 伴侣是一款基于 Internet Explorer 的免费修复专家软件，为 Internet Explorer 浏览器量身定制了诸多实用功能。

【实验 10-10】使用 IE 伴侣修复 IE 浏览器

具体操作步骤如下：

（1）运行 IE 伴侣，打开“IE 伴侣-超强 IE 修复工具”对话框，在“主页保护”设置区域中的“请输入网址”文本框中输入想要开始的主页，并选中“开启主页保护”复选框。

（2）在“插件修复”设置区域中，选中“高级”单选按钮，在“IE 防火墙”设置区域中，选中“启用 IE 防火墙”复选框，然后单击“立即修复”按钮，如图 10-38 所示。

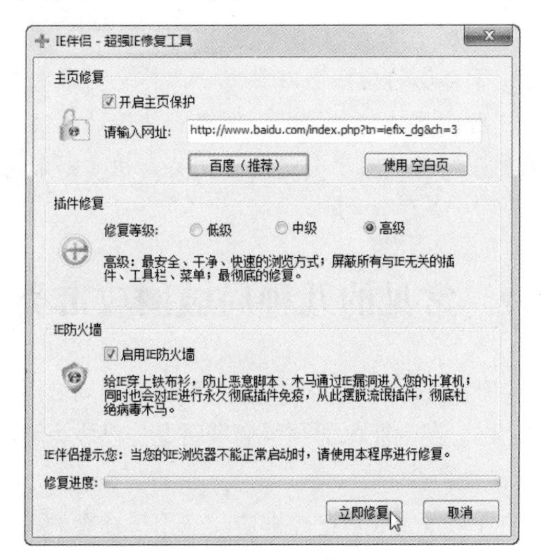

图 10-38　单击“立即修复”按钮

（3）单击“立即修复”按钮后，即可成功修复被篡改的 IE 主页，并弹出修复成功的信息提示框，单击“确定”按钮，即可关闭该对话框，则 IE 浏览器已经可以正常工作。

第 11 章 局域网防黑安全实战

目前越来越多的企业建立了自己的局域网以实现企业信息资源共享或者在局域网上运行各类业务系统。随着企业局域网应用范围的不断扩大，保存和传输的关键数据增多，局域网的安全性问题显得日益突出。本章主要介绍局域网安全防范的相关知识，如常见的局域网攻击类型、局域网安全共享等。

11.1 常见的几种局域网攻击类型

目前各个企业、学校、政府机关等部门中的网络大部分都是局域网。局域网主要用在一个部门内部，常局限于一个建筑物之内。在企业内部利用局域网办公已成为其经营管理活动必不可少的一部分。

局域网作为计算机网络的一个重要成员已经被广泛应用于社会的各个领域，目前黑客利用各种专门攻击局域网工具对局域网进行攻击，下面介绍攻击局域网常见的几种类型。

1. ARP 欺骗攻击

ARP（Address Resolution Protocol）是地址解析协议，是一种将 IP 地址转化成物理地址的协议。从 IP 地址到物理地址的映射有两种方式：表格方式和非表格方式。

ARP 欺骗是黑客常用的攻击手段之一。ARP 欺骗分为两种，一种是对路由器 ARP 的欺骗；另一种是对内网 PC 的网站欺骗。

一般来说，ARP 欺骗攻击的后果非常严重，大多数情况下会造成大面积掉线。

2. IP 地址欺骗攻击

IP 地址欺骗是指行动产生的 IP 数据报为伪造的源 IP 地址，以便冒充其他系统或发件人的身份。这是一种黑客的攻击形式，黑客使用一台计算机上网，而借用另外一台计算机的 IP 地址，从而冒用另外一台计算机与服务器打交道。

11.2　局域网安全共享

在局域网中，最常用的功能莫过于“共享资源”了。但是，由于共享资源管理不当，往往给局域网带来一些安全上的风险。如某些共享文件莫名其妙地被删除或者修改；有些对于企业来说数据保密的内容在网络上被共享，所有员工都可以访问；共享文件成为病毒、木马等传播的最好载体等。

本节主要介绍局域网共享资源的安全防范措施，如设置共享文件夹账户与密码、隐藏共享文件夹等。

11.2.1　设置共享文件夹账户与密码

默认情况下，创建的共享文件夹是任何人都可以访问的，虽然这样方便了用户的访问，但是也因此带来很大的安全隐患。建议用户对共享文件夹设置指定的访问账户及密码，具体操作步骤如下：

（1）在桌面上选择“计算机”图标，右击，在弹出的快捷菜单“管理”命令，打开“计算机”窗口。

（2）依次展开“计算机管理（本地）”→“系统工具”→“本地用户和组”→“用户”选项，在窗口右侧空白处，右击，在弹出的快捷菜单中选择“新用户”命令，如图 11-1 所示。

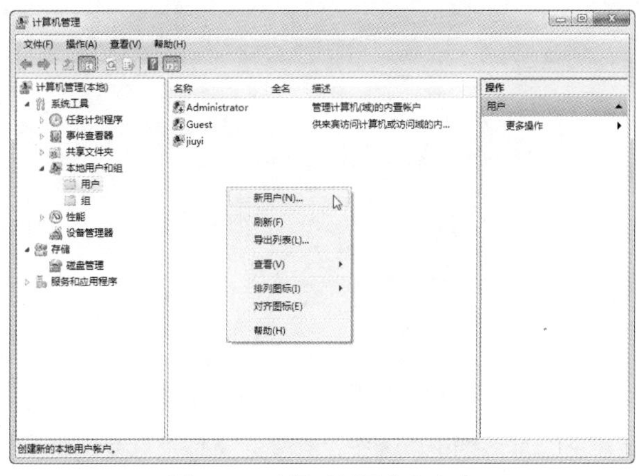

图 11-1　选择“新用户”命令

（3）在弹出的“新用户”对话框中，输入用户名及密码，该用户主要用于访问共享的文件夹，然后单击“创建”按钮，如图 11-2 所示。

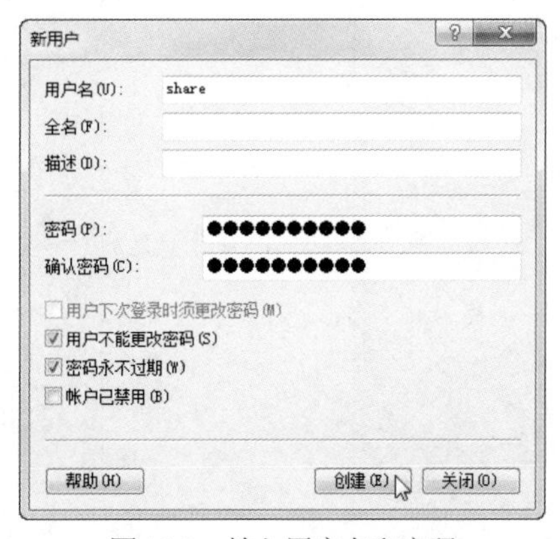

图 11-2　输入用户名和密码

（4）选择要共享的文件夹，右击，在弹出的快捷菜单中选择“属性”命令，如图 11-3 所示。

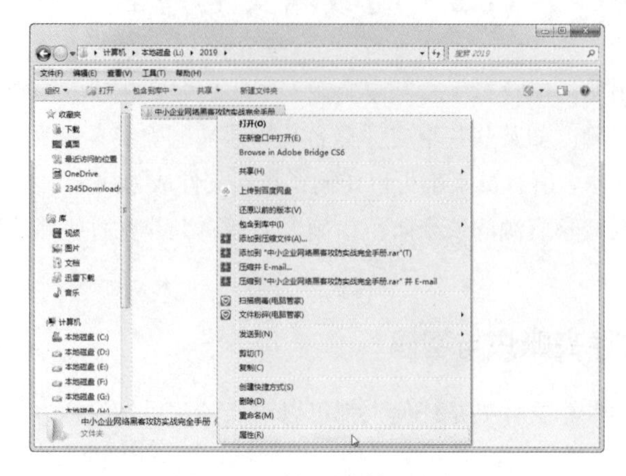

图 11-3　选择“属性”命令

（5）在弹出的如图 11-4 所示的对话框中，选择“共享”选项卡，单击“高级共享”按钮。

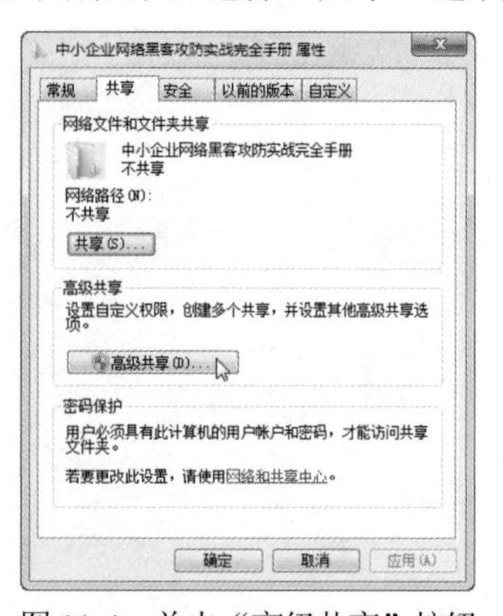

图 11-4　单击“高级共享”按钮

（6）在弹出的“高级共享”对话框中，选中“共享此文件夹”复选框，然后单击“权限”按钮，如图 11-5 所示。

（7）在弹出的对话框中选中“Everyone”用户，然后单击“删除”按钮，如图 11-6 所示。

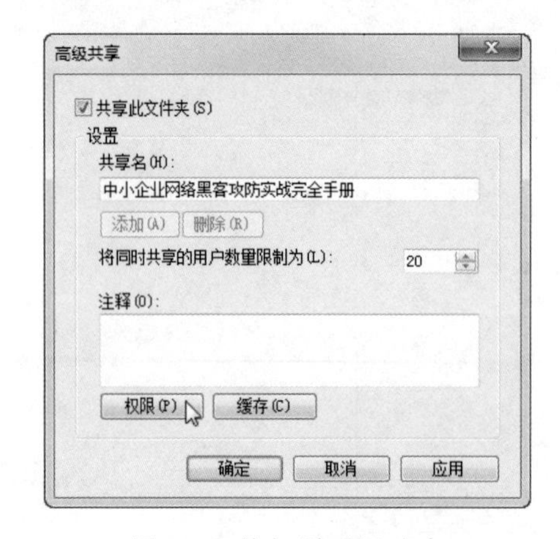

图 11-5　单击“权限”命令

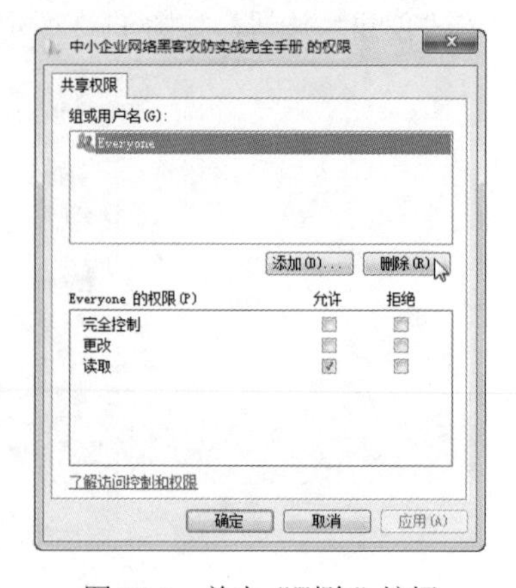

图 11-6　单击“删除”按钮

（8）单击“添加”按钮，在弹出的对话框中单击“高级”按钮，如图 11-7 所示。

图 11-7　单击“高级”按钮

（9）在弹出的对话框中，单击“立即查找”按钮，然后选中“share”用户，单击“确定”按钮，如图 11-8 所示。

图 11-8　单击“确定”按钮

（10）依次单击“确定”按钮，返回如图 11-4 所示的对话框，单击“共享”按钮，打开“文件共享”对话框，选择“share”，然后单击“添加”按钮，如图 11-9 所示。

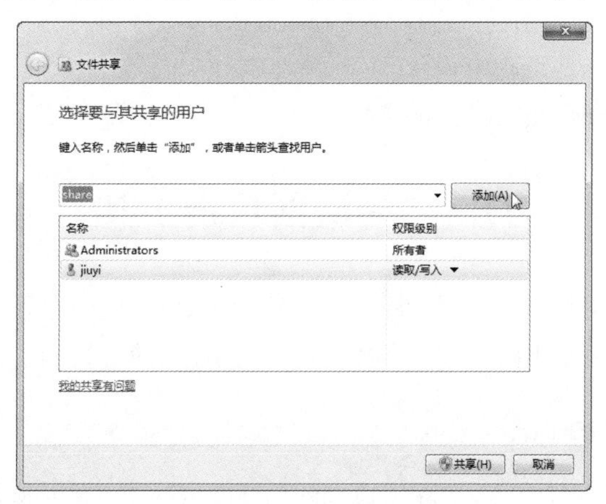

图 11-9　单击“添加”按钮

（11）单击“共享”按钮，系统开始创建共享，完成后弹出如图 11-10 所示的对话框，提示用户创建文件夹共享完成，然后单击“完成”按钮即可。

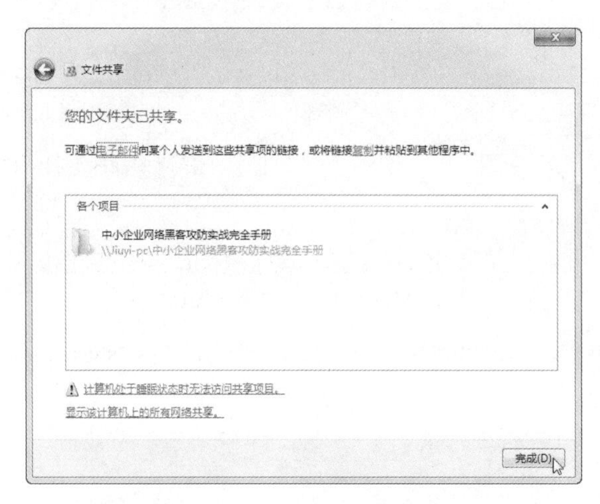

图 11-10 文件夹共享完成

提示：在局域网中访问该共享文件夹时，只有输入相应的账户和密码才能访问。

11.2.2 隐藏共享文件夹

隐藏共享文件夹、禁止没有访问权限的用户看到共享文件夹，是保护局域网共享文件的重要举措。隐藏共享文件夹的具体操作步骤如下：

（1）选择要共享的文件夹，右击，在弹出的快捷菜单中选择“属性”命令，打开该文件夹属性对话框，选择“共享”选项卡。

（2）单击“高级共享”按钮，打开“高级共享”对话框，选中“共享此文件夹”复选框，并在“共享名”文本框中输入相应的文件名$，如图 11-11 所示。

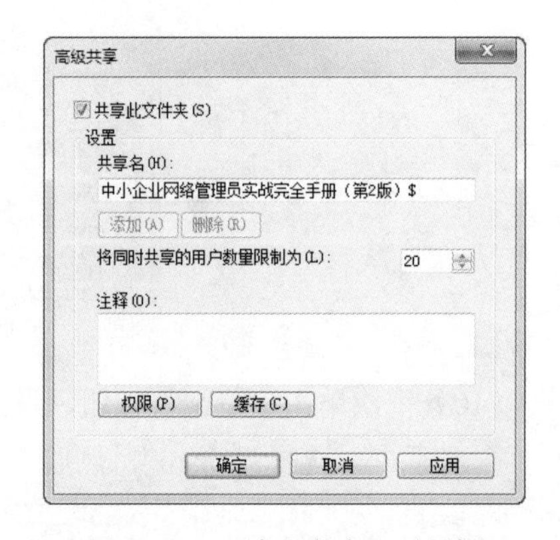

图 11-11 “高级共享”对话框

（3）单击“确定”按钮，即可将共享文件夹隐藏起来，局域网中的用户只能通过在地址栏中输入\\主机\共享名或“\\IP 地址\共享名的方式访问隐藏的共享文件夹。

11.3 局域网攻击工具

黑客可以利用专门的工具来攻击整个局域网，如使局域网中两台计算机的 IP 地址发生冲突，从而导致其中的一台计算机无法上网。所以了解黑客攻击局域网的工具，提前做好预防工作很有必要。

11.3.1 网络剪刀手 Netcut

利用 ARP 协议，网络剪刀手 NetCut 可以切断局域网里任何主机与网关之间的连接，使其断开与 Internet 的连接，同时也可以看到局域网内所有主机的 IP 地址和 MAC 地址。

NetCut 工具的具体操作步骤如下：

（1）运行 Netcut，打开“NetCut”窗口，NetCut 自动搜索当前网段内的所有主机的 IP 地址、计算机名及各自对应的 MAC，单击“Choice NetCard”按钮，如图 11-12 所示。

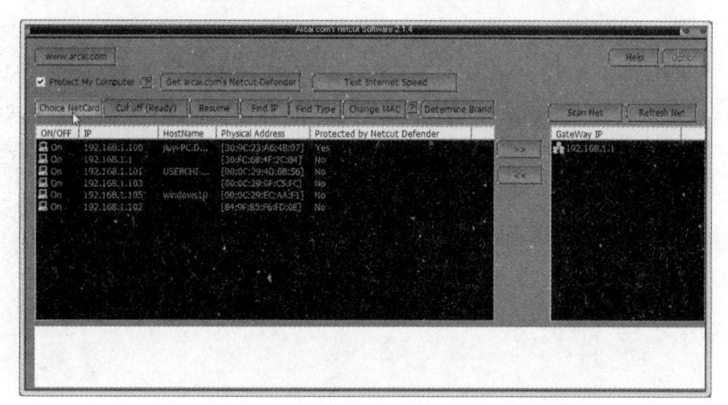

图 11-12　单击“Choice NetCard”按钮

（2）在弹出的对话框中，选择搜索计算机及发送数据包所使用的网卡，然后单击“OK”按钮，如图 11-13 所示。

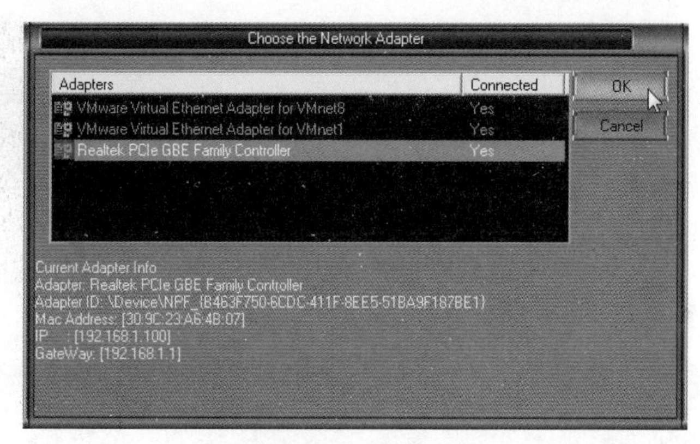

图 11-13　选择网卡

（3）在“NetCut”窗口扫描出的主机列表框中选择要切断的主机，单击“Cut Off（Ready)”按钮，即可看到该主机的“ON/off”状态已经变为“Off”，此时该主机不能访问网关也不能打开网页，如图 11-14 所示。

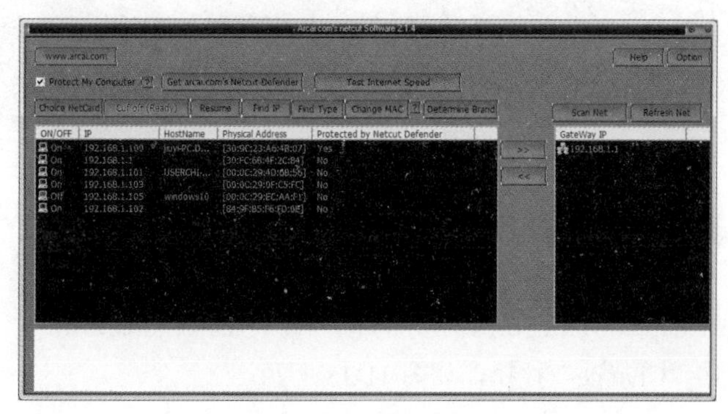

图 11-14　切断主机

（4）如果要重启局域网内任意主机对网关的访问，则选择要重启的主机，然后单击“Resume”按钮，如图 11-15 所示。单击该按钮后，即可看到该主机的“ON/Off”状态又重新变为“ON”，此时该主机可以访问 Internet 网络。

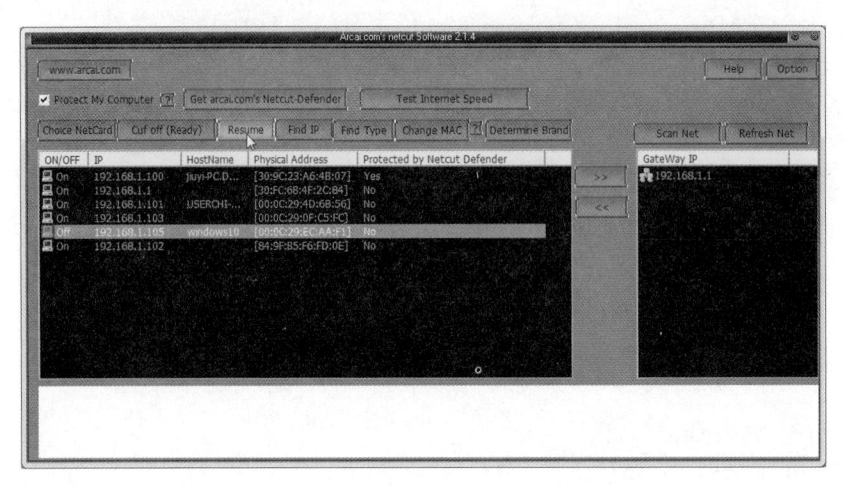

图 11-15　单击“Resume”按钮

（5）如果要快速查看主机信息，则在“NetCut”窗口中，单击“Find IP”按钮，打开“Find By”对话框，在文本框中输入要查找主机的某个信息，在这里输入 IP 地址，然后单击“Find This”按钮，如图 11-16 所示。即可查找到该主机的信息。

图 11-16　单击“Find This”按钮

（6）在“NetCut”窗口中，选择要改变 MAC 的主机，然后单击“Change MAC”按钮，如图 11-17 所示。

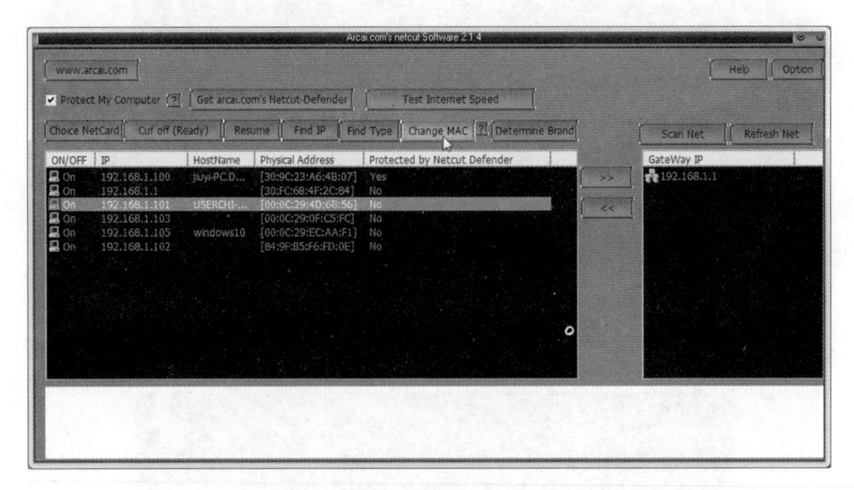

图 11-17　单击“Change MAC”按钮

（7）打开“Change Adapter Mac address”对话框，在“Change to new MAC address”文本框中输入新的 MAC，然后单击“Change”按钮，如图 11-18 所示。

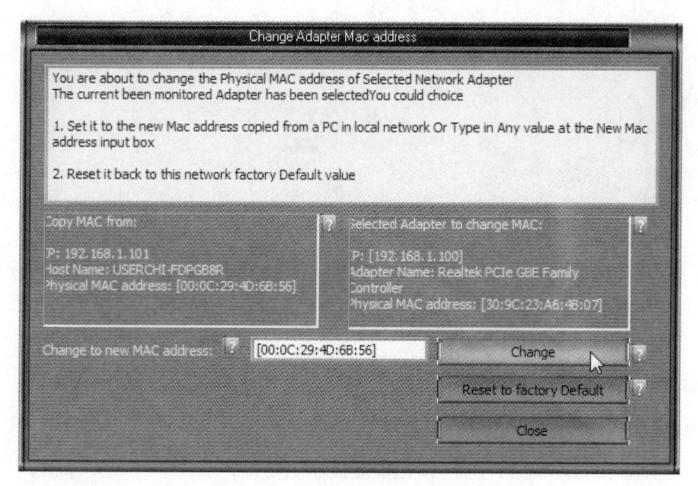

图 11-18　单击“Change”按钮

11.3.2　WinArpAttacker 工具

WinArpAttacker 是一款在网络中进行 ARP 欺骗攻击的工具，并使被攻击的主机无法正常与网络进行连接。此外，它还是一款网络嗅探（监听）工具，可嗅探网络中的主机、网关等对象，也可以进行反监听，扫描局域网中是否存在监听，具体操作步骤如下：

（1）安装并运行 WinArpAttacker，在“WinArpAttacker”窗口中，单击“扫描”→“高级”命令，如图 11-19 所示。

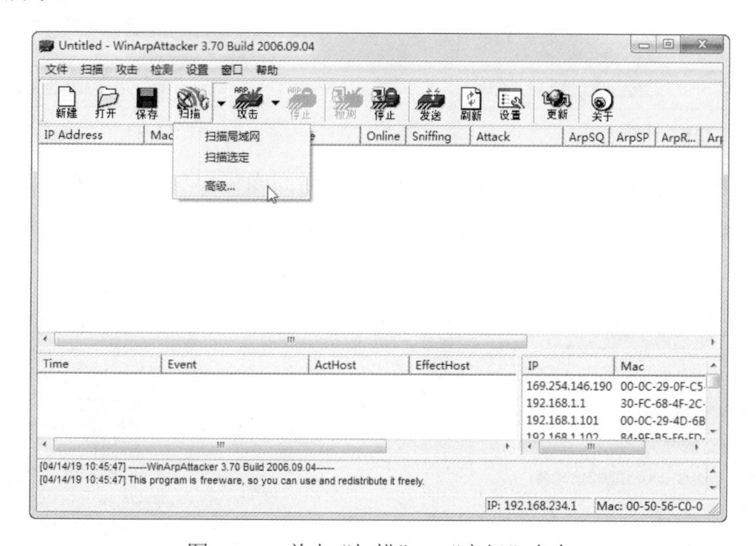

图 11-19　单击“扫描”→“高级”命令

（2）在弹出的“扫描”对话框中，选中“多网段扫描”单选按钮，并选中要扫描的 IP 地址，然后单击“扫描”按钮，如图 11-20 所示。

（3）单击“扫描”按钮后，即可扫描出指定网段的所有主机，如图 11-21 所示。

（4）在“WinArpAttacker”窗口中，单击“设置”按钮，打开如图 11-22 所示的对话框，在“适配器”选项卡中选择要绑定的网卡和 IP 地址。

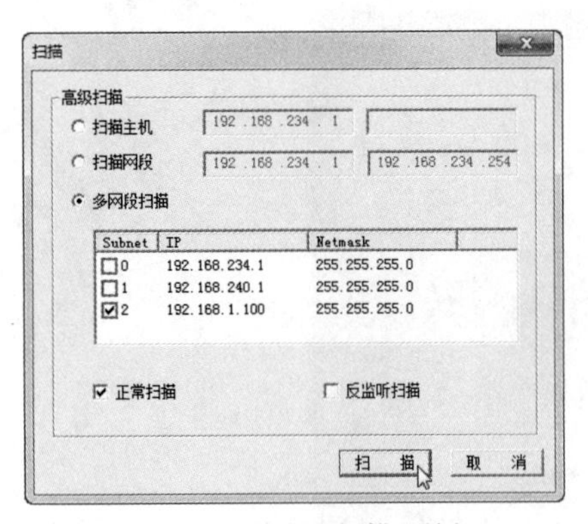

图 11-20　单击“扫描”按钮

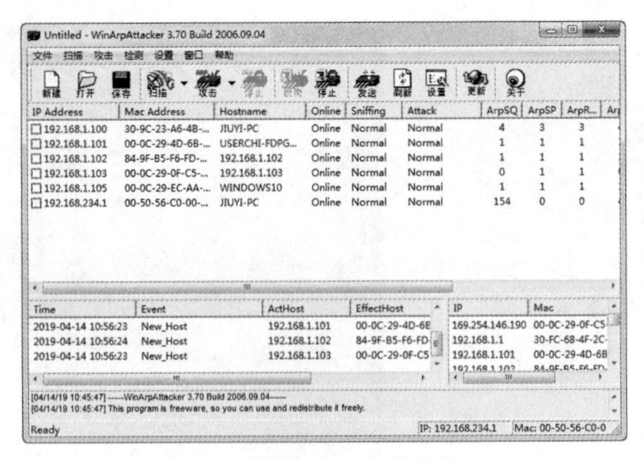

图 11-21　扫描结果

（5）选择“攻击”选项卡，在其中进行相应的攻击配置，如图 11-23 所示。除“连续 IP 冲突”是次数外，其他都是持续时间，如果是 0，则不停止。

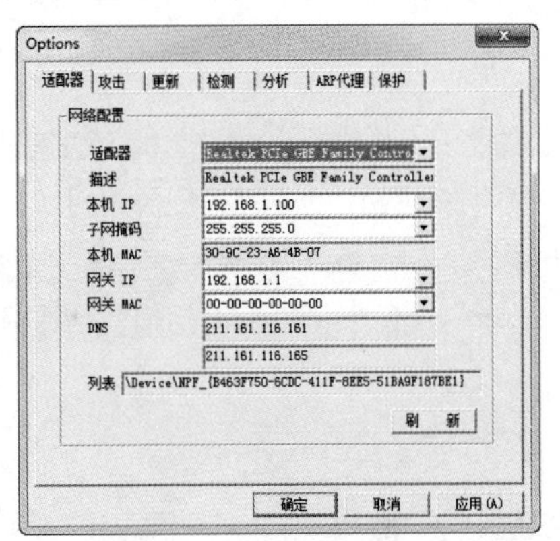

图 11-22　“适配器”选项卡

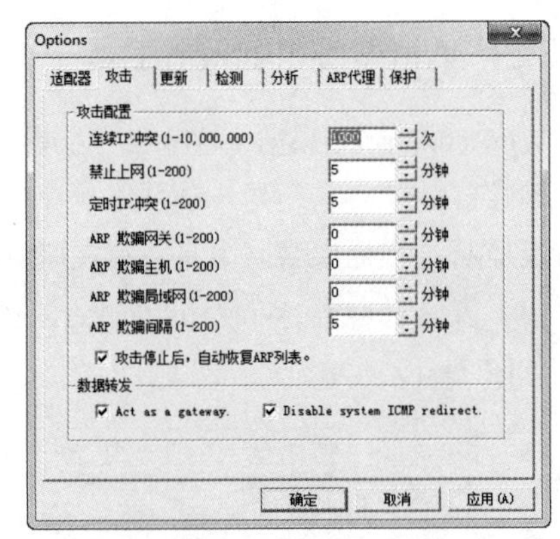

图 11-23　“攻击”选项卡

（6）选择“更新”选项卡，在其中设置自动扫描的时间间隔等参数，如图 11-24 所示。

（7）选择“保护”选项卡，选中“本机防护，保护本机不被攻击。”复选框，避免自己的主机受到 ARP 欺骗攻击，如图 11-25 所示。设置完成，单击“确定”按钮即可。

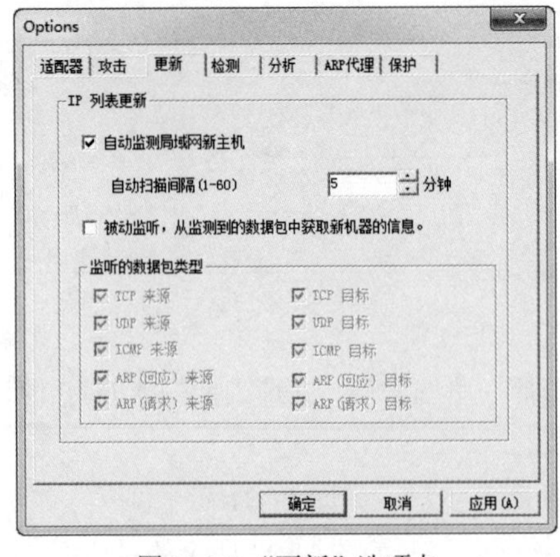

图 11-24　“更新”选项卡

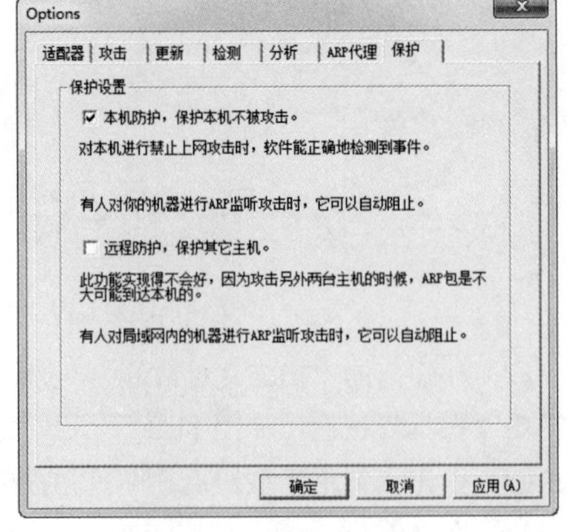

图 11-25　“保护”选项卡

提示：如果要保护其他主机，则选中“远程防护，保护其他主机”复选框。

（8）在“WinArpAttacker”窗口中，选择需要攻击的主机后，单击“攻击”按钮右侧下三角按钮，选择攻击方式，如图 11-26 所示。受到攻击的主机将不能正常与 Internet 网络进行连接，单击“停止”按钮，则被攻击的主机恢复为正常连接状态。

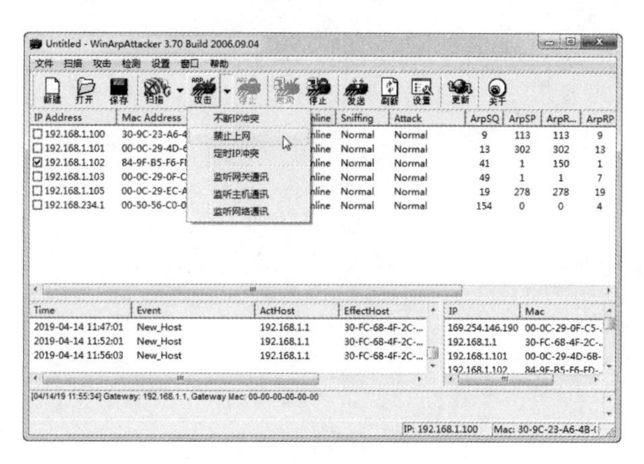

图 11-26　选择攻击方式

11.4　局域网监控工具

利用专门的局域网查看工具来查看局域网中各个主机的信息，本节主要介绍几款常用的局域网查看工具，如 LanSee、IPBook 等。

11.4.1　LanSee 工具

局域网查看工具（LanSee）是一款对局域网上的各种信息进行查看的工具。它集成了局域网搜索功能，可以快速搜索出计算机（包括计算机名、IP 地址、MAC 地址、所在工作组、用户），共享资源，共享文件；可以捕获各种数据包，甚至可以从流过网卡的数据中嗅探出 QQ 号码等文件。

【实验 11-1】使用 LanSee 工具查看局域网状态信息

具体操作步骤如下：

（1）下载并运行局域网查看工具，打开“局域网查看工具”窗口，如图 11-27 所示。

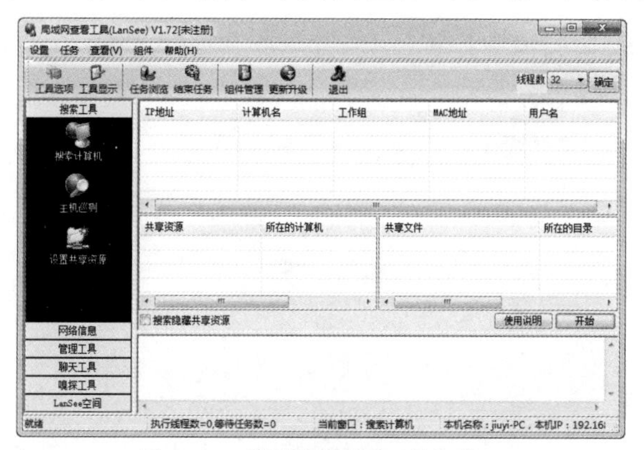

图 11-27　“局域网查看工具”窗口

（2）单击工具栏中的“工具选项”按钮，打开“选项”对话框，选择“搜索计算机”选项卡，在其中设置扫描计算机的起始 IP 和结束 IP 地址段等属性，如图 11-28 所示。

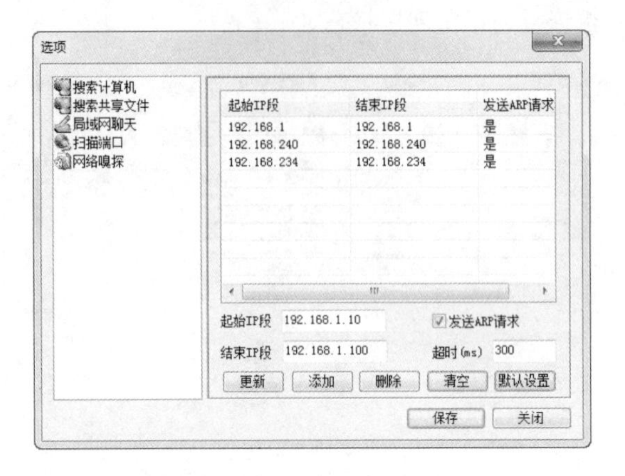

图 11-28 “搜索计算机”选项卡

（3）选择“搜索共享文件夹”选项卡，在其中添加或删除文件类型，如图 11-29 所示。

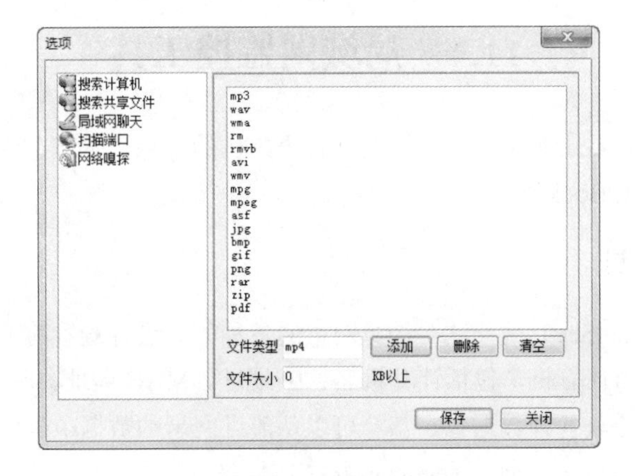

图 11-29 “搜索共享文件”选项卡

（4）选择“局域网聊天”选项卡，在其中设置聊天时使用的用户名和备注，如图 11-30 所示。

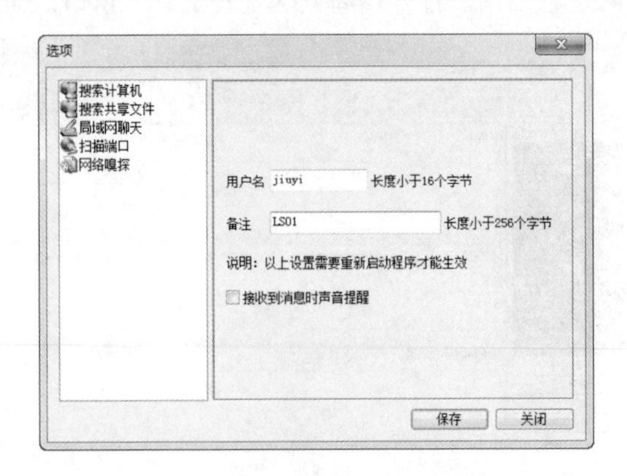

图 11-30 “局域网聊天”选项卡

（5）选择“扫描端口”选项卡，在其中设置要扫描的 IP 地址、端口、超时等属性，如图 11-31 所示。

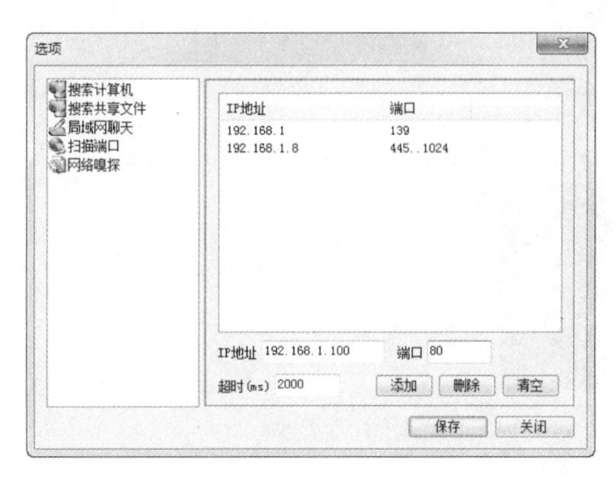

图 11-31　“搜索共享文件”选项卡

（6）选择“网络嗅探”选项卡，在其中设置捕获数据包参数，设置完成后，单击“保存”按钮，如图 11-32 所示。

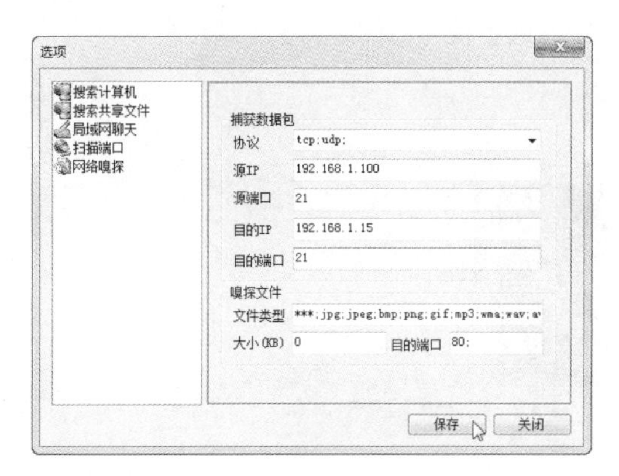

图 11-32　“网络嗅探”选项卡

（7）在“局域网查看工具”窗口中，单击“开始”按钮，即可搜索出指定 IP 段内的主机，在其中即可看到各个主机的 IP 地址、计算机名、工作组、MAC 地址等属性，如图 11-33 所示。

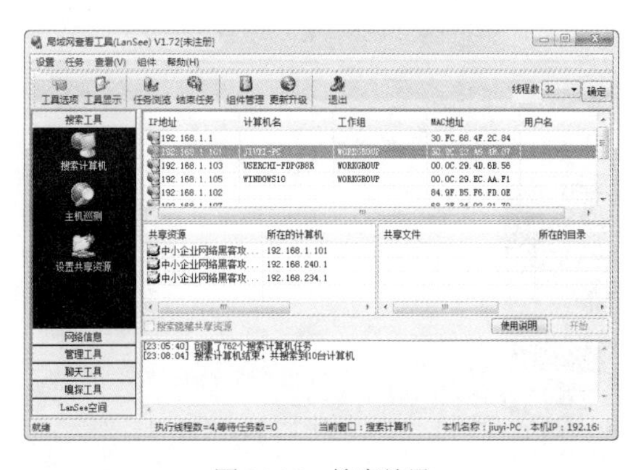

图 11-33　搜索结果

（8）如果想与某个主机建立连接，在搜索到的主机列表中选择该主机，在弹出的快捷菜单中选择“打开计算机”命令，如图 11-34 所示。打开“Windows 安全”对话框，在其中输入该主机的用户名和密码后，单击“确定”按钮才可以与该主机建立连接。

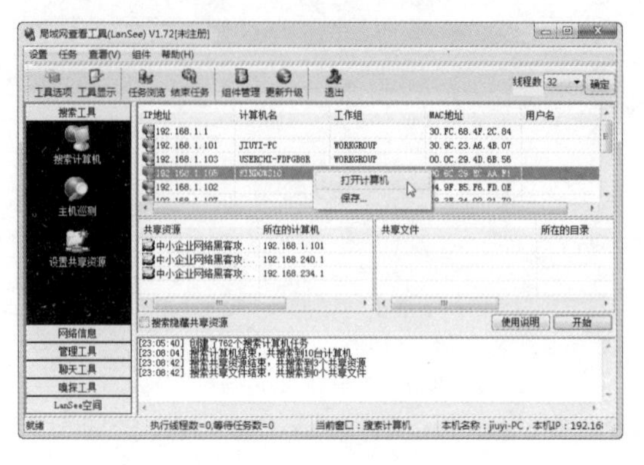

图 11-34　选择“打开计算机”命令

（9）在“搜索工具”区域中，单击“主机巡测”按钮，打开“主机巡测”窗口，单击其中的“开始”按钮，即可进行搜索出在线的主机，如图 11-35 所示。

图 11-35　搜索在线主机

（10）在“搜索工具”区域中，单击“设置共享资源”按钮，打开“设置共享资源”窗口，单击“共享目录”文本框后的...按钮，如图 11-36 所示。

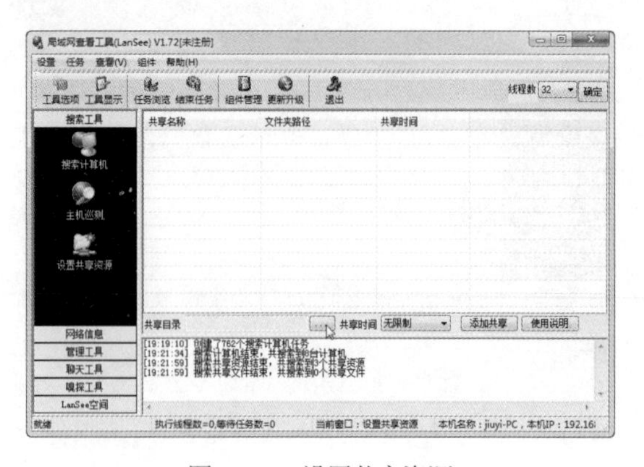

图 11-36　设置共享资源

（11）在弹出的“浏览文件夹”对话框中，选择需要设置为共享文件的文件夹后，单击“确定”按钮，如图 11-37 所示。

图 11-37　单击“确定”按钮

（12）在“设置共享资源”窗口中，单击“添加共享”按钮，即可看到前面添加的共享文件夹，如图 11-38 所示。

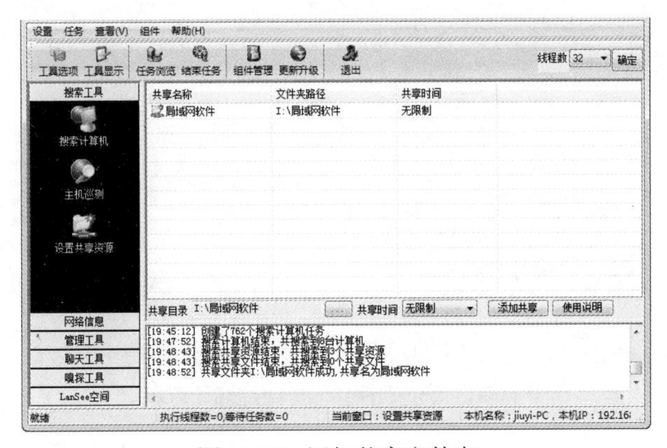

图 11-38　添加共享文件夹

（13）在“搜索计算机”窗口的“共享文件”列表框中，选择要复制的文件，右击，在弹出的快捷菜单中选择“复制文件”命令，如图 11-39 所示。

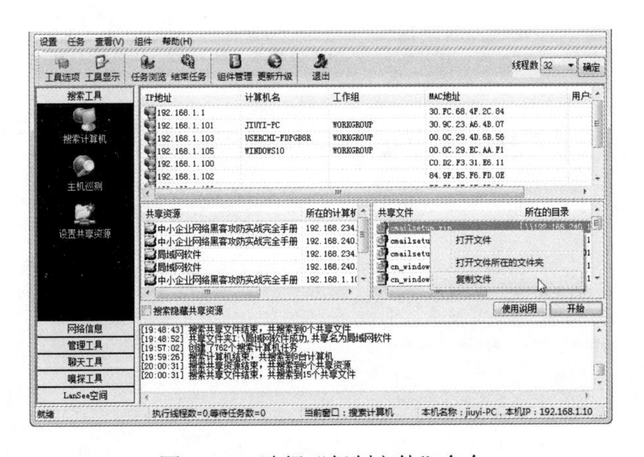

图 11-39　选择“复制文件”命令

（14）在弹出的“建立新的复制任务”对话框中，设置存储目录，选中“立即开始”复选框，然后单击“确定”按钮，如11-40所示。即可开始复制选定的文件。

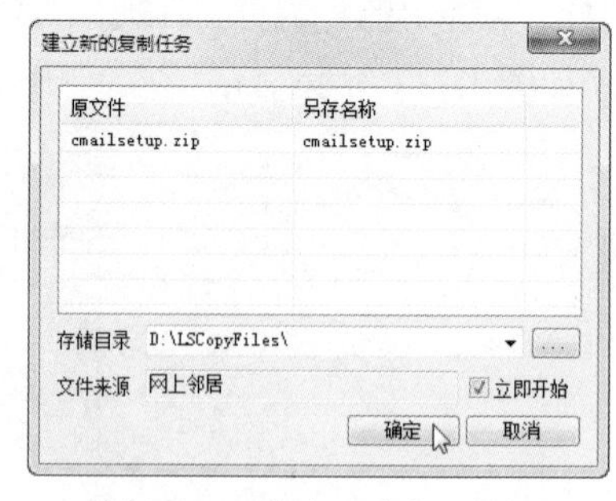

图 11-40　单击“确定”按钮

11.4.2　IPBook 工具

IPBook（超级网络邻居）是一款小巧的搜索共享资源及FTP共享的工具，软件自解压后就能直接运行。

【实验 11-2】 使用 IPBook 工具搜索共享资源

具体操作步骤如下：

（1）运行 IPBook，打开“IPBook（超级网络邻居）”窗口，自动显示本机的 IP 地址和计算机名，如图 11-41 所示。

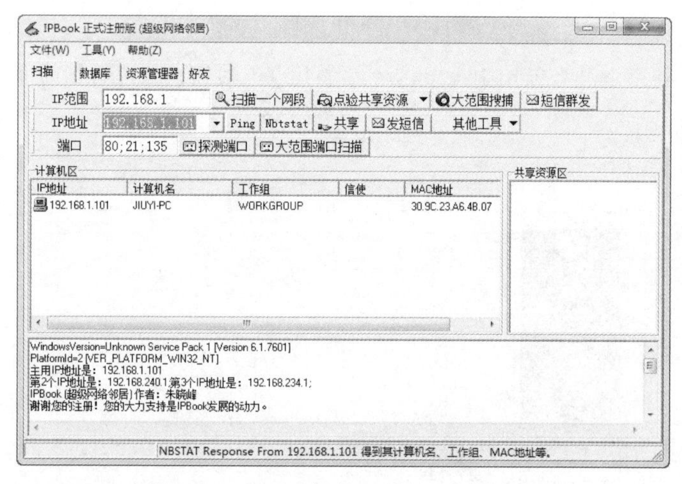

图 11-41　显示本机的 IP 地址和计算机名

（2）在“IPBook（超级网络邻居）”窗口中，单击“扫描一个网段”按钮，即可显示本机所在的局域网所有在线计算机的详细信息，如图 11-42 所示。

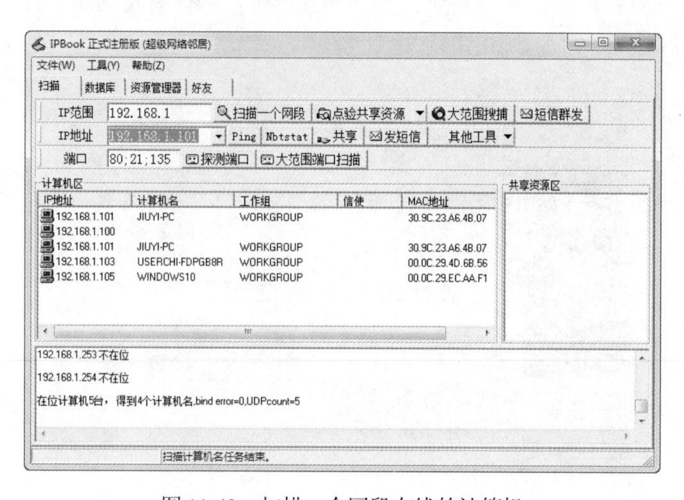

图 11-42　扫描一个网段在线的计算机

（3）在显示出所有计算机的信息后，单击“点验共享资源”按钮，即可查出本网段计算机的共享资源，并将搜索结果显示在右侧的树状显示框中，如图 11-43 所示。

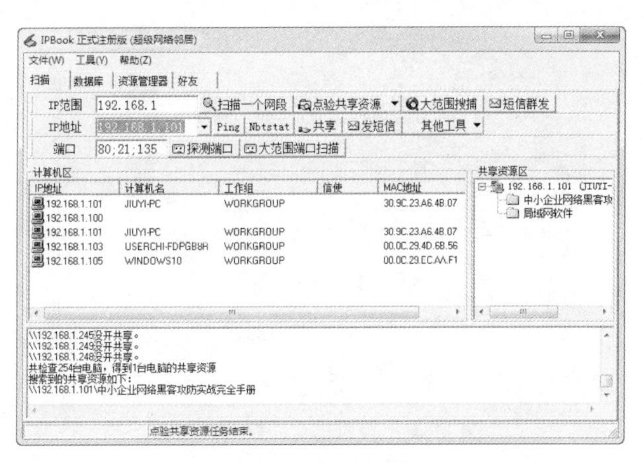

图 11-43　查看本网段计算机的共享资源

（4）在“IPBook（超级网络邻居）”窗口中，单击“短信群发”按钮，弹出如图 11-44 所示的“短信群发”对话框，输入相应的内容，单击“发送”按钮即可。

图 11-44　单击“发送”按钮

（5）在“计算机区”列表框中选择某台计算机，单击“Ping”按钮，即可在“IPBook（超级网络邻居）”窗口中看到该命令的运行结果，如图 11-45 所示。

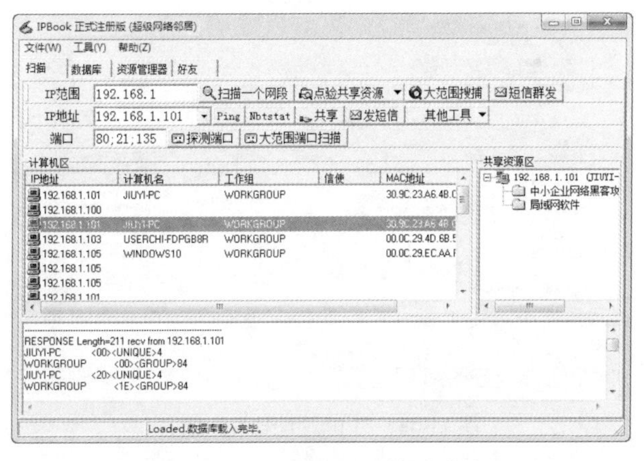

图 11-45　查看指定计算机的信息

（6）在“计算机区”列表框中选择某台计算机，单击“Nbtstat”按钮，即可在“IPBook（超级网络邻居）”窗口中看到该主机的计算机名称，如图 11-46 所示。

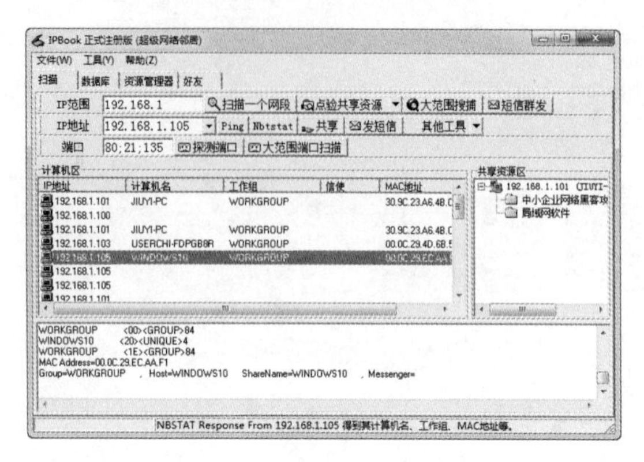

图 11-46　查看指定计算机的名称

（7）单击“共享”按钮，即可对指定的网络段的主机进行扫描，并把扫描到的共享资源显示出来，如图 11-47 所示。

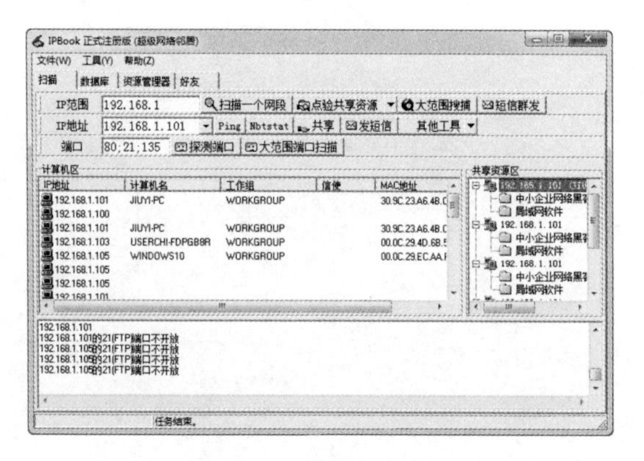

图 11-47　扫描共享资源

（8）在“IPBook（超级网络邻居）”窗口中，单击“其他工具”按钮，在弹出的快捷菜单中选择“域名、IP 地址转换”→“IP->Name”命令，即可将 IP 地址转换为域名，如图 11-48 所示。

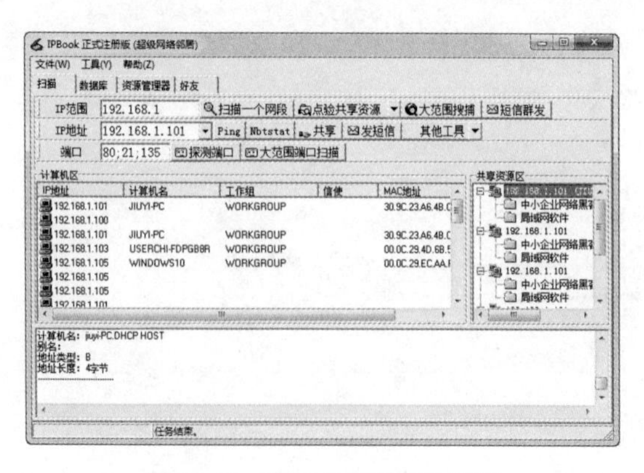

图 11-48　将 IP 地址转换为域名

（9）在“IPBook（超级网络邻居）”窗口中，单击“探测端口”按钮，即可探测整个局域网中各个主机的端口，同时将探测的结果显示出来，如图 11-49 所示。

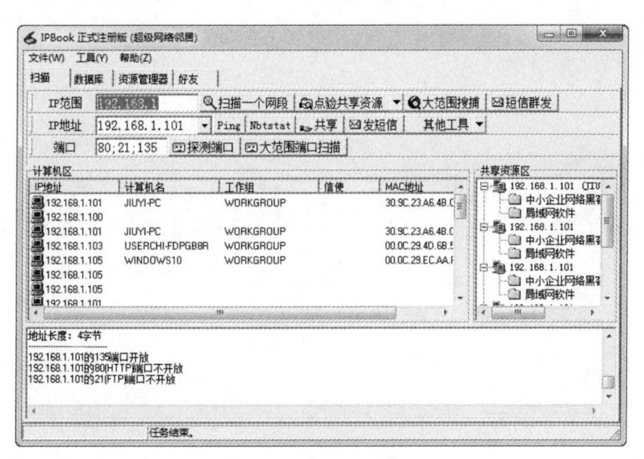

图 11-49　探测端口

（10）单击“大范围端口扫描”按钮，打开“扫描端口”对话框，选中“IP 地址起止范围”单选按钮后，设置要扫描的 IP 地址范围，如图 11-50 所示。

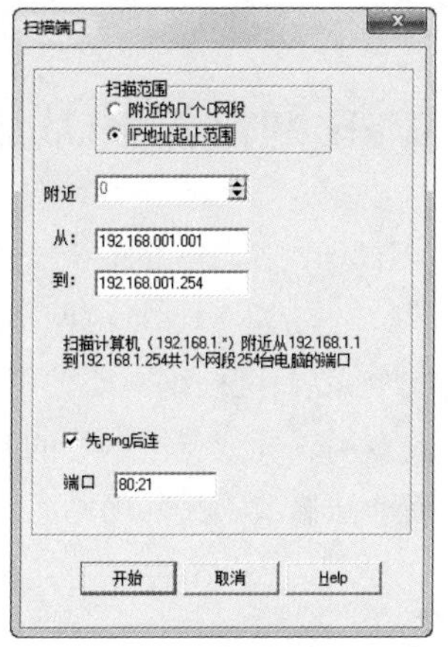

图 11-50　“扫描端口”对话框

（11）单击“开始”按钮，即可对设定 IP 地址范围内的主机进行扫描，同时将扫描到的主机显示在列表中。

提示：在使用 IPBook 工具的过程中，还可以对该软件的属性进行设置。

第 12 章　Web 网站安全的防黑实战

由于各种各样的代码存在漏洞，给 Web 网站带来了不少的安全隐患，而黑客往往利用这些漏洞攻击网站，所以 Web 网站管理者一定要注意做好防范工作。

本章主要介绍 Web 网站安全防范的相关知识，如 Web 网站维护基础知识、Web 网站常见的攻击方式、Web 网站安全的防黑措施等。

12.1　Web 网站维护基础知识

本节主要介绍 Web 网站的相关知识，如网站攻击的特点、网站防范措施等。

黑客攻击 Web 网站的手段多种多样，其基本原理是：网站攻击者利用 Web 网站服务器操作系统自身存在的或因配置不当而产生的安全漏洞、网站编写所使用语言程序本身所具有的安全隐患等，然后通过网站攻击命令、从网上下载的专用软件或自己编写的攻击软件非法进入网站服务器系统，从而获得网站服务器的管理权限，进而非法修改、删除网站系统中的重要信息或在网站服务器的系统中添加垃圾、色情和有害信息等。

1. 网站攻击的特点

网站攻击的特点如下：

（1）广泛性

目前，由于网络上各种各样的网站数不胜数，因此给网站攻击者提供了众多的攻击目标。

（2）多样性

网站攻击的手段多种多样，主要是因为网站服务器各不相同，且使用的网站编程程序也不尽相同，不同的网站服务器和网站程序都有可能存在着不同的漏洞。因此，使得网站的攻击手段极为多样。

（3）危害性

网站攻击的危害性极大，轻则导致网站服务器无法正常运行，重则可以盗取网站用户中的重要信息，造成整个网站的瘫痪，甚至还可以控制整个网站服务器。

（4）难以防范性

对于网站的攻击很难防范，因为每个网站所采用的网站编程程序不尽相同，所产生的漏洞也不相同，很难采用统一的方式为漏洞打补丁。另外，网站的攻击不会在防火墙或系统日志中留下任何入侵痕迹，致使网络管理员也很难从网站日志里查找到入侵者的足迹。

2. 网站防范措施

目前，每个网站的服务器空间并不都是自己的。因为，一些小的公司没有条件购买自己的服务器，他们只能去租别人的服务器，所以对于在不同地方的网站服务器空间其网站防范措施也不尽相同。

（1）网站服务空间是租用的

针对这种情况，网站管理员只能在保护网站的安全方面下功夫，即在网站开发这块做一些安全防护方面的工作。

① 网站数据库的安全。一般 SQL 注入攻击主要是针对网站数据库的，所以需要在数据库连接文件中添加相应攻击的代码。

② 堵住数据库下载漏洞。不让别人下载数据库文件，并且数据库文件的命名最好复杂并隐藏起来，让别人认不出来。

③ 网站中最好不要有上传。因为这样最容易产生上传文件漏洞以及其他的网站漏洞。

④ 后台管理程序。对于后台管理程序的要求是：首先不要在网页上显示后台管理程序的入口链接，防止黑客攻击，其次就是用户名和密码不能过于简单且应定期更换。

⑤ 定期检查网站上的木马。使用某些专门木马查杀工具，或使用网站程序集成的监测工具定期检查网站上是否存在木马。

（2）网站服务空间是自己的

针对这种情况，除了采用上述几点对网站安全进行维护外，还要对网站服务器的安全进行维护。下面以 Windows Server 2008 R2+IIS 平台为例，主要应做到以下几点：

① 服务器的文件存储系统要使用 NTFS 文件系统。

② 关闭默认的共享文件夹

③ 建立相应的权限机制。

④ 删除不必要的虚拟目录、危险的 IIS 组件和不必要的应用程序映射。

⑤ 保护好日志文件的安全。

12.2　Web 网站的常见攻击方式

黑客攻击 Web 网站的手段极其多样，但是常用的方式主要有 DOS、DDOS 以及 SQL 注入攻击等。

12.2.1　DOS 攻击

DOS 是 Denial Of Service 的简称，中文意思为拒绝服务攻击。使用 DOS 的攻击行为称为 DOS 攻击，其目的是使计算机或网络无法提供正常的服务。

DOS 攻击常用的手段是使网站服务器充斥大量要求回复的信息，消耗网络带宽或系统资源，导致网络或系统不堪重负而停止提供正常的网络服务。

实现 DOS 攻击的方法很多，常用的攻击方法如下：

（1）Synflood：该攻击是以多个随机的源主机地址向目标主机发送 SYN 包，而目标主机在收到

SYN ACK 后并不回应。这样，目标主机就为源主机建立了大量连接队列，而且由于没有收到 ACK 一直维护着这些队列，造成了资源的大量消耗而不能向正常请求提供服务。

（2）Smurf 攻击：Smurf 攻击是结合使用了 IP 欺骗和 ICMP 回复方法使大量网络传输充斥目标系统，引起目标系统拒绝为正常系统进行服务，最终导致该网络的所有主机都对此 ICMP 应答请求做出答复，导致阻塞。

（3）Ping Of Death：根据 TCP/IP 的规范，一个数据包的长度最大为 65536 字节。尽管一个数据包的长度不能超过 65536 字节，但一个数据包可以分成的多个片段的叠加。当一个主机收到了长度大于 65536 字节的包时，就是受到了 Ping Of Death 攻击，该攻击会造成主机的死机。

（4）Ping flood 攻击：该攻击在短时间内向目标主机发送大量 Ping 包，从而造成网络堵塞或主机资源耗尽。

（5）UDP 洪水攻击：攻击者利用简单的 TCP/IP 服务，如 Chargen 和 Echo 来传送毫无用处的占满带宽的数据。通过伪造与某一主机的 Chargen 服务之间的一次 UDP 连接，回复地址指向开 Echo 服务的一台主机，就在两台主机之间存在很多无用的数据流，这些无用的数据流就会导致带宽服务受到攻击。

12.2.2 DDOS 攻击

DDOS 是 Distributed Denial Of Service 的简称，中文意思是分布式拒绝服务攻击，很多 DOS 攻击源一起攻击某台服务器就组成了 DDOS 攻击。

目前，网络上以分布式拒绝服务实施攻击较多，下面介绍几种常见的 DDOS 攻击。

（1）SYN 变种攻击：发送伪造源 IP 的 SYN 数据包，但数据包不是 64 字节，而是上千字节。这种攻击会造成一些防火墙处理错误锁死，消耗服务器 CPU 内存的同时还会堵塞带宽。

（2）TCP 混乱数据包攻击：发送伪造源 IP 的 TCP 数据包，TCP 头的 TCP Flags 部分混乱的可能是 syn、ack 等，会造成一些防火墙处理错误锁死，消耗服务器 CPU 内存的同时还会堵塞带宽。

（3）针对游戏服务器的攻击：因为游戏服务器非常多，所以攻击的种类也花样频出，有几十种之多，而且还在不断地发现新的攻击种类。

12.2.3 SQL 注入攻击

所谓 SQL 注入是通过把 SQL 命令插入到 Web 表单递交，或者输入域名（或页面请求的查询字符串），最终达到欺骗服务器执行恶意的 SQL 命令。

SQL 注入攻击与其他攻击手段相似，在进入注入攻击前，都要经过漏洞扫描、入侵攻击、种植木马后门进行长期控制等几个过程。在入侵过程中，往往会使用一些特殊的工具来提高入侵的效率和成功率。

12.3 Web 网站安全的防黑

俗话说：知己知彼，百战不殆。在了解了 Web 网站安全基础知识，以及黑客攻击 Web 网站的常见方式后，介绍防范 Web 网站安全的措施。

12.3.1　检测上传文件的安全性

服务器提供了多种服务项目，其中上传文件是其提供的最基本的服务项目。它可以让空间的使用者自由上传文件，但是在上传文件的过程中，很多用户可能会上传了一些对服务器造成“致命打击”的文件，如最常见的 ASP 木马文件。

所以网络管理员必须利用入侵检测技术来检测网页木马是否存在，以防止随时随地都有可能发生的安全隐患。下面介绍使用“思易 ASP 木马追捕”工具来检测上传文件是否为木马，其具体操作步骤如下：

（1）下载思易 ASP 木马追捕文件，将 asplist2.0.asp 文件复制到 IIS 默认目录（C:\Inetpub\wwwroot），打开“Internet 信息服务（IIS）管理器”窗口，双击“默认文档”图标，如图 12-1 所示。

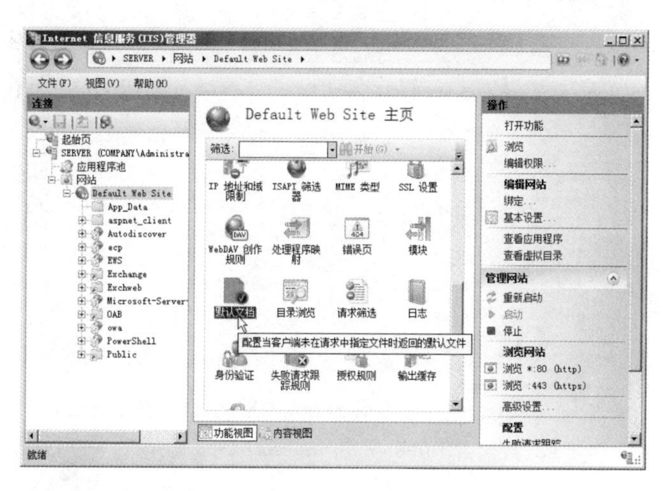

图 12-1　双击“默认文档”图标

（2）打开“默认文档”窗口，单击“添加”超链接，如图 12-2 所示。

图 12-2　单击“浏览”超链接

（3）在弹出的“添加默认文档”对话框中，输入 asplist2.0.asp，然后单击“确定”按钮，如图 12-3 所示。

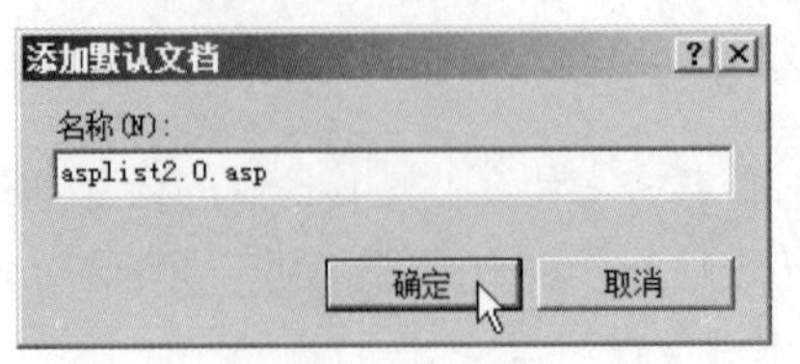

图 12-3　输入名称

（4）在 IE 浏览器中输入 127.0.01，按回车键，打开 asplist2.0.asp，如图 12-4 所示。在“检查文件类型”文本框中输入要检查的文件类型，默认是检查所有类型；在“增加搜索自定义关键字”文本框中输入确定 ASP 木马文件所包含的特征字符，在这里选择默认。

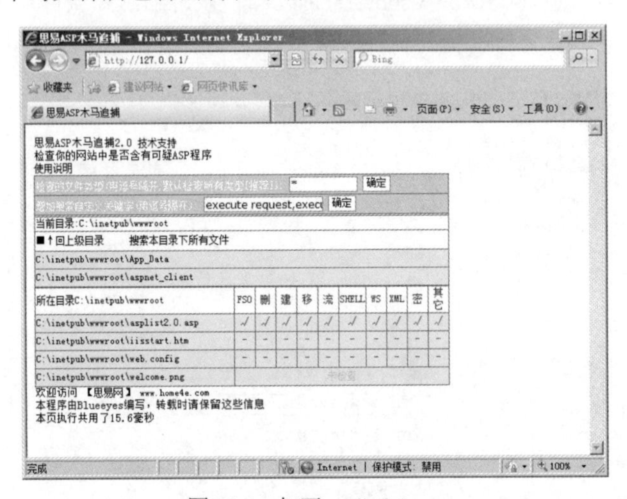

图 12-4　打开 asplist2.0.asp

（5）设置完成后，单击“确定”按钮，如图 12-5 所示。根据设置进行网页木马的探测。

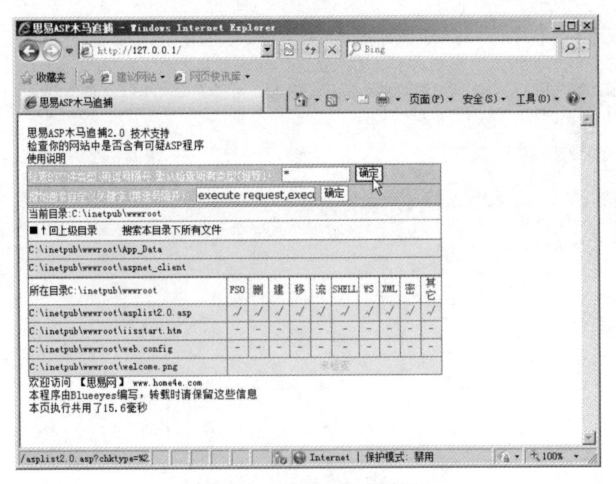

图 12-5　网页木马探测

12.3.2　设置网站访问权限

限制用户的网站访问权限往往可以有效地堵住入侵者的上传。可在 IIS 服务管理器中进行用户访问权限设置，还可以设置网站目录下的文件访问控制权限，赋予 IIS 网站访问用户相应的权限，才能正常浏览网站网页文档或访问数据库文件。对于后缀为.asp、html、php 等的网页文档文件，设置网站访问用户对这些文件可读即可。

【实验 12-1】 通过设置用户访问权限来限制网站访问权限

具体操作步骤如下：

（1）打开 C:\Inetput\wwwroot 文件夹，在其中选择网页文档，右击，在弹出的快捷菜单中选择“属性”命令，如图 12-6 所示。

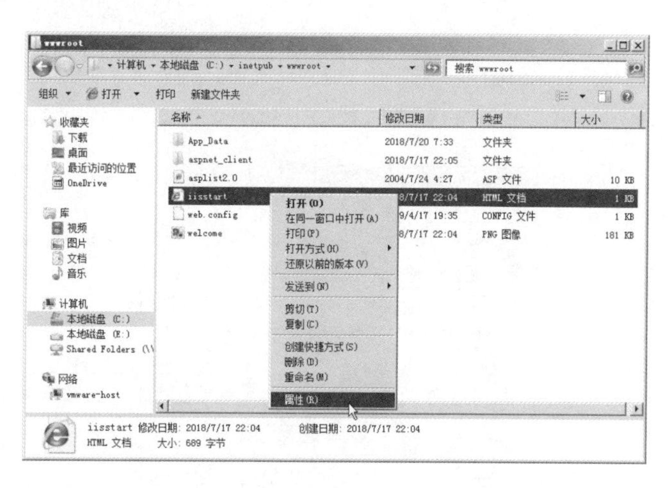

图 12-6　选择“属性”命令

（2）在弹出的对话框中，切换到“安全”选项卡，在“组和用户名”列表框中选择任意一个用户名，然后单击“编辑”按钮，如图 12-7 所示。

（3）在弹出的对话框中，单击“添加”按钮，如图 12-8 所示。

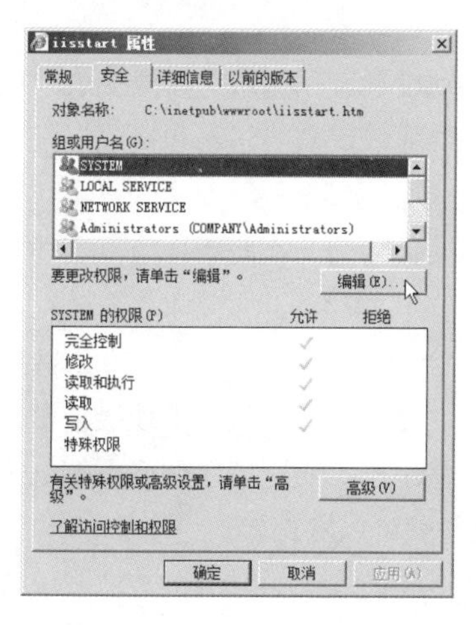

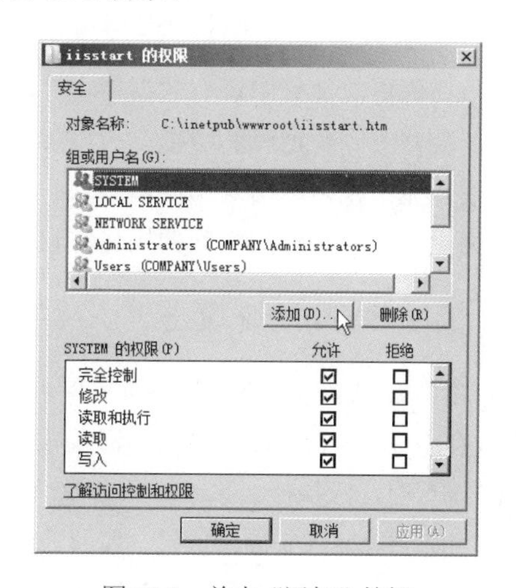

图 12-7　选择用户名　　　　图 12-8　单击“添加”按钮

（4）在弹出的“选择用户或组”对话框，在“输入对象名称来选择”文本框中输入 Everyone，然后单击“确定”按钮，如图 12-9 所示。

（5）单击“确定”按钮后，返回文件属性对话框中，选择 Everyone 用户，选中“完全控制”右侧的“拒绝”复选框，然后单击“确定”按钮，如图 12-10 所示。

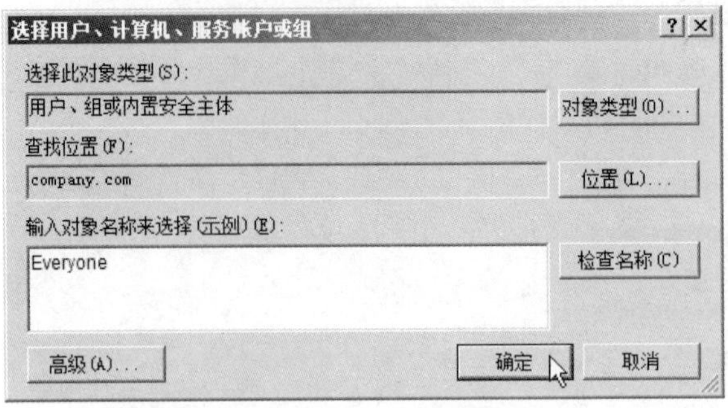

图 12-9　输入对象名称

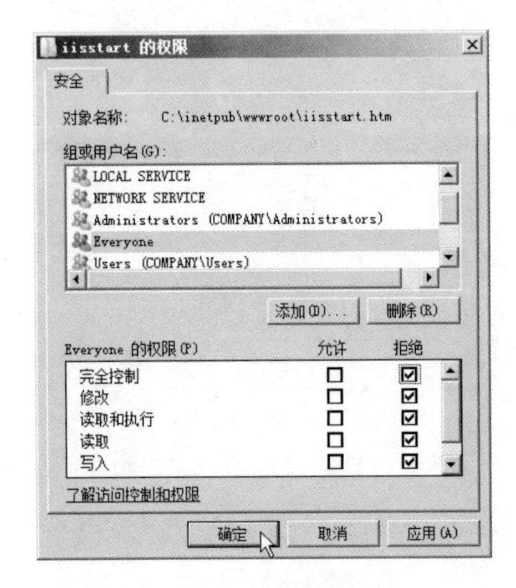

图 12-10　拒绝完全控制

另外，在网页文件夹中还有数据库文件的权限需要进行特别设置。因为用户在提交表单或注册等操作时，会修改到数据库的数据，所以除了给用户读取的权限外，还需要写入和修改权限，否则也会出现用户无法正常访问网站的问题。

设置网页数据库文件的权限的操作与设置数据文件权限的操作相同，在此不再重复赘述。

12.3.3　预防 SYN 系统攻击

SYN 攻击属于 DOS 攻击的一种，它利用 TCP 协议缺陷，通过发送大量的半连接请求，耗费 CPU 和内存资源。SYN 攻击除了能影响主机外，还可以危害路由器、防火墙等网络系统，事实上 SYN 攻击并不管目标是什么系统，只要这些系统打开 TCP 服务就可以实施。

因此，预防 SYN 系统攻击也是一项刻不容缓的工作。用户可以通过修改注册表的方法实现防御。

【实验 12-2】通过修改注册表来防御 SYN 系统攻击

具体操作步骤如下：

（1）在“注册表编辑器”窗口中，依次展开 HKEY_LOCAL_MACHINE\SYSTEM\ CurrentControlSet\services\Tcpip\Parameters 分支，在右侧的空白处右击，在弹出的快捷菜单中选择“新建”→“DWORD 值”命令，如图 12-11 所示。

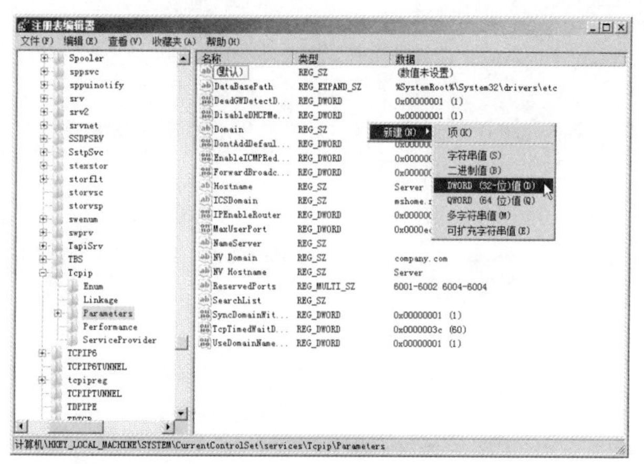

图 12-11　选择“DWORD”命令

（2）在右侧的窗口中将刚创建的键重命名为 SynattackProtec，双击，在弹出的快捷菜单中选择“修改”命令，如图 12-12 所示。

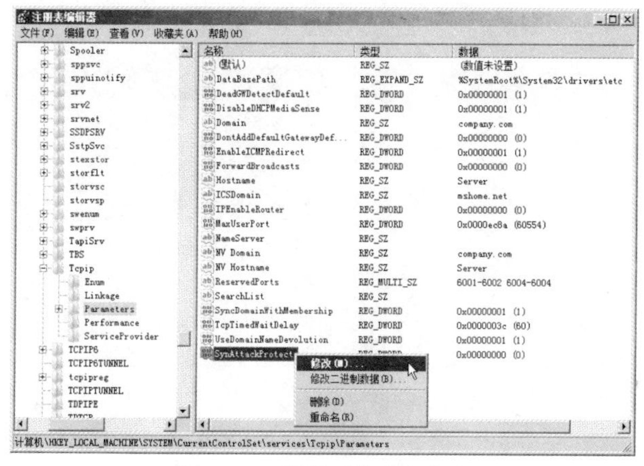

图 12-12　选择“修改”命令

（3）在弹出的“编辑 DWORD 值”对话框中输入 2，然后单击“确定”按钮，如图 12-13 所示。

（4）使用同样的方法，创建一个名为 EnablePMTUDiscovery 的 DWORD 键，修改该键值为 0，如图 12-14 所示。

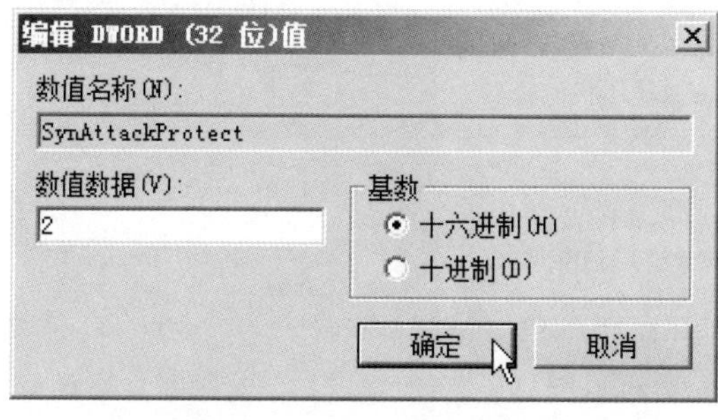

图 12-13　单击“确定”按钮

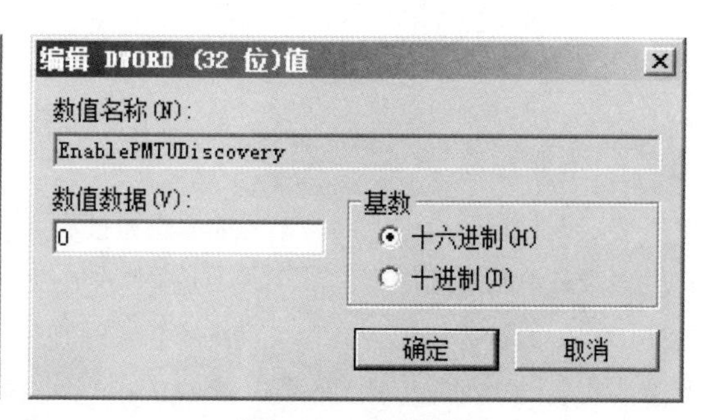

图 12-14　修改键值

（5）使用同样的方法，创建一个名为 NoNameReleaseOnDemand 的 DWORD 键，修改该键值为 1，如图 12-15 所示。

（6）使用同样的方法，创建一个名为 EnableDeadGWDetect 的 DWORD 键，修改该键值为 0，如图 12-16 所示。

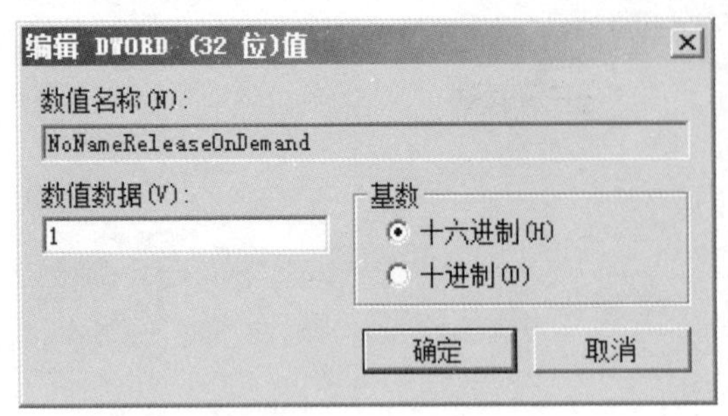

图 12-15　修改 NoNameReleaseOnDemand 键值

图 12-16　修改 EnableDeadGWDetect 键值

（7）使用同样的方法，创建一个名为 KeepAliveTime 的 DWORD 键，修改该键值为 3000，如图 12-17 所示。

（8）使用同样的方法，创建一个名为 PerformRouterDiscovery 的 DWORD 键，修改该键值为 0，如图 12-18 所示。

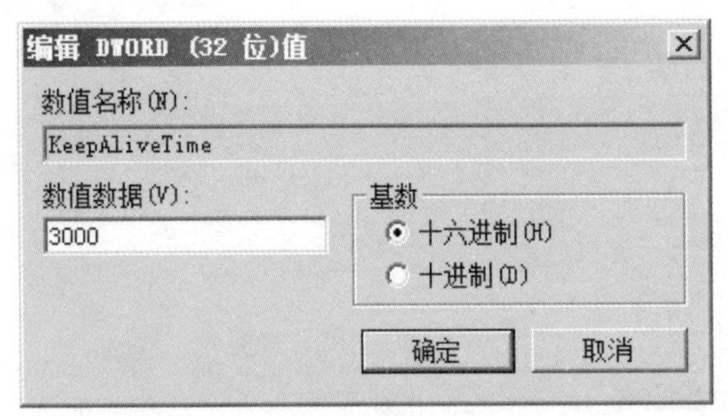

图 12-17　修改 KeepAliveTime 键值

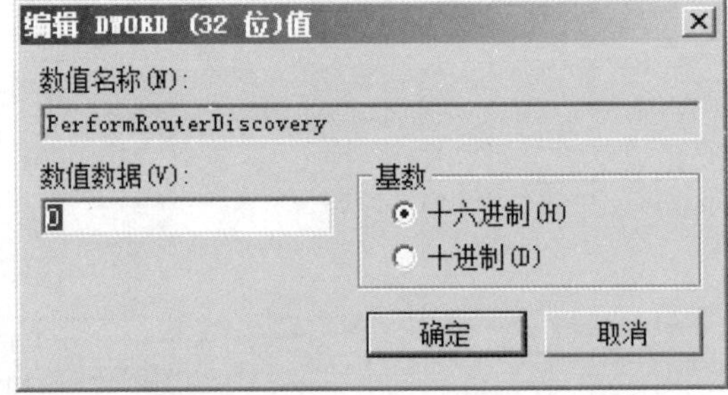

图 12-18　修改 PerformRouterDiscovery 键值

（9）使用同样的方法，创建一个名为 EnableICMPRedirects 的 DWORD 键，修改该键值为 0，如图 12-19 所示。

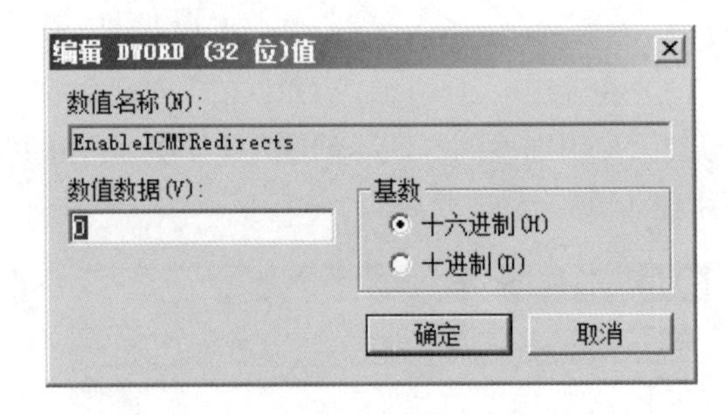

图 12-19　修改 EnableICMPRedirects 键值

12.3.4　防范 DDOS 攻击

DDOS 攻击是黑客最常用的攻击手段，下面介绍一些防范 DDOS 攻击的方法。

1. 定期扫描

要定期扫描现有的网络主节点，清查可能存在的安全漏洞，对新出现的漏洞及时进行修补。骨干节点上的计算机因为具有较高的带宽，往往是黑客利用的最佳位置，所以对这些主机本身加强安全是非常重要的。而且连接到网络主节点的都是服务器级别的计算机，所以定期扫描漏洞非常重要。

2. 配置防火墙

防火墙本身能抵御 DDOS 攻击和其他一些攻击。

3. 用足够的机器承受黑客攻击

这是一种较为理想的应对方案，如果用户拥有足够的容量和资源给黑客攻击，在它不断访问用户、夺取用户资源之时，自己的能量也在逐渐耗失，或许未等用户被攻死，黑客已无力应对。

不过此方法需要投入的资金比较多，平时大多数设备处于空闲状态，和目前中小企业网络实际运行情况不相符。

4. 充分利用网络设备保护网络资源

网络设备是指路由器、防火墙等负载均衡设备，可将网络有效地保护起来。当网络攻击被攻击时最先“死掉”的是路由器，但其他机器没有“死”。“死掉”的路由器经重启后会恢复正常，而且启动起来还很快，不会造成太大损失。若其他服务器“死掉”，其中的数据会丢失，而且重启时间比较长。

5. 过滤不必要的服务和端口

使用 Inexpress 等工具来过滤不必要的服务和端口，即在路由器上过滤假 IP。只开放服务端口成为目前很多服务器的流行做法，如 WWW 服务器只开放 80 而将其他所有端口关闭或在防火墙上做阻止策略。

6. 检查访问者的来源

使用Unicast Reverse Path Forwarding等通过反向路由器查询的方法，检查访问者的IP地址是否是真，如果是假将加以屏蔽。许多黑客攻击常采用假 IP 地址方式迷惑用户，用户很难查出它来自何处。

因此，利用 Unicast Reverse Path Forwarding 可降低假 IP 地址出现的概率，有助于提高网络的安全性。

7. 过滤所有 RFC1918IP 地址

RFC1918IP 地址是内部网的 IP 地址，如 10.0.0.0、192.168.0.0，它们不是某个网段的固定的 IP 地址，而是 Internet 内部保留的区域性 IP 地址，应将其过滤掉。此方法并不是过滤内部员工的访问，而是过滤攻击时伪造的大量虚假内部 IP，以预防 DDOS 攻击。

8. 限制 SYN/ICMP 流量

用户应在路由器上配置 SYN/ICMP 的最大流量来限制 SYN/ICMP 封包所能占有的最高频宽，这样，当出现大量超过所限定的 SYN/ICMP 流量时，说明不是正常的访问，而是有黑客入侵。

当用户正遭受攻击时，可以采取如下几种措施：

（1）检查攻击来源

通常黑客会通过很多假 IP 地址发起攻击。此时，用户若能够分辨出哪些是真 IP 哪些是假 IP 地址，了解这些 IP 来自哪些网段，再找网络管理员将这些机器关闭，可以在第一时间消除这些攻击。如果发现这些 IP 地址是来自外面而不是内部的 IP，可以采取过滤的方法，将这些 IP 地址在服务器或路由器上过滤掉。

（2）找出攻击者所经过的路由，把攻击屏蔽掉

若黑客从某些端口发动攻击，用户可以把这些端口屏蔽掉，以阻止入侵。不过此方法对于公司网络出口只有一个而又遭受到来自外部的 DDOS 攻击时并不会太有用。

（3）在路由器上过滤掉 ICMP

虽然在攻击时无法完全消除入侵，但过滤掉 ICMP 后可有效防止攻击规模的升级，也可以在一

定程度上降低攻击的级别。

12.3.5 全面防范 SQL 注入攻击

SQL 注入入侵是根据 IIS 给出的 ASP 错误信息来入侵的，因此可以通过配置 IIS 和数据库用户权限的方法来对错误提示信息进行设置，以实现有效防范 SQL 注入的入侵。

此外，网站程序员还需要在程序代码编写上防范 SQL 注入入侵，具体方法如下：

（1）在为网站数据库上命名时，尽量不要取那些看起来意义非常明显的名字。这样，即使用户名和密码被猜解了出来，入侵者也不易知道哪些信息是对其有用的。

（2）仔细检测客户端提交的变量参数。利用一些检测工具对用户通过网址提交的变量参数进行检查，发现客户端提交的参数中有“exec、insert、select、delete、from”等用于 SQL 注入的常用字符时，立即停止执行 ASP 并给出警告信息或转向出错页面。

（3）对重要数据进行加密。例如使用 MD5 加密，MD5 没有反向算法，也不能解密，这样就可以防范对网站的攻击了。

第 13 章 VPN 网的防黑实战

VPN 是通过公用网络（Internet 或者其他专用网络）建立的一个临时、经过加密的安全通道访问目标网络（通常为企业内部网络）。VPN 是对企业内部网的扩展，它可以帮助异地用户、公司分支机构建立可信的安全连接，并保证数据的安全传输。

本章从 VPN 的基础知识入手，介绍如何防范黑客入侵等内容。通过本章的学习，用户应掌握在 VPN 网中防范黑客攻击的方法。

13.1 VPN 基础知识

VPN（Virtual Private Network，虚拟专用网络）是计算机（VPN 客户端）和企业服务器（VPN 服务器）之间的点对点的连接。用户可以通过 Internet 使用 VPN 连接技术对企业内部网络进行远程访问。利用网络访问保护（NAP），可以对远程接入的计算机进行健康检查，将影响网络安全的计算机隔离到一个受限网络中，直至计算机修复达到网络健康标准后才允许其接入。

VPN 可以分为软件 VPN 和硬件 VPN，软件 VPN 可利用 Windows Server 2008/2012 系统集成 VPN 服务来实现。一些常规网络产品，如路由器、防火墙中也集成了 VPN 功能。

13.1.1 VPN 的协议

Windows Server 2008 R2 提供三种类型的远程访问 VPN 协议，分别为点对点隧道协议（PPTP）、第二层隧道协议（L2TP/IPsec）以及安全套接字隧道协议（SSTP）。

1. 点对点隧道协议

PPTP 为用户级身份验证使用点对点协议的身份验证，为数据加密使用 Microsoft 点对点加密（MPPE）方法。PPTP 使用 PPP 用户身份验证和 MPPE 加密。当使用具有强密码的 MS-CHAPv2 或 PEAP-MS-CHAP v2 时，PPTP 是一种安全的 VPN 技术。PPTP 协议被广泛支持，其易于配置，可用于大部分网络地址转换（NAT）。

2. 第二层隧道协议

L2TP/IPsec 为用户级身份验证使用 PPP 身份验方法、计算机级身份验证、数据身份验证、数据完整性和数据加密使用 IPsec 封装。L2TP 利用 PPP 用户身份验证和 IPsec 数据包保护。L2TP/IPsec 使用证书（默认）和 IPsec 计算机级的身份验证过程来协商受保护的 IPsec 会话，然后基于 PPP 的用户身份验证来认证 VPN 客户端计算机的用户。通过使用 IPsec，L2TP/IPsec 为每个数据包提供了数据机密件、数据完整性（证明数据没有在传输过程中被修改）和数据的原始认证（证明数据由授权用户发出）。但是 L2TP/IPsec 需要 PKI 为每个基于 L2TP/IPsec 的 VPN 客户端分配计算机证书。

3. 安全套接字隧道协议

SSTP 为用户级身份验证使用 PPP 身份验证方法，数据身份验证、数据完整性和数据加密使用安全套接字层（SSL）通道。SSTP 使用 SSL 通信（TCP 端口 443），所以 SSTP 可用于多种不同的网络配置，如位于 NAT、防火墙或不支持 PPP 或 L2TP/IPsec 通信的代理服务器之后的 VPN 客户端或服务器。

13.1.2 VPN 的组件

远程客户端通过 VPN 服务器创建一个到企业内部网络的远程访问 VPN 连接。VPN 服务器提供路由功能，使远程客户端计算机具备访问整个网络资源的能力。VPN 连接中发送的数据包由远程客户端计算机发起。在连接过程中，远程访问客户端（VPN 客户端）认证自己到远程访问服务器（VPN 服务器），使用支持互相身份验证的认证方法，服务器认证自己到客户端。一个完整的 VPN 构架包括以下组件：

1. VPN 客户端

VPN 客户端是发起者，提出到 VPN 服务器的远程访问 VPN 连接，一旦连接成功就可以访问企业内部网络资源。VPN 客户端可以是使用 MPPE 加密创建 PPTP 连接的计算机，也可以是使用 IPsec 加密创建 L2TP 连接的计算机，也可以是使用 SSL 加密创建 SSTP 连接的计算机。

2. VPN 服务器

VPN 服务器是运行 Windows Sever 2008 路由和远程访问的计算机。VPN 服务器监听远程访问 VPN 连接尝试，强制身份验证和连接请求，并在 VPN 客户端和内网资源间路由数据包。

3. 活动目录域控制器

活动目录域控制器为身份验证检验用户资格，并授权用户账户远程访问的权限。

4. 证书服务器（CA）

证书服务器是 PKI 的一部分，用来为 VPN 客户端发布计算机或用户证书，为 VPN 服务器和 RADIUS 服务器发布计算机证书，以便进行 VPN 连接的计算机级身份验证和用户级身份验证。

13.2 VPN 网的常见攻击方式

大多数中小型企业，为了便于工作及部署，基本都是采用 PPTP 及强化的 IPSec VPN，至于大型企业及分支众多的分店型企业，则较多使用 SSL VPN。下面介绍黑客攻击 VPN 网的常见方式，如攻击 PPTP VPN、攻击启用 IPSec 加密的 VPN 和破解 VPN 登录账户及密码。

13.2.1　攻击 PPTP VPN

对于采用 PPTP 验证的 VPN，黑客一般使用中间人攻击实现，在截获到 VPN 客户端登录 VPN 服务器/设备的数据报文之后，就可以使用 Asleap 软件进行破解了。黑客攻击 PPTP VPN 的操作如下：

（1）扫描 VPN 设备。

黑客在对 VPN 设备进行攻击前，需要先对预攻击目标进行确认，这就需要通过扫描来发现并识别目标。对于最常见的 PPTP VPN，黑客常使用 Zenmap 软件进行扫描。zenmap 提供了很好的界面帮助用户进行 nmap 常见的扫描选项，并能够将结果用不同颜色标识，以便用户查看所需的内容。

（2）截获 VPN 交互数据包

采用中间人攻击方式（如 ARP 欺骗等），黑客会使用 Ettercap 或 Cain 来实现，这样即可截获 VPN 交互数据包。Ettercap 是一款以太网环境下的网络监视、拦截和记录工具，支持多种主动或被动的协议分析，比如加密相关的 SSH、HTTPS 等，有数据插入、过滤、保持连接同步等多种功能，也有一个能支持多种嗅探模式的、强大而完整的嗅探套件，支持插件，能够检查网络环境是否是交换局域网，并且能使用主动或被动的操作系统指纹识别技术让用户了解当前局域网的情况。

（3）破解 VPN 客户端用户账户名及密码

在获得 VPN 之间的通信数据报文后，就可以使用专用工具进行破解了，常用的工具为 Asleap。Asleap 是一款用于恢复 LEAP 和 PPTP 加密密码的免费工具，其原理主要是基于 LEAP 验证漏洞，但由于 PPTP 同样使用了和 LEAP 一样的 MSCHAPv2 加密，所以这款工具也可用于破解 PPTP 账户及密码

13.2.2　攻击启用 IPSec 加密的 VPN

黑客攻击启用 IPSec 加密的 VPN 的具体操作如下：

（1）扫描 VPN 设备。

对于启用了 IPSec 加密的 VPN，黑客常使用 IPSecScan 工具扫描 VPN 设备。

（2）确认 VPN 设备。

为了更进一步地确认 VPN 设备，黑客使用 IKE-SCan 工具进行确认。

（3）破解 VPN 客户端用户的账户名及密码。

黑客使用 Cain&Abel 实现截获 PSK Authentication Hash（预共享验证散列）来进行暴力破解或字典破解。

13.2.3　破解 VPN 登录账户名及密码

有时用户为了方便将 VPN 账户名及密码设置为保存。这样在每次使用 VPN 客户端登录时，只需要直接双击快捷方式就可以自动登录到远程 VPN 服务器。

由于这些信息会被保存到注册表中，所以黑客使用 Dialupass 工具就可以直接从注册表中将其还原出来，且不需要额外的破解。

【实验 13-1】使用 Dialupass 工具破解 VPN 登录账户名及密码

（1）从网上下载 Dialupass 工具，并运行“Dialupass.exe”，打开“Dialupass”窗口，即可查看 Dialupass 从注册表中获取的用户名及密码，如图 13-1 所示。

（2）记录用户名及密码后，单击“关闭”按钮即可。

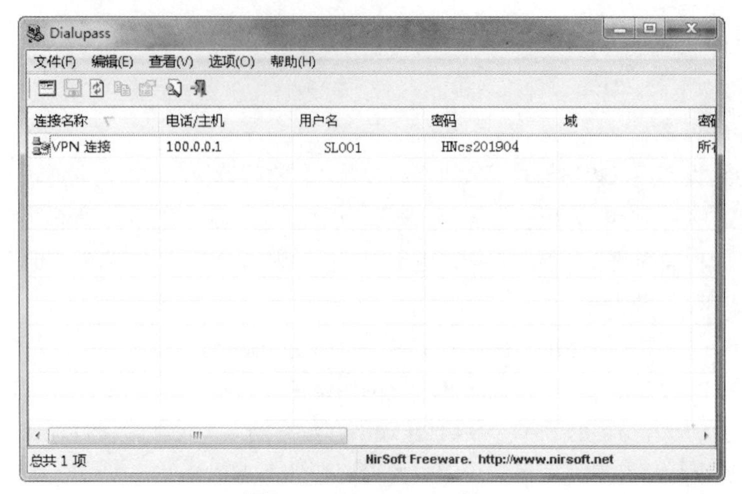

图 13-1 “Dialupass”窗口

提示：由于杀毒软件对 Dialupass 会拦截，因此，在运行前需要临时关闭杀毒软件。Dialupass 除了会破解本地的 VPN 用户名及密码外，还可以破解本地的拨号上网用户名及密码。

13.3 VPN 网安全的防黑

在了解了黑客攻击 VPN 的常见方式后，用户就可以有针对性对 VPN 网安全进行防范。

13.3.1 VPN 用户权限

通过了解黑客攻击 VPN 网的常用方式后，用户应明白账户密码越简单越容易破解。因此，用户账户密码应采用较复杂的设置，这样可以有效避开黑客攻击的威胁。通过在 VPN 服务器中，加强 VPN 用户权限，可以有效的防御黑客的攻击。

【实验 13-2】加强 VPN 用户权限

具体操作步骤如下：

（1）单击“开始”→“所有程序”→“管理工具”→“Active Directory 用户和计算机”命令，打开“Active Directory 用户和计算机”窗口，如图 13-2 所示。

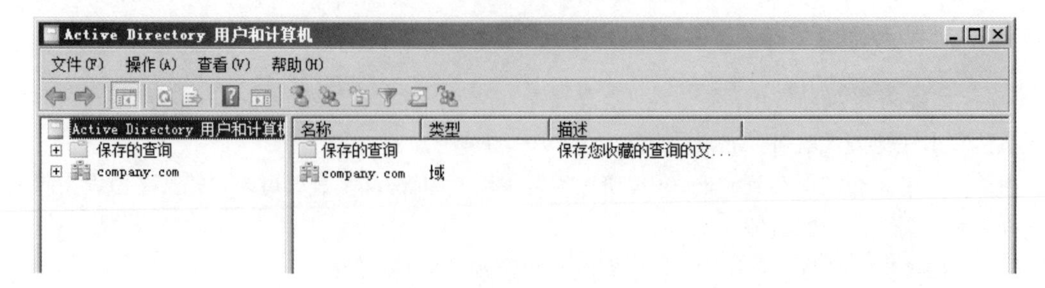

图 13-2 “Active Directory 用户和计算机”窗口

（2）选择 company.com，在该窗口中选择 Users 并右击，在弹出的快捷菜单中选择“新建”→

“用户”选项，如图 13-3 所示。打开“新建对象-用户”对话框。

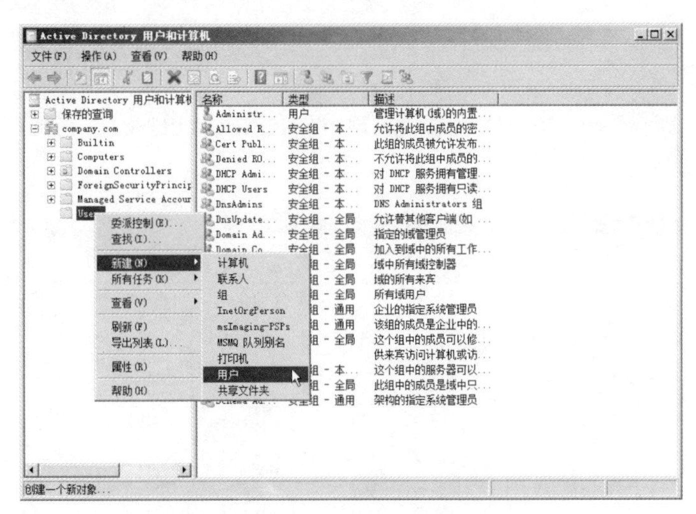

图 13-3　选择“新建”→“用户”选项

（3）在“新建对象-用户”对话框中，输入用户名称和用户登录名，如图 13-4 所示。

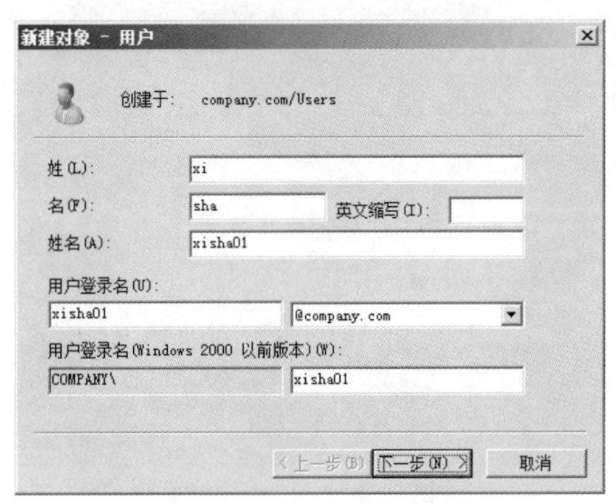

图 13-4　输入用户名称和用户登录名

（4）单击“下一步”按钮，弹出如图 13-5 所示的对话框，设置用户密码及登录期限。

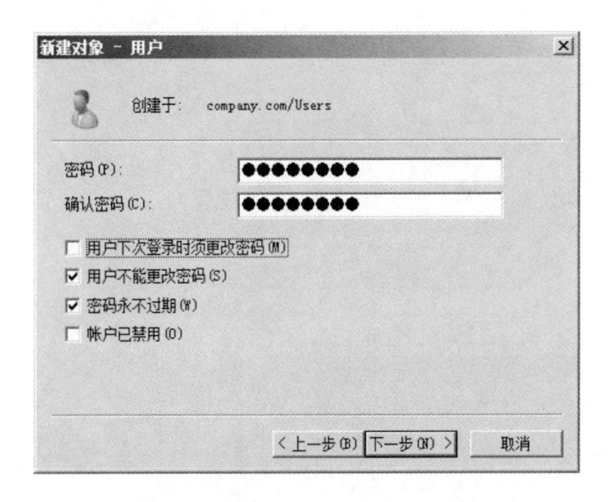

图 13-5　设置用户密码及登录期限

提示：在设置用户密码时，应尽可能地设置复杂的密码。

（5）单击“下一步”按钮，弹出显示设置的用户账户信息的对话框，单击“完成”按钮，完成创建用户账户的操作。

（6）在“Active Directory 用户和计算机”窗口中，选择 xisha01，右击并在弹出的快捷菜单中选择“属性”命令，如图 13-6 所示。

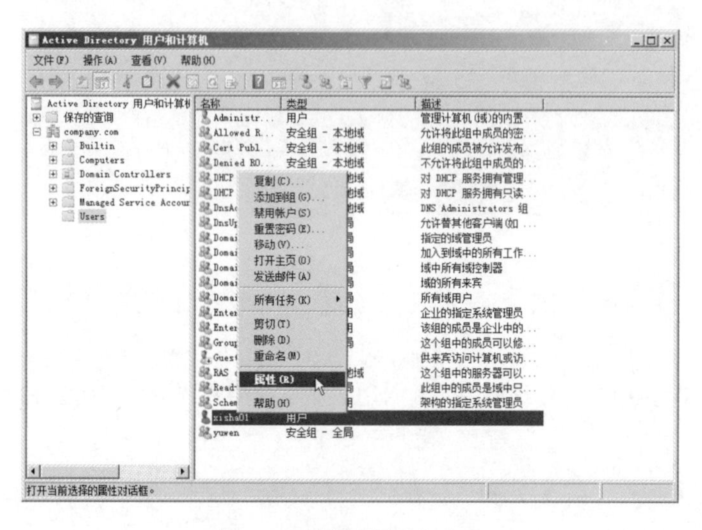

图 13-6　选择“属性”命令

（7）在弹出的“xisha01 属性”对话框中，选择“拨入”选项卡，在“网络访问权限”区域，选中“允许访问”单选按钮，如图 13-7 所示。

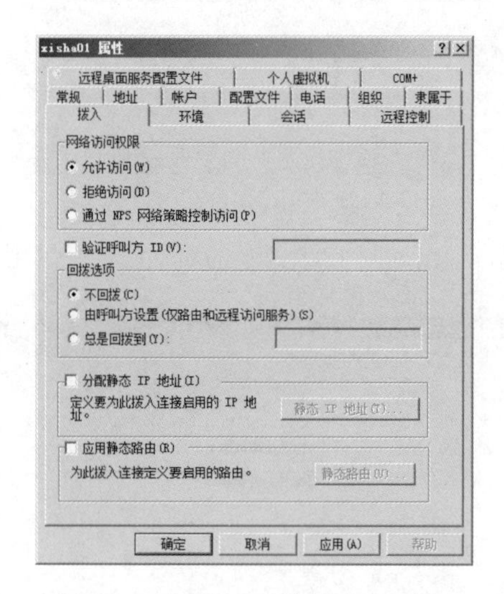

图 13-7　选中“允许访问”单选按钮

（8）单击“确定”按钮，即可赋予域用户远程访问的权限。

13.3.2　加强客户端安全

除了在 VPN 服务器端加强用户权限外，还需要在客户端加强安全设置。

【实验 13-3】在 Windows 7 系统中加强 VPN 安全

（即扫即看）

具体操作步骤如下：

（1）在 Windows 7 系统的“网络和共享中心”窗口中，单击“设置新的连接或网络”超链接，如图 13-8 所示。

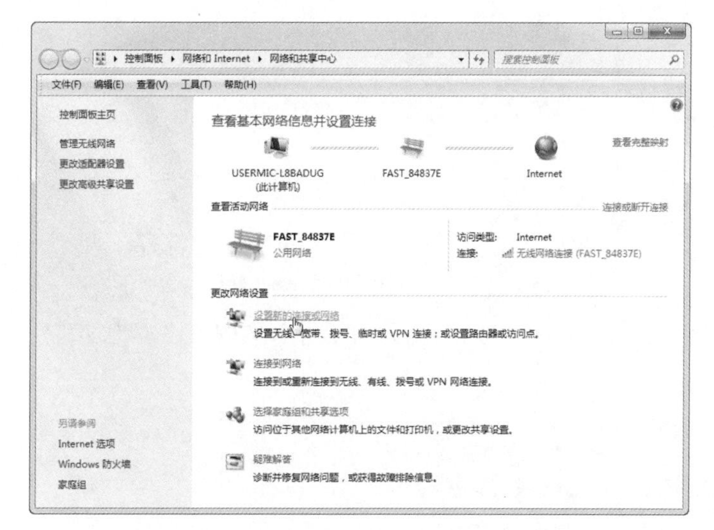

图 13-8　单击“设置新的连接或网络”超链接

（2）在弹出的“设置新的连接或网络”对话框中，选择“连接到工作区”，单击“下一步”按钮，如图 13-9 所示。

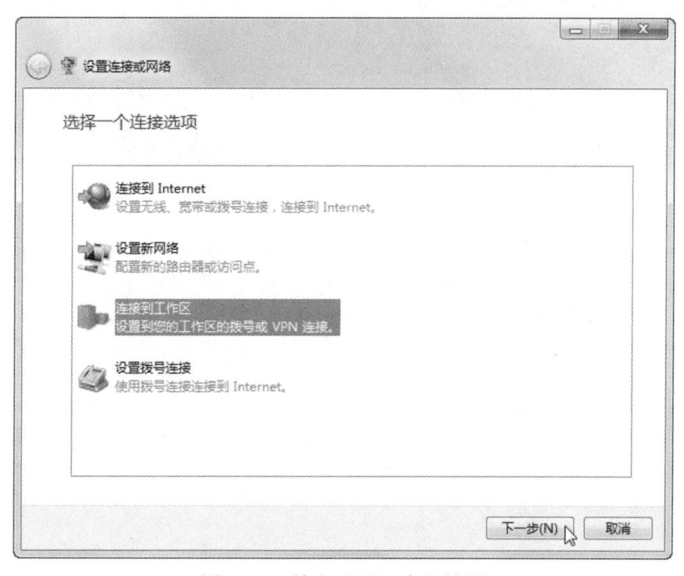

图 13-9　单击“下一步”按钮

（3）在弹出的“连接到工作区”对话框中，选择“使用我的 Internet 连接”选项，如图 13-10 所示。

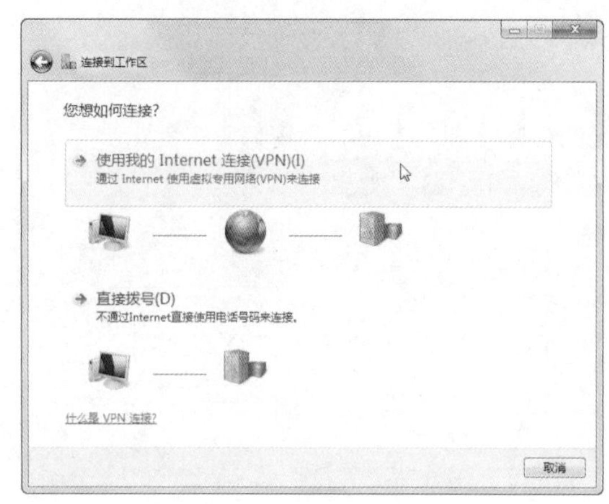

图 13-10　选择“使用我的 Internet 连接”选项

（4）在弹出的“连接到工作区”对话框中，提示用户 VPN 服务器地址和目标名称，如图 13-11 所示。

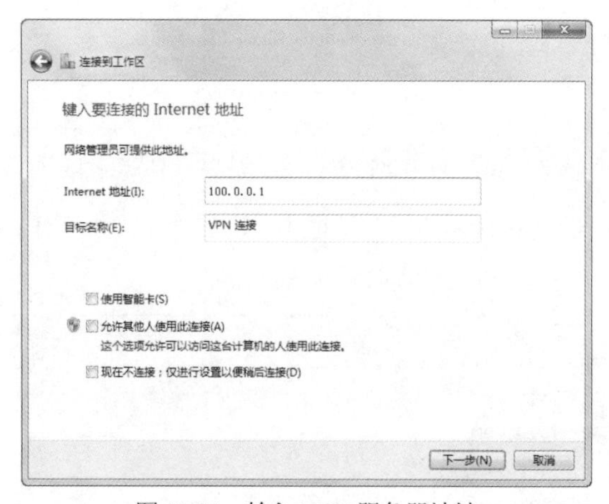

图 13-11　输入 VPN 服务器地址

（5）单击“下一步”按钮，在弹出的对话框中输入 VPN 账号和密码，如图 13-12 所示。

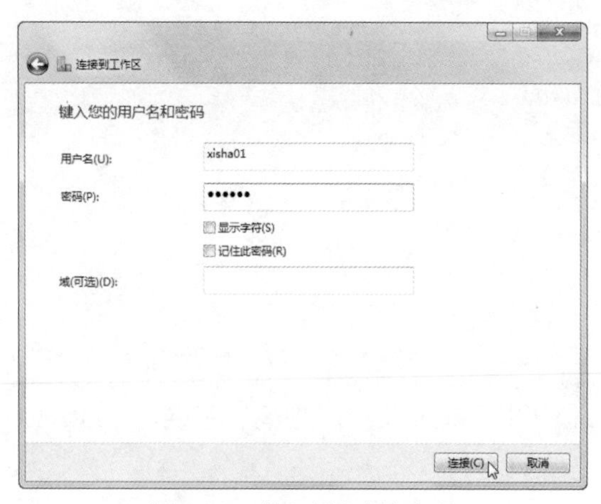

图 13-12　输入用户名和密码

（6）单击“连接”按钮，系统将开始连接到 VPN 服务器，在这里单击“跳过”按钮，如图 13-13 所示。

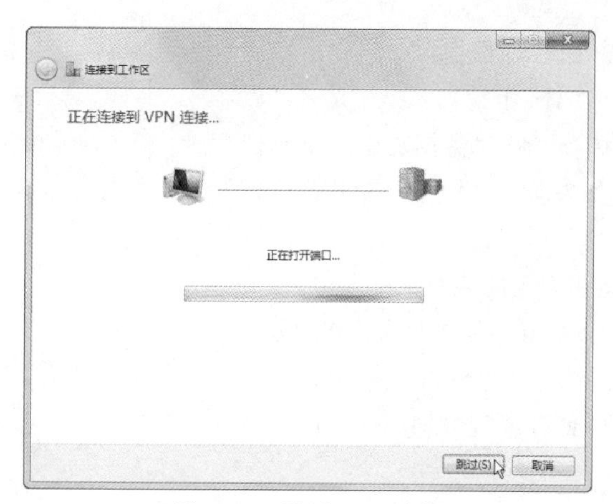

图 13-13　跳过 VPN 连接

（7）在“网络和共享中心”窗口中，单击“更改适配器设置”超链接，如图 13-14 所示。

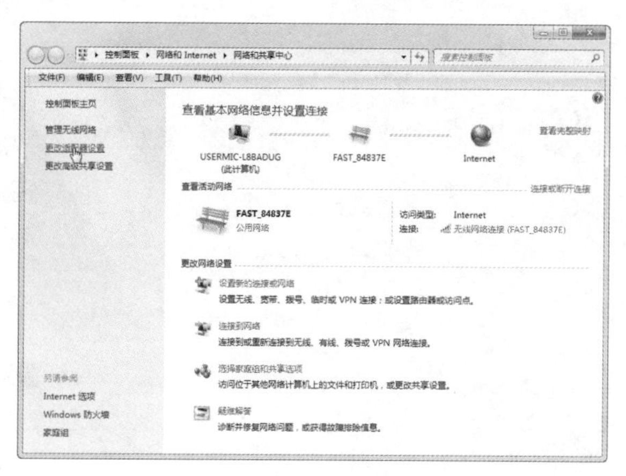

图 13-14　单击“更改适配器设置”超链接

（8）在弹出的“网络和共享中心”窗口中，选择创建的 VPN 客户端，右击并在弹出的快捷菜单中选择“属性”命令，如图 13-15 所示。

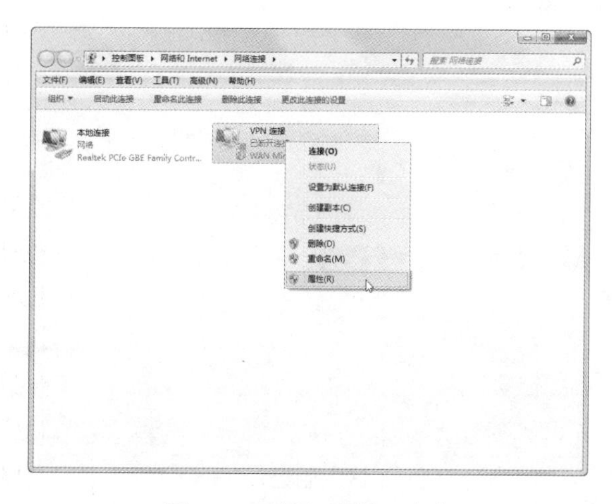

图 13-15　选择“属性”命令

（9）在弹出的“VPN 连接 属性”对话框中，选择“安全”选项卡，在“VPN 类型”下拉列表框中选择“点对点隧道协议（PPTP）”选项，在“数据加密”下拉列表框中选择“需要加密（如果服务器拒绝将断开连接）”选项，如图 13-16 所示。

（10）单击“确定”按钮，关闭该对话框即可。

【实验 13-4】在 Windows 10 系统中加强 VPN 安全

（1）在 Windows 10 系统的“网络和共享中心”窗口中，单击“设置新的连接或网络”超链接，如图 13-17 所示。

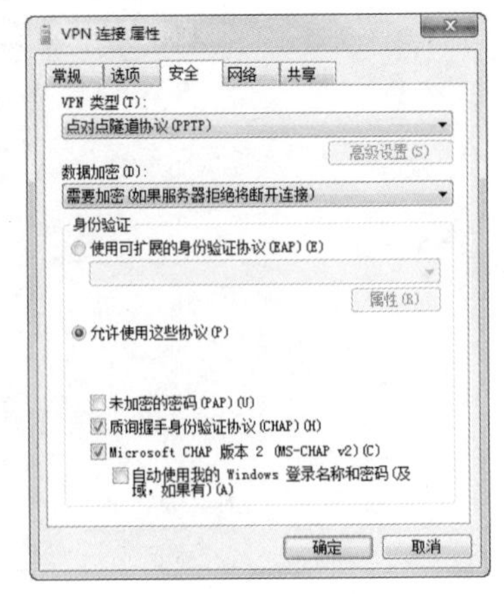

图 13-16 “VPN 连接 属性”对话框

（即扫即看）

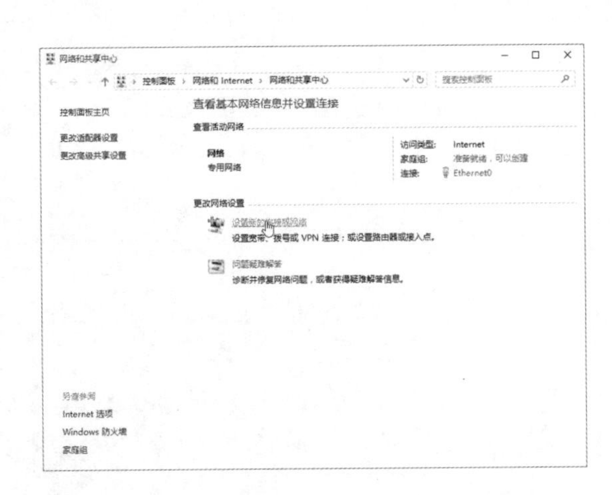

图 13-17 单击“设置新的连接或网络”超链接

（2）在弹出的“设置新的连接或网络”对话框中，选择“连接到工作区”选项，单击“下一步”按钮，如图 13-18 所示。

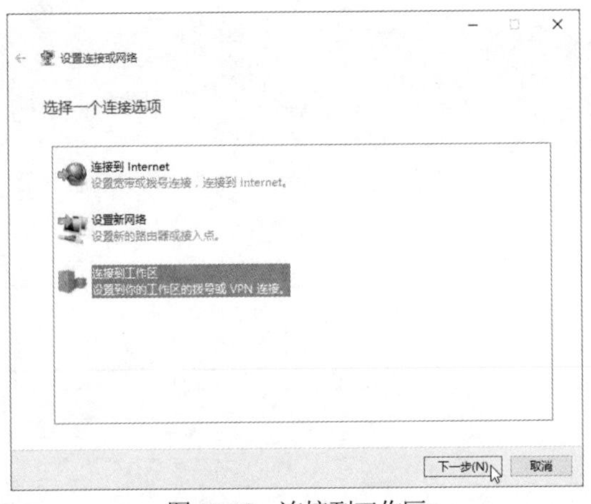

图 13-18 连接到工作区

（3）在弹出的“连接到工作区”对话框中，选择“使用我的 Internet 连接（VPN）”选项，如图 13-19 所示。

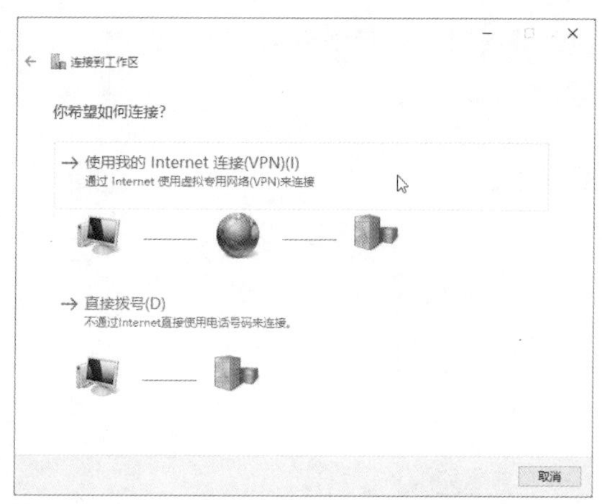

图 13-19　选择“使用我的 Internet 连接（VPN）”选项

（4）在弹出的“连接到工作区”对话框中，提示用户输入 VPN 服务器地址和目标名称，单击“创建”按钮，如图 13-20 所示。

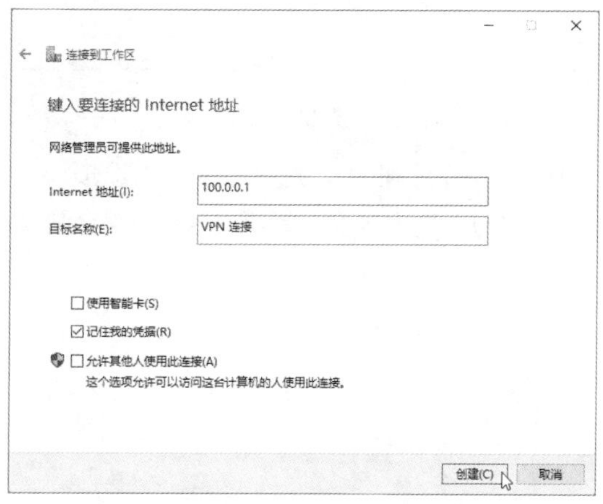

图 13-20　输入服务器地址和目标名称

（5）VPN 客户端创建完成，在“网络和共享中心”窗口中，单击“更改适配器设置”超链接，如图 13-21 所示。

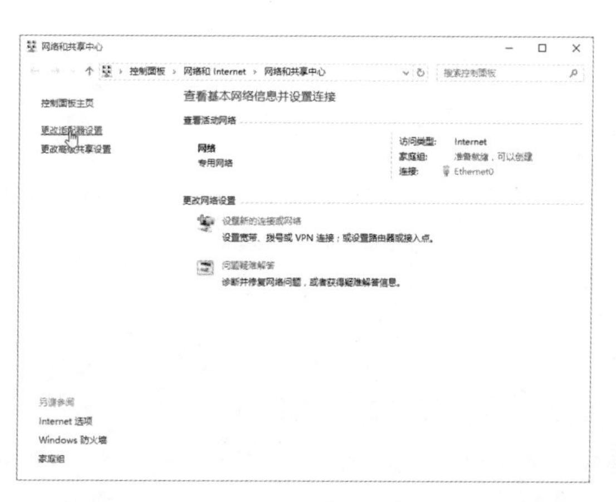

图 13-21　单击“更改适配器设置”超链接

（6）在弹出的“网络连接”窗口中，选择创建的 VPN 客户端，右击并在弹出的快捷菜单中选择“属性”命令，如图 13-22 所示。

图 13-22 选择“属性”命令

（7）在弹出的“VPN 连接属性”对话框中，选择“安全”选项卡，在“VPN 类型”下拉列表框中选择“点对点隧道协议（PPTP）”选项，在“数据加密”下拉列表框中选择“需要加密（如果服务器拒绝将断开连接）”选项，如图 13-23 所示。

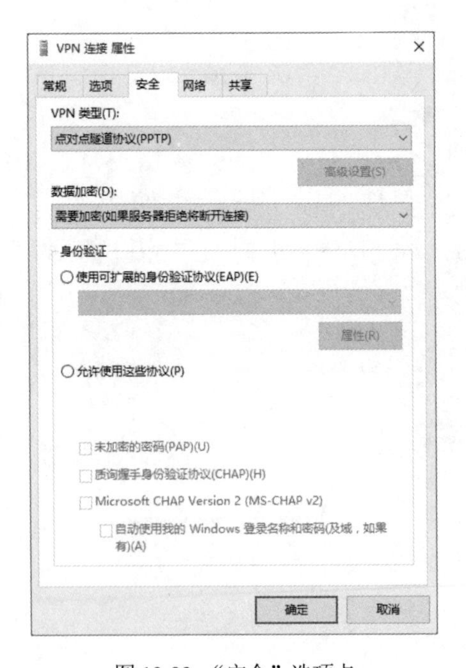

图 13-23 “安全”选项卡

（8）单击“确定”按钮，关闭该对话框即可。

13.3.3　使用 VPN 时的注意事项

黑客攻击 VPN 成功的原因，除了客观原因以外，还有很大部分原因是人为造成的。下面介绍在使用 VPN 时应注意的事项。

（1）除了网络管理员外，禁止任何不相干人员进入敏感机房，以及接触 VPN 设备等，应设置严格的登记制度，必要时应配备监控设备。

（2）对于企业内网环境，应及时做好防范中间人攻击，比如 ARP 欺骗攻击的准备，根据需要在 VPN 服务器上安装相应的防护工具，配置防火墙以抵御 ARP 攻击。

（3）作为对安全环境有着较高要求的企业，应当将 PPTP VPN 软/硬件环境升级到 IPSec VPN 或者 SSL VPN。

（4）定期进行内部安全培训，以提高用户的安全意识及培养良好的用网习惯，从而达到提升整体安全环境的目的。

（5）作为 VPN 用户最好是每次登录时输入密码，而不要让系统记住密码，避免给黑客留下可乘之机。

第 14 章　无线网络安全的防黑实战

无线网络方便、灵活，越来越受到广大用户的青睐。而 Wi-Fi 作为无线网络的一部分，在日常的工作生活中发挥着越来越重要的作用，所以成为黑客攻击的主要目标之一。

本章从无线网络的基础知识入手，介绍黑客攻击 Wi-Fi 的方式、加强无线网络的安全方法等内容。通过本章的学习，用户应掌握在无线网络中防范黑客攻击的方法。

14.1　无线网络基础知识

相比有线局域网来说，无线局域网更加方便、灵活，更适合移动终端的特点。本节主要介绍无线网络的基础知识，如无线局域网传输方式等。

14.1.1　无线局域网拓扑结构

无线局域网的拓扑结构可分为两类：无中心拓扑（对等式拓扑）和有中心拓扑结构。无中心拓扑的网络要求网中任意两点均可直接通信。有中心拓扑结构则要求一个无线站点充当中心站，所有站点对网络的访问均由中心站控制。

对于不同局域网的应用环境与需求，无线局域网可采取网桥连接型、基站接入型、集线器接入型、无中心结构等不同的网络结构来实现互联。

1. 网桥连接型

不同的局域网之间互联时，由于物理上的原因，如果采取有线方式不方便，则可采用无线网桥方式实现两者的点对点连接。无线网桥不仅提供两者之间的物理与数据链路层的连接，还为两个网络的用户提供较高层的路由与协议转换，如图 14-1 所示。

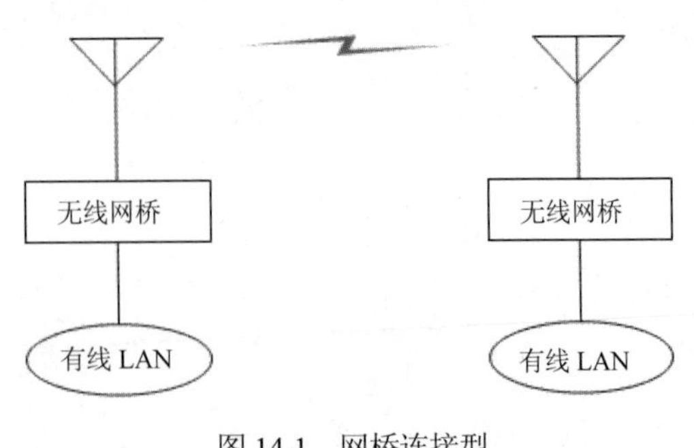

图 14-1　网桥连接型

2. 基站接入型

当采用移动蜂窝通信网接入方式组建无线局域网时，各站点之间的通信是通过基站接入、数据交换方式来实现互联的。各移动站不仅可以通过交换中心自行组网，还可以通过广域网与远地站点组建自己的工作网络。

3. 集线器接入型

利用无线集线器可以组建星形结构的无线局域网，具有与有线集线器组网方式类似的优点。在该结构基础上的无线局域网，可采用类似于交换型以太网的工作方式，要求集线器具有简单的网内交换功能，如图 14-2 所示。

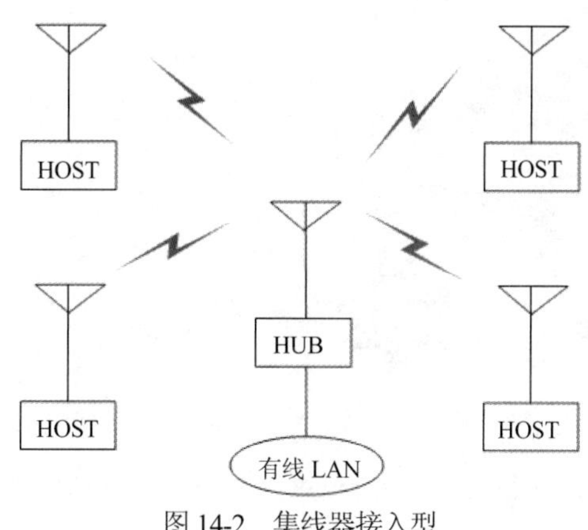

图 14-2　集线器接入型

4. 无中心结构

要求网络中任意两个站点均可直接通信。此结构的无线局域网一般使用公用广播信道，MAC 层采用 CSMA 类型的多址接入协议，如图 14-3 所示。

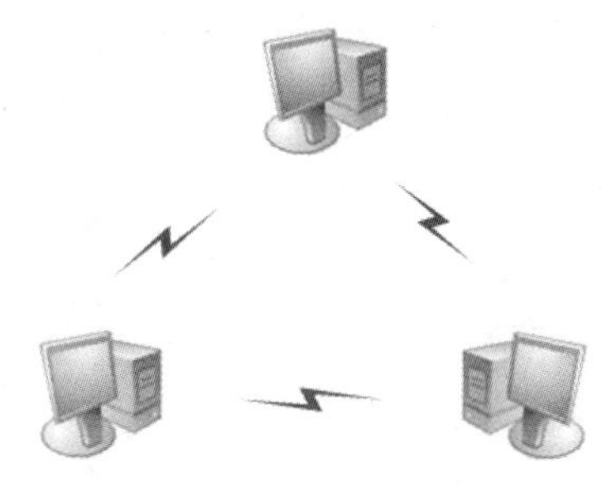

图 14-3　无中心结构

14.1.2　无线局域网传输方式

无线网络常见的传输方式有四种，即红外线系统、射频系统、微波和激光。对于中小型网络来说，最受欢迎的无线连接方式是红外线系统和射频系统。

1. 红外系统

红外无线局域网在室内的应用正引起极大的关注，由于它采用低于可见光的部分频谱作为传输介质，其使用不受无线电管理部门的限制。红外信号要求视距传输，监测和窃听困难，对邻近区域的类似系统也不会干扰。

图 14-4 所示为两台台式计算机和一台笔记本电脑通过红外线光柱或光线的锥形连接。锥形被限定为只有在红外线信号的这个直接范围内，计算机才能获得红外线信号。

2．射频系统

射频描述的是无线电波 1 秒钟振动的次数。无线电信号可以连接全世界的大多数用户。无线电信号可以穿过轻障碍物，如薄薄的墙壁等。图 14-5 所示为使用无线连接的中小型企业及家庭联网情况。这些频率可以穿过墙壁连接两台台式电脑和一台笔记本电脑，类似于无线电话工作的方式。如果每一台台式电脑使用并行电缆与激光打印机相连，那么打印机对网络中的其他用户也是可用的。

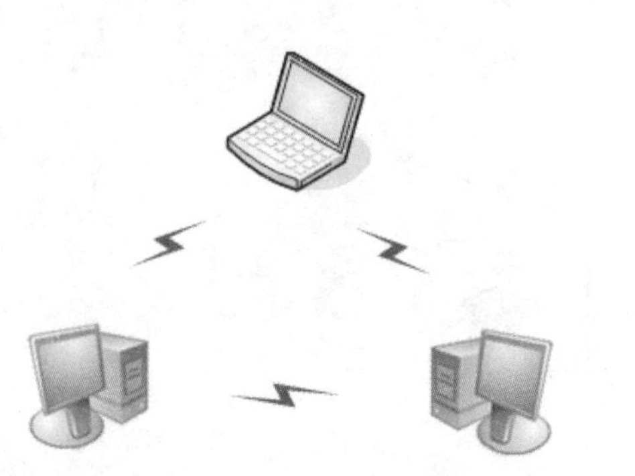

图 14-4　红外线连接计算机

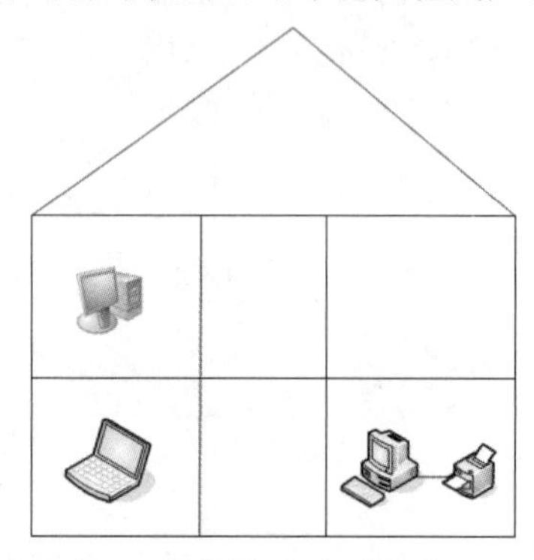

图 14-5　无线电频率穿过墙壁和地板

射频无线局域网是目前最为流行的无线局域网，它按频段可划分为非专用频段（ISM）、专用频段和毫米波段（mmW）3 类。

3．微波

微波能够提供很宽的带宽，但它容易受外部干扰和窃听。像无线电信号一样，微波要求 FCC 许可证和被认可的设备。

微波可以使用陆地或人造卫星系统。对于非常遥远的地区，人造卫星微波可以提供连接。这样，在更大的网络中它们是很有用的。然而微波对于中小型企业及家庭网络来说就不实际了，因为其价格极其昂贵。

4．激光

使用激光对于中小型企业及家庭联网来说是不实际的，也是因为它的价格很昂贵。通信激光传输狭窄的光柱，它被调制为脉冲来传送数据。激光对于大气环境也很敏感，并且提供相对短的传输距离，在 25～100 英尺之间（1 英尺≈0.304 8m）。

14.2　组建无线网络

无线网线的组建比较简单，使用无线路由器将台式电脑、笔记本电脑等连接起来即可，具体分为连接并配置无线路由器和客户端连接无线网络两个步骤。

14.2.1　连接并配置无线路由器

无线路由器已经越来越普及，大多数用笔记本电脑或者只有手机的人，都希望能直接用 Wi-Fi

连接上网，不仅方便而且省流量。

1．连接无线路由哭喊

组建无线网络的第一步就是连接无线路由器，连接无线路由器的具体操作步骤如下：

（1）首先将无线路由器的电源适配器一端插入电源插孔中，另一端插入电源插座，接通电源。然后将网络接入商提供的入户网线，插入无线路由器的 WAN 端口。

（2）将一根有两个水晶头的网线，一端连接到电脑主机背面的网卡接口上，另一端连接到无线路由器的 LAN 端口，如图 14-6 所示。

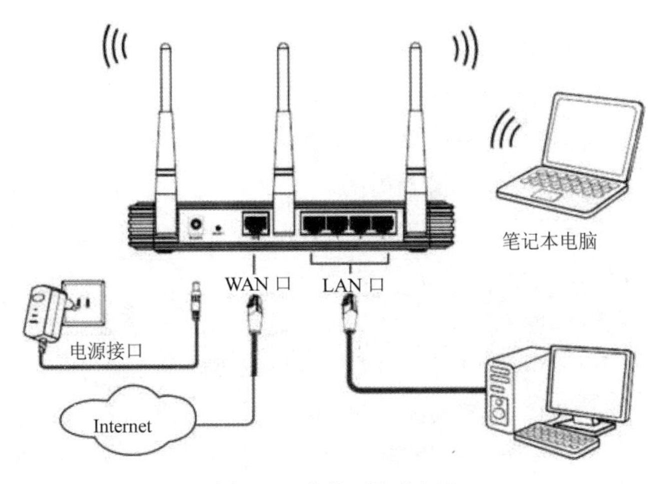

图 14-6　安装无线路由器

2. 配置无线路由器

下面以在 Windows 7 系统下，配置 D-Link 无线路由器为例，介绍无线路由器的配置方法。

【实验 14-1】配置无线路由器

具体操作步骤如下：

（1）打开 IE 浏览器，在 IE 浏览器地址栏中输入 D-Link 无线路由器的 IP 地址（默认是 192.168.0.1）。

（2）按【Enter】键，弹出如图 14-7 所示的对话框，输入无线路由器的用户名和密码（默认用户名为 Admin，密码为空）。

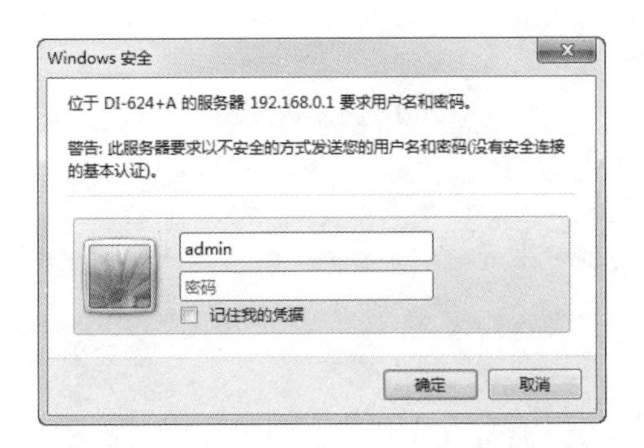

图 14-7　输入用户名和密码

（3）单击“确定”按钮，在弹出的窗口中，单击“联机设定精灵”按钮，如图 14-8 所示。

图 14-8　单击“联机设定精灵”按钮

（4）在弹出的“D-Link 设置向导”窗口中，单击“下一步”按钮，如图 14-9 所示。

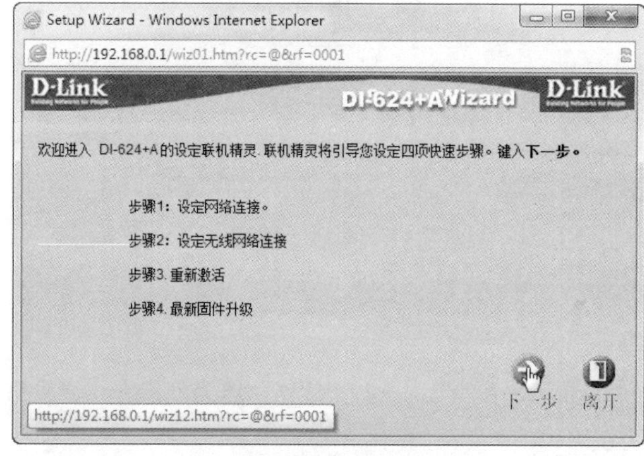

图 14-9　设置步骤

（5）在弹出的“因特网连接类型”窗口中，选中“否，我要自行运行手动配置”单选按钮，如图 14-10 所示。

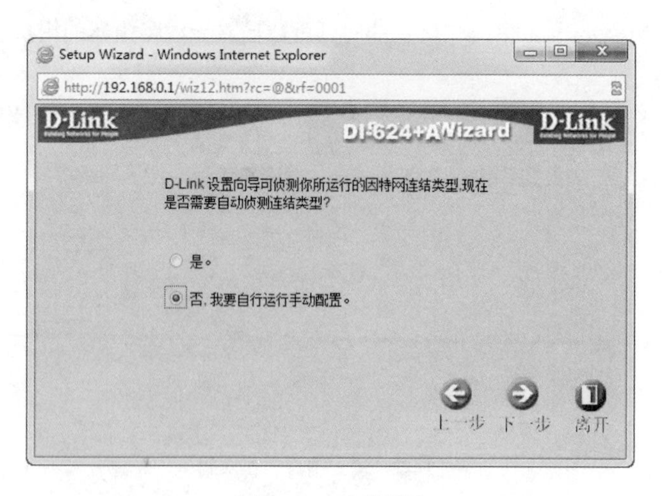

图 14-10　手动配置

（6）单击“下一步”按钮，在弹出的“选择 WAN 形态”窗口中，选择无线路由器的实际连接情况，在这里选中 PPP over Ethernet 单选按钮，如图 14-11 所示。

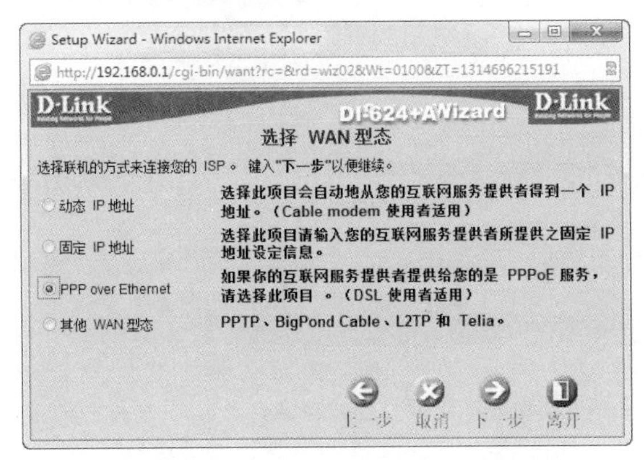

图 14-11　选中 PPP over Ethernet 单选按钮

（7）单击“下一步”按钮，在弹出的“设置 PPPoE”窗口中，输入 PPPoE 账号及密码，如图 14-12 所示。

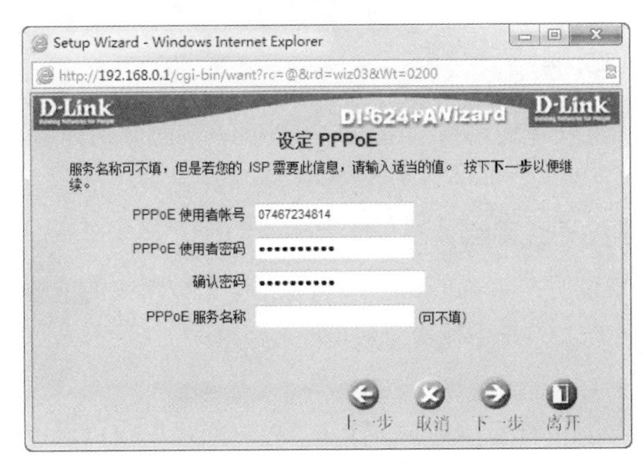

图 14-12　输入 PPPoE 账号及密码

（8）单击“下一步”按钮，在弹出的“设定无线网络连接”窗口中，分别设置无线网络 ID、信道、WEP 安全方式、共享密码等信息，如图 14-13 所示。

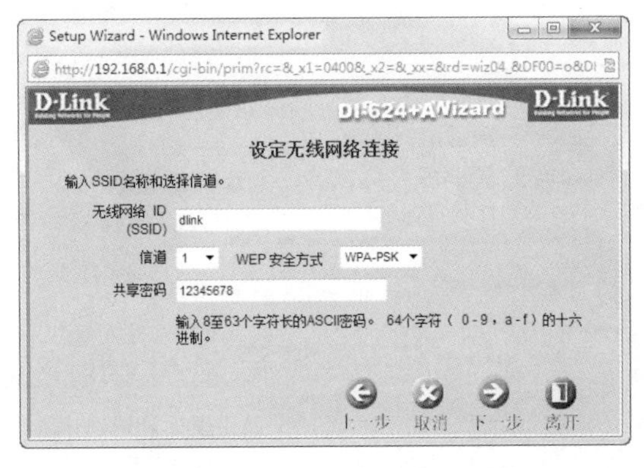

图 14-13　设定无线网络连接

注意：在“设定无线网络连接”窗口中，设置的共享密码是客户端连接时必须输入的。

（9）单击“下一步”按钮，在弹出的如图 14-14 所示的窗口中，单击“完成”按钮，设置无线路由器完成。

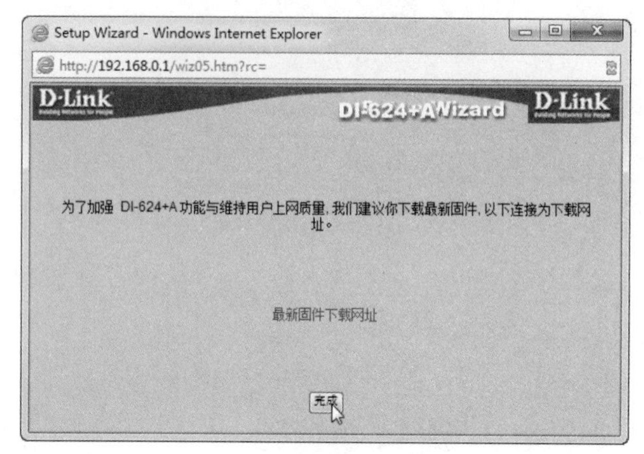

图 14-14　无线路由器设置完成

14.2.2　客户端连接无线网络

根据操作系统的不同，连接无线网络的方法略有不同，下面分别介绍在以 Windows 7/10 系统中连接无线网络的方法。

1. Windows 7 系统连接无线网络

下面以一个具体实例来说明在 Windows 7 系统中连接无线网络的方法。

【实验 14-2】在 Windows 7 系统中连接无线网络

具体操作步骤如下：

（1）单击“开始”→“控制面板”命令，打开“控制面板”窗口，然后单击“查看网络状态和任务”超链接，打开“网络和共享中心”窗口，单击“更改适配器设置”超链接，如图 14-15 所示。

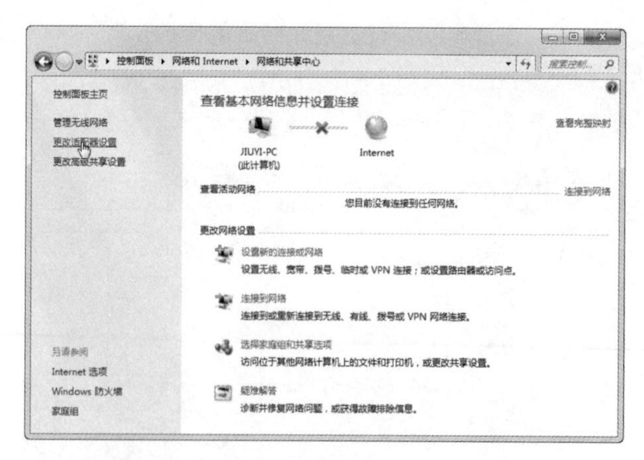

图 14-15　单击“更改适配器设置”超链接

（2）在弹出的“网络连接”窗口中，选择“无线网络连接”快捷图标并右击，在弹出的快捷菜单中选择“属性”命令，如图 14-16 所示。

图 14-16　选择“属性”命令

（3）在弹出的“无线网络连接属性”对话框中，选中“Internet 协议版本 4（TCP/IPv4）”选项，然后单击“属性”按钮，如图 14-17 所示。

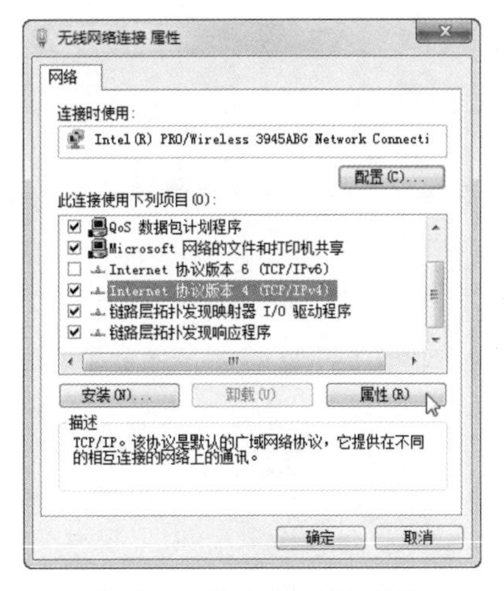

图 14-17　单击“属性”按钮

（4）在弹出的“Internet 协议版本 4（TCP/IPv4）属性”对话框中，选中“自动获取 IP 地址”单选按钮，如图 14-18 所示。

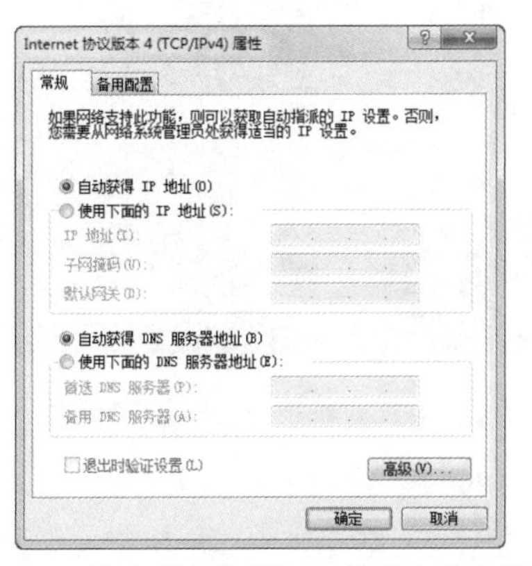

图 4-18　选中“自动获取 IP 地址”单选按钮

（5）单击“确定”按钮，返回“无线网络连接属性”对话框，然后单击“关闭”按钮，关闭该对话框。

（6）在 Windows 7 桌面右下角单击无线网络连接图标，在弹出的无线网络列表框中选择需要连接的无线网络，在这里选择 dlink，然后单击“连接”按钮，如图 14-19 所示。

（7）在弹出的“连接到网络”对话框中，输入安全密钥，如图 14-20 所示。

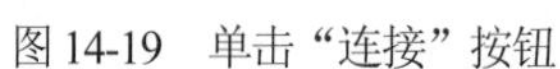
图 14-19　单击“连接”按钮

图 14-20　输入安全密钥

（8）单击“确定”按钮，系统将自动连接到无线网络。

2. Windows 10 系统连接无线网络

下面以一个具体实例来说明在 Windows 10 系统中连接无线网络的方法。

【实验 14-3】在 Windows 10 系统中连接无线网络

具体操作步骤如下：

（1）在 Windows 10 系统中，单击桌面右下角的无线连接图标，在弹出的列表框中单击“网络设置”选项，如图 14-21 所示。

图 14-21　单击“网络设置”选项

（2）在弹出的“网络和 INTERNET”窗口中，单击右侧 WLAN 窗格中的“关”按钮，将其打开，系统将自动搜索附近可连接的无线网络连接并显示出来，如图 14-22 所示。

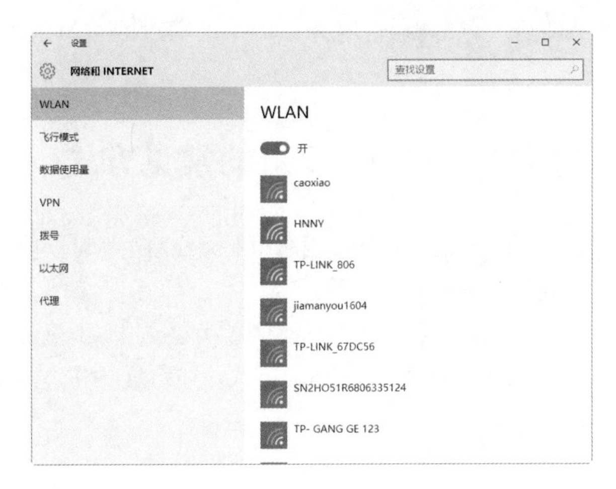

图 14-22　搜索到的无线网络

（3）在可连接的无线网络列表中，选择一个可用的无线网络，单击“连接”按钮，如图 14-23 所示。

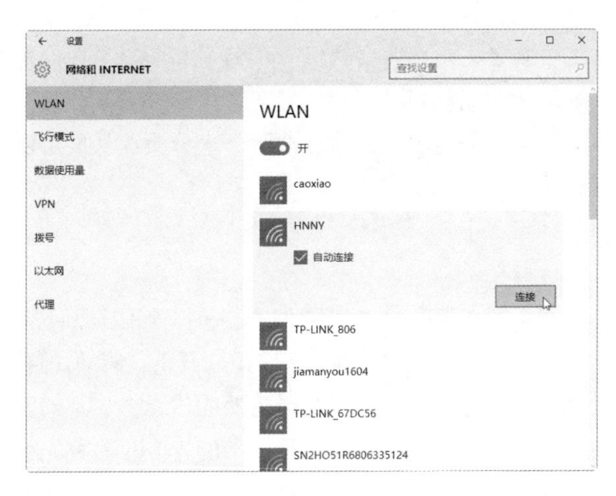

图 14-23　单击“连接”按钮

（4）在可用的无线网络名称下，输入网络安全密钥，然后单击“下一步”按钮，如图 14-24 所示。

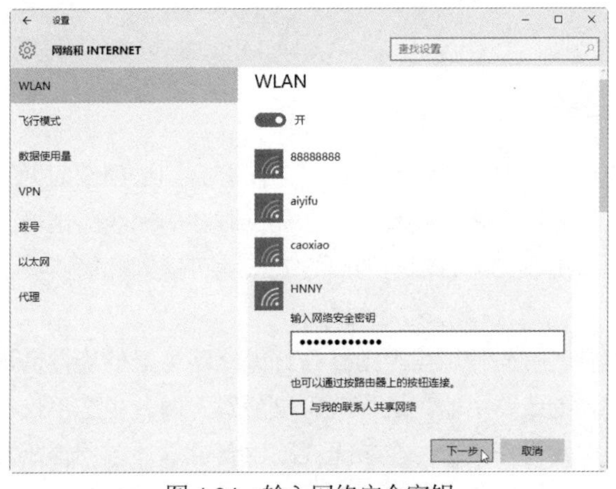

图 4-24　输入网络安全密钥

（5）单击“下一步”按钮后，系统将验证网络安全密钥，若网络安全密钥无误，即可完成连接，并显示已连接。

14.3 Wi-Fi 攻击的常见方式

目前无线网络存在着巨大的安全隐患，无线网络中的无线路由器可以被黑客轻松攻破，公共场所的免费 Wi-Fi 热点有可能就是钓鱼陷阱。

用户在毫不知情的情况下，就可能面临个人敏感信息泄露，稍有不慎访问了钓鱼网站，就会造成直接的经济损失。下面介绍黑客攻击 Wi-Fi 的常见方式，如钓鱼陷阱、攻击无线路由器等。

14.3.1 钓鱼陷阱

许多消费场所为了迎合消费者的需求，提供更加高质量的服务，都会为消费者提供免费的 Wi-Fi 接入服务。在进入一家餐馆或者咖啡厅时，用户往往搜索一下周围开放的 Wi-Fi 热点，然后找服务员索要连接密码。

这种习惯为黑客提供了可乘之机，黑客会提供一个名字和商家类似的免费 Wi-Fi 接入点，诱惑用户接入。用户如果不仔细确认，就很容易连接到黑客设定的 Wi-Fi 热点，这样用户上网的所有数据包都会经过黑客设备转发。黑客会将用户的信息截留下来分析，从而可以直接查看一些没有加密的通信导致用户信息泄露。

14.3.2 陷阱接入点

黑客不仅可以提供一个和正常 Wi-Fi 接入点类似的 Wi-Fi 陷阱，还可以创建一个和正常 Wi-Fi 名称完全一样的接入点，使用户仅通过 Wi-Fi 名称无法识别真伪。例如，当用户在咖啡厅喝咖啡时，由于咖啡厅遮挡物较多、空间较大等因素导致无线路由器的信号覆盖不够稳定，笔记本电脑可能会自动断开与 Wi-Fi 热点的连接。此时黑客创建一个和正常的 Wi-Fi 名称完全一样的接入点，且该接入点的信号较强，用户的笔记本电脑就会自动连接到攻击者创建的 Wi-Fi 热点。就这样在你完全没有察觉的情况下，就已经掉入了黑客设置好的陷阱。

此类攻击主要是利用笔记本电脑“自动连接”的设置项来实施的，用户可以通过将笔记本电脑设置成“不自动连接”来防护。

14.3.3 攻击无线路由器

黑客对无线路由器的攻击需要分步进行。首先，黑客会扫描周围的无线网络，要扫描到的无线网络中选择攻击对象，然后使用黑客工具攻击正在提供服务的无线路由器。其主要做法是干扰移动设备与无线路由器的连接，抗攻击能力较弱的网络连接就可能因此而断线，继而连接到黑客预先设置好的无线接入点上。

黑客攻击无线路由器时，首先使用黑客工具破解无线路由器的连接密码，如果破解成功，黑客就可以利用密码成功连接到无线路由器，这样就可以免费上网。黑客不仅可以免费享用网络宽带，还可以尝试登录到无线路由器管理后台。登录无线路由器管理后台同样需要密码，但大多数用户安全意识比较薄弱，会使用默认密码或者使用与连接无线路由器相同的密码，这样就很容易被猜测到。

14.3.4　内网监听

黑客在连接到一个无线局域网后，就可以很容易地对局域网内的信息进行监听，包括聊天内容、浏览网页记录等。

实现内网监听有两种方式，一种方式是 APP 攻击，几年前只有 1MB、2MB 宽带的时候，这种攻击方式比较常见，在网上搜索 P2P 限带软件，这种软件就是用的 APP 攻击。它在用户的计算机和路由器之间伪造成中转站，不但可以对经过的流量进行监听，还能对流量进行限速。

另外一种方式是利用无线网卡的混杂模式监听，它可以收到局域网内所有的广播流量。这种攻击方式要求局域网内要有正在进行广播的设备，如 HUB。

应对以上两种攻击的方法已经很成熟，应对 ARP 攻击可以通过配置 ARP 防火墙来防范。应对混杂模式监听可以买一个 SSL VPN 对流量进行加密。

14.4　无线网络安全防范的常用方法

在了解了无线网络的相关知识后，用户就可以有针对性地对无线网络安全进行防范，如修改无线路由器的 IP 地址、修改 Wi-Fi 名称及密码等。

14.4.1　修改无线路由器的 IP 地址

（即扫即看）

一般情况下，无线路由器的默认 IP 地址为 192.168.0.1 或 192.168.1.1，黑客很容易通过该 IP 地址进入无线路由器。因此，建议用户将无线路由器默认 IP 地址进行修改。

【实验 14-4】修改无线路由器的 IP 地址（192.168.1.1）

具体操作步骤如下：

（1）打开 IE 浏览器，在 IE 浏览器地址栏中输入 TP-Link 无线路由器的 IP 地址（TP-LINK886N 无线路由器的默认 IP 地址为 192.168.1.1）。

（2）在“密码”文本框中输入管理员密码，然后单击“确定”按钮，如图 14-25 所示。

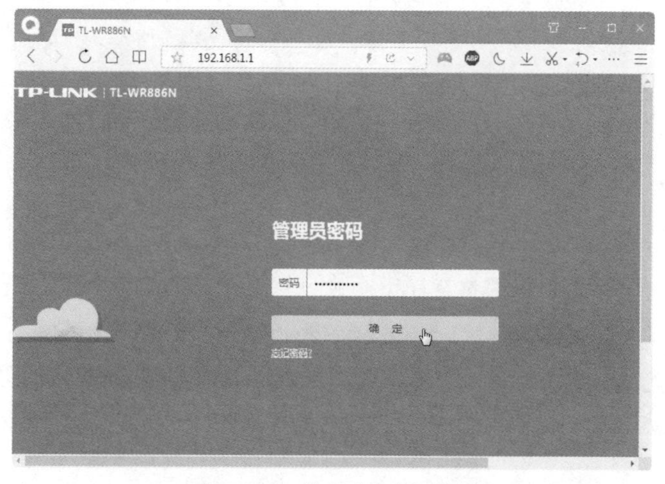

图 14-25　单击“确定”按钮

（3）在弹出的“网络状态”页面中，单击“路由设置”超链接，如图 14-26 所示。

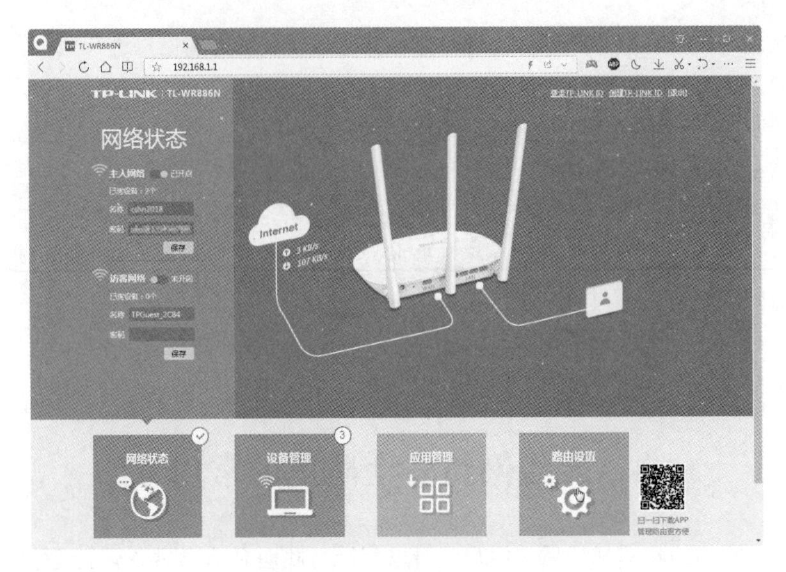

图 14-26　单击“路由设置”按钮

（4）在弹出的“路由设置”页面中，选择“LAN 口设置”选项卡，在“LAN 口 IP 设置”下拉列表框中选择“手动”选项，如图 14-27 所示。

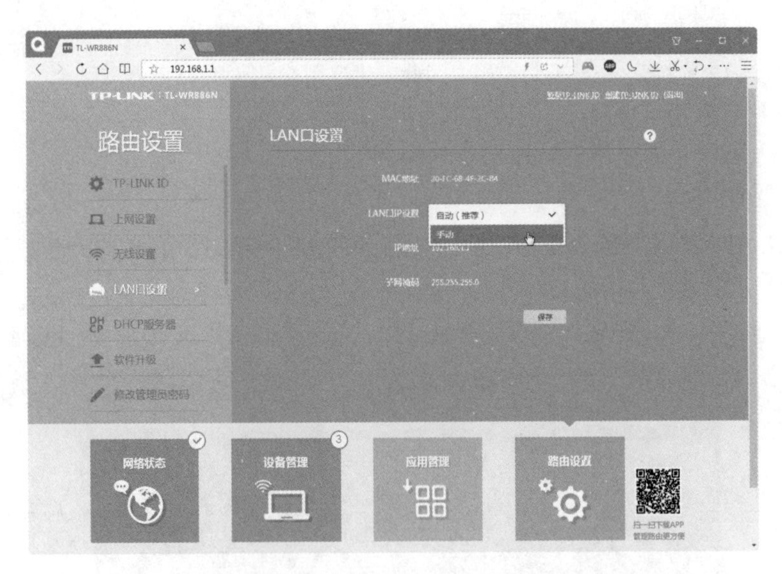

图 14-27　选择“手动”选项

（5）在“IP 地址”文本框中输入无线路由器新的 IP 地址，然后单击“保存”按钮，如图 14-28 所示。

注意：输入新的无线路由器 IP 地址后，用户需要保存好，否则将无法进入无线路由器管理页面。如果一旦忘记了修改后的无线路由器 IP 地址，则只能按原位按钮，默认恢复到出厂设置。

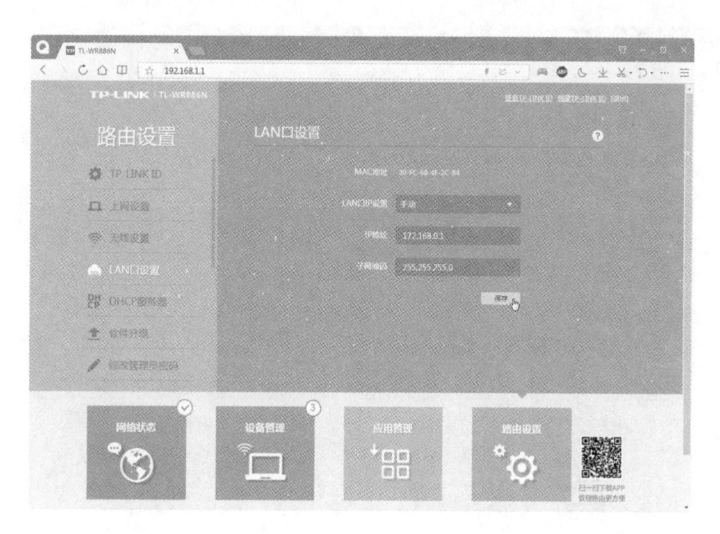

图 14-28　单击“保存”按钮

14.4.2　修改无线路由器管理员密码

在默认情况下，无线路由器管理员初始密码比较简单，为了保证无线网络的安全，一般需要修改无线路由器管理员密码。

【实验 14-5】修改无线路由器管理员初始密码

具体操作步骤如下：

（1）在“路由设置”页面中选择“修改管理员密码”选项，右侧显示修改管理员密码信息，如图 14-29 所示。

图 14-29　“修改管理员密码”页面

（2）在“原登录密码”文本框中输入原来的密码，在“新登录密码”和“确认新登录密码”文本框中输入新的登录密码，如图 14-30 所示，然后单击“保存”按钮即可。

注意：在设置管理员密码时，建议用户设置得复杂一些，建议采用数字+字符+字母组合的方式。

图 14-30　修改管理员密码

14.4.3　修改 Wi-Fi 名称及密码

Wi-Fi 名称通常是指路由器当中 SSID 号的名称（无线名称），该名称可以根据需要进行修改。另外，建议用户定期修改 Wi-Fi 的密码，以避免黑客破解该密码。

【实验 14-6】修改 Wi-Fi 名称及密码

具体操作步骤如下：

（1）在“路由设置”页面左侧选择“无线设置”选项，在右侧显示无线设置相关信息，如无线名称、无线密码等。

（2）在“无线名称”文本框中输入新的无线名称，在“无线密码”文本框中输入新的无线密码，如图 14-31 所示。然后单击“保存”按钮即可。

图 14-31　修改无线名称及密码

第 15 章　系统数据安全的防黑实战

在平时使用计算机的过程中，难免会出现误删系统文件，或者系统数据遭受病毒或木马的攻击等。从而导致系统崩溃或无法进入操作系统，此时用户就不得不重装系统。但是如果对系统数据进行了备份，那么就可以直接将其还原，可以节省时间。

本章主要介绍对系统数据进行备份、还原的方法，通过本章的学习，用户应熟练掌握系统数据防范黑客攻击的措施。

15.1　使用“系统还原”备份与还原系统

“系统还原”是 Windows 操作系统自带的一个系统备份还原工具。它根据还原点将系统恢复到早期的某个状态，而还原点就是在某个时间给系统做的一个标记，并记录下此时的系统状态。日后有必要时，可以将系统还原到曾经记录的状态。系统可以创建多个还原点，记录不同的状态，各个还原点互不影响。还原系统时，可以选择合适的还原点进行还原。

15.1.1　使用“系统还原”备份系统

初次安装部署好 Windows 7/8/10 系统后，可以为该系统创建一个系统还原点，以便将 Windows 7/8/10 系统的“干净”运行状态保存下来。

下面以一个具体实例来说明如何在 Windows 7 系统中使用“系统还原”备份系统。

【实验 15-1】在 Windows 7 系统中使用“系统还原”备份系统

具体操作步骤如下：

（1）单击“开始”按钮，在弹出的“开始”菜单中右击“计算机”命令，从弹出的快捷菜单中选择“属性”命令。

（2）在弹出的“系统属性设置”窗口中，单击左侧的“系统保护”超链接，打开“系统属性”对话框，选择“系统保护”选项卡。

（3）在“保护设置”区域中，选中 Windows 7 系统所在的磁盘分区选项，然后单击“配置”按钮，如图 15-1 所示。

（4）打开“系统保护本地磁盘”对话框，由于我们现在只想对 Windows 7 系统的安装分区进行还原设置，为此在这里必须选中“还原系统设置和以前版本的文件”单选按钮，如图 15-2 所示。单击“确定”按钮返回“系统属性”对话框。

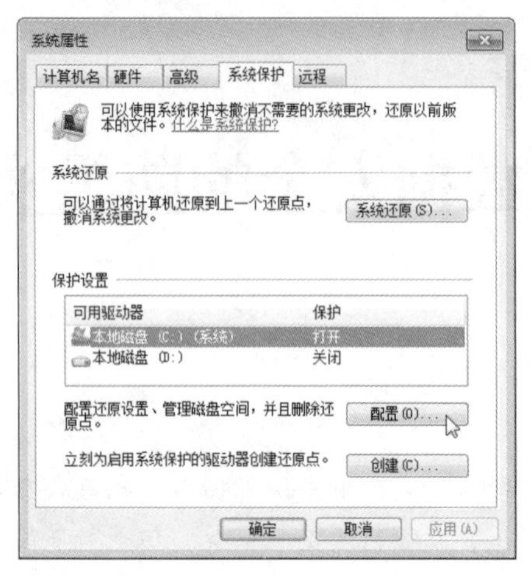

图 15-1　单击“配置”按钮

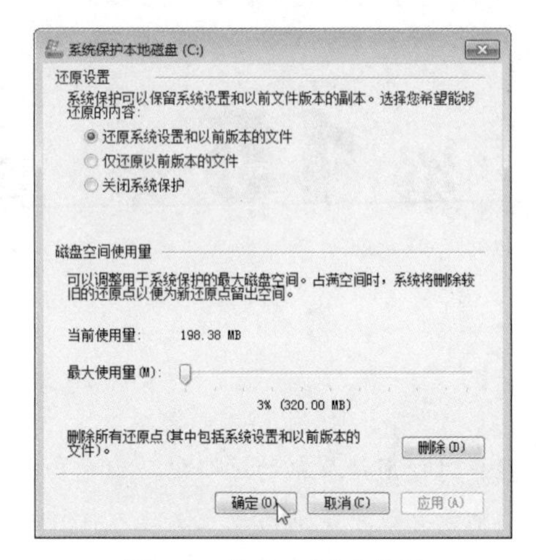

图 15-2　单击“确定”按钮

（5）单击“创建”按钮，在弹出的对话框中输入识别还原点的描述信息，如图 15-3 所示。然后单击“创建”按钮。

（6）系统将开始创建还原点。还原点创建完成后，弹出提示已成功创建还原点信息的对话框，如图 15-4 所示。单击“关闭”按钮即可。

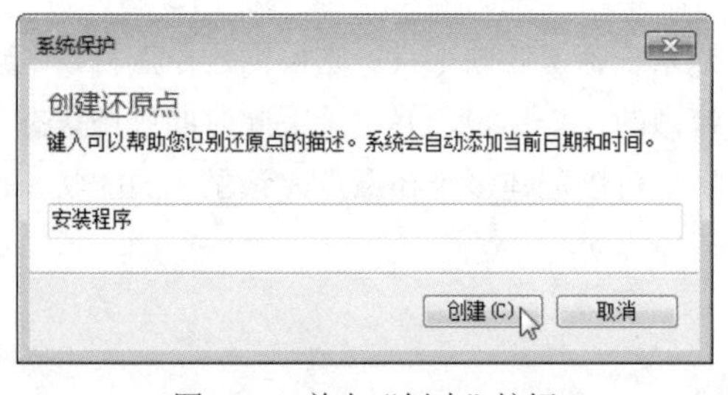

图 15-3　单击“创建”按钮

图 15-4　单击“关闭”按钮

下面以一个具体实例来说明如何在 Windows 10 系统中使用“系统还原”备份系统。

【实验 15-2】在 Windows 10 系统中使用“系统还原”备份系统

具体操作步骤如下：

（1）在 Windows 10 系统中，单击“系统”窗口中左侧的“系统保护”超链接，如图 15-5 所示。

（2）在弹出的“系统保护”对话框中，选择安装 Windows 10 系统的驱动器，单击“配置”按钮，如图 15-6 所示。

（3）在弹出的“系统保护本地磁盘”对话框中，设置磁盘空间使用量，如图 15-7 所示。

注意：如果磁盘分区的系统还原功能关闭了，可以在该对话框中选中“启用系统保护”单选按钮即可，否则将关闭系统还原功能。

图 15-5　单击“系统保护”超链接

（4）单击“确定”按钮，返回“系统保护”对话框，然后单击“创建”按钮，如图 15-8 所示。

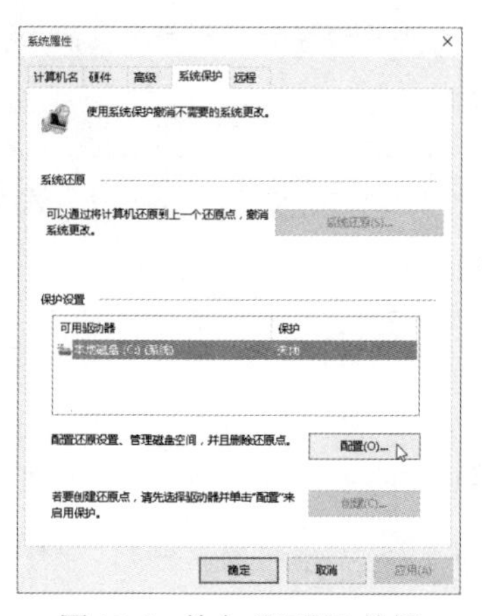

图 15-6　单击“配置”按钮

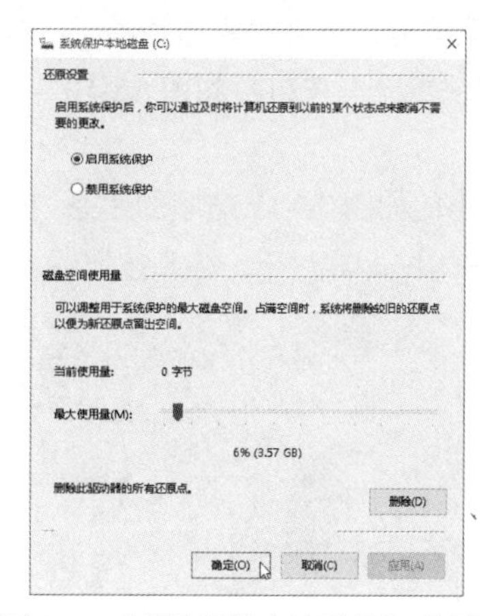

图 15-7　“系统保护本地磁盘”对话框

（5）在弹出的对话框中，输入系统还原点的描述信息，如当前日期和时间等，如图 15-9 所示。

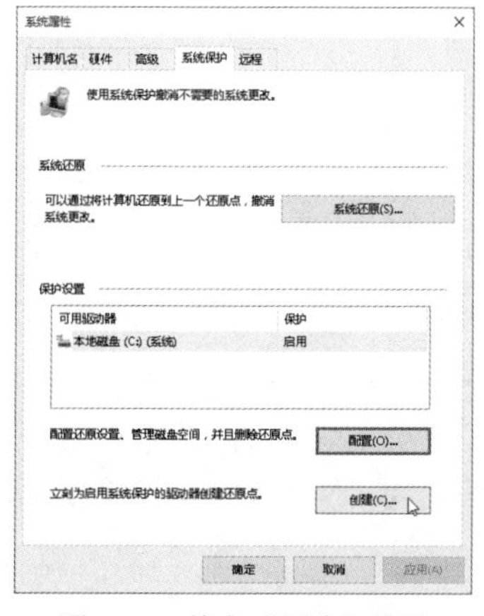

图 15-8　单击“创建”按钮

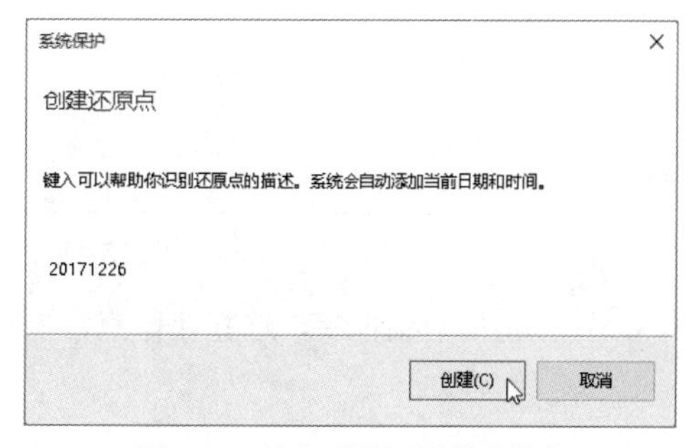

图 15-9　输入系统还原描述信息

（6）单击“创建”按钮，系统开始创建备份，备份完成后，会弹出对话框，提示用户已成功创建系统还原点，单击“关闭”按钮即可。

15.1.2　使用“系统还原”还原系统

一旦 Windows 系统遇到错误不能正常运行时，可以使用“系统还原”功能恢复系统。

下面以一个具体实例来说明如何在 Windows 7 系统中使用“系统还原”还原系统。

【实验 15-3】在 Windows 7 系统中使用“系统还原”还原系统

具体操作步骤如下：

（1）在“系统属性”对话框中，选择“系统保护”选项卡，单击“系统还原”区域中的“系统还原”按钮，如图 15-10 所示。

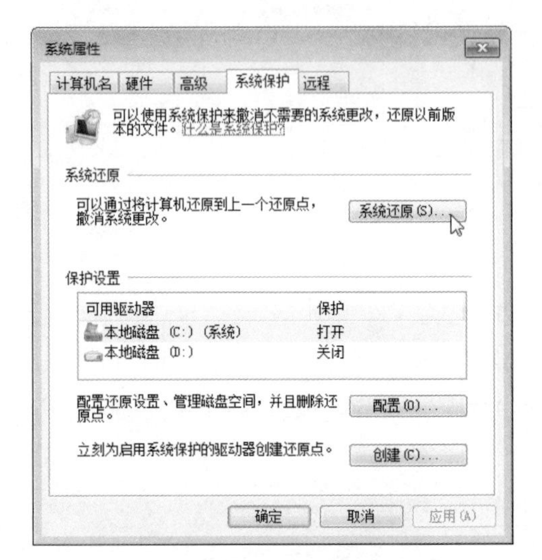

图 15-10　单击“系统还原”按钮

（2）在弹出的如图 15-11 所示的“系统还原”对话框中，单击“下一步”按钮。

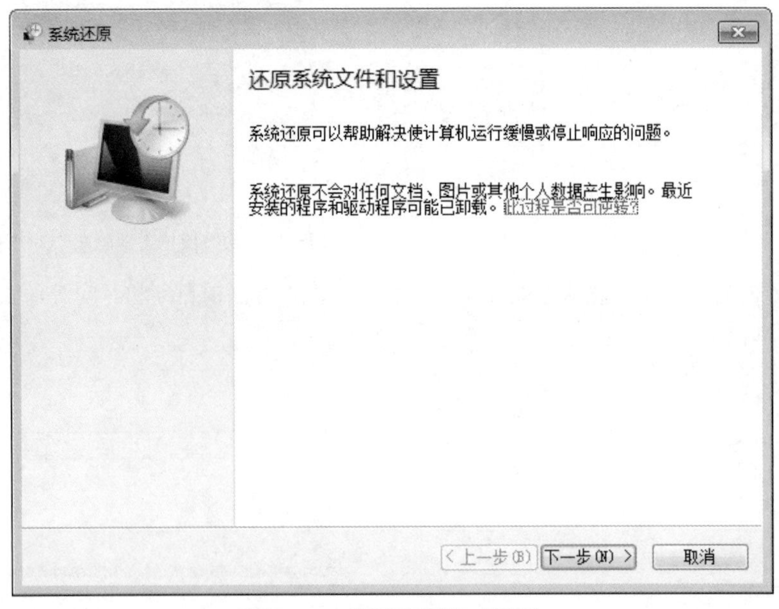

图 15-11　“系统还原”对话框

（3）在弹出的对话框中，选择还原点，然后单击“下一步”按钮，如图 15-12 所示。

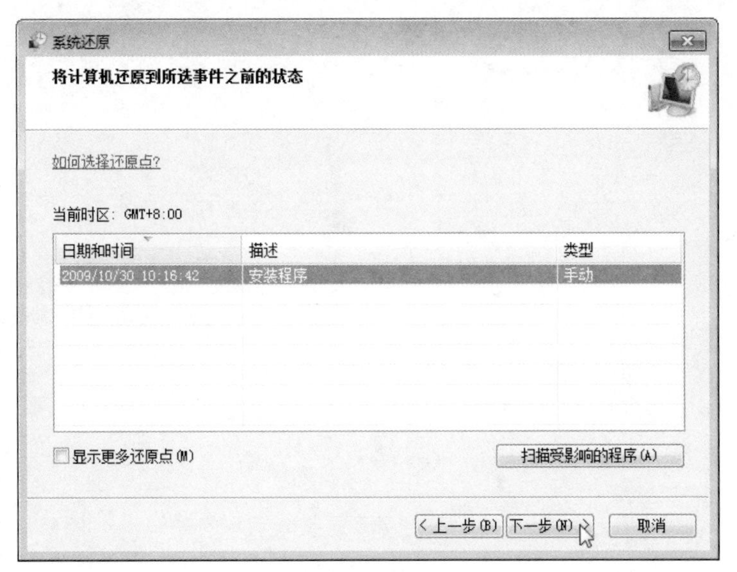

图 15-12　选择还原点

（4）在弹出的对话框中，确认还原点是否正确，如果确认无误，则单击“完成”按钮，将开始还原系统，如图 15-13 所示。

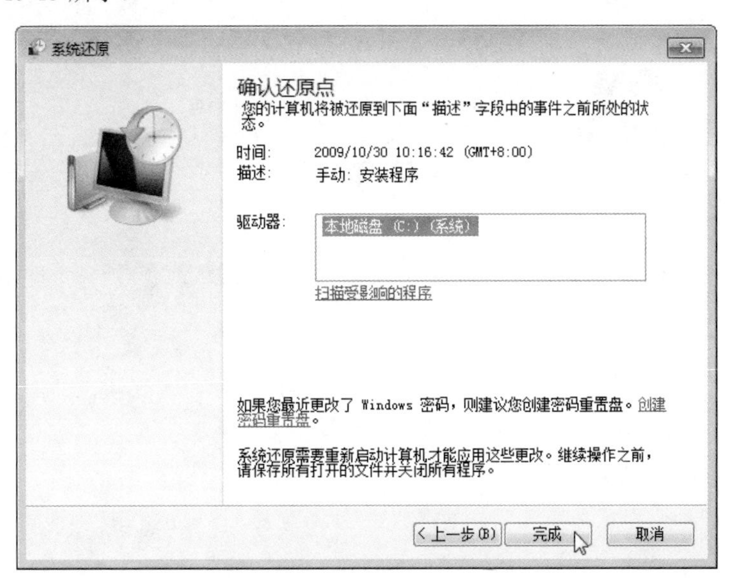

图 15-13　确认还原点

下面以一个具体实例来说明如何在 Windows 10 系统中使用“系统还原”还原系统。

【实验 15-4】在 Windows 10 系统中使用“系统还原”还原系统

具体操作步骤如下：

（1）打开“系统属性”对话框，选择“系统保护”选项，单击“系统还原”区域中的“系统还原”按钮，如图 15-14 所示。

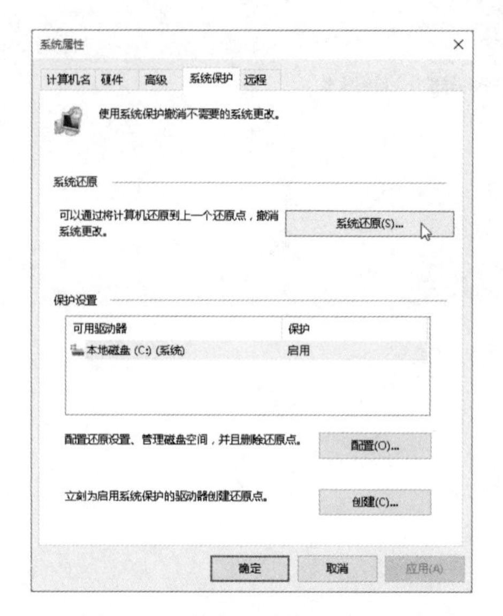

图 15-14　单击“系统还原”按钮

（2）在弹出的“系统还原”对话框中，单击“下一步”按钮，如图 15-15 所示。

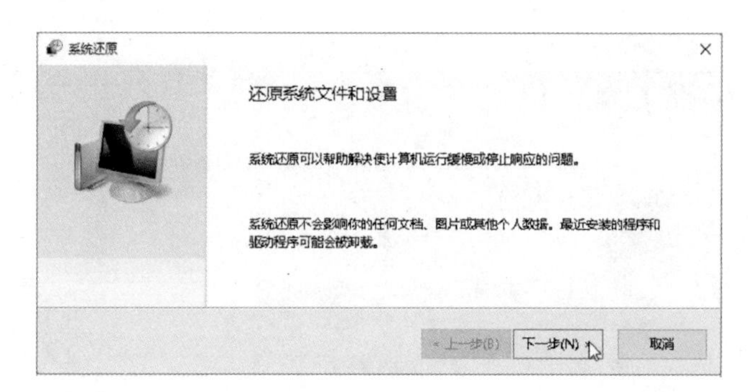

图 15-15　系统还原作用

（3）在弹出的对话框中，选择系统还原点，如图 15-16 所示。

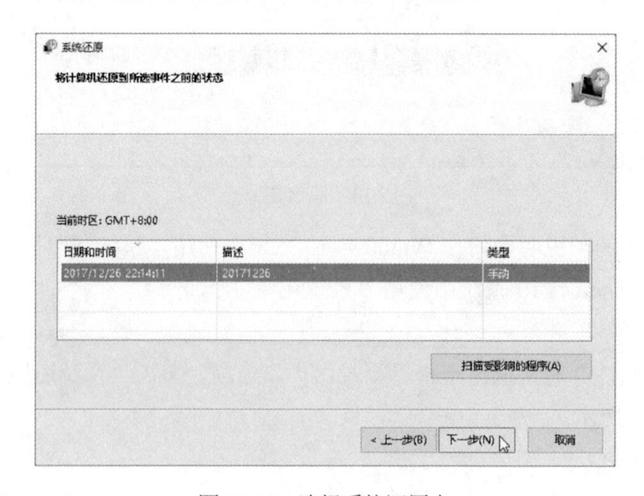

图 15-16　选择系统还原点

（4）单击“下一步”按钮，弹出如图 15-17 所示的对话框，提示用户是否确认还原点，然后单击“确定”按钮。

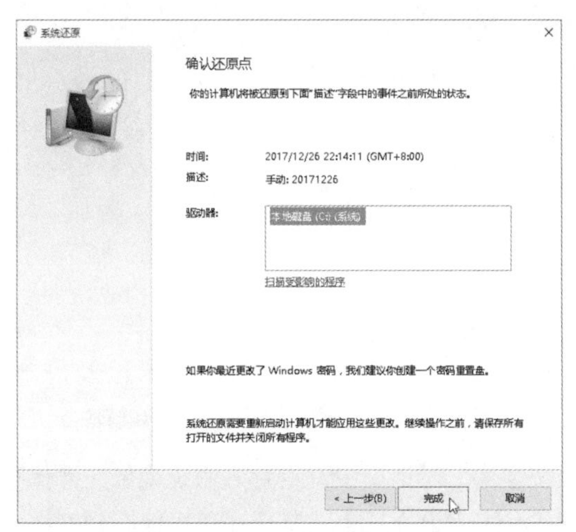

图 15-17　确认还原点

（5）单击“确定”按钮，系统将开始重新启动计算机，并恢复到还原点前的状态。

15.2　创建系统映像文件备份与还原系统

很多时候，用户遇到的故障是 Windows 7/10 系统根本无法启动运行，在这种状态下，即使用户为 Windows 7/10 系统创建了系统还原点，也无法通过上面的方法将系统运行状态恢复正常。为了保护系统运行安全，用户可以先为 Windows 7/10 系统创建系统镜像文件，然后使用系统镜像文件恢复系统。

15.2.1　创建系统映像文件

下面以一个具体实例来说明如何在 Windows 7 系统中创建系统镜像文件。

（即扫即看）

【实验 15-5】在 Windows 7 系统中创建系统镜像文件

具体操作步骤如下：

（1）在“控制面板”窗口中，单击“备份您的计算机”超链接，如图 15-18 所示。

图 15-18　单击“备份您的计算机”超链接

（2）在弹出的“备份和还原”窗口中，单击左侧的“创建系统镜像”超链接，如图 15-19 所示。

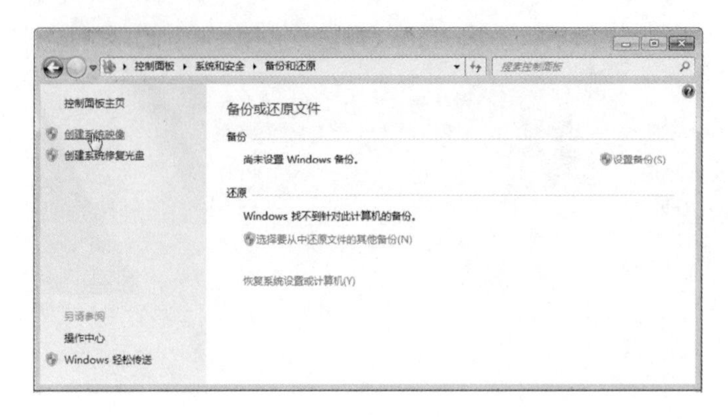

图 15-19　单击“创建系统镜像”超链接

（3）在弹出的“创建系统镜像”对话框中，设置好系统镜像文件保存的位置，可以保存在本地硬盘中，也可以直接刻录到 DVD 光盘介质上，甚至还可以保存到网络的另一台文件服务器上。在这里设置为保存在本地 D 盘中，然后单击“下一步”按钮，如图 15-20 所示。

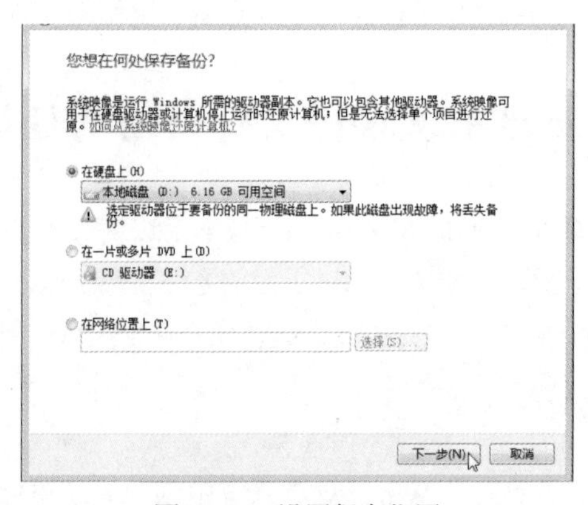

图 15-20　设置保存位置

（4）在弹出的对话框中，选择需要备份的驱动器，在这里选择安装 Windows 7 系统的 C 盘，然后单击“开始备份”按钮，如图 15-21 所示。

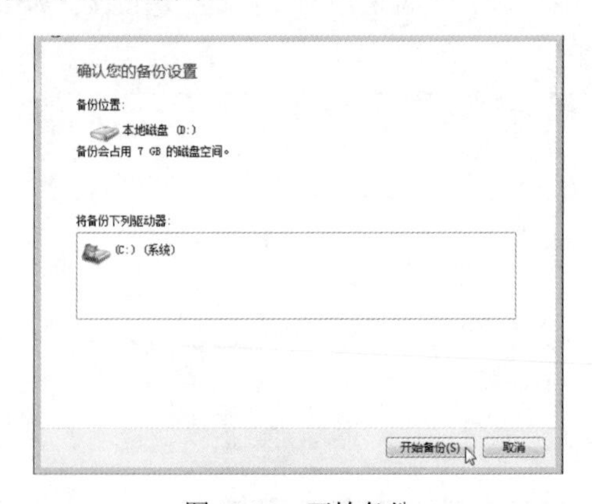

图 15-21　开始备份

（5）系统将开始创建镜像文件，创建系统镜像文件完成后，单击“关闭”按钮即可。

注意：FAT32 格式的磁盘不支持映像备份和存放映像。备份的数据在本地磁盘或者网络目标上将无法得到安全保护。

下面以一个具体实例来说明在 Windows 10 系统中创建系统镜像文件的方法。

【实验 15-6】在 Windows 10 系统中创建系统镜像文件

具体操作步骤如下：

（1）在 Windows 10 系统“小图标”查看方式下的“控制面板”窗口中，单击“恢复”链接，如图 15-22 所示。

图 15-22　单击“恢复”链接

（2）在弹出的“恢复”窗口中，单击左下角的“文件历史记录”链接，如图 15-23 所示。

图 15-23　单击“文件历史记录”链接

（3）在弹出的“文件历史记录”窗口中，单击左下角的“系统映像备份”超链接，如图 15-24 所示。

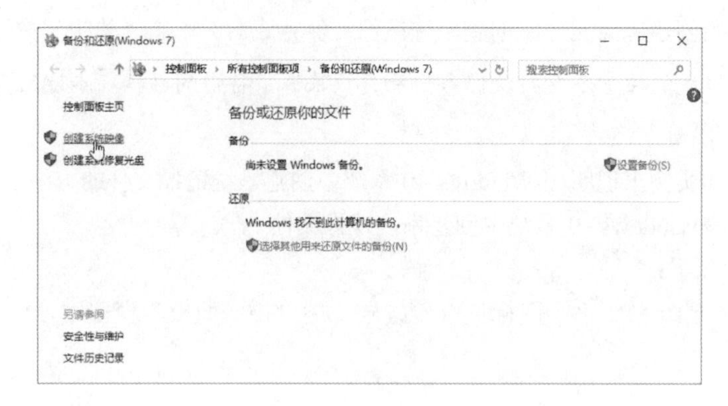

图 15-24　单击“系统映像备份”超链接

（4）在弹出的“创建系统映像”对话框中，选中“在硬盘上”单选按钮，并选择硬盘分区，如图 15-25 所示。

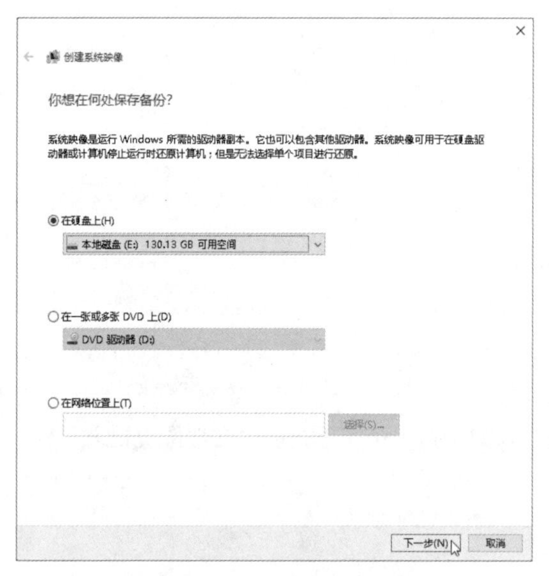

图 15-25　选择硬盘分区

（5）单击“下一步”按钮，在弹出的对话框中，选择备份的驱动器，如图 15-26 所示。

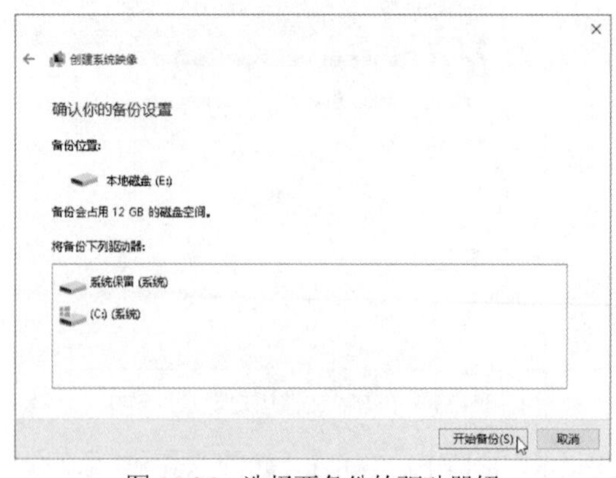

图 15-26　选择要备份的驱动器钮

（6）单击“开始备份”按钮，系统将自动创建映像，备份完成后，在弹出对话框，单击“关闭”按钮即可。

注意：在 Windows 10 系统中，创建完映像文件后，会弹出提示用户是否创建系统修复光盘的对话框，单击“是”按钮，随后根据提示进行操作即可。

（7）单击“关闭”按钮后，返回“恢复”窗口中，单击“创建恢复驱动器”超链接，如图 15-27 所示。

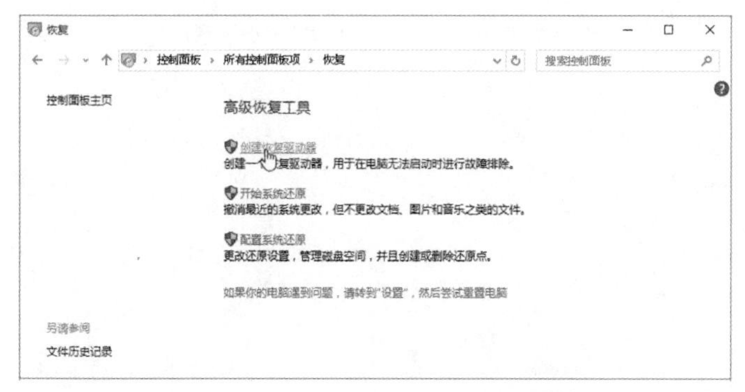

图 15-27　单击“创建恢复驱动器”超链接

（8）在弹出的“恢复驱动器”对话框中，提示用户恢复驱动器的用处，单击“下一步”按钮，如图 15-28 所示。

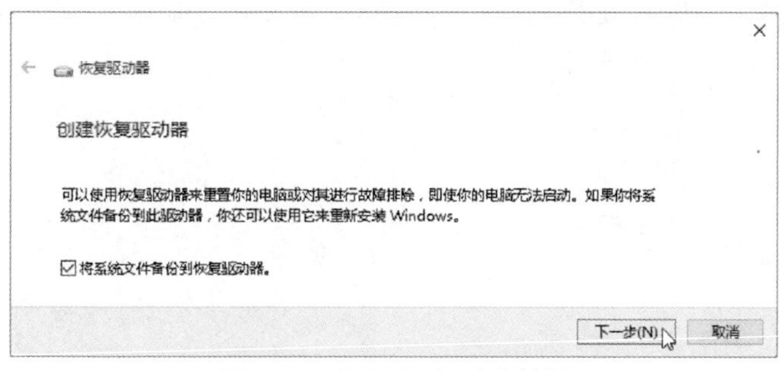

图 15-28　单击“下一步”按钮

（9）插入 U 盘，然后在弹出的对话框中，选择“可用驱动器”下的盘符，然后单击“下一步”按钮，如图 15-29 所示。

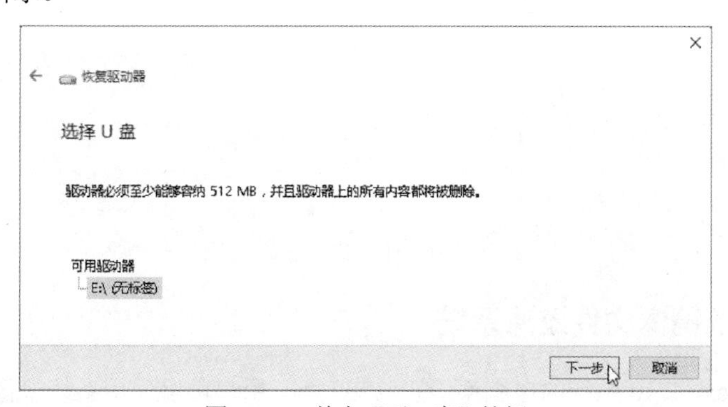

图 15-29　单击“下一步”按钮

提示：如果要创建光盘恢复驱动盘，则需要将空白光盘放入刻录机中。

（10）在弹出如图 15-30 所示的对话框，提示用户选择的驱动器中所有的内容将被删除，请备份这些文件，然后单击“创建”按钮。

图 15-30　提示对话框

（11）单击“创建”按钮后，系统将格式化驱动器，并复制实用工具，在弹出的如图 15-31 所示的对话框中，单击“完成”按钮即可。

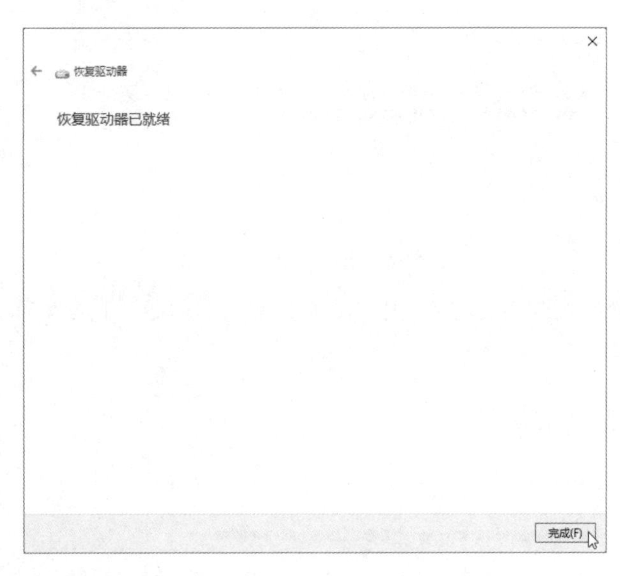

图 15-31　设置完成

15.2.2　使用系统镜像文件还原系统

当安装了 Windows 7/10 系统的电脑不能正常启动时，用户可以使用系统镜像来对该系统进行彻底还原。使用系统镜像还原系统时，可以在安全模式状态下的“恢复”窗口中进行，也可以在“系统恢复选项”控制台中进行。下面分别介绍这两种修复方法。

1. 在安全模式状态下的“恢复”窗口中

【实验 15-7】 在 Windows 7 系统安全模式状态下还原系统

（即扫即看）

具体操作步骤如下：

（1）启动电脑，按【F8】键，在“高级启动选项”菜单中，选择“安全模式”选项，如图 15-32 所示。

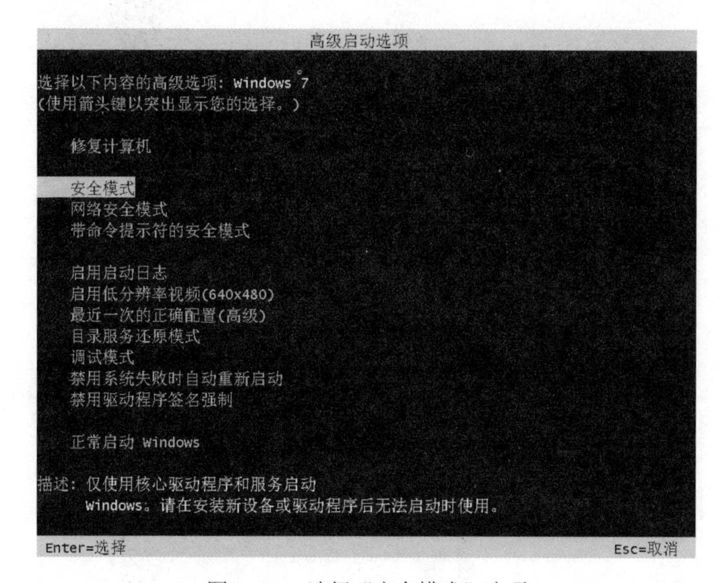

图 15-32　选择“安全模式”选项

（2）进入安全模式后，打开“所有控制面板项”窗口，单击“恢复”超链接，如图 15-33 所示。

图 15-33　单击“恢复”超链接

（3）在弹出的“恢复”窗口中，单击“高级恢复方法”超链接，如图 15-34 所示。

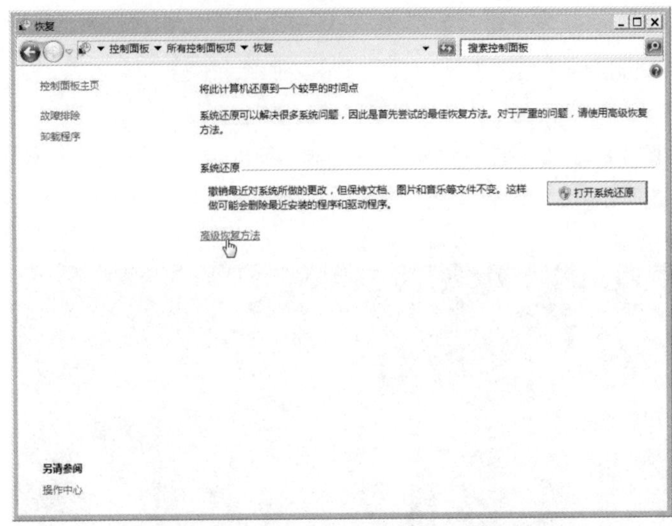

图 15-34　单击“高级恢复方法”超链接

（4）在弹出的“高级恢复方法”窗口中，单击“使用之前创建的系统映像恢复计算机”按钮，如图 15-35 所示。

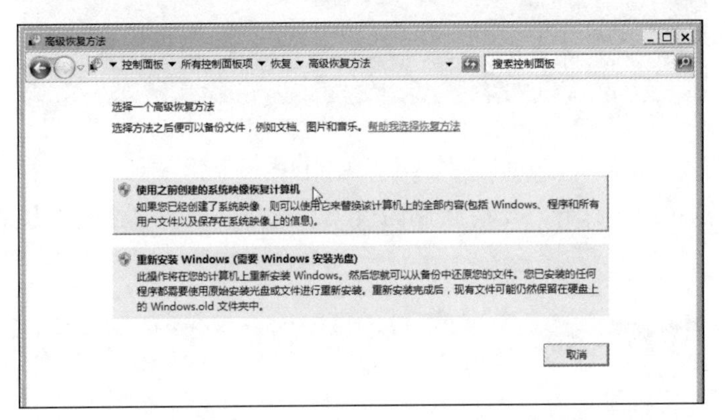

图 15-35　单击“使用之前创建的系统映像恢复计算机”按钮

（5）在弹出的“重新启动”窗口中，单击“重新启动”按钮，如图 15-36 所示。系统将开始使用前面创建的系统镜像进行还原。

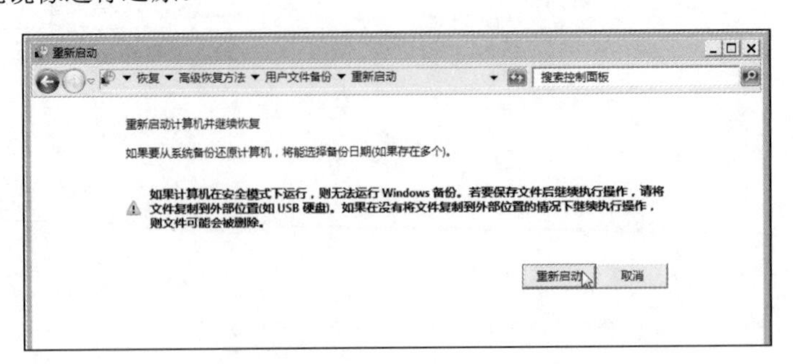

图 15-36　单击“重新启动”按钮

2. 在“系统恢复选项”控制台中

如果安全模式也无法进入，用户不妨通过“系统恢复选项”控制台来进行系统还原。

【实验 15-8】在 Windows 7 系统控制台中还原系统

具体操作步骤如下：

（1）启动电脑，按【F8】键，在“高级启动选项”菜单中选择“修复计算机”选项，如图 15-37 所示。

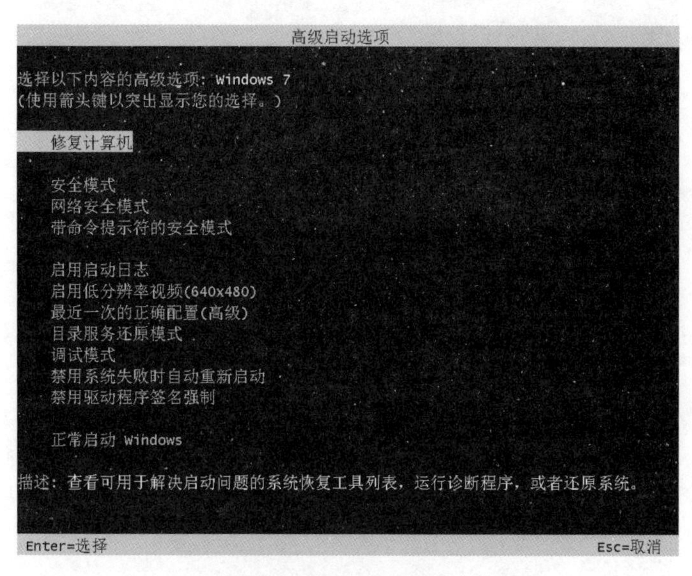

图 15-37　选择“修复计算机”选项

（2）在弹出的“系统恢复选项”对话框中，选择键盘输入法，单击“下一步”按钮。

（3）在弹出的对话框中输入管理员账户和密码，然后单击“下一步”按钮，在弹出的“系统恢复选项”对话框中，单击“系统映像恢复”超链接，如图 15-38 所示。

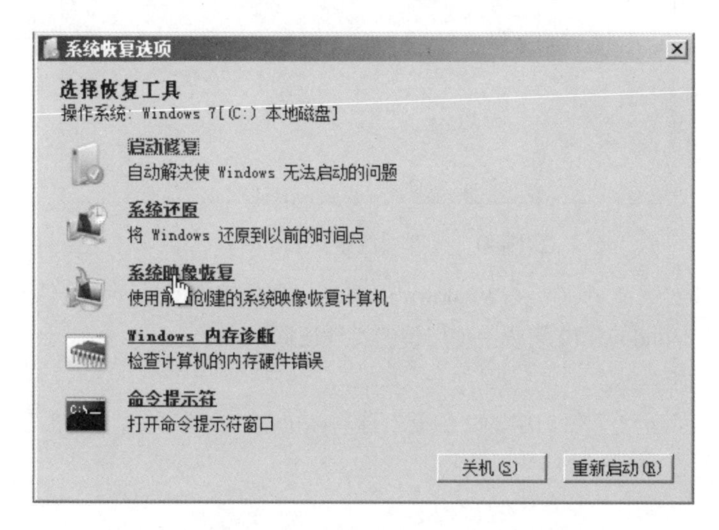

图 15-38　单击“系统映像恢复”超链接

（4）单击“系统映像恢复”超链接后，系统将开始使用系统映像进行恢复。

提示：在 Windows 7 操作系统中，用户还可以创建系统修复光盘来备份和还原系统。创建系统恢复光盘的方法是在“备份与还原”窗口中，单击“创建系统修复光盘”超链接，如图 15-39 所示。在弹出的如图 15-40 所示的“创建系统修复光盘”对话框中，选择放入空白光盘的盘符，然后单击“创建光盘”按钮即可。

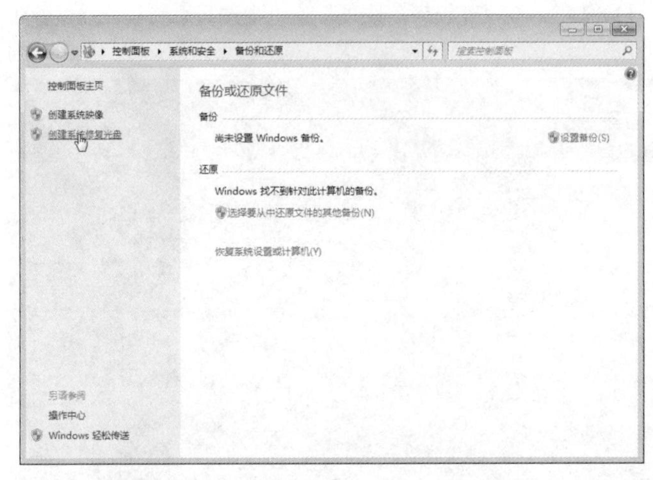

图 15-39　单击“创建系统修复光盘”超链接

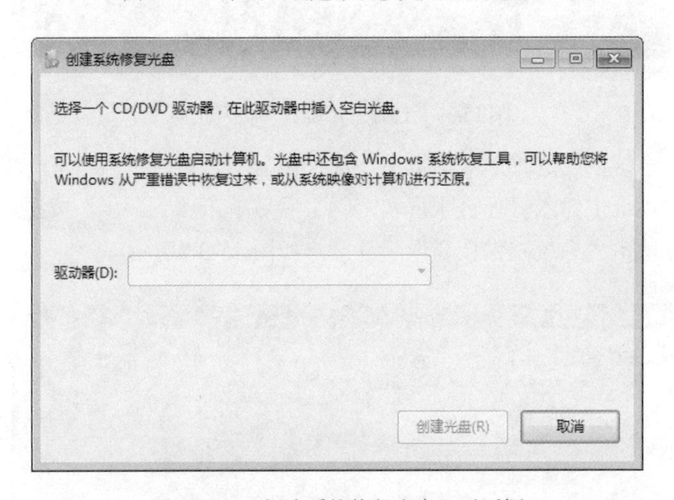

图 15-40　“创建系统修复光盘”对话框

下面以一个具体实例说明如何在 Windows 10 系统中使用镜像文件还原文件的方法。

【实验 15-9】在 Windows 10 系统中使用镜像文件还原系统

具体操作步骤如下：

（1）选择“更新和安全”窗口中的“恢复”选项，单击“立即重启”按钮，如图 15-41 所示。

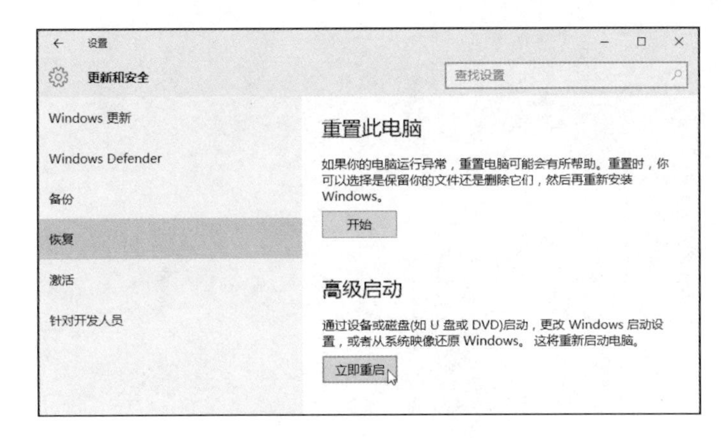

图 15-41　单击“立即重启”按钮

（2）在弹出的如图 15-42 所示的窗口中，单击“疑难解答”超链接。

提示：如果无法正常进入 Windows 10 系统，则需要用前面创建的系统修复光盘来启动。

图 15-42　单击“疑难解答”超链接

（3）在弹出的如图 15-43 所示的窗口中，单击“高级选项”超链接。

图 15-43　单击“高级选项”超链接

（4）在弹出的如图 15-44 所示的窗口中，单击“系统映像恢复”超链接。

图 15-44　单击“系统映像恢复”超链接

（5）在弹出的“系统映像恢复”窗口中，提示用户选择一个账户，如图 15-45 所示。

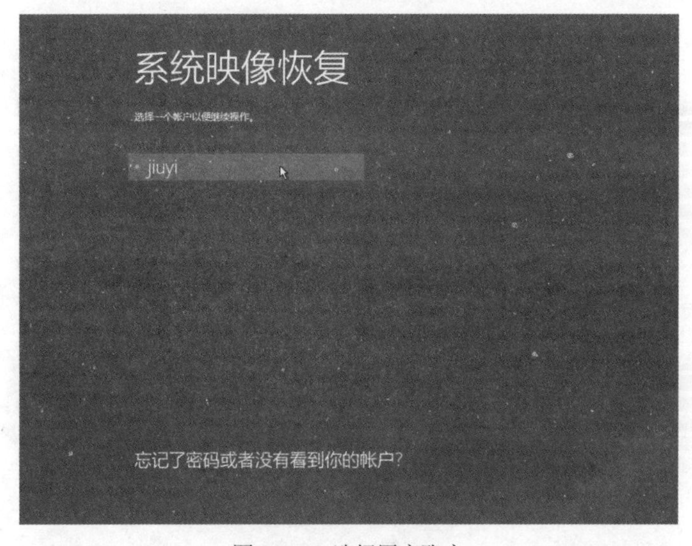

图 15-45　选择用户账户

（6）在弹出的如图 15-46 所示的窗口中，输入用户账户的密码，然后单击“继续”按钮。

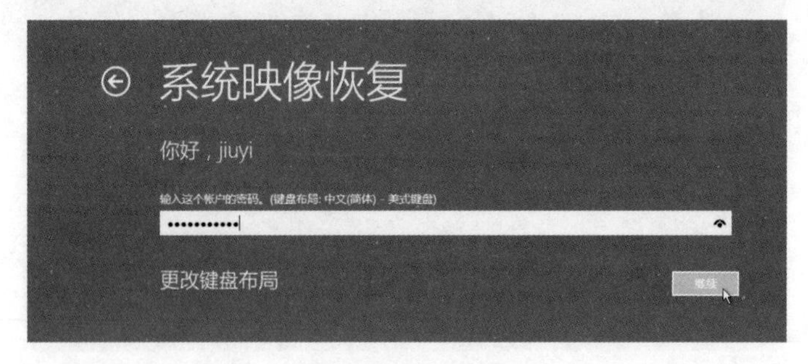

图 15-46　输入密码

（7）在弹出的如图 15-47 所示的对话框，提示用户选择系统映像，然后单击“下一步”按钮。

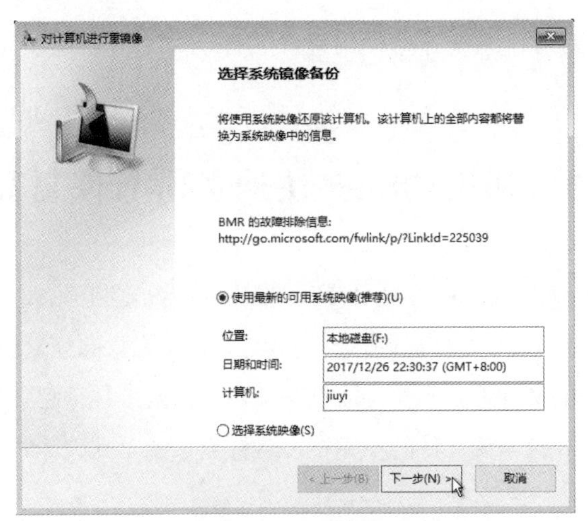

图 15-47　选择系统映象

（8）在弹出的如图 15-48 所示的对话框，提示用户选择还原方式，在这里选择默认方式，然后单击“下一步”按钮。

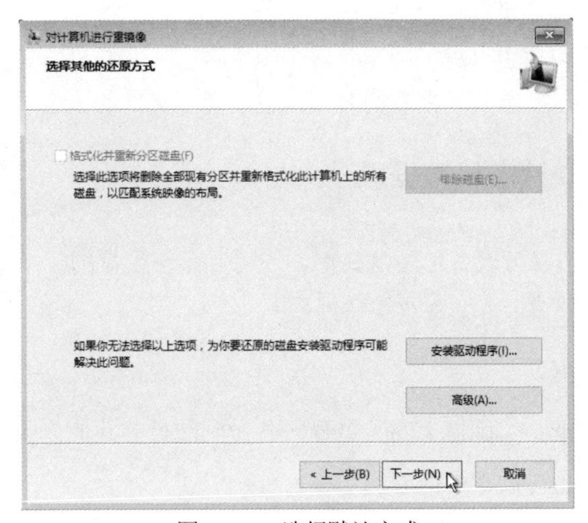

图 15-48　选择默认方式

（9）在弹出的如图 15-49 所示的对话框中，单击“完成”按钮。

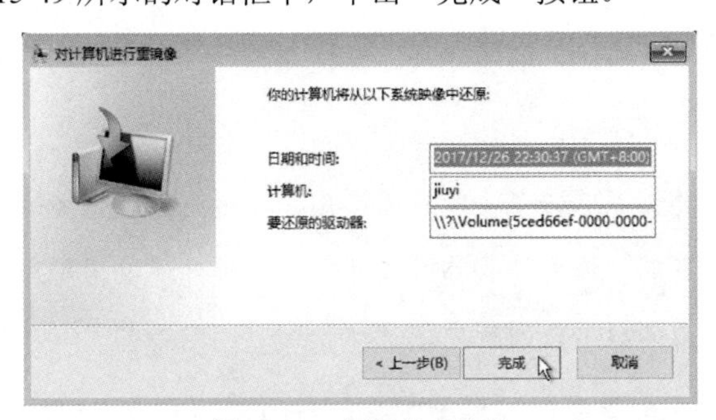

图 15-49　还原基本信息

（10）在弹出的对话框中，提示用户要还原的驱动器上的所有数据都将替换为系统映像中的数据，在这里单击“是”按钮。

（11）单击“是”按钮后，系统开始使用镜像文件还原系统，系统还原完成后，重新启动计算机即可。

15.3　利用 Ghost 快速备份与恢复数据

Ghost 软件是美国著名软件公司 SYMANTEC 推出的硬盘复制工具，与一般的备份和恢复工具不同的是：Ghost 软件备份和恢复是按照硬盘上的簇进行的，这意味恢复时原来分区会被完全覆盖，已恢复的文件与原硬盘上的文件地址不变。而有些备份和恢复工具只起到备份文件内容的作用，不涉及物理地址，很有可能导致系统文件的不完整，这样当系统受到破坏时，由此类方法恢复将不能达到系统原有的状况。

在这方面，Ghost 有着绝对的优势，能使受到破坏的系统“完璧归赵”，并能一步到位。它的另一项特殊的功能就是将硬盘上的内容“克隆”到其他硬盘上，这样可以不必重新安装原来的软件，从而节省大量时间，这是软件备份和恢复工作的一次革新。

可见，它给单个 PC 的使用者带来的便利就不用多说了，尤其对大型机房的日常备份和恢复工作省去了重复和烦琐的操作，节省了大量的时间，也避免了文件的丢失。

15.3.1　利用 Ghost 快速备份数据

使用 Norton Ghost 不仅可以备份硬盘数据，还可以备份硬盘的一个分区。下面分别介绍使用 Norton Ghost 快速备份硬盘和备份硬盘分区的操作。

1．备份硬盘分区数据

备份硬盘分区数据即把一个硬盘上的某个分区备份到硬盘的其他分区或另一个硬盘的某个分区中。一般情况下，主要是备份硬盘中的 C 区。

【实验 15-10】备份硬盘 C 区数据

具体操作步骤如下：

（1）确定将操作系统、所有硬件的驱动程序、优化程序和所有的用户软件等安装好，并且工作正常。

提示：如果系统已经安装并运行了一段时间，用户应该先检查系统运行的稳定状态，并将所有不再需要的应用程序和所有的垃圾文件和临时文件删除，另外还要用磁盘扫描和磁盘整理程序对硬盘错误进行检查并使硬盘上的数据排列有序。

（2）使用带有 Ghost 程序的系统启动光盘引导并启动 Ghost 程序，运行 Ghost 程序（也可以把 Ghost 程序复制在除系统 C 盘外的磁盘中，用启动光盘引导到该磁盘并启动 Ghost），如图 15-50 所示。

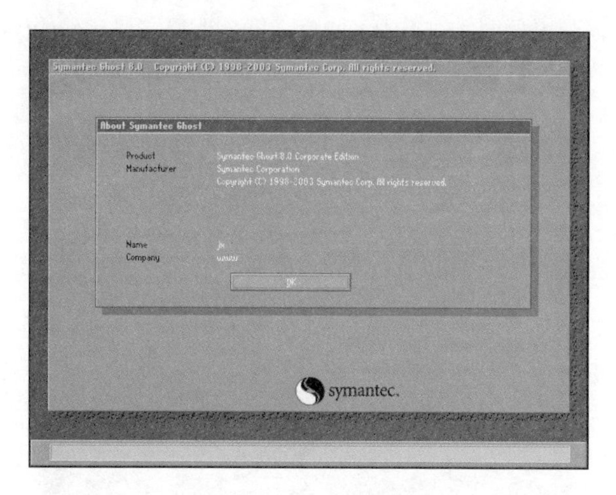

图 15-50　Ghost 程序

（3）单击 OK 按钮，进入 Ghost 程序主窗口，如图 15-51 所示。

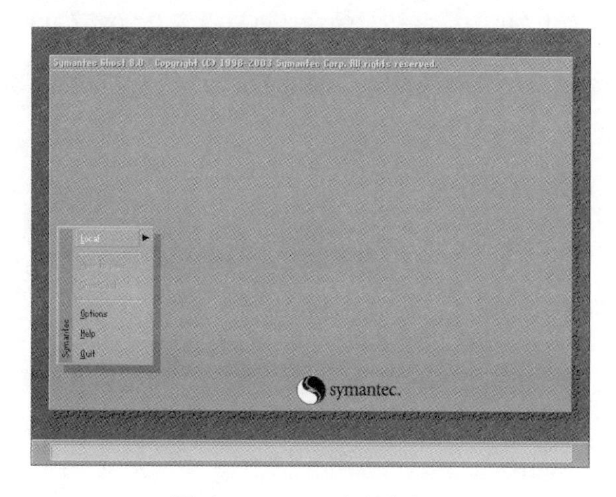

图 15-51　Ghost 主程序窗口

（4）单击 Local→Partition→To Image 命令，如图 15-52 所示。将硬盘分区备份到一个镜像文件。

提示：Partition 子菜单中有三个选项，其中 To Partition 选项表示将一个分区的内容克隆到其他分区中，To Image 选项表示将一个分区的内容备份成镜像文件，而 From Image 选项则表示从镜像文件恢复到分区。

（5）在弹出的如图 15-53 所示的对话框中，选择备份的硬盘，在这里选择硬盘 1。

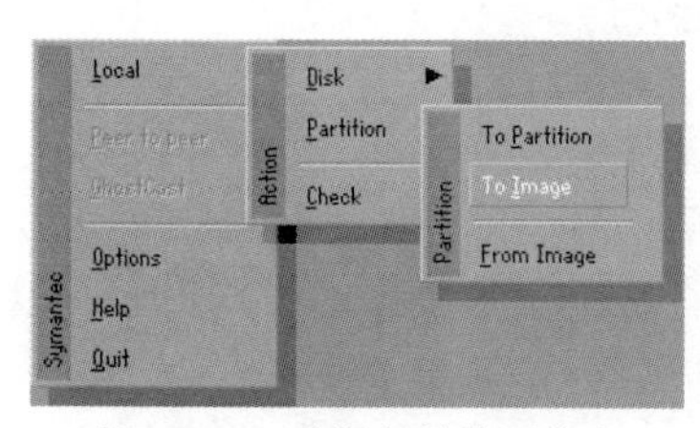

图 15-52　选择备份分区命令

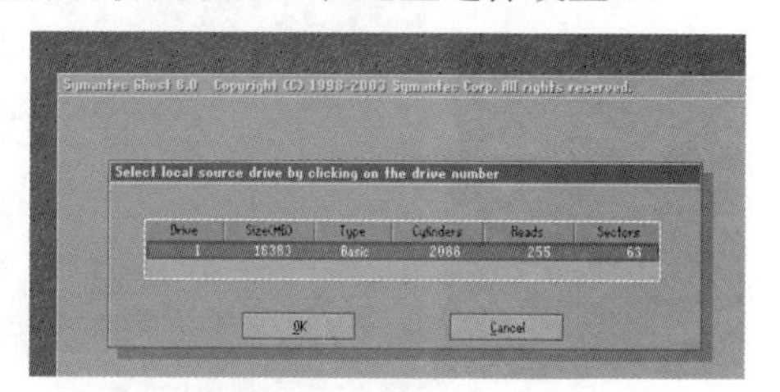

图 15-53　选择备份的硬盘

（6）单击 OK 按钮，弹出如图 15-54 所示的对话框，选择需要备份的硬盘分区，一般情况下，备份硬盘 C 区。

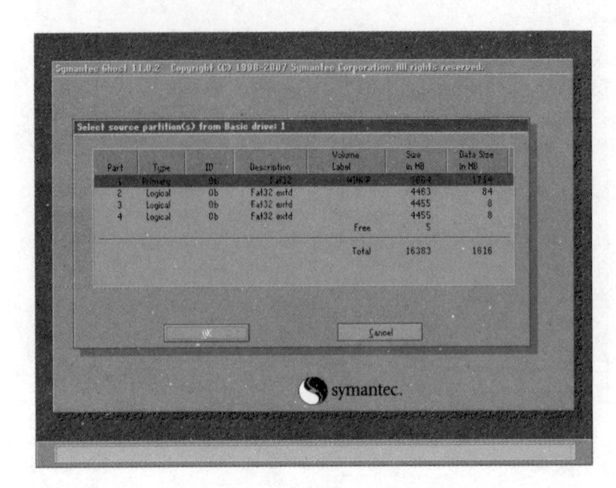

图 15-54　选择备份的分区

（7）单击 OK 按钮，弹出如图 15-55 所示的对话框，设置存放镜像文件的路径及名称。

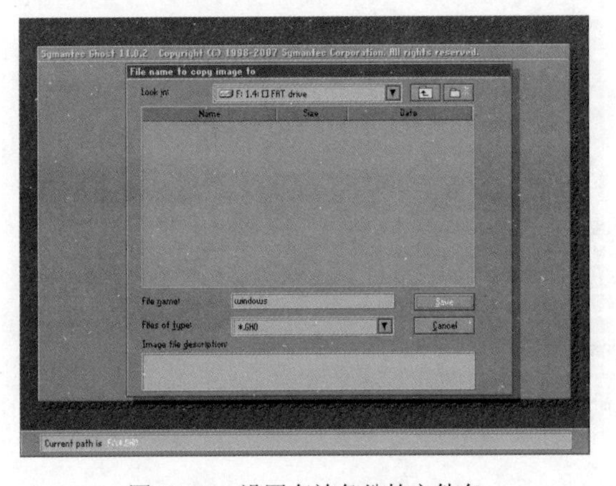

图 15-55　设置存放备份的文件名

（8）单击Save 按钮，弹出如图 15-56 所示的对话框，提示用户选择压缩方式，在这里选择 Fast 压缩方式。

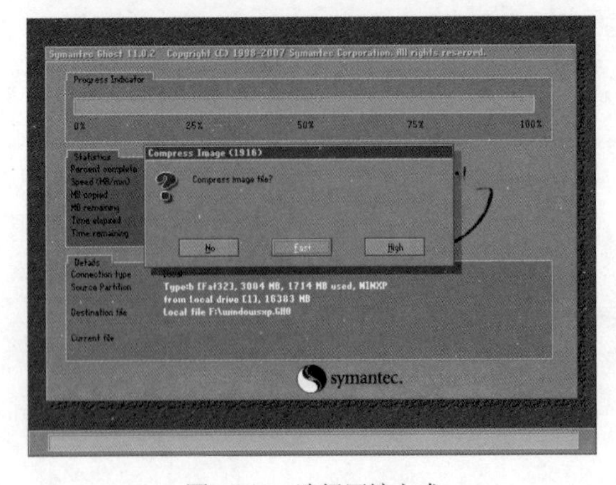

图 15-56　选择压缩方式

提示：No 表示不压缩，Fast 表示低度压缩，High 表示高度压缩。

（9）按【Enter】键，在弹出的如图 15-57 所示的确认对话框中，选择 Yes 按钮，随后程序开始将系统分区备份到指定的镜像文件中。

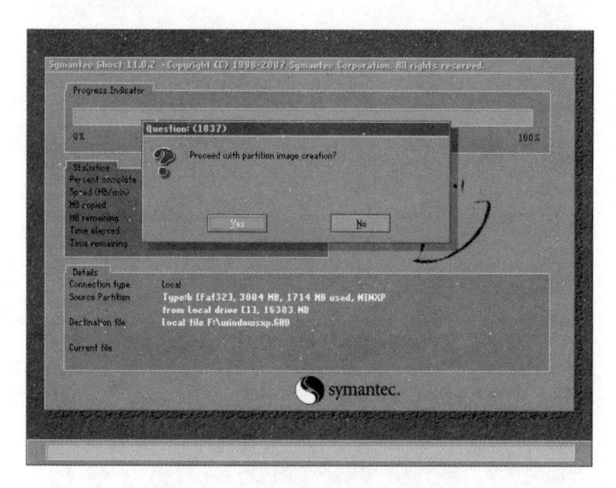

图 15-57　确认是否创建镜像文件

（10）镜像文件创建完成后显示一个继续提示框，按【Enter】键即可返回到 Ghost 的主界面，再按【Ctrl+Alt+Delete】组合键重新启动电脑即可。

2．备份硬盘数据

备份硬盘数据的前提是需要有两个硬盘，否则无法进行硬盘数据的备份，只能进行硬盘分区的备份，具体操作步骤如下：

（1）确定将操作系统、所有硬件的驱动程序、优化程序以及所有的用户软件等都安装好，并且工作正常。

（2）在 BIOS 中设置为光盘启动，保存退出，并将含有 Ghost 程序的启动光盘放入光驱中。

（3）重新启动电脑，在 DOS 提示符中输入 Ghost 命令，运行 Ghost 程序。

（4）单击 OK 按钮，进入 Ghost 程序主窗口。

（5）单击 Local→Disk→To Image 命令，如图 15-58 所示。将硬盘数据备份到一个镜像文件中。

提示：Disk 子菜单中有三个选项，其中 To Disk 选项表示硬盘对硬盘完全复制，To Image 选项表示将硬盘内容备份成镜像文件，而 From Image 选项则表示从镜像文件恢复到原来硬盘。

（6）弹出如图 15-59 所示的对话框，选择要备份的硬盘，在这里选择硬盘 1。

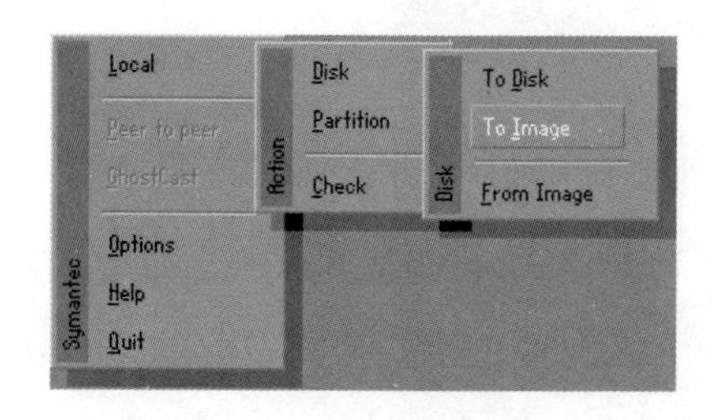

图 15-58　选择备份硬盘命令

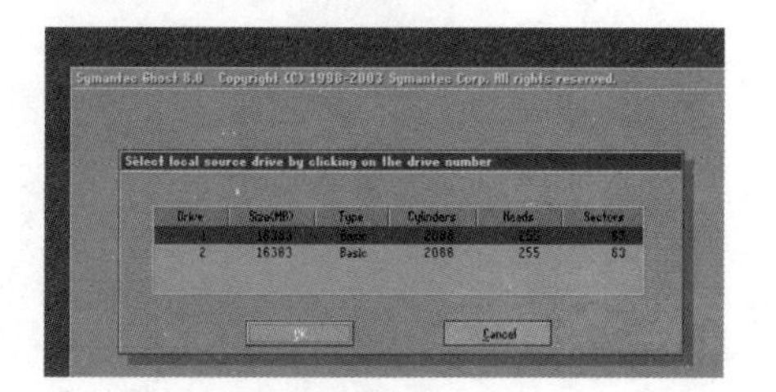

图 15-59　选择备份的硬盘

（7）单击 OK 按钮，弹出如图 15-60 所示的对话框，选择备份的目标磁盘。

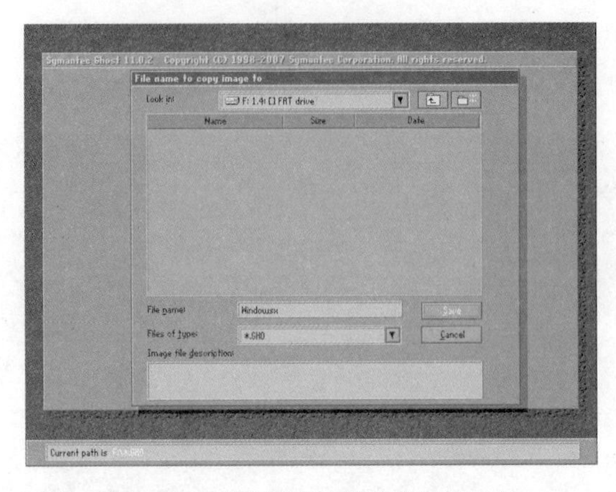

图 15-60 设置备份文件的路径及名称

（8）单击 Save 按钮，弹出如图 15-61 所示的对话框，选择压缩方式。

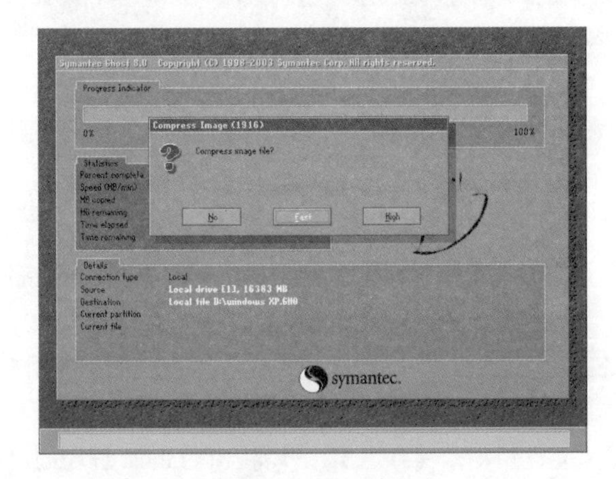

图 15-61 选择压缩方式

（9）选择 Fast 压缩方式，按【Enter】键，弹出如图 15-62 所示的对话框，提示用户确认是否继续备份。

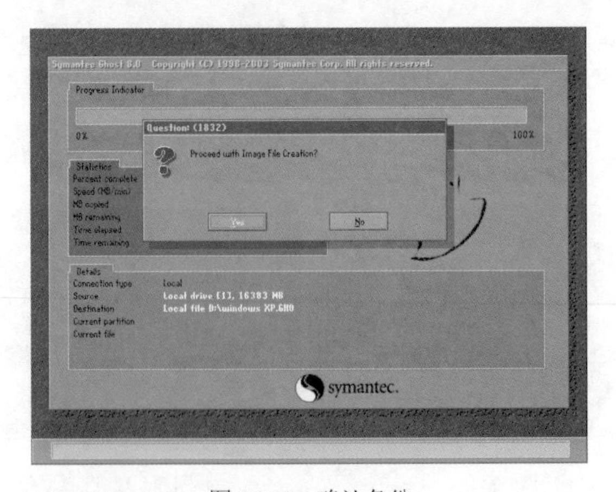

图 15-62 确认备份

（10）单击 Yes 按钮，Ghost 程序将开始备份硬盘数据，并显示备份进度，如图 15-63 所示。

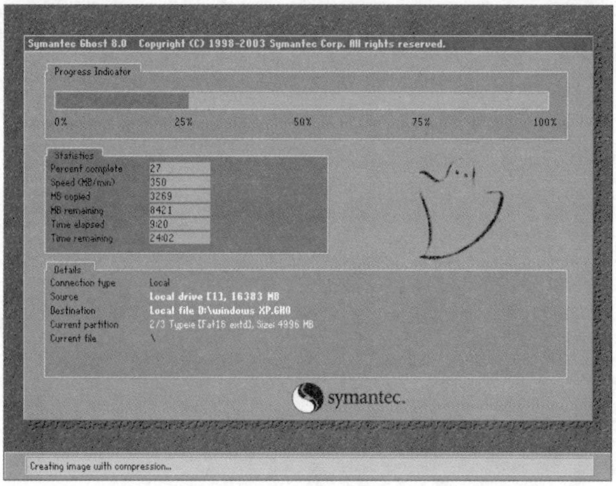

图 15-63　备份进度显示

（11）备份完成后，在弹出的提示用户完成硬盘数据的备份的对话框中，单击 Continue 按钮，返回 Ghost 程序主窗口，单击 Quit 按钮退出 Ghost 程序即可。

15.3.2　利用 Ghost 快速恢复数据

当计算机的操作系统出现故障无法正常运行时，可以使用 Ghost 备份的文件来快速恢复硬盘的数据或硬盘分区的数据。

1. 利用镜像文件恢复分区

下面以使用 Ghost 备份的文件快速恢复硬盘分区的数据为例，介绍使用 Ghost 备份的文件快速恢复系统的方法。

【实验 15-11】还原硬盘 C 区数据

具体操作步骤如下：

（1）在 BIOS 中设置为光盘启动，保存并退出，并将含有 Ghost 程序的启动光盘放入光驱中。

（2）重新启动计算机后，在 DOS 提示符下，输入 Ghost 命令，按【Enter】键，运行 Ghost 程序。

提示：如果没有加载鼠标驱动程序，在 DOS 状态下 Ghost 无法使用鼠标进行控制，需要使用【Tab】键、上下方向键和【Enter】键来进行功能的选取。

（3）单击 OK 按钮，进入 Ghost 程序主窗口，单击 Local → Partition → From Image 命令，如图 15-64 所示。

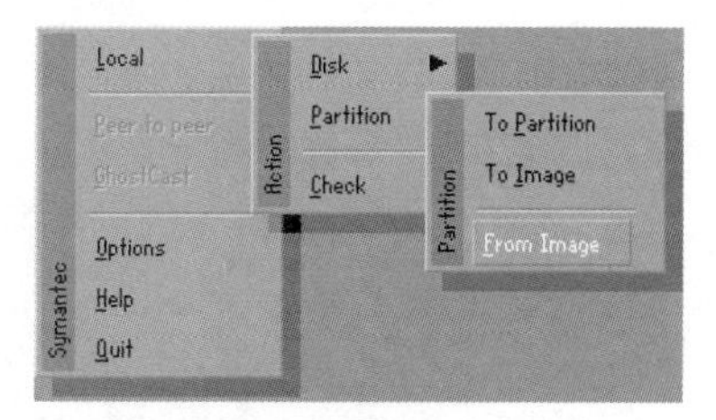

图 15-64　选择恢复分区命令

（4）在弹出的如图 15-65 所示的对话框中，选择备份文件的存放路径及名称。

（5）单击 Open 按钮，在弹出的提示用户选择备份文件所在的硬盘的对话框中，选择硬盘 1。

（6）单击 OK 按钮，在弹出的提示用户选择需要恢复的目标硬盘的对话框中，选择硬盘 1。

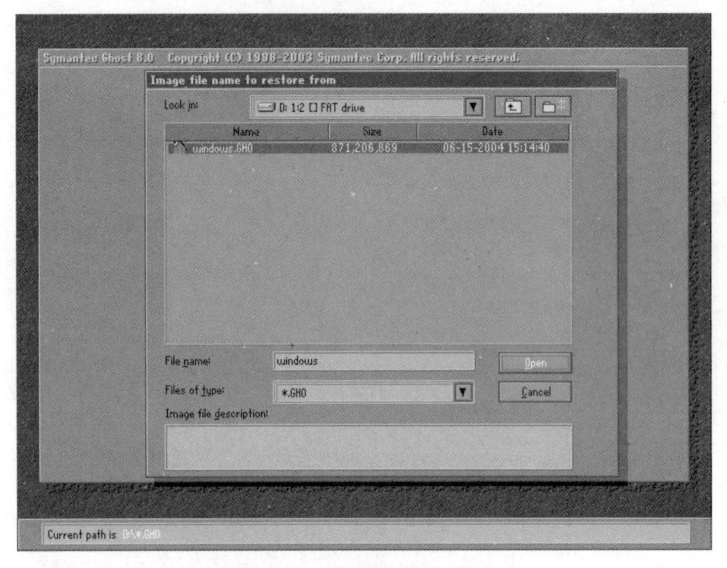

图 15-65 选择备份的文件

（7）单击 Save 按钮，弹出如图 15-61 所示的对话框，选择压缩方式。

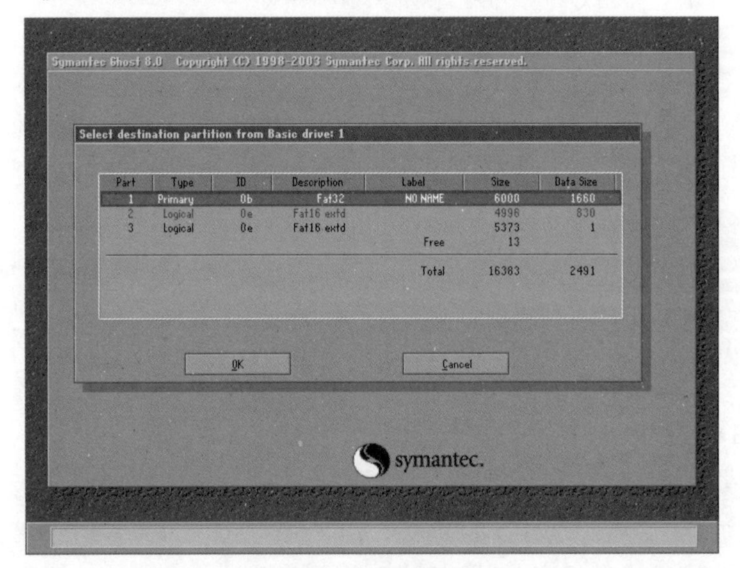

图 15-66 选择恢复的分区

（8）单击 OK 按钮，在弹出的提示用户确认是否恢复硬盘分区数据的对话框中，单击 Yes 按钮，Ghost 程序将开始恢复分区数据。

（9）恢复分区数据完成后，在弹出的对话框中，单击 Reset Computer 按钮，重新启动计算机即可。

（10）重新启动计算机后，系统会自动进入 Windows 7 界面，恢复成功。

提示： 在恢复数据的操作时，不要断电或中断操作，否则将无法完成恢复操作。

Ghost 程序有许多有用的命令行参数，表 15-1 所示为最常用的命令行参数。

表 15-1　Ghost 命令行参数及作用表

参　数	作　　用
-rb	本次 Ghost 操作结束退出时自动重新启动
-fx	本次 Ghost 操作结束退出时自动回到 DOS 提示符
-sure	对所有要求确认的提示或警告一律回答 Yes
-fro	如果源分区发现坏簇，则略过提示强制复制
-fnw	禁止对 FAT 分区进行写操作，以防误操作
-f32	将源 FAT16 分区复制后转换成 FAT32（前提是目标分区容量不小于 2GB）
-crcignore	忽略 Image file 中的 CRC ERROR
-span	分卷参数，当空间不足时提示复制到另一个分区的另一个 Image file 中
-auto	分卷复制时不提示就自动赋予一个文件名继续执行

提示：在使用 Ghost 恢复系统时常出现这样那样的麻烦。比如：恢复时出错、失败，恢复后资料丢失、软件不可用等。下面笔者将根据自己的使用经验，介绍使用 Ghost 进行克隆前要注意的一些事项。

在使用 Ghost 软件时，最好为 Ghost 克隆出的镜像文件划分一个独立的分区。把 Ghost.exe 和克隆出来的镜像文件存放在这一分区里，以后这一分区不要做磁盘整理等操作，也不要安装其他软件。因为镜像文件在硬盘上占有很多簇，只要其中一个簇损坏，镜像文件就会出错。有很多用户克隆后的镜像文件起初可以正常恢复系统，但过段时间后却发现恢复时出错，其主要原因也就是在这里。

另外，一般先安装一些常用软件后才做克隆，这样系统恢复后可以节省很多常用软件的安装时间。为节省克隆的时间和空间，最好把常用软件安装到系统分区外的其他分区，仅让系统分区记录它们的注册信息等，使 Ghost 真正快速、高效。

克隆前用 Windows 优化大师等软件对系统进行一次优化，对垃圾文件及注册表冗余信息做一次清理，另外再对系统分区进行一次磁盘整理，这样克隆出来的实际上已经是一个优化了的系统镜像文件。将来如果要对系统进行恢复，便能一开始就拥有一个优化了的系统。

最好不要把 Ghost 运行程序放置在需要备份的分区中，因为这样有时会出现无法备份的情况。

采用“硬盘备份”模式的时候，一定要保证目标盘的大小不低于源盘容量，否则会导致复制出错，而且这种模式备份的文件不能大于 2GB。

2. 从镜像文件恢复整个硬盘

从镜像文件中恢复整个硬盘的具体步骤如下：

（1）在 BIOS 中设置为光盘启动，保存并退出，并将含有 Ghost 程序的启动光盘放入光驱中。

（2）重新启动计算机，在 DOS 提示符中输入 Ghost 命令，运行 Ghost 程序。

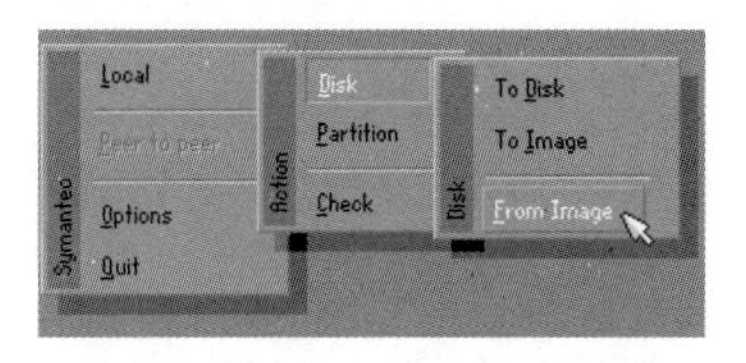

图 15-67　单击 From Image 命令

（3）单击 OK 按钮，进入 Ghost 程序主窗口。

（4）单击 Local→Disk→From Image 命令，如图 15-67 所示。从镜像文件恢复整个硬盘数据。

（5）在弹出的对话框中选择事先保存有镜像文件的分区，如图 15-68 所示。

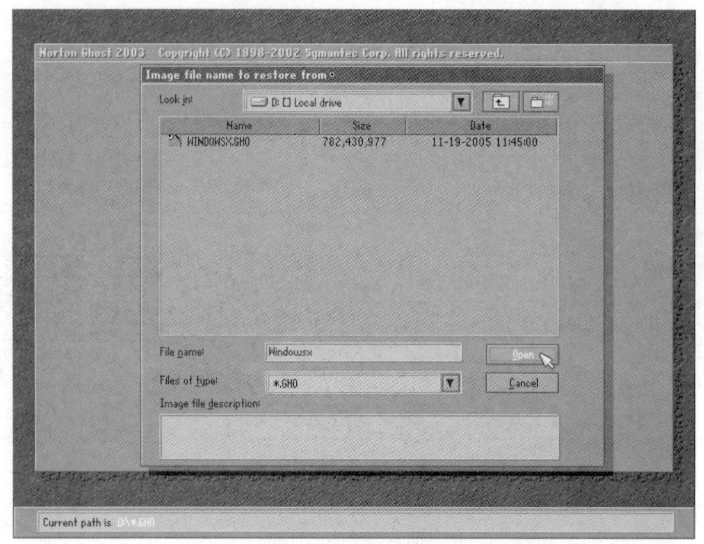

图 15-68　选择镜像文件

（6）单击 Open 按钮，在弹出的如图 15-69 所示的对话框中，选择要恢复的目标驱动器。

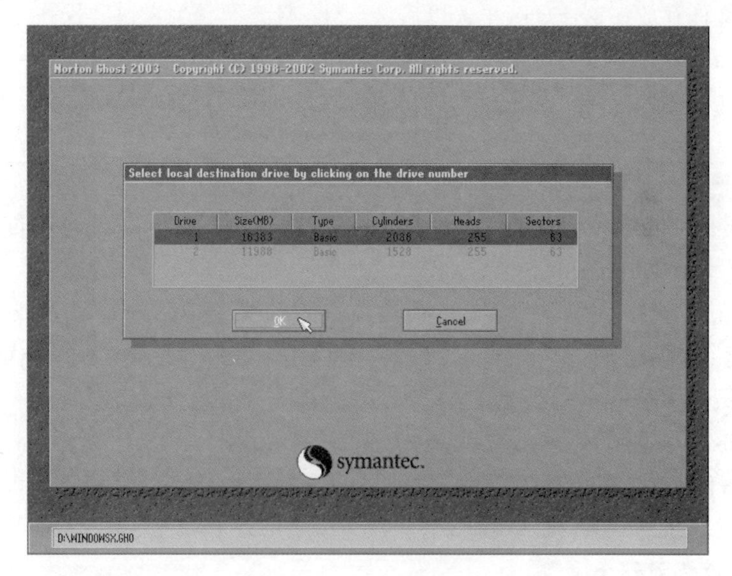

图 15-69　选择目标驱动器

（7）单击 OK 按钮，在弹出的如图 15-70 所示的对话框中，列出了目标驱动器比较详细的分区信息。

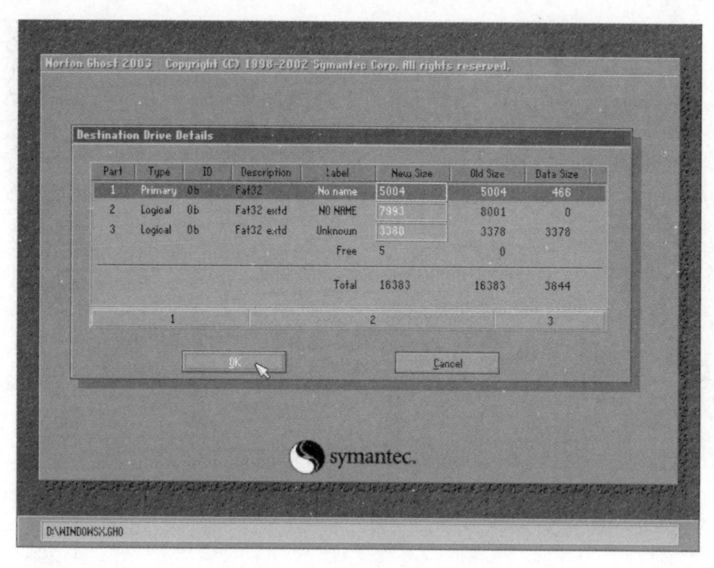

图 15-70　目标驱动器分区信息

（8）单击 OK 按钮，在接下来的操作中根据提示进行操作即可。

15.4　使用“一键还原精灵”备份与还原系统

一键还原精灵是基于 Ghost 而开发制作的，与 Ghost 不同的是，该软件在进行数据备份和还原的过程中，完全不需要用 DOS 进行系统引导，而且不会破坏硬盘数据。

Ghost 系统备份与恢复安全稳定，但操作起来比较烦琐。一键还原精灵是一款“傻瓜”式的系统备份和还原工具，具有安全、快速、保密性强、压缩率高、兼容性好等特点，特别适合电脑新手和担心操作麻烦的人使用。

该软件在备份或恢复系统时不用光盘或U盘启动盘，只需在开机时选择系统菜单或按热键即可。

15.4.1　使用“一键还原精灵”备份系统

下面以一个具体实例来说明如何使用“一键还原精灵”备份系统。

【实验 15-12】使用“一键还原精灵”标准版备份系统（首次使用）

具体操作步骤如下：

（1）在网站上下载一键还原精灵的标准版后，运行一键还原精灵，弹出如图 15-71 所示的对话框，单击“安装”按钮。

（2）在弹出的“一键还原精灵 安装”对话框中，设置菜单名称、等待时间、备份文件位置、启动方式及 Ghost 版式，如图 15-72 所示。

（3）单击“安装”按钮后，开始安装一键还原精灵，安装完成后，在弹出的的对话框中，单击“确定”按钮。

图 15-71　单击“安装”按钮

图 15-72　设置信息

（4）单击“确定”按钮后，重新启动计算机，在屏幕中出现如图 15-73 所示的“Press 【F11】 to start UShenDu One Key Recovery”提示信息。

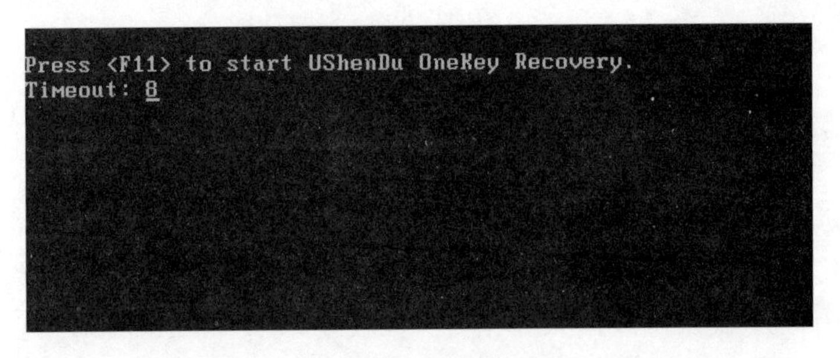

图 15-73　提示信息

（5）按【F11】键后，弹出如图 15-74 所示的窗口，由于首次运行一键还原精灵，因此需要备份一下系统，单击“备份系统”按钮。

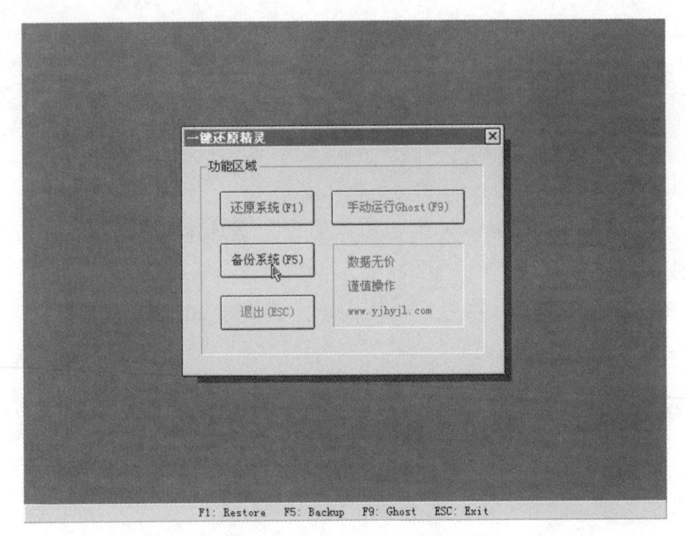

图 15-74　单击“备份系统”按钮

（6）用户不进行任何操作，10 秒钟后程序将自动开始备份系统，如图 15-75 所示。

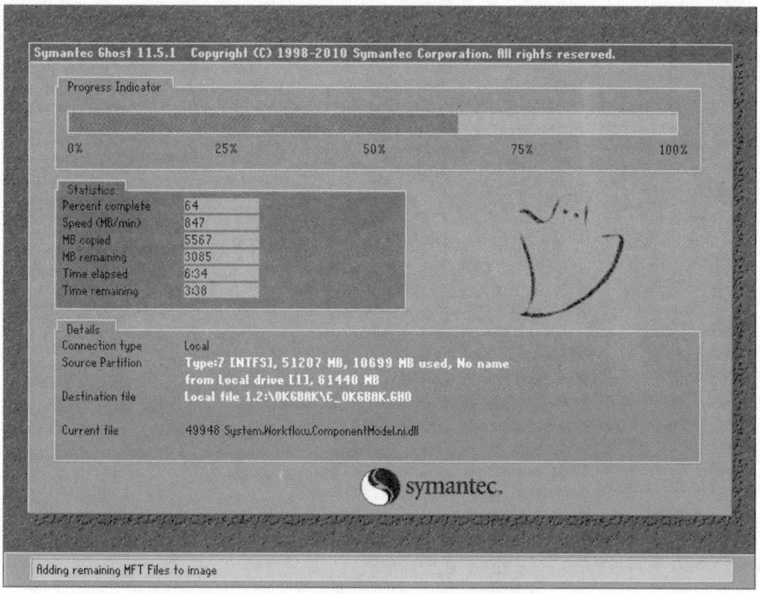

图 15-75　程序开始备份系统

（7）备份系统完成后，系统自动重新启动即可。

15.4.2　使用“一键还原精灵”还原系统

下面以一个具体实例为说明如何使用“一键还原精灵”还原系统。

【实验 15-13】使用“一键还原精灵”标准版还原故障系统

具体操作步骤如下：

（1）系统出现故障需要重新系统时，屏幕出现“Press 【F11】 to start UShenDu One Key Recovery”提示时，按下【F11】键后，弹出如图 15-76 所示的窗口，单击“还原系统”按钮。

（2）用户不进行任何操作，10 秒钟后，程序将开始自动还原系统，如图 15-77 所示。还原系统完成后，系统将自动重新启动。

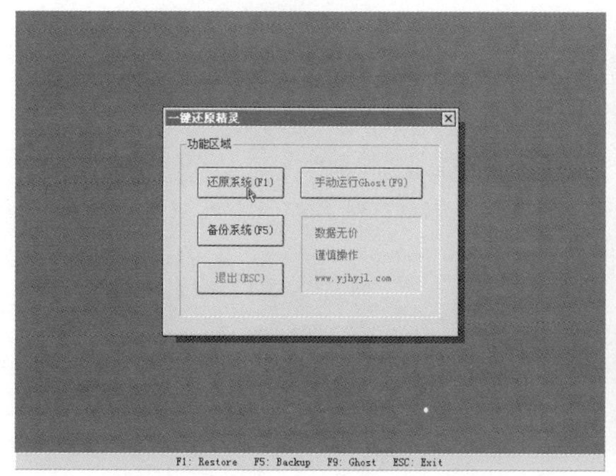

图 15-76　单击“还原系统”按钮

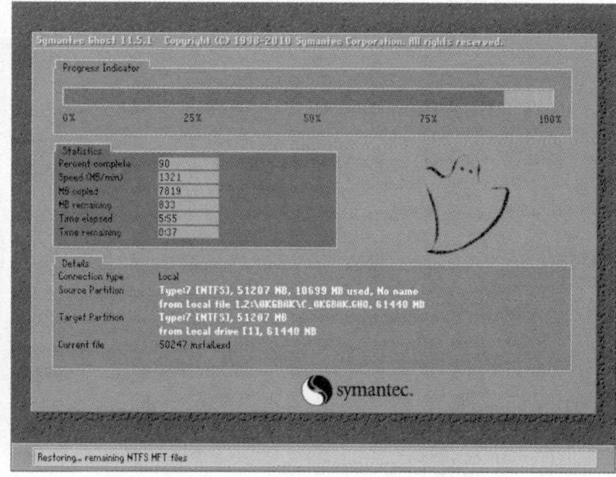

图 15-77　程序自动还原系统

第 16 章　磁盘数据安全的防黑实战

磁盘中存储着大量的数据，这些重要信息在电脑中并非十分安全，它可能受到来自各方面的破坏，如黑客攻击、病毒破坏、硬盘损坏等。一旦这些重要的数据出现问题，将会严重影响人们的正常工作、生活，甚至导致一个企业停止运转或面临破产。

本章主要介绍磁盘数据安全的相关内容，如备份磁盘各类数据、恢复丢失的数据等，通过本章的学习，用户应熟练掌握磁盘数据防范黑客攻击的措施。

16.1　磁盘数据安全的基础知识

计算机中大部分数据都存储在磁盘中，而磁盘又是一个极易出现问题的部件，如何保证磁盘数据的安全成为每个用户必须思考的问题？本节从磁盘数据丢失的原因入手，介绍数据丢失后的注意事项。

16.1.1　磁盘数据丢失的原因

造成磁盘数据丢失的主要原因有以下几个方面：

1. 用户的误操作

由于用户操作错误而导致磁盘数据丢失的情况在磁盘数据丢失的主要原因中所占的比例比较大，用户极小的疏忽都可能造成磁盘数据丢失，例如用户不小心关闭电源等。

2. 黑客入侵与病毒感染

黑客入侵和病毒感染越来越频繁，由此造成的数据破坏更不可低估。而且有些恶意程序具有格式化硬盘的功能，这对于磁盘数据可以造成毁灭性的损失。

3. 软件系统运行错误

由于软件不断更新，各种程序和运行错误也随之增加，如程序被迫意外中止或突然死机，都会使用户当前所运行的数据因不能及时保存而丢失。

4. 磁盘损坏

磁盘损坏主要表现为磁盘划伤、磁盘损坏、芯片及其他元素件烧坏、突然断电等，这些损坏造成的数据丢失都是物理性质，一般通过 Windows 自身无法恢复数据。

16.1.2　磁盘数据丢失后的注意事项

当发现磁盘数据丢失后，应注意以下事项：

（1）如果没有安装数据恢复软件，那么在数据丢失后，千万不要在硬盘上再进行其他读/写操作。不要在硬盘上安装或存储任何文件和程序，否则它们将会把要恢复的文件覆盖，给数据的恢复带来很大的难度，也影响修复的成功率。

提示：在安装好 Windows 操作系统后，就应该安装数据恢复软件，并在出现文件误删除后立刻执行恢复操作，这样一般可以将删除的文件恢复回来。

（2）如果丢失的数据在系统分区，那么请立即关机，把硬盘拿下来，挂到别的电脑上作为第二硬盘，之后在上面进行恢复操作。如果数据十分重要，尤其是格式化后又写了数据进去的，那么最好不要冒险自己修复，还是请专业的数据恢复公司来恢复。

（3）在修复损坏的数据时，一定要先备份源文件再进行修复。如果是误格式化的磁盘分区、误删除的文件，则建议先用 Ghost 克隆误格式化的分区和误删除文件所在的分区，把原先的磁盘分区状态给备份下来，以便日后再次进行数据恢复。

（4）如果是磁盘出现坏道读不出来，最好不要反复读盘。

16.2　备份磁盘数据

磁盘中存放的数据类型很多，如分区表、引导区、驱动程序等系统数据，还有电子邮件等本地数据，对这些数据进行备份可以在一定程度上保护数据的安全。

16.2.1　备份磁盘分区表数据

磁盘分区表损坏会造成系统启动失败、数据丢失等严重后果。因此，备份磁盘分区表数据尤为重要。下面介绍使用 DiskGenius 备份磁盘分区表数据的方法。

【实验 16-1】使用 DiskGenius 备份磁盘分区表数据

具体操作步骤如下：

（1）从网上下载并打开 DiskGenius，在“DiskGenius”窗口中，选择需要备份分区表的磁盘分区，如图 16-1 所示。

（2）在“DiskGenius”窗口中单击“磁盘”→“备份分区表”命令，如图 16-2 所示。

（3）在弹出的“设置分区表备份文件名及路径”对话框中，选择保存路径及文件名，然后单击“保存”按钮，如图 16-3 所示。

（4）在弹出的“DiskGenius”对话框中，提示用户当前硬盘的分区表已经备份到指定的文件夹中，然后单击“确定”按钮。

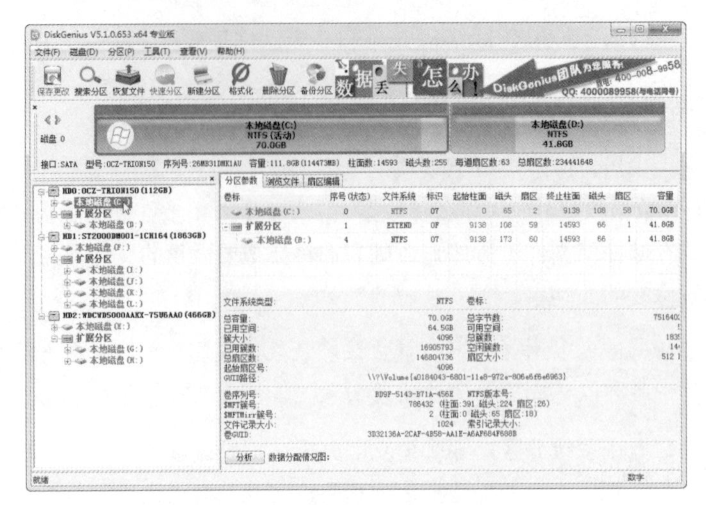

图 16-1　选择要备份磁盘分区表的分区

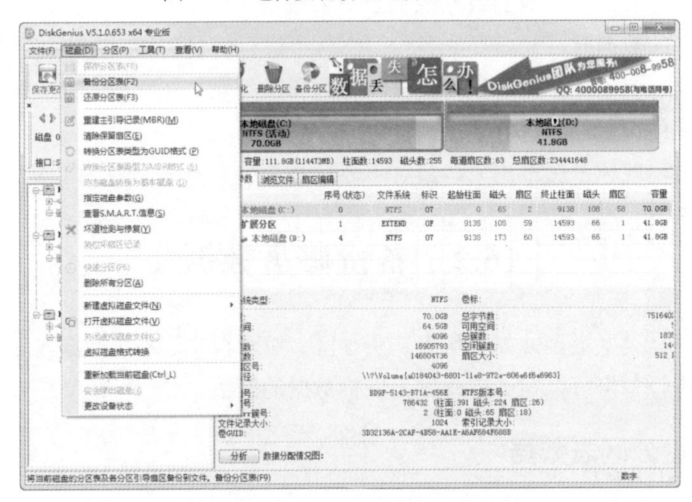

图 16-2 “磁盘”→“备份分区表”命令

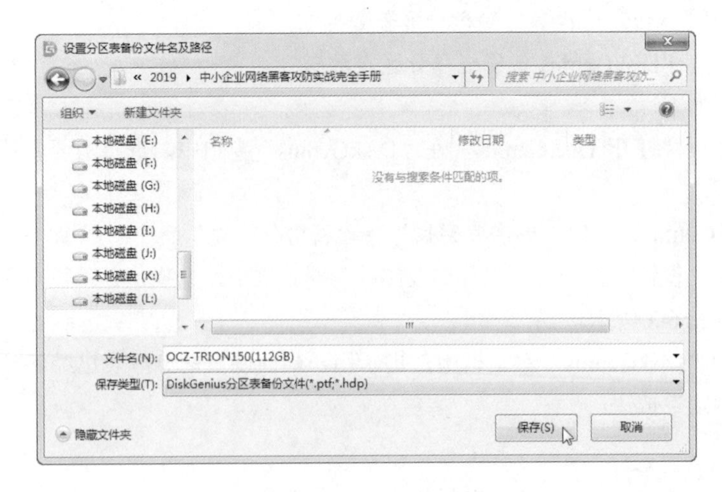

图 16-3　单击“保存”按钮

注意：为了分区表备份文件的安全，建议将其保存到当前硬盘以外的硬盘或其他存储介质中，如 U 盘、移动硬盘等。

16.2.2　备份磁盘引导区数据

在操作系统之中，引导区起着非常重要的作用，它记录着一些硬盘最基本的信息，如硬盘的分区信息等，这些信息可以保证硬盘正常工作，但如果这些信息被修改了，那么硬盘里的数据就会丢失，因此，用户要对磁盘引导区进行备份，以便在引导区受到病毒或木马攻击时还原引导区。

下面介绍使用 BOOTICE 工具进行备份磁盘引导区数据的操作。

【实验 16-2】使用 BOOTICE 备份磁盘引导区数据

具体操作步骤如下：

（1）使用含有 BOOTICE 工具的 U 盘启动系统，运行 BOOTICE，在“BOOTICE”窗口选择目标磁盘，然后单击“主引导记录”按钮，如图 16-4 所示。

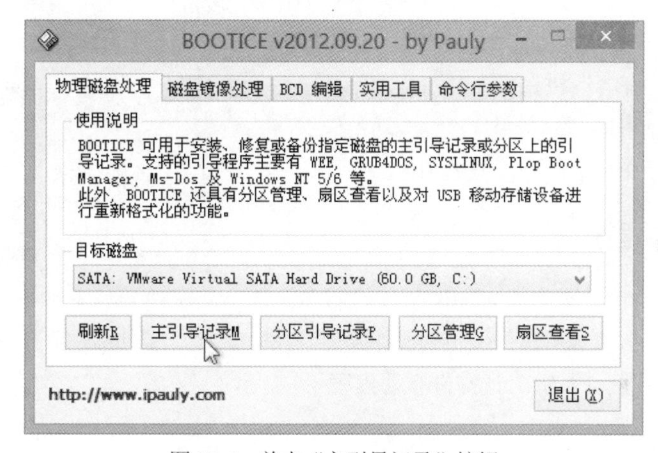

图 16-4　单击“主引导记录”按钮

（2）在弹出的“主引导记录（MBR）”对话框中，单击“备份 MBR”按钮，如图 16-5 所示。

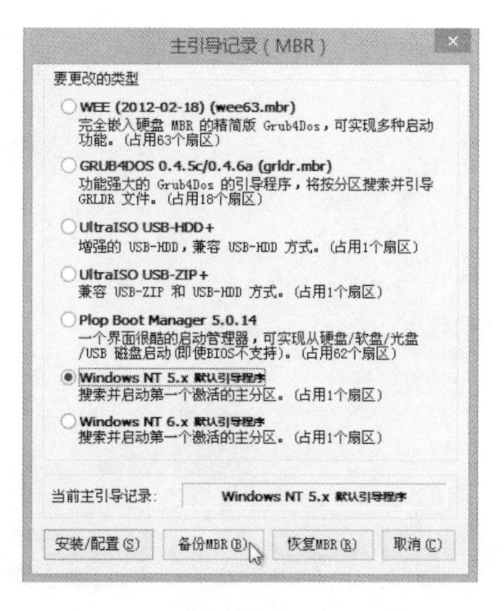

图 16-5　单击“备份 MBR”按钮

（3）在弹出的“另存为”对话框中输入文件名，然后单击“保存”按钮，如图 16-6 所示。

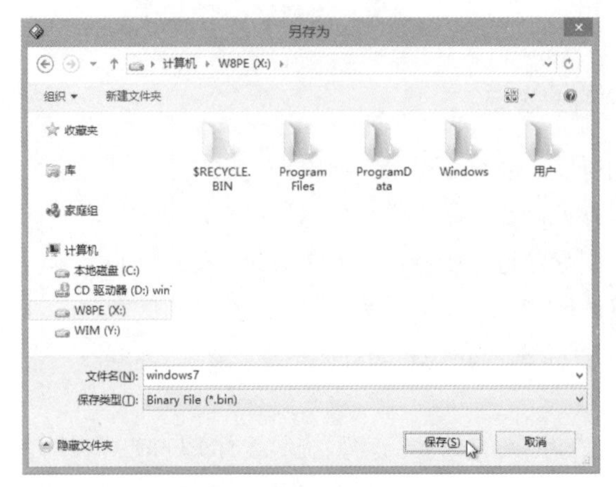

图 16-6　单击“保存”按钮

（4）在弹出的“备份扇区数目”对话框中，选择扇区数，然后单击“确定”按钮，如图 16-7 所示。

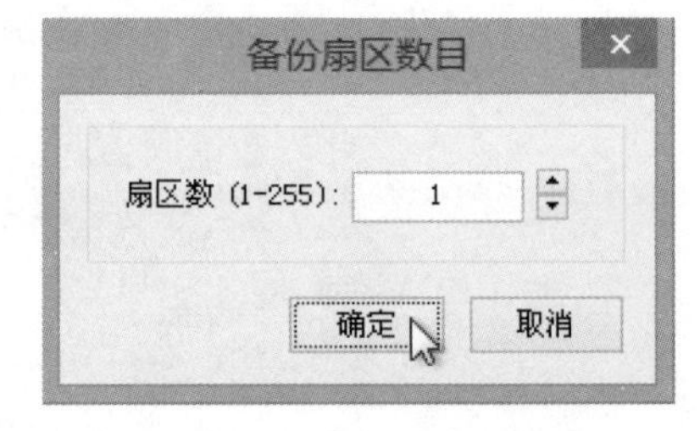

图 16-7　单击“确定”按钮

（5）在弹出的对话框中，提示用户已经成功备份主引导记录到文件，然后单击“确定”按钮即可。

16.2.3　备份驱动程序

在操作系统之中，用户可以指定驱动程序进行备份。下面介绍使用驱动人生工具进行备份的操作。

【实验 16-3】使用驱动人生工具备份驱动程序

具体操作步骤如下：

（1）从网上下载并安装驱动人生，打开“驱动人生”窗口，单击“驱动管理”按钮，如图 16-8 所示。

图 16-8　单击“驱动管理”按钮

（2）在弹出的窗口中，选中“驱动备份”单选按钮，然后单击“立即备份”按钮，如图 16-9 所示。

图 16-9　单击“立即备份”按钮

（3）单击“立即备份”按钮后，驱动人生将开始备份指定的驱动程序，备份完成后，弹出对话框来提示用户备份完成，单击“确定”按钮即可。

16.2.4　备份 IE 收藏夹

（即扫即看）

IE 收藏夹中存放着用户习惯浏览的一些网站地址链接，但是重装系统后，这些网站链接将被彻底删除。不过，IE 浏览器自带备份功能，可以将 IE 收藏夹中的数据备份。

【实验 16-4】使用 IE 自带备份功能备份 IE 收藏夹

具体操作步骤如下：

（1）打开 IE 浏览器，单击“文件”→“导入和导出”命令，如图 16-10 所示。

图 16-10　单击“文件”→“导入和导出”命令

（2）在弹出的“导入/导出设备”对话框，在其中选中“导出到文件”单选按钮，然后单击“下一步”按钮，如图 16-11 所示。

（3）在弹出的“你希望导出哪些内容”对话框中，选中“收藏夹”复选框，然后单击“下一步”按钮，如图 16-12 所示。

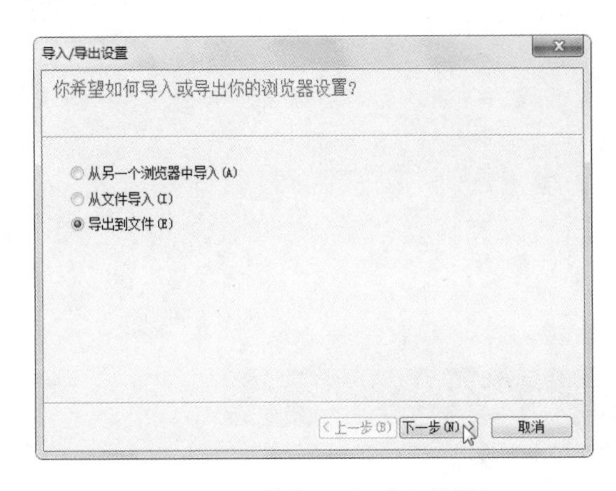

图 16-11　单击“下一步”按钮

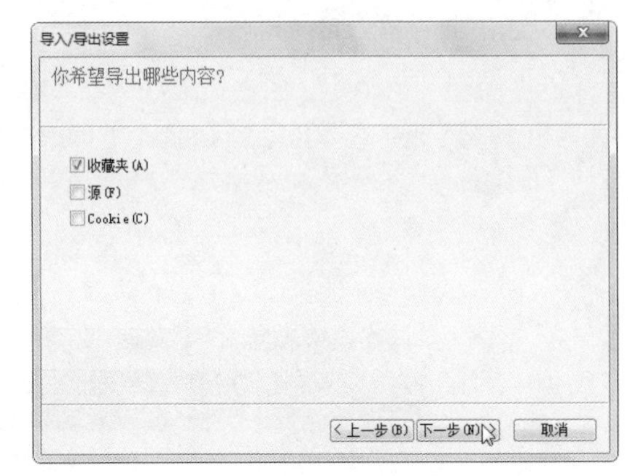

图 16-12　选中“收藏夹”

（4）在弹出的“选择你希望从哪个文件夹导出收藏夹”对话框中，选择“收藏夹栏”选项，然后单击“下一步”按钮，如图 16-13 所示。

（5）在弹出的“你希望将收藏夹导出至何处”对话框中，输入文件路径，然后单击“导出”按钮，如图 16-14 所示。

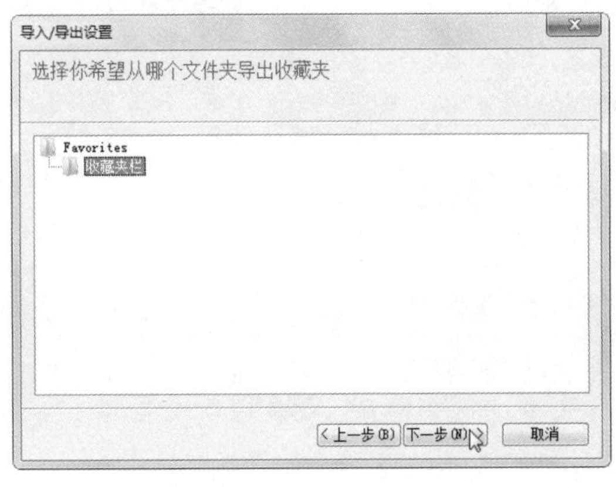

图 16-13　选择“收藏夹栏”

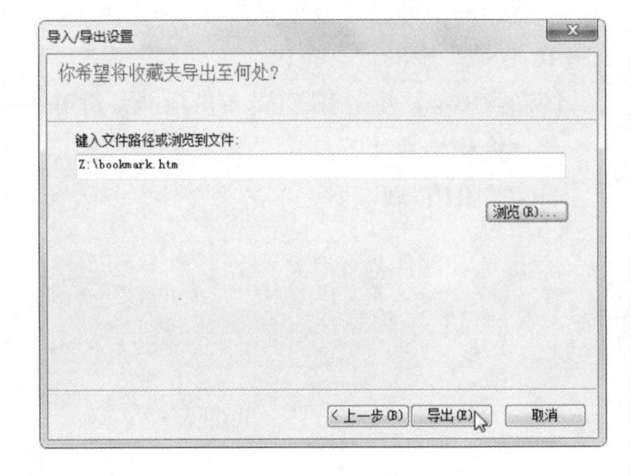

图 16-14　输入文件路径

（6）在弹出的“你已成功导出了这些设置”对话框中，提示用户备份收藏夹完成，单击“完成”按钮即可备份完成。

16.2.5　备份电子邮件

为了防止病毒和木马的攻击导致电子邮件丢失，对电子邮件进行备份是非常重要的。这里以常见的 Outlook 为例来介绍备份备电子邮件的方法。

1. 通过安装目录备份电子邮件

Outlook 与其他电子邮件软件一样，通常情况下安装在系统默认的目录“C:\ Documents and Settings\Administrator\Local Settings\Application Data\Microsoft\Outlook”下，这样就可以通过复制此目录下的文件到其他磁盘中来完成备份操作，如果要还原，则只用重新复制回来即可。

2. 通过向导备份电子邮件

Outlook 还可以运用“导入和导出向导”来实现备份、还原操作，具体的操作步骤如下：

（1）启动 Outlook 2016 程序，打开“Outlook”窗口，选择“文件”选项卡，进入“文件”界面，在该界面中选择“打开和导出”选项区域内的“导入/导出”选项，如图 16-15 所示。

图 16-15　选择“导入/导出”选项

（2）在弹出的“导入和导出向导”对话框中，选择“请选择要执行的操作”列表框中的“导出到文件”选项，然后单击“下一步”按钮，如图 16-16 所示。

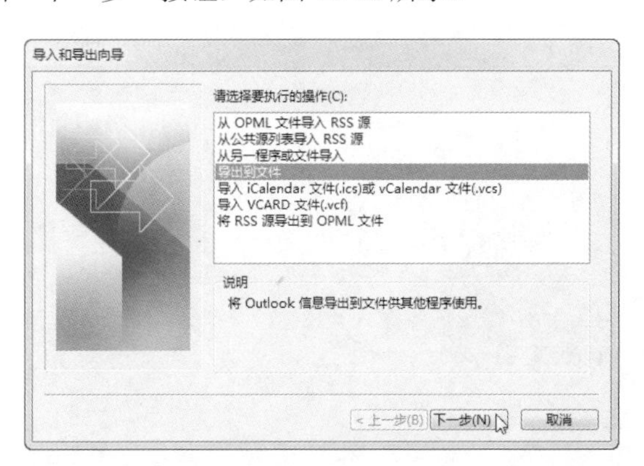

图 16-16　选择执行操作

（3）在弹出的“导出到文件”对话框中，选择“创建文件的类型”列表框中的“Outlook 数据文件（.pst)”选项，然后单击“下一步”按钮，如图 16-17 所示。

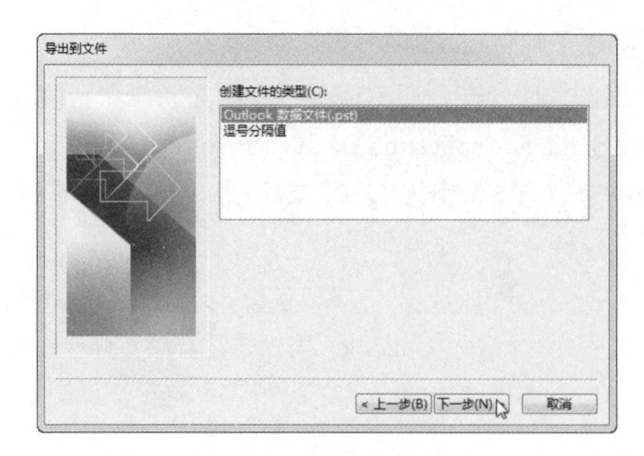

图 16-17　选择文件类型

（4）在弹出的“导出 Outlook 数据文件”对话框中，选择“Outlook 数据文件”选项，然后单击“下一步”按钮，如图 16-18 所示。

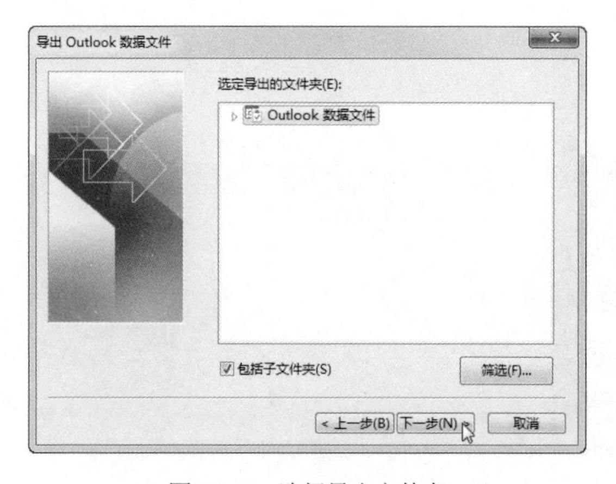

图 16-18　选择导出文件夹

（5）在弹出的“导出 Outlook 数据文件”对话框中，选中“用导出的项目替换重要的项目”单选按钮，在“将导出文件另存为”文本框中输入文件保存的路径，然后单击“完成”按钮，如图 16-19 所示。

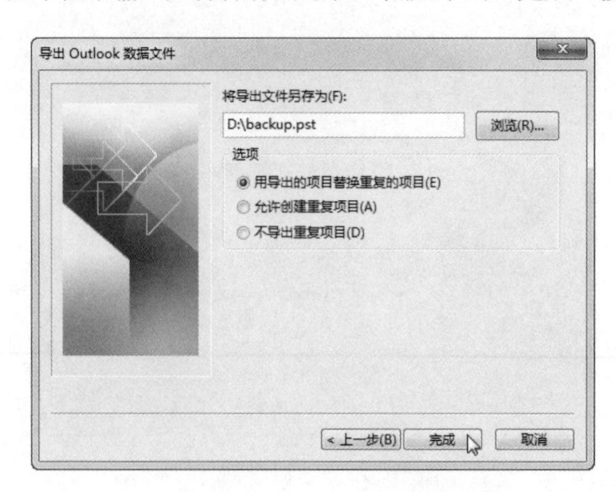

图 16-19　输入保存路径

（6）在弹出的“创建 Outlook 数据文件”对话框中，分别在“密码”和“验证密码”文本框中输入相同的文件密码，然后单击“确定”按钮，如图 16-20 所示。

（7）打开“Outlook 数据文件密码”对话框，在“密码”文本框中输入文件的密码，然后单击“确定”按钮即可完成电子邮件的备份操作，如图 16-21 所示。

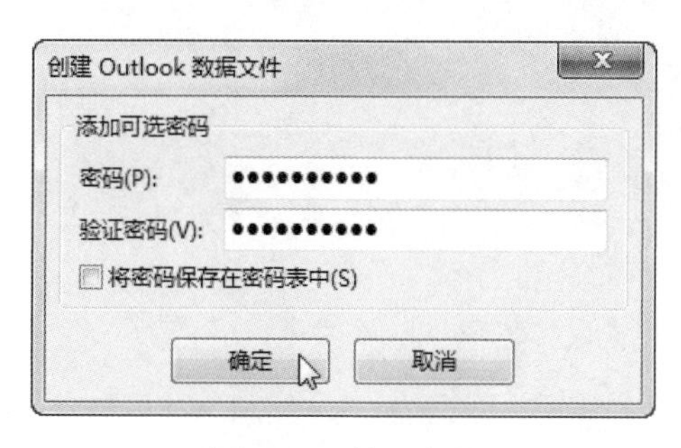

图 16-20　输入密码

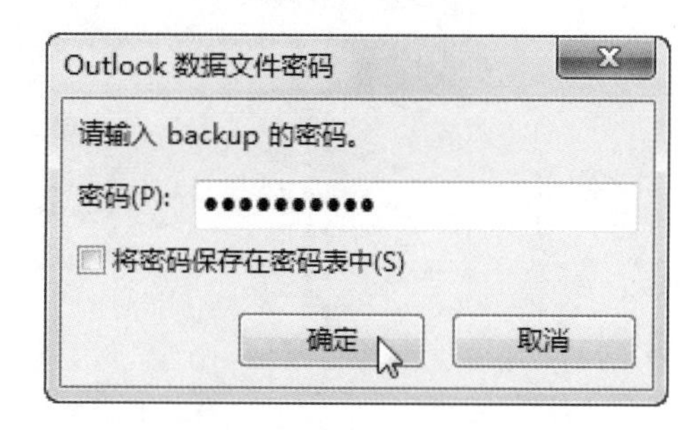

图 16-21　单击“确定”按钮

16.3　还原磁盘数据

前面介绍了备份磁盘数据的方法，一旦发现磁盘数据丢失了，就可以通过备份的数据进行还原操作。

16.3.1　还原分区表数据

当计算机遭到病毒破坏、加密引导区或误分区等操作导致硬盘分区丢失时，就需要还原分区表。下面介绍使用 Disk Genius 来还原分区表数据的方法。

【实验 16-5】使用 Disk Genius 还原磁盘分区表数据

具体操作步骤如下：

（1）从网上下载并打开 Disk Genius，在“Disk Genius”窗口中，选择需要还原分区表的磁盘分区，单击“磁盘”→“还原分区表”命令，如图 16-22 所示。

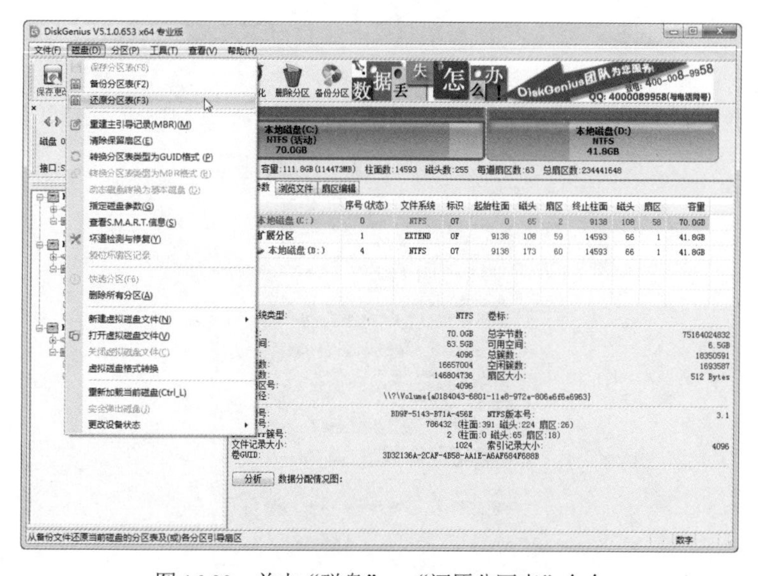

图 16-22　单击“磁盘”→“还原分区表”命令

（2）在弹出的“选择分区表备份文件”对话框中，选择硬盘分区表的备份文件，然后单击“打开”按钮，如图 16-23 所示。

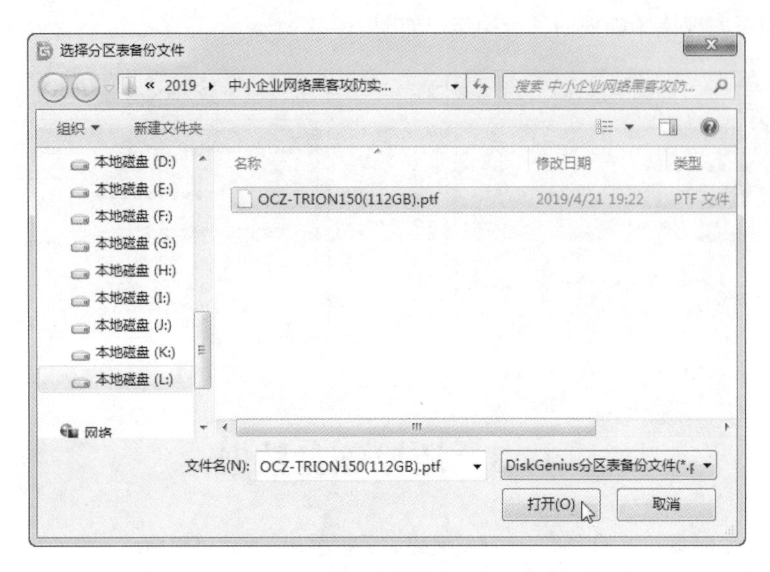

图 16-23　选择备份文件

（3）在弹出的“Disk Genius”对话框中，提示用户是否从这个分区表备份文件还原分区表，确认无误后，单击“是”按钮。即可还原分区表，且还原后将立即保存到磁盘并生效。

16.3.2　还原引导区数据

当磁盘引导区中了病毒或被损坏后，可以使用 BOOTICE 工具将引导区进行恢复。

【实验 16-6】使用 BOOTICE 还原磁盘引导区数据

具体操作步骤如下：

（1）使用含有 BOOTICE 工具的 U 盘启动系统，运行 BOOTICE，在“BOOTICE”窗口选择目标磁盘，然后单击“主引导记录”按钮。

（2）在弹出的“主引导记录（MBR）”对话框中，单击“还原 MBR”按钮，如图 16-24 示。

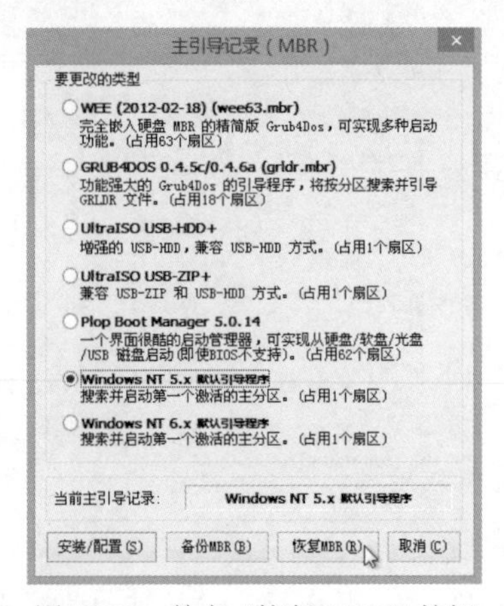

图 16-24　单击“恢复 MBR”按钮

（3）在弹出的“打开”对话框中选择备份的引导区数据文件，然后单击“打开”按钮，如图 16-25 所示。

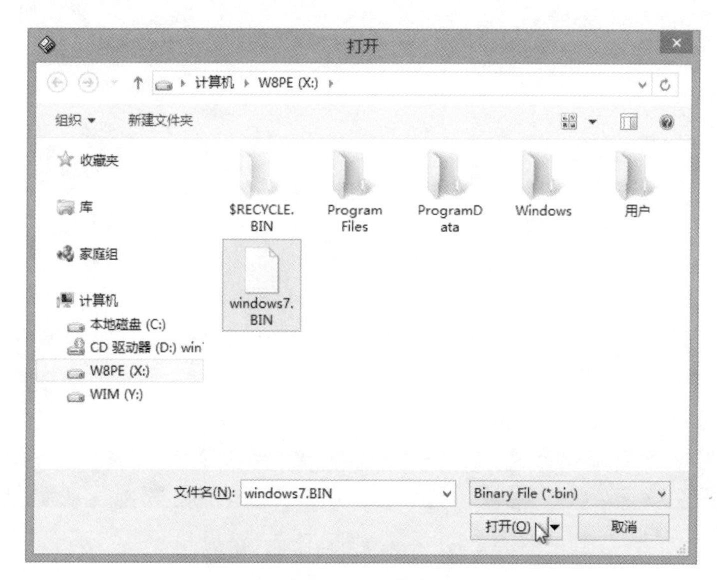

图 16-25　选择文件

（4）在弹出的“备份扇区数目”对话框中，选择扇区数，然后单击“确定”按钮，如图 16-26 所示。

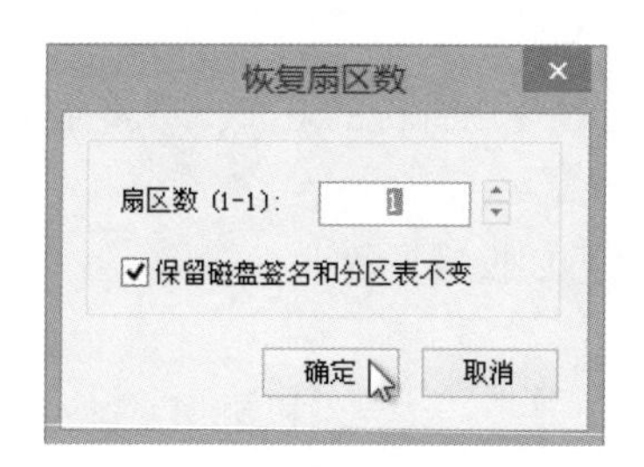

图 16-26　单击“确定”按钮

（5）在弹出的对话框中，提示用户确认要从备份的文件中恢复主引导记录，然后单击“确定”按钮。

（6）还原完成后，在弹出的显示恢复成功的对话框中，单击“确定”按钮，至此引导区数据恢复成功。

16.3.3　还原驱动程序数据

一旦重新安装操作系统后，就可以使用备份的驱动程序数据进行还原操作来恢复驱动程序。

【实验 16-7】使用驱动人生工具还原驱动程序数据

具体操作步骤如下：

（1）运行驱动人生，在“驱动人生”窗口中，单击“驱动管理”按钮，打开“驱动管理”窗口，选中“驱动还原”单选按钮，选择要还原的驱动程序，然后单击“开始还原”按钮，如图 16-27 所示。

图 16-27　单击“开始还原”按钮

（2）还原驱动程序完成后，在弹出的“驱动人生”对话框中，单击“立即重启”按钮，重新启动计算机即可。

16.3.4　还原 IE 收藏夹数据

一旦重新安装操作系统后，就可以使用备份的 IE 收藏夹数据进行还原操作。

（即扫即看）

【实验 16-8】使用备份数据还原 IE 收藏夹数据

具体操作步骤如下：

（1）在 IE 浏览器窗口中，单击“文件”→“导入和导出”命令，打开“导入/导出设置”对话框，选中“从文件导入”单选按钮，然后单击“下一步”按钮，如图 16-28 所示。

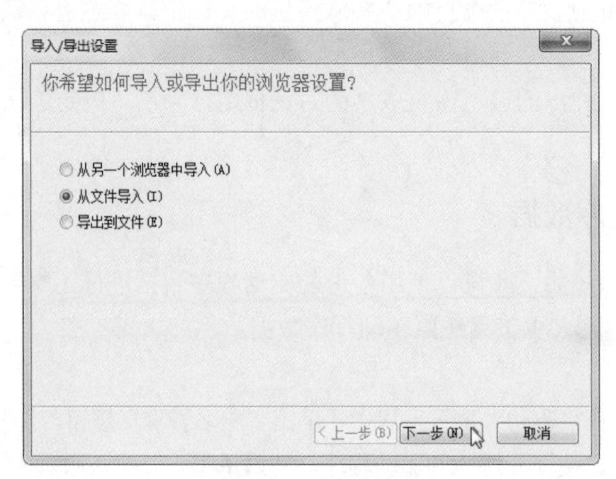

图 16-28　从文件导入

（2）在弹出的如图 16-29 所示的对话框中，选中“收藏夹”复选框，然后单击“下一步”按钮。

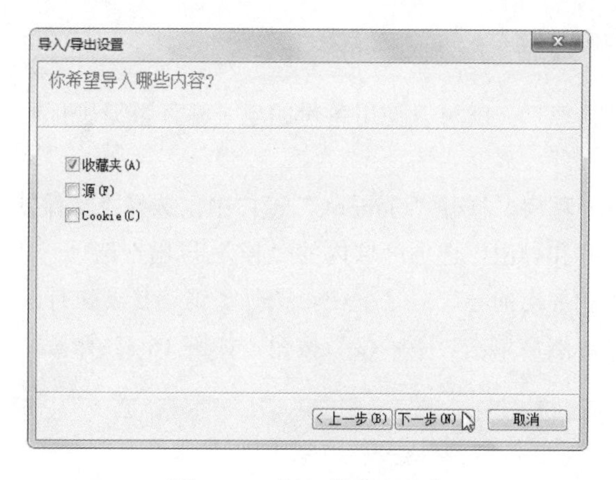

图 16-29　导入收藏夹内容

（3）在弹出的如图 16-30 所示的对话框中，输入文件路径，然后单击“下一步”按钮。

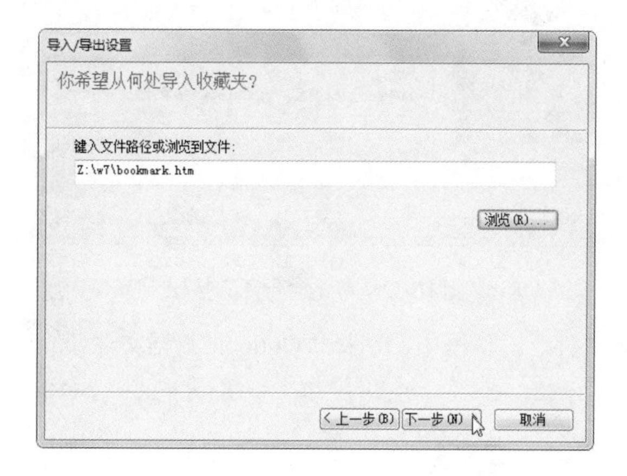

图 16-30　输入文件路径

（4）在弹出的如图 16-31 所示的对话框中，选择收藏夹栏，然后单击“导入”按钮。

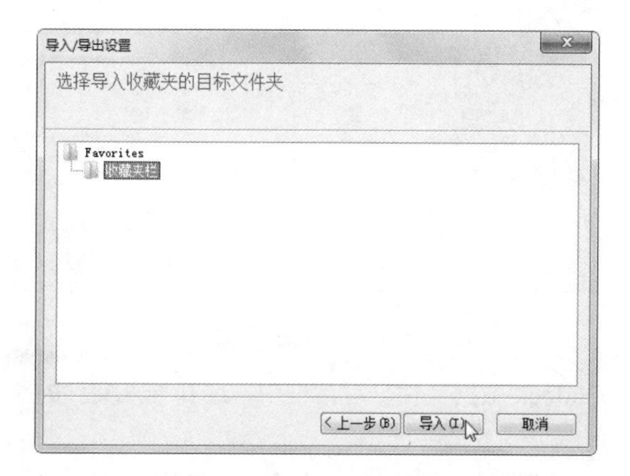

图 16-31　选择收藏夹栏

（5）在弹出的对话框中，提示用户导入收藏夹成功，单击“完成”按钮即可。

16.3.5 还原电子邮件数据

一旦电子邮件数据被损坏后，就可以使用备份的电子邮件数据进行还原操作。

具体操作步骤如下：

（1）启动 Outlook 2016 程序，打开“Outlook”窗口中，选择“文件”选项卡，进入“文件”界面，在该界面中选择“打开和导出”选项区域内的“导入/导出”选项。

（2）在弹出的“导入和导出向导”对话框中，选择“请选择要执行的操作”列表框中的“从另一程序或文件导入”选项，然后单击“下一步”按钮，如图 16-32 所示。

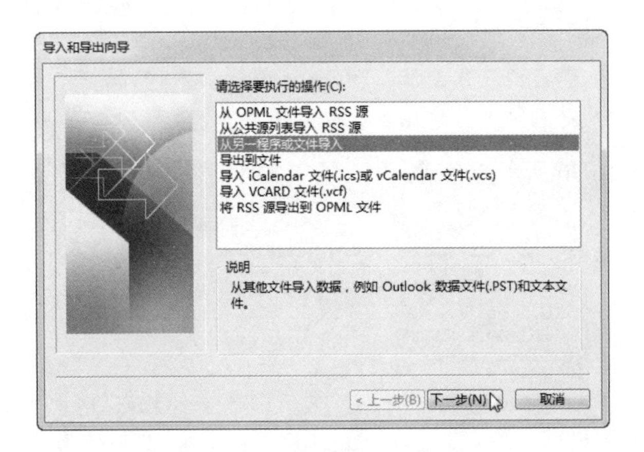

图 16-32 单击“导入”按钮

（3）在弹出的“导入文件”对话框中，选择“Outlook 数据文件（.pst）”选项，然后单击“下一步”按钮，如图 16-33 所示。

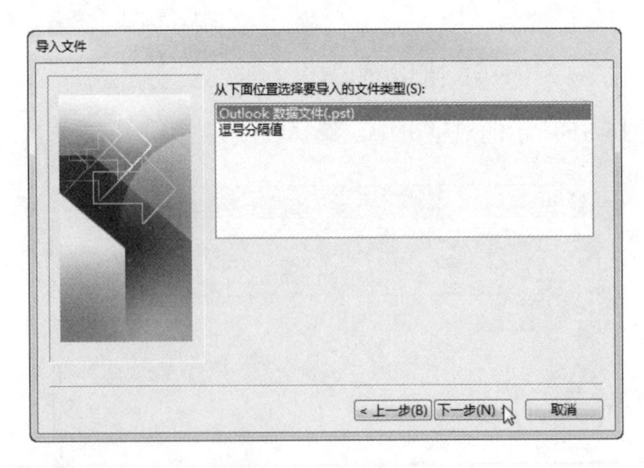

图 16-33 选择位置

（4）在弹出的“导入 Outlook 数据文件”对话框中，选择导入文件的路径，然后单击“下一步”按钮，如图 16-34 所示。

（5）在弹出的“Outlook 数据文件密码”对话框中，输入数据文件的密码，然后单击“下一步”按钮，如图 16-35 所示。

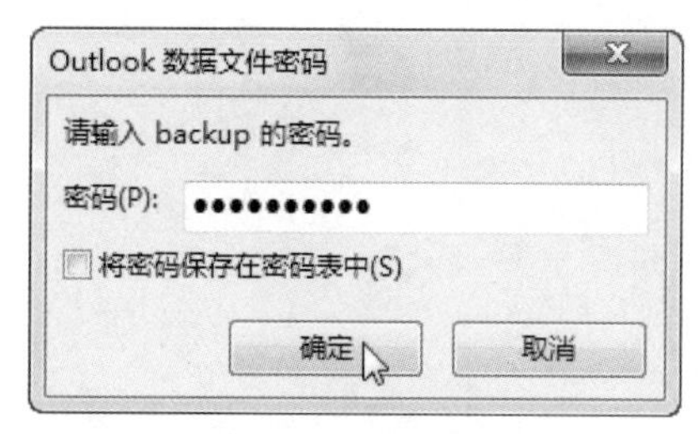

图 16-34　选择路径

图 16-35　输入密码

（6）在弹出的“导入 Outlook 数据文件”对话框中，选择需要恢复的数据文件，然后单击“完成”按钮即可，如图 16-36 所示。

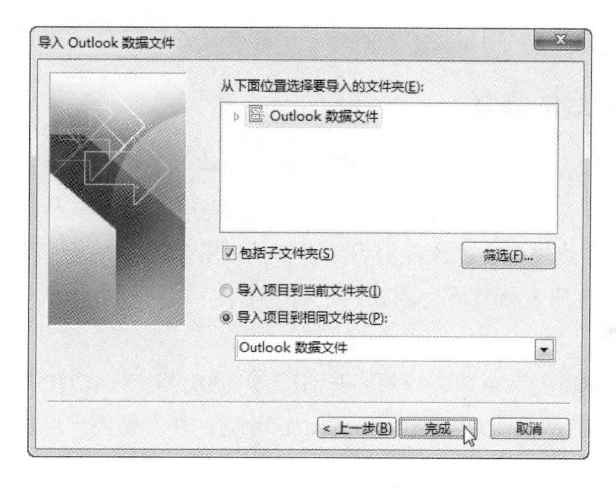

图 16-36　导入完成

16.4　恢复丢失的磁盘数据

当对磁盘数据没有进行备份操作时，而且又发现磁盘数据丢失了。此时就需要借助其他方法或使用数据恢复软件进行丢失数据的恢复。

16.4.1　从回收站中还原

当用户不小心将某一文件删除，很有可能只是将其删除到“回收站”中，如果还没有来得及清空“回收站”中的文件，则可以将其从“回收站”中还原出来。

【实验 16-9】将误删文件从回收站中还原

具体操作步骤如下：

（1）在桌面上双击“回收站”快捷图标，打开“回收站”窗口，选择要还原的文件，右击，在弹出的快捷菜单中选择“还原”命令，如图 16-37 所示。

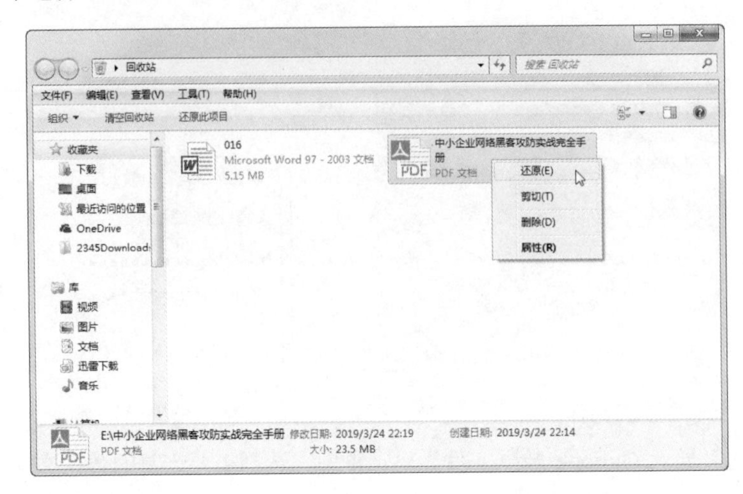

图 16-37　选择“还原”命令

（2）单击“还原”按钮后，即可将“回收站”中的要还原的文件还原到其原来的位置。

16.4.2　清空回收站后的恢复

当把回收站中的文件清空后，用户可以使用注册表来恢复清空回收站之后的文件。由于该方法需要对注册表进行修改，有一定的风险性，并且有时也无法正常恢复文件；因此建议对注册表结构非常熟悉的读者使用；非此类读者建议使用后面讲解的专业的数据恢复工具。

【实验 16-10】使用注册表恢复清空回收站之后的文件

具体操作步骤如下：

（1）打开“注册表编辑器”窗口，依次展开 HKEY_LOCAL_MACHINE\SOFTWARE\Microsoft\Windows\CurrentVersion\Explorer\Desktop\NameSpace 分支，在左侧窗口空白处，右击，在弹出的快捷菜单中选择“新建”→“项”命令，如图 16-38 所示。

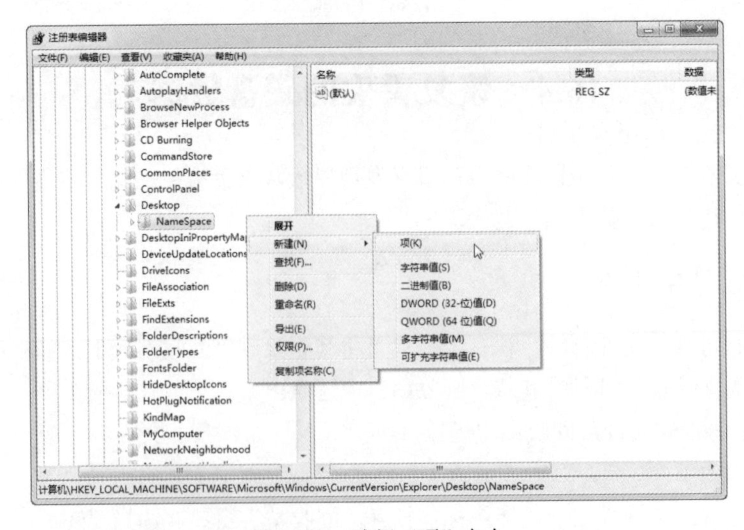

图 16-38　选择“项”命令

（2）将新建的项重命名为“645FFO40-5081-101B-9F08-00AA002F954E”，在右侧窗口中选中系统默认项，右击，在弹出的快捷菜单中选择“修改”命令，如图 16-39 所示。

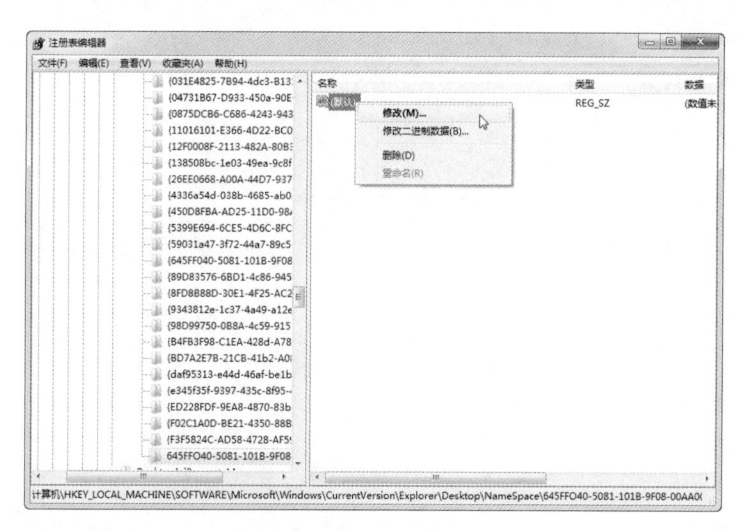

图 16-39　选择“修改”命令

（3）在弹出的“编辑字符串”对话框中，将数值数据设置为“回收站”，然后单击“确定”按钮，如图 16-40 所示。

（4）重新启动计算机，即可将清空的文件恢复出来。在“回收站”窗口中，选择需要的文件，右击，在弹出的快捷菜单中选择“还原”命令即可。

注意：这种找回的方法比较简单，不过它是有一定的前提条件的：首先没有进行磁盘清理，再就是没有用杀毒软件清理系统垃圾。如果用户做过这些，那么这种方法是无力回天的。

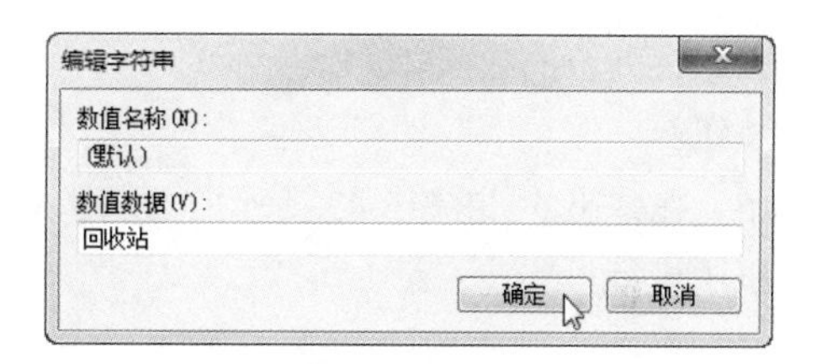

图 16-40　设置数值数据

16.4.3　恢复误删除的文件

文件误删除通常是由于种种原因把文件直接删除（按住【Delete】键删除）或删除文件后清空回收站而造成的数据丢失。这是一种比较常见的数据丢失的情况。

对于这种数据丢失情况，在数据恢复前不要再向该分区或者磁盘写入信息（保存新资料），如果向该分区或磁盘写入信息可能将误删除的数据覆盖，而造成无法恢复。

文件删除仅仅是把文件的首字节改为 E5H，而数据区的内容并没有被修改，因此比较容易恢复。用户可以使用数据恢复软件轻松地把误删除或意外丢失的文件找回来。

在文件误删除或丢失时，可以使用 Final Data、Undelete Plus 等数据恢复工具进行恢复。下面介绍几种常用的数据恢复工具恢复文件的方法。

注意：在发现文件丢失后，准备使用恢复软件时，不能直接在本机安装这些恢复工具，因为软件的安装可能恰恰把刚才丢失的文件覆盖掉。最好使用能够从光盘直接运行的数据恢复软件，或者把硬盘挂接在别的机器上进行恢复。

1. 使用 Final Data 恢复的方法。

【实验 16-11】使用 Final Data 恢复

使用 FinalData 恢复数据的方法如下：

（1）启动 FinalData 程序，在“FinalData 企业版 V3.0”窗口中，单击“文件”→“打开”命令，如图 16-41 所示。

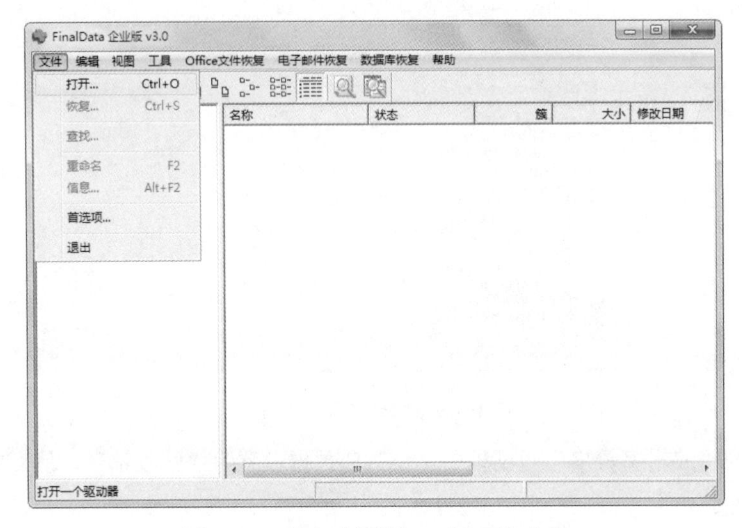

图 16-41 单击“文件”→“打开”命令

（2）在弹出的如图 16-42 所示的“选择驱动器”对话框中，选择要扫描的分区，然后单击“确定”按钮。

（3）在弹出的如图 16-43 所示的“选择要搜索的簇范围”对话框中，分别在“起始”和“结束”文本框中进行设置。

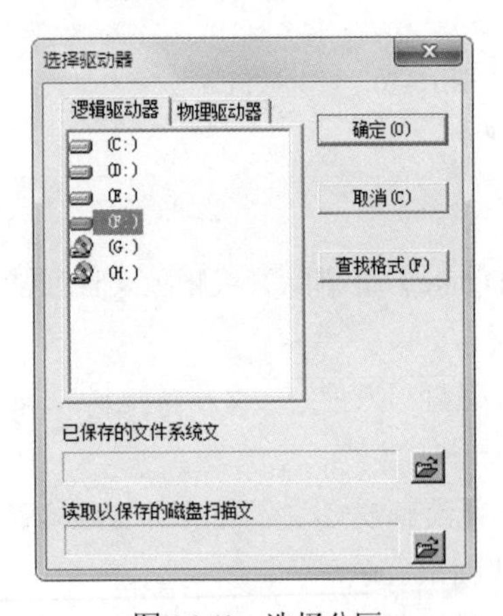

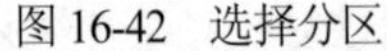
图 16-42 选择分区

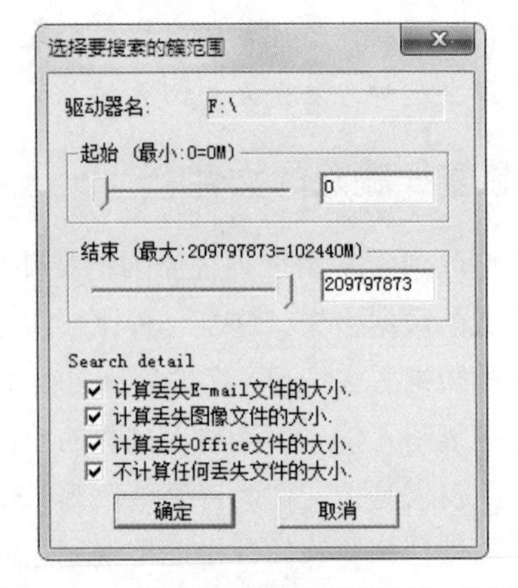

图 16-43 “选择要搜索的簇范围”对话框

（4）单击“确定”按钮，程序开始扫描指定簇，这个过程需要几分钟的时间。

（5）扫描完成后，在右侧窗口中显示可恢复文件，选择需要恢复的文件，右击并在弹出的快捷菜单中选择“恢复”命令，如图 16-44 所示。

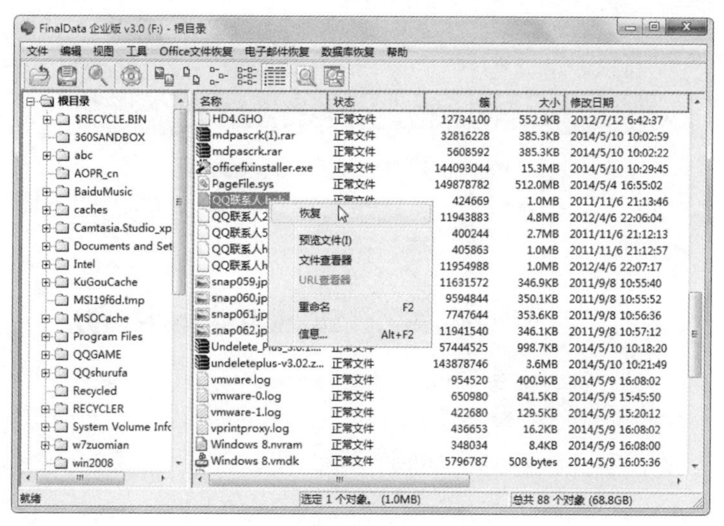

图 16-44 选择“恢复”命令

（6）在弹出的对话框中，设置恢复文件的保存路径。

（7）单击“保存”按钮，系统开始进行文件恢复，完成后在保存位置即可找到恢复的文件。

2. 使用 Undelete Plus 恢复的方法。

Undelete Plus 可以快捷而有效地恢复误删除的文件，包括从回收站中清空的文件以及从 DOS 窗口中删除的文件等，支持 FAT12/FAT16/FAT32/NTFS/NTFS5 文件格式。

【实验 16-12】使用 Undelete Plus 恢复

使用 Undelete Plus 软件恢复误删除文件的步骤如下：

（1）双击 Undelete Plus 软件图标，运行 Undelete Plus 程序，选择误删除文件所在分区，这里选择“E:”，然后单击“Scan Files”按钮，如图 16-45 所示。

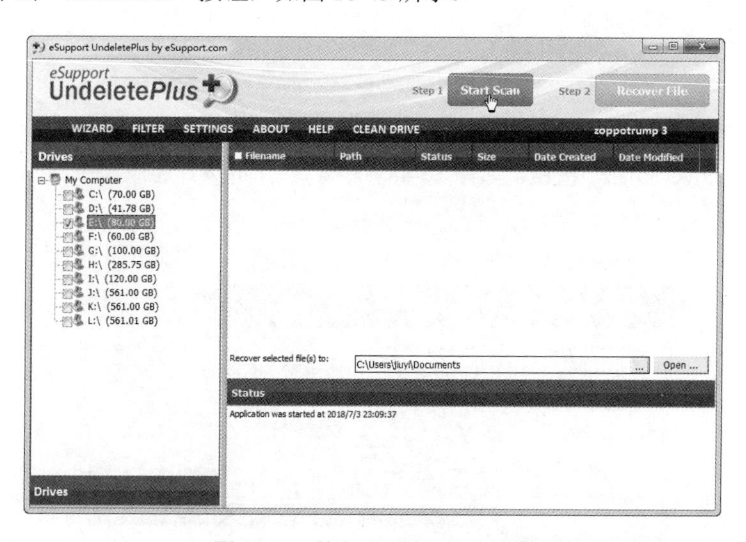

图 16-45 单击“开始扫描”按钮

（2）扫描过程中会显示扫描进度，扫描结束后出现如图 16-46 所示的提示对话框，提示用户找到已删除的文件数量。

图 16-46　搜索结果

（3）单击“Select Your Files”按钮，关闭该提示框，返回主界面。在右侧搜索到的文件中选择需要恢复的文件，可以是一个文件也可以是多个，被选中的文件前面框中有对号标志，如图 16-47 所示。

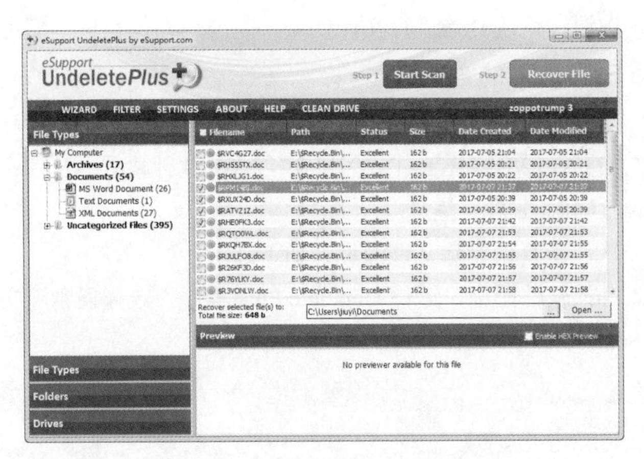

图 16-47　选择需要恢复的文件

（4）单击“Recover Files”按钮，如图 16-48 所示。软件将执行还原操作。

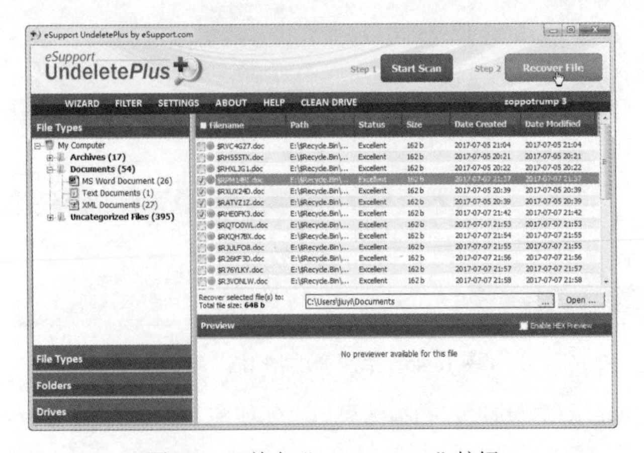

图 16-48　单击“Recover Files”按钮

16.4.4　恢复硬盘被分区或格式化后的数据

在给一块硬盘分区、格式化时，并不是将数据从 DATA 区直接删除，而是利用分区软件重新建立硬盘分区表，利用格式化软件重新建立 FAT 表。所以当硬盘被分区或格式化后，理论上是可以恢复的。当出现硬盘被分区或格式化操作，造成数据丢失时，不能再对硬盘做任何操作，特别是写操作，否则将导致硬盘中的数据无法恢复。

在实际操作中，重新分区并快速格式化（Format 不要加 U 参数）、快速低级格式化等，都不会把数据从物理扇区的数据区中实际抹去。重新分区和快速格式化只不过是重新构造新的分区表和扇区信息，都不会影响原来的数据在扇区中的物理存在，直到有新的数据去覆盖它们为止。而快速低级格式化，是用 DM 等磁盘软件快速重写盘面、磁头、柱面、扇区等初始化信息，仍然不会把数据从原来的扇区中抹去。因此可以使用数据恢复软件轻松地把误分区或误格式化后丢失的数据找回来。

在硬盘被误分区或误格式化后，可以使用 Easy Recovery 或 Data Explore 数据恢复大师等数据恢复工具进行恢复。下面分别介绍使用 Easy Recovery 和 Data Explore 数据恢复大师恢复数据的方法。

1. 使用 Easy Recovery 恢复的方法。

Easy Recovery 由 ONTRACK 公司开发的数据恢复软件，它是威力非常强大的硬盘数据恢复工具，能够帮助用户恢复丢失的数据以及重建文件系统。其功能包括磁盘诊断、数据恢复、文件修复、E-mail 修复等全部 4 大类共 19 个项目的各种数据文件修复和磁盘诊断方案。

【实验 16-13】使用 Easy Recovery 恢复数据

如果对硬盘分区进行格式化操作后，发现里面还有重要的文件，则可以使用 EasyRecovery 来进行恢复，具体步骤如下：

（1）启动 EasyRecovery，单击左侧的“数据恢复”按钮，然后在右侧的功能区中单击“格式化恢复”按钮，如图 16-49 所示。

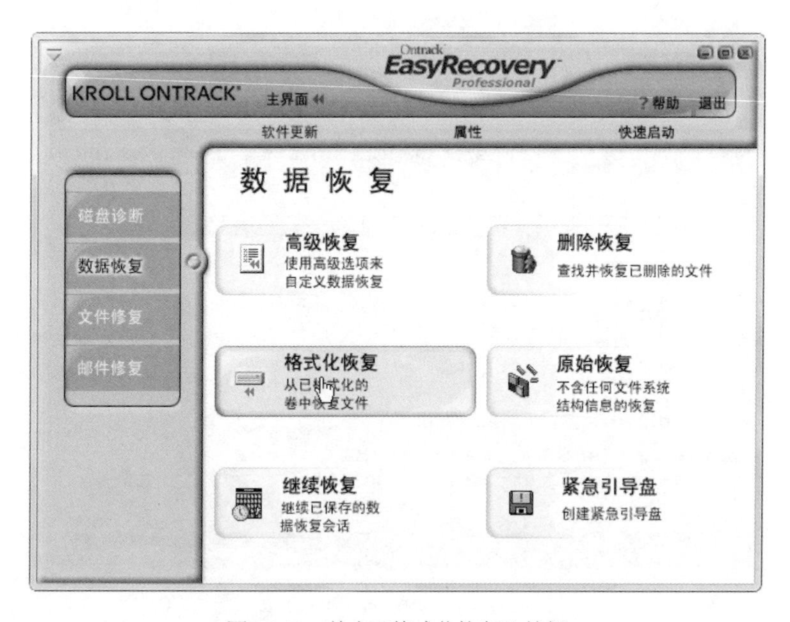

图 16-49　单击“格式化恢复”按钮

（2）在弹出的“目的地警告”对话框中，单击“确定”按钮。

（3）在弹出的对话框中，选择被格式化的分区和先前的文件系统，然后单击“下一步”按钮，如图 16-50 所示。

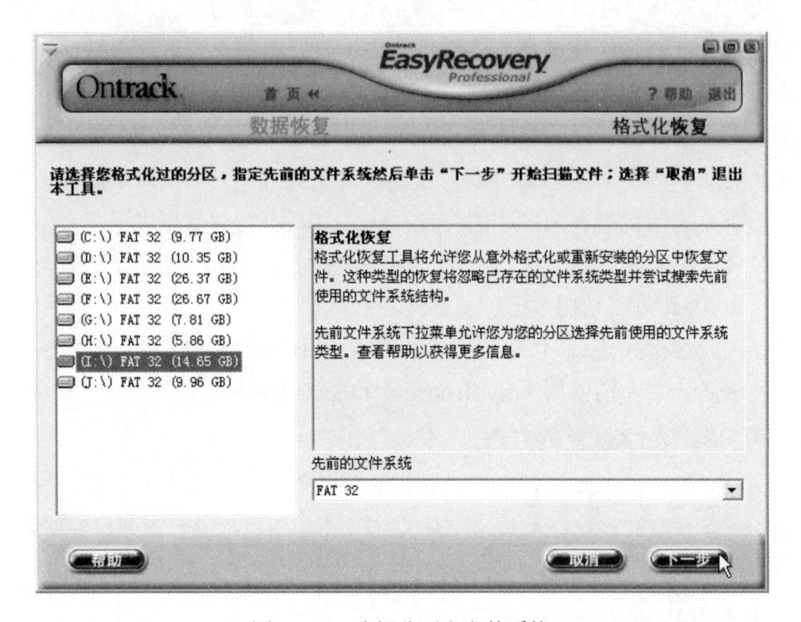

图 16-50　选择分区和文件系统

（4）程序开始扫描文件，这个过程可能需要几分钟的时间。扫描完成后显示该分区在格式化前的所有文件，其中左侧为根目录下的文件夹，右侧为根目录下的文件。选择要恢复的文件或文件夹，如图 16-51 所示。然后单击“下一步”按钮。

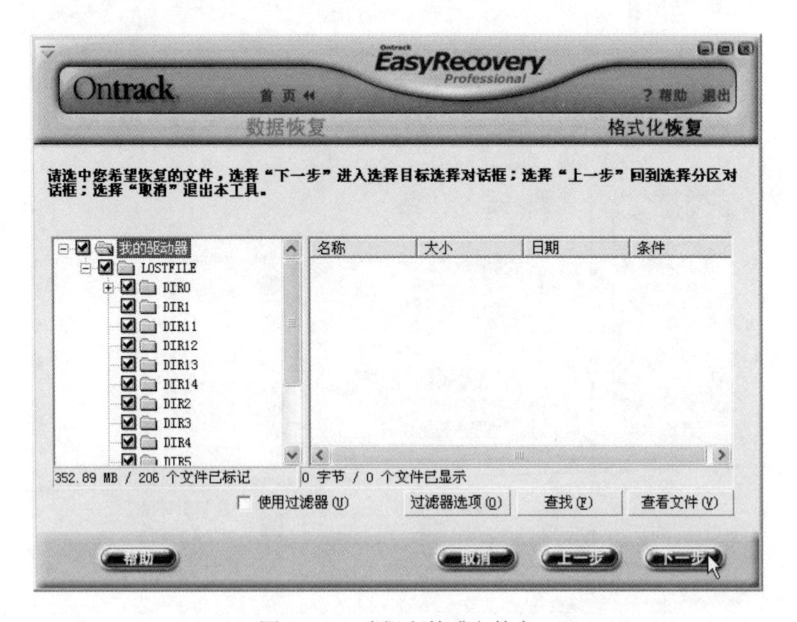

图 16-51　选择文件或文件夹

（5）在“恢复至本地驱动器”后面的文本框中，输入恢复文件的路径，如图 16-52 所示。

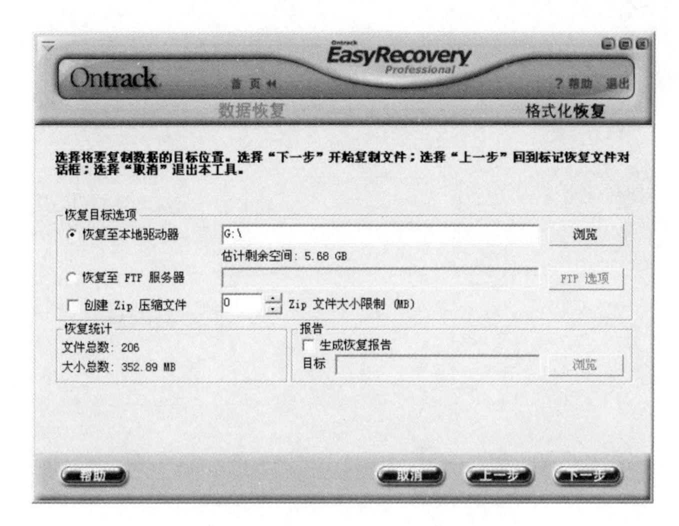

图 16-52　输入恢复文件的路径

（6）单击“下一步”按钮，程序开始进行恢复，恢复完成后显示详细信息，如图 16-53 所示。单击“完成”按钮即可。

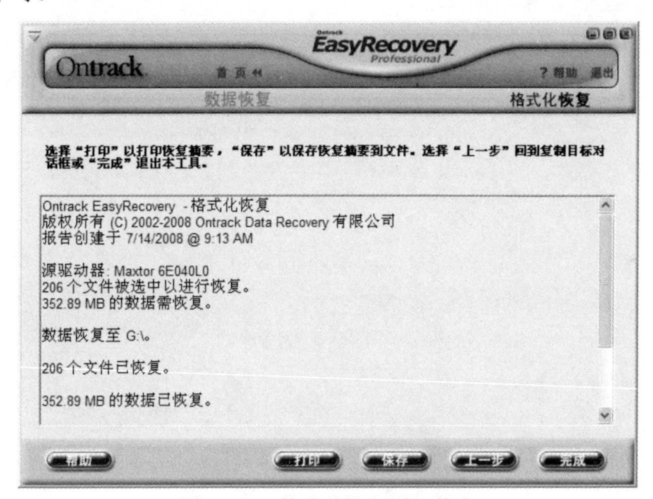

图 16-53　格式化恢复详细信息

注意：这里的恢复路径不能与误删除文件的原路径相同，否则将无法进行恢复。

2. 使用 DataExplore 数据恢复大师恢复的方法。

Data Explore 数据恢复大师支持 FAT12、FAT16、FAT32、NTFS、EXT2 文件系统，能找出被删除、快速格式化、完全格式化、删除分区、分区表被破坏或者 Ghost 破坏后磁盘里文件。

【实验 16-14】 使用 DataExplore 数据恢复大师恢复数据

使用 Data Explore 数据恢复大师进行数据恢复的具体步骤如下：

（1）运行 Data Explore 数据恢复大师，在弹出的“选择数据”对话框中，选择“重新分区的恢复/丢失（删除）分区的恢复/分区提示格式化的恢复”选项，然后选择“HD0”硬盘，如图 16-54 所示。

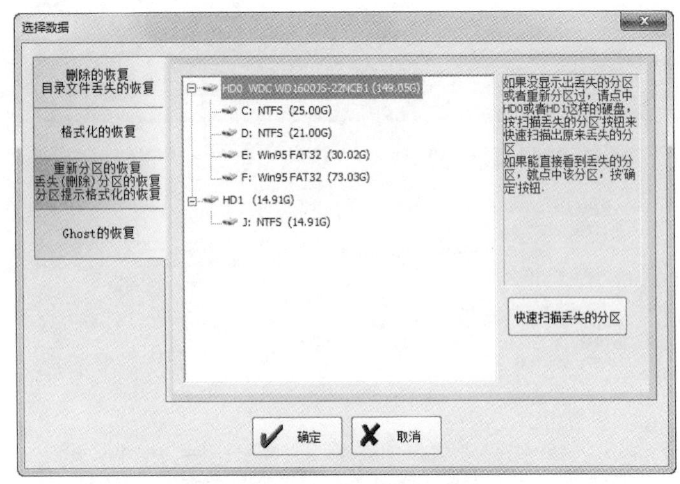

图 16-54 “选择数据”对话框

（2）单击“确定”按钮，系统开始搜索丢失的数据，搜索完成后，显示找到的数据。

（3）选择需要恢复的文件，右击并在弹出的快捷菜单中选择“导出”命令，如图 16-55 所示。

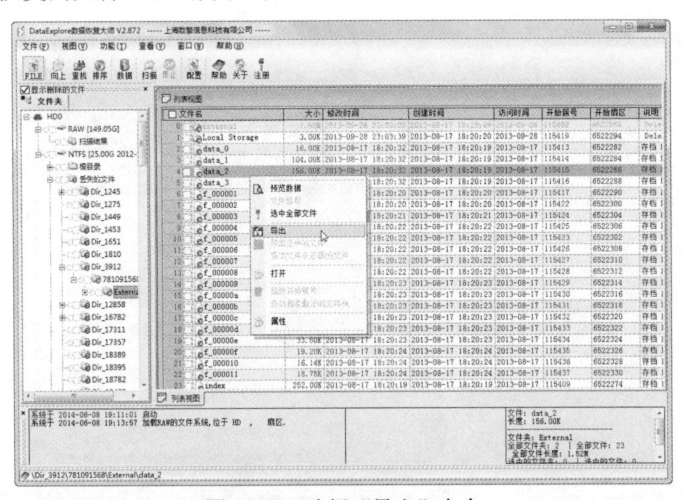

图 16-55 选择“导出”命令

（4）在弹出的“浏览文件夹”对话框中，选择保存的位置，然后单击“确定”按钮即可。

16.4.5 恢复 Word 文档损坏后的数据

一般损坏的文件不能正常打开常常是因为文件头被意外破坏。而恢复损坏的文件需要了解文件结构，对于一般的人来说深入了解一个文件的结构比较困难，所以恢复损坏的文件常常使用一些工具软件。下面将讲解几种常用的文件的恢复方法。

Word 文档是许多电脑用户写作时使用的文件格式，如果它损坏而无法打开时，可以采用一些方法修复损坏文档，恢复受损文档中的文字。

1. 使用转换文档格式方法修复

将 Word 文档转换为另一种格式，然后再将其转换回 Word 文档格式。这是最简单和最彻底的文档恢复方法，具体操作步骤如下：

（1）在 Word 中打开损坏的文档，单击“文件”→“另存为”命令，打开“另存为”对话框。

（2）在“保存类型”下拉列表中选择“RTF 格式（*.rtf）”选项，如图 16-56 所示。然后单击“保存”按钮。

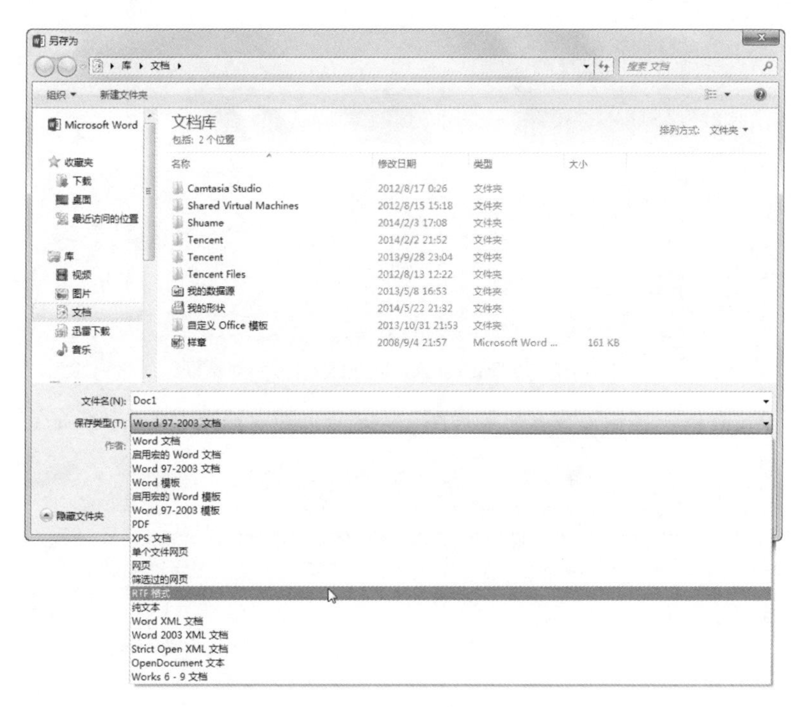

图 16-56　选择保存类型

（3）关闭文档，然后重新打开 RTF 格式文件，单击“文件”→“另存为”命令，打开“另存为”对话框。

（4）在“保存类型”下拉列表中选择“Word 文档（*.doc）”选项，然后单击“保存”按钮。

（5）关闭文档，然后重新打开刚刚创建的 DOC 格式文件。

提示：Word 文档与 RTF 的互相转化将保留文档的格式。如果这种转换没有纠正文件损坏，则可以尝试与其他文字处理格式的互相转换。如果使用这些格式均无法解决本问题，可将文档转换为纯文本格式，再转换回 Word 格式。由于纯文本格式的比较简单，这种方法有可能更正损坏处，但是文档的所有格式设置都将丢失。

2. 使用专业工具修复 Word 文档

【实验 16-15】使用 OfficeFIX 恢复 Word 文档

OfficeFIX 是一个 Microsoft Office 的专业修复工具，它可以修复损坏的 Excel、Word 和 Access 文档。

下面以修复 Word 文档为例进行介绍，其他文档的修复与此类似，用户可以参照理解。具体操作步骤如下：

（1）下载安装完成后，单击“开始”→“所有程序”→“Cimaware OfficeFIX 6”命令，打开“Cimaware OfficeFIX 6.122”对话框，如图 16-57 所示。其中有 4 个按钮，分别对应着 Access、Word、Excel、Outlook 文档的修复。

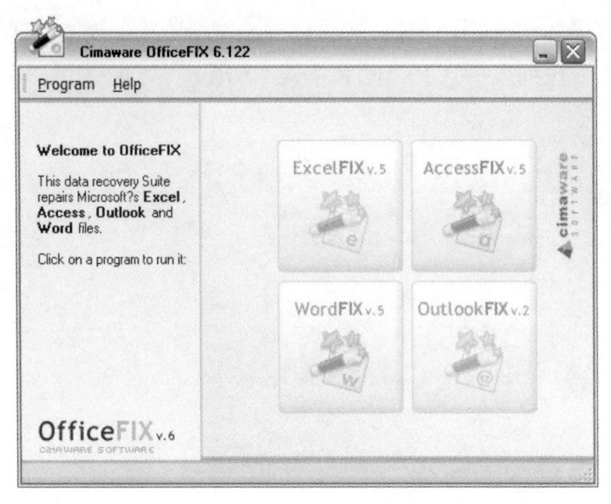

图 16-57 “Cimaware Office FIX 6.122”对话框

（2）单击“WordFIX”按钮，在弹出的如图 16-58 所示的对话框中单击“Select file”按钮。

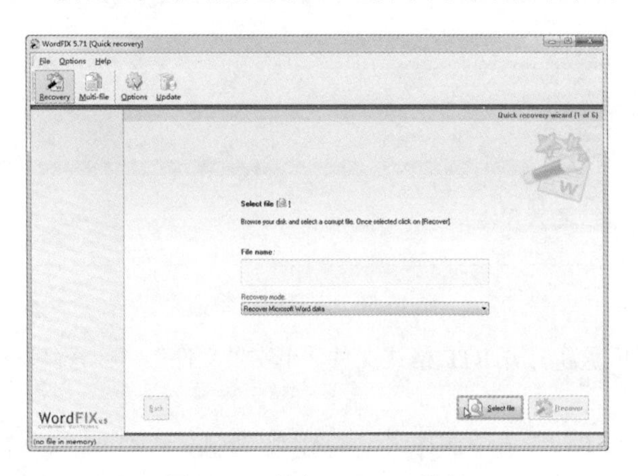

图 16-58 单击 Select file 按钮

（3）在弹出的对话框中，选择要修复的 Word 文档，然后单击“打开”按钮，如图 16-59 所示。

图 16-59 选择文档

（4）返回“WordFIX 5.71[Quick recovery]”对话框，单击“Recover”按钮，如图 16-60 所示。

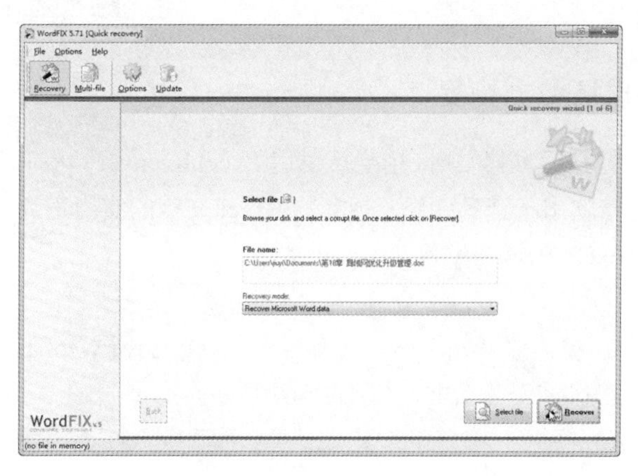

图 16-60　单击“Recover”按钮

（5）单击“Recover”按钮后，在弹出的对话框中单击 OK 按钮，关闭程序开始修复损坏的文档，在修复完成后出现的对话框中，单击“Go to Save”按钮，如图 16-61 所示。

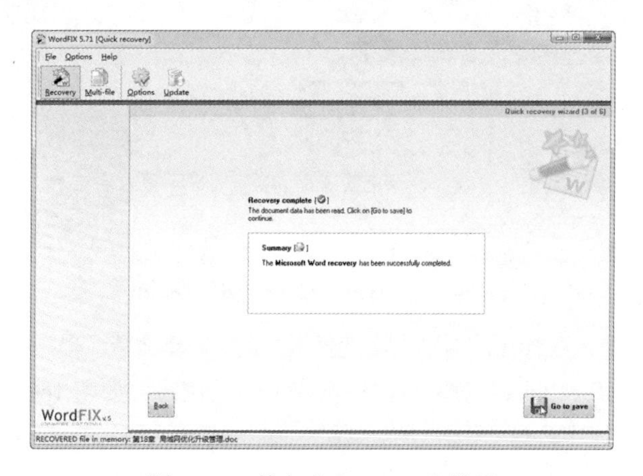

图 16-61　单击“Go to Save”按钮

（6）在弹出的对话框中，单击“Save”按钮，将修复后的文档另存，如图 16-62 所示。

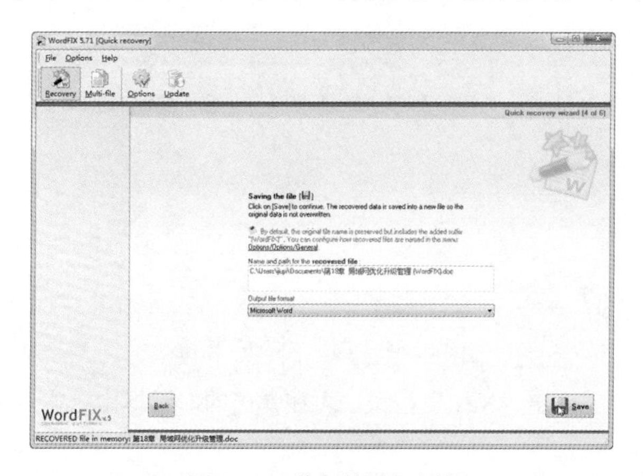

图 16-62　修复并另存文档

（7）在弹出的对话框中提示用户文件成功保存，单击右下角的 Open 按钮就可以成功打开以前损坏的 Word 文档了。

16.4.6 Excel 文件损坏数据恢复

当 Excel 文档损坏且无法手动修复时，用户可以用 Excel Recovery 来打开 Excel 文档并对其进行修复。Excel Recovery 是一款用于查看并修复损坏的 Excel 文档的实用工具。

【实验 16-16】使用 Excel Recovery 修复 Excel 文档

具体操作方法如下：

（1）下载安装完成后，单击“开始”→“所有程序”→Recovery for Excel→Recovery for Excel 命令，打开“Recovery for Excel”对话框，如图 16-63 所示。

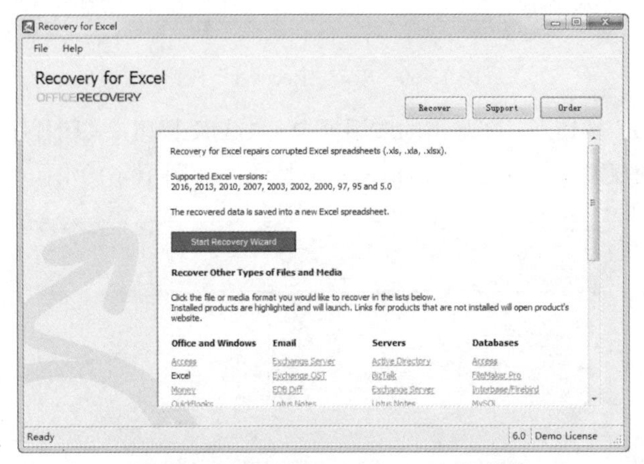

图 16-63 “Recovery for Excel”对话框

（2）单击 Recover 按钮，在弹出的对话框中选择损坏的 Excel 文档，单击“打开”按钮。

（3）返回“Recovery for Excel”对话框，单击“Next”按钮，如图 16-64 所示。

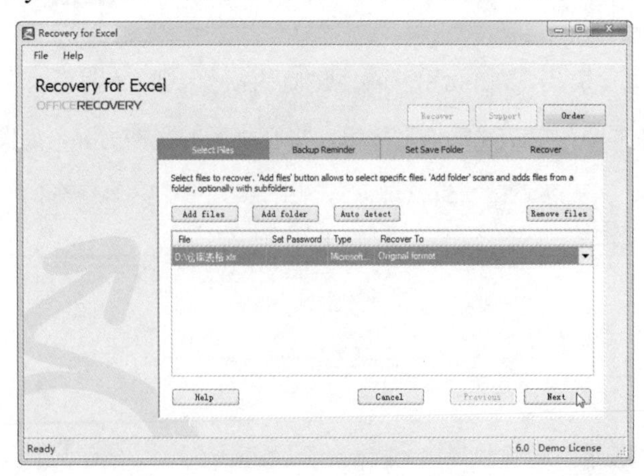

图 16-64 单击“Next”按钮

（4）在弹出的对话框中单击“Next”按钮，再在弹出的对话框中单击 Start 按钮，修复开始。